4차
산업혁명 시대
농업경영 혁신론

성진근 지음

도서출판 해남

성진근(成溍根)

서울대 농대 및 서울대 대학원 농경제학과 졸업
연세대 대학원 경제학과 졸업(경제학 박사)
Invited fellow of CARD in Iowa State University

주요 경력
- 충북대학교 명예교수(현)
- 서울특별시 농수산물공사, 시장관리운영위원회 위원장(현)
- 대통령자문 농어업·농어촌 특별위원회 위원
- 국무총리실 새만금환경대책위원회 위원
- 감사원 산업·환경부문 감사자문위원장
- 외교통상부 통상교섭단 자문위원
- 농림부 양곡유통위원회 위원장
- 농림부 해외농업개발포럼 회장
- 농림수산식품부 비용절감운동본부 위원장
- 농림축산식품부 수출개척협의회 민간위원장
- 농협중앙회 농협개혁위원회 위원장
- 농촌진흥청 강소농경영혁신지원단장
- (사)한국농업경영포럼 이사장

논문과 저서
논문 146편, 연구보고서 76편, 저서 45편 등 총 267편

상훈
자랑스러운 상록인 대상(서울대 농생대 동창회, 2015년), 우수학술도서 선정 『농업이 미래다』(문화체육관광부, 2012년), 교육부총리 표창(2006년), 농업계 인물 100인 선정(농민신문사, 2004년), 제12회 대산농촌문화상(교육문화·창달부문) 수상(2003년), 홍조근정훈장(2001년), 충북대 우수학술상(1994·1997년), 농협중앙회 농촌문화상(1995년), 전경련 자유경제출판문화상(1993년)

E-mail: sjk1633@naver.com

4차 산업혁명 시대 농업경영혁신론

초판1쇄 인쇄 2020년 11월 2일
초판1쇄 발행 2020년 11월 10일

저　자 성진근
발행인 노현철
발행처 도서출판 해남

출판등록 1995. 5. 10 제1-1885호
주　　소 서울특별시 마포구 마포대로8길 9 영명빌딩 405호
전　　화 739-4822 팩스 720-4823
이 메 일 haenamin30@naver.com
홈페이지 www.hpub.co.kr

ISBN 978-89-6238-146-7 93320

머리말

코로나19(COVIC 19)가 지구촌의 경제 질서와 인류의 생활 모습을 혁명적으로 바꿔 놓고 있다. '우한 독감'으로 불리면서 시작된 이 전염병은 세계보건기구(WHO)가 팬데믹(세계적 대유행)을 선언한 지 7개월을 지나면서 확진자 수는 4,000만 명, 사망자 수는 111만 명에 육박하고 있다(2020년 10월 19일 기준).

20세기 최악의 바이러스 전염병이었던 1918년의 스페인 독감은 당시 5억 명의 사람들을 감염시켰고 최소한 2,500만 명의 사망자를 냈다. 그런데 오늘날에는 그 당시보다 사람과 물자의 이동이 폭발적으로 증가했으므로 코로나 대유행은 쉽사리 진정될 것 같지 않다. 오죽했으면 세계보건기구 사무총장이 "코로나 대유행이 2년 안에 종식되기를 희망한다"라고 기자회견에서 밝혔을까?

코로나의 강력한 전파력 때문에 전 세계는 이전에 경험하지 못했던 사회적 거리두기와 국경 봉쇄 조치를 시행하고 있다. 사람들의 이동이 멈춰지면서 경제가 미비되기 시작하였다. 소비가 줄고, 생산이 줄고, 실업자가 늘고 있다. 이에 따라 세계 경제는 제2차 세계대전 이후 최악의 경제 침체 늪으로 빠져들고 있다. IMF(국제통화기금)는 2020년의 전 세계 경제성장률이 전년(2019)에 비해서 –3% 성장률을 보일 것으로 전망했다. 이에 따라서 국제 교역 규모는 수입이 11.5%, 수출이 12.8% 감소할 것으로 전망했다. 많은 경제학자들은 1929년에 경험했던 세계 대공황에 못지 않은 최악의 경제 불황을 피할 수 없다는 비관적인 주장마저 내놓고 있는 현실이다.

코로나 대유행에 대응하는 과정에서 인공지능(AI)이나 사물인터넷(IoT), 로봇 등 4차 산업혁명적인 기술에 의해서 형성되는 새로운 형태의 글로벌 공급망이 형성되고 있다. 이에 따라서 제조업을 중심으로 촘촘히 엮어졌던 글로벌 공급 사슬(supply chain)이 사라지는 대신에, 세계 여러 곳에 분산되어 있는 적은 수요를 효율적으로 관리하는 공급망의 자동화 기술이 각광을 받고 있다. 그리고 비대면의 전자상거래 역시 필수적 유통 서비스로서의 입지를 굳히고 있다.

3차 세계화는 저물어 가고 있는 대신에, 물리적 공간, 시간적 공간 그리고 생물학적인 공간마저 뛰어넘어서 형성되는 4차 세계화 시대가 열리고 있는 것이다.

우리나라는 제3차 세계화의 물결에 과감하게 올라타서 선진국 진입을 성공시켰던 경험이 있다. 세계화 과정에서 정보통신 기술(ICT)의 강국이란 국제적인 평가와 함께 코로나 대처 과정에서 K-방역 시스템으로 세계인의 부러움마저 독차지했던 숨은 자산마저 보유하고 있다. 그러므로 코로나 팬데믹이 앞당기고 있는 4차 세계화에서도 승자가 될 가능성이 높기는 하다.

제1차 세계화 시기에는 조선말의 쇄국정책(鎖國政策)으로 기회를 붙들지 못했다. 제2차 세계화 시기에는 일본의 식민지로서 참여할 기회조차 빼앗겼다. 제3차 세계화 시기에는 수출 주도형 산업화 정책으로 경제성장을 성공시켜서 선진국 진입을 당당하게 이루어 냈다. 이제는 코로나 팬데믹이 불러온 오늘날의 경제위기를 새로운 경제 도약의 기회로 바꿔 내야 한다.

타임(*Time*)지의 표지에 실렸던 한국인의 "할 수 있다" 정신(Can do Spirit)은 무(無)에서 유(有)를 창조해 낸 도전 정신의 표본이었다. 이러한 도전 정신으로 위기에 처한 한국 경제와 특히 한국 농업의 활성화를 이루어 낼 수 있는 기회를 만들어 내야 한다는 점을 강조하고 싶었다.

위기는 위험과 기회를 동시에 품고 있는 양날의 칼이다. 유통 기한이 지난

구시대의 패러다임과 관행적인 경영 방식을 툴툴 털어 내고 새롭게 열리고 있는 시장을 선점(先占)하기 위해서 도전 정신으로 대처한다면 한국 농업의 이 위기를 기회로 바꿔 낼 수 있음을 강조하고 싶었다.

이 책은 9년 전(2011)에 발행된 졸저 『새농업경영론』에 대한 수정, 보완 요구를 수용하여 고쳐 쓴 것이다. 여기서 부제는 '글로벌 시대의 활로'였지만 이번에는 '4차 산업혁명 시대의 농업경영혁신론'으로 혁신을 강조했다. 코로나가 앞당긴 4차 산업혁명적인 기술을 수용하고 유통 환경 변화에 적응하여 한국 농업의 경영 체질과 농산물 유통 생태계를 어떻게 바꿀 수 있을 것인가 하는 문제에 집중하면서 읽고, 생각하고, 저술했다.

대학의 '농업경영학' 교육의 교재로, 그리고 현장의 농촌 지도 교재로 활용하는 등 지난 책에 보내 주신 성원에 이 자리를 빌어 감사의 말씀을 드린다.

이 책은 5편 14장으로 구성되어 있다. 제1편에서는 경영학의 학문 체계와 코로나 이후 시대의 농업 경영에 주어진 학문적 역할에 대하여 논의하였다. 제2편에서는 4차 산업혁명 시대에 처한 농업 경영 환경의 변화와 스마트 농업으로 실현시켜야 할 농업과 농촌의 미래 및 농산물 유통 환경의 변화에 적응할 수 있는 유통 혁신 방안을 논의하였다. 제3편에서는 농장 경영자의 경영 관리 능력과 경영 성과 향상을 위한 활동 방향과 분석 지표 등을 논의하였다. 제4편에서는 생산경제학의 이론 체계에 의해서 적정 생산과 이윤 극대화를 실현할 수 있는 조건과 함께 고객 만족 경영 기법에 대해서 논의하였다. 제5편에서는 농업 경영 혁신을 위한 바람직한 접근 자세와 벤치마킹 기법의 적용 방법 및 농장 경영 기법에 대하여 논의하였다. 각 장마다 독자들의 지루함을 덜고 '생각의 폭과 통찰력'을 높이기 위해서 현장감 높은 "사례와 논의" 39편을 삽입하였다.

이 책을 집필하기 시작한 지난 두 달 동안 정말 힘든 시간을 보냈다. 기억력은 쇠퇴했고, 집중력도 크게 떨어진 상태에서 수많은 변수를 고려하면서 책을 읽고, 쓴다는 결심을 했다는 것 자체가 무리였다. 체중이 두 달 새 3kg이나 빠졌고 눈도 침침해졌다.

그러나 코로나가 앞당긴 4차 산업혁명 시대에서 맞닥뜨린 경영 환경의 급변에 대응해서 우리 농업의 경영 혁신 방향을 간추려 제시하는 일을 누군가는 해내야 한다고 생각했다. 다소 구부러질 수도 있겠지만 "흰눈 덮힌 들판에 새길을 만드는 일"을 피해서는 안 된다는 생각으로 집필에 매달려 왔다. 그러나 이 또한 노욕(老慾)으로 비치지 않을까 염려스럽기도 하다.

곁에서 지켜보면서 하루도 거르지 않고 문안 전화로 응원과 격려를 보내 준 큰아들 용주, 그리고 집필에 필요한 참고 자료를 챙겨 주는 등 조교 역할을 충실히 수행해 준 둘째아들 형주, "아버지 믿습니다" 하고 미국에서 응원해 준 셋째아들 기주에게 고맙다는 말을 남기고 싶다. 또한 의사표시는 못하지만 병상에서 걱정스런 눈빛으로 힘을 보태 준 아내 조숙자에게도 금혼(金婚)의 기념으로 늦게나마 이 책을 바치고 싶다.

바쁜 시간을 쪼개어서 원고 입력에 노고를 아끼지 않았던 한옥현 님과 책의 집필을 권해 주시고 보기 좋은 책을 만들어 주신 도서출판 해남의 노현철 대표님과 직원 여러분께도 깊은 감사를 드린다.

이 책이 4차 산업혁명 시대를 맞이하여 현장 농업인과 농식품 유통인들에게 갑자기 들이닥친 다양한 어려움에 흐트러진 생각을 정리하고, 경영 혁신 방향을 정하는 데 조그만 도움이라도 되기를 진심으로 소망한다.

2020. 10

송파동 우거에서

저자 성 진 근

차례

머리말 i

차례 v

제1편 | 농업경영학의 위상과 역할

제1장 경영학의 체계와 과제 3

1. 경영학의 연구 대상 / 4
2. 경영학의 학문 세계 / 5
3. 경영 혁신 시대의 개막과 경영학의 과제 / 12
4. 한국 농업 경영에 주어진 과제 / 28

제2장 코로나 이후 시내, 농업경영학의 역할 49

1. 한국 농업의 위축 과정에서 맞닥뜨린 코로나 팬데믹 / 50
2. 농업 생산의 공공성 / 53
3. 농업경영론의 학문적 역할 / 57
4. 농업 경영의 범위 / 61

참고문헌 / 68

제2편 | 농업 경영 환경의 변화

제3장 글로벌 경제·경영 환경의 변화 71

1. 코로나19가 몰고온 메가트렌드 변화 / 72
2. 앞당겨진 4차 산업혁명 시대 / 80
3. 4차 산업혁명과 스마트 농업 / 89
4. 경영 혁신의 필요성과 기법 / 110

제4장 시장으로 나온 세계 농업 경영 질서 123

1. 시장화 개혁의 본질과 농업 경쟁력 / 124
2. 시장 개방 협상의 주요 내용 / 127
3. 시장 개방의 영향 / 132
4. 농업의 중요성에 대한 인식 변화 / 140

제5장 탈세계화 흐름과 스마트 농업혁명 151

1. 코로나가 불러온 탈세계화와 한국 경제 / 152
2. 인류 사회 산업혁명의 역사 / 154
3. 제3의 농업혁명 – 스마트 농업 육성과 농촌의 생활 환경 복원 / 158

제6장 4차 산업혁명 시대의 농산물 유통 혁신 171

1. 농산물 유통 문제의 생성 / 172
2. 농산물 유통의 단계별 발전 / 178
3. 농산물 수요 환경의 변화 / 189
4. 4차 산업혁명 시대의 유통 혁신 방향 / 196

참고문헌 / 208

제3편 | 경영 관리와 경영 성과 분석

제7장 경영 의사결정과 경영 계획 213

1. 경영 관리의 기능 / 214
2. 경영 의사의 결정 / 217
3. 경영 계획 활동 / 224

제8장 회계를 통한 농장 경영 성과의 계측 245

1. 농장 경영 기록의 중요성과 목적 / 246
2. 농장 회계 시스템 / 248
3. 재무제표의 분석 / 250
4. 재무 관리 / 254

제9장 경쟁력 향상을 위한 핵심 실천 과제 259

1. 생산성 향상 / 260
2. 비용 절감 / 276
3. 마케팅 능력 향상 / 287

참고문헌 / 304

제4편 | 경영 관리 능력의 개발

제10장 적정 생산 수준의 결정 307

1. 경제 이론과 농업 생산 / 308
2. 생산 함수와 합리적인 생산 영역 / 309
3. 비용 이론과 이윤 극대화의 조건 / 317

제11장 농장 계획과 가치사슬 분석 335

1. 농장 계획 / 336
2. 적정 사업 구성의 선택 – 선형계획법(LP)의 응용 / 341
3. 농장 예산 수립 / 346
4. 가치사슬 분석 / 353

제12장 고객 만족 경영의 실천 369

1. 변화되고 있는 시장과 고객 만족 경영 / 370
2. 고객 만족, 어떻게 추구할 것인가 / 374
3. 고객 관계 관리(CRM)의 혁신 / 376

참고문헌 / 387

제5편 | **농업 경영 혁신의 길**

제13장 농업 경영 혁신을 위한 접근 391

1. 경영 혁신에 나서는 자세 / 392
2. 농업 경영 혁신을 위한 벤치마킹적 접근 / 404
3. 농업 경영 혁신의 부문별 실천 전략 / 433

제14장 농업 경영 진단과 자가 진단 기법 441

1. 농장 경영 성과에 영향을 미치는 요인 – 이론적 검토 / 442
2. 경영 진단의 실천과 요령 / 452
3. 자가 진단 기법 / 464

참고문헌 / 478

찾아보기 479

생각의 폭과 통찰력을 키우자

1. '수익'이 나지 않는 묘한 원리 ······ 21
2. 코로나 바이러스 확산 방지를 위해 중국에서 활용된 하이테크 전략 ······ 29
3. 작지만 강한 한국 농업 만들자 ······ 46
4. G의 역사 ······ 77
5. 공급망의 안정성 확보가 가장 중요하다 ······ 88
6. GE의 경쟁력 강화 전략과 조직 개발 ······ 109
7. 행복 경영 추구 ······ 120
8. 명분 없는 한·미 FTA, 반대 접으라 ······ 131
9. 코로나19는 경제 문제다 ······ 139
10. 4차 산업혁명이 빨라진다 ······ 169
11. 알리바바 마윈의 신유통 시대 선언과 아마존이 이끌고 있는 유통혁명 ······ 177
12. 사업 혁신으로 기존 사업의 경계를 뛰어넘어야 ······ 187
13. 고객의 불만을 해결해 주면 대가를 지불한다 ······ 195
14. 스티브 잡스 프레젠테이션의 비밀 ······ 205
15. 빨강과 파랑으로 구성된 명쾌한 '수익 지형도' 그리기 ······ 220
16. Prosumer로서의 가족 경영 ······ 226
17. 고어의 독특한 경영 철학 ······ 229
18. 전략을 구성하는 세 개의 중심 기둥 ······ 240
19. 닌텐도 이야기 ······ 243
20. 부도 우려 기업 체크 포인트 ······ 257
21. 겨울철 유휴되는 논을 임대하여 사료포로 활용하고 있는 한우 농가 ······ 277
22. 땅 속에서 발견한 보물덩어리 에너지 ······ 285
23. 양파 유통의 혁신과 수직 계열화 시스템 개발 ······ 289

24. 21세기 신소비자 ······ 296
25. 경영의 생존은 가치에서 시작된다 ······ 301
26. 자본주의 가치의 위기 ······ 315
27. 초일류 특송, DP DHL의 혁신 비결은 '단순함'이다 ······ 331
28. 쌀농사의 경영 혁신 방향 ······ 344
29. 경영자라고 하면서 책 한 권 읽지 않다니요? ······ 351
30. 맹자에게 배우는 경영학 ······ 362
31. 소비자는 스토리에 대해 높은 가격을 지불한다 ······ 372
32. 변화의 중심에는 고객이 있다 ······ 380
33. 농식품 산업의 전자상거래 현황과 미래 ······ 397
34. 비즈니스도 의학 분야의 '진료 스탠더드'를 벤치마킹하라 ······ 401
35. 햇사레 복숭아 브랜드 ······ 415
36. 상추 아파트로 부자되다 ······ 427
37. 새로운 미래를 여는 지혜와 용기 ······ 439
38. "혁신… 또 혁신" 현장 움직이는 포스코의 소통 ······ 450
39. '꿈꽃깡낌끈' 강소농 ······ 463

표 차례

표 3-1 농업의 발전 단계 및 기술적 특징 ······ 99
표 3-2 스마트 팜 확산 산업의 분야별 지원 내용 ······ 102
표 3-3 스마트 팜 확산 방안의 주요 내용 ······ 102
표 3-4 스마트 팜 도입 농가의 경영 성과 ······ 104
표 3-5 다운사이징의 세 가지 유형 ······ 114
표 3-6 벤치마킹의 형태 ······ 116
표 5-1 산업혁명의 발전 단계별 과정 ······ 156
표 5-2 통신 속도의 세대별 발전 상황 ······ 157
표 5-3 논벼 10a당 총수입과 생산비, 경영비 추이(1995~2018년) ······ 164
표 6-1 농산물 유통 대책의 세부 내용(1994~2012년) ······ 182
표 6-2 농축산물 국민 1인당 연간 소비량 변화(1990~2018년) ······ 190
표 8-1 대차대조표의 일반적 양식 ······ 251
표 8-2 손익계산서의 구성 ······ 253
표 9-1 최근 10년간의 농가 소득 동향(2008~2018년) ······ 278
표 9-2 최근 10년간 농업 총수입과 농업 경영비 동향(2008~2018년) ······ 279
표 9-3 10a당 벼 생산의 투입 비용 절감 기대 효과 ······ 283
표 10-1 옥수수(1에이커) 생산을 위한 질소 비료의 생산 함수 ······ 312
표 11-1 LP 분석을 위한 농장의 자원량과 기술 계수에 대한 정보 ······ 341
표 11-2 축약된 현금 흐름 예산의 사례 ······ 349
표 11-3 농업 부문 상호 연계성에 의한 가치 창출과 원천 ······ 358
표 11-4 우크라이나 곡물 가치사슬 단계별 수익 추정(2009년) ······ 367
표 11-5 한국 투자 기업의 곡물 가치 단계별 추가적인 수익 창출 기대치 추정 ··· 368

그림 차례

그림 1-1 경영학의 연구 대상 …… 4
그림 1-2 인식 방법에 따른 경영학의 체계 …… 5
그림 1-3 인식 대상과 내용에 따른 경영학의 체계 …… 7
그림 1-4 경영 관리의 관리 대상 …… 9
그림 1-5 경영 조직의 3요소 …… 10
그림 1-6 부문 관리의 대상 …… 11
그림 1-7 코로나19가 소득 순환 과정에 미치는 동시다발적 차질 …… 24
그림 1-8 가족농의 발전 모형 …… 35
그림 1-9 한국 농산물의 국제 경쟁력 크기 …… 37
그림 1-10 농업생산성의 추이(1990~2018년) …… 40
그림 1-11 미래 먹거리 산업의 주요 트렌드 …… 45
그림 2-1 농장 경영의 경제 · 사회적 환경 …… 63
그림 3-1 확대되는 부의 집중화 현상 …… 74
그림 3-2 확대되는 소득 양극화(미국) …… 75
그림 3-3 4차 산업혁명의 기술과 산업의 융합 …… 82
그림 3-4 기술 발전에 따른 농업생산성 변화 …… 91
그림 3-5 4차 산업혁명 기술의 농업 부문 적용 영역 …… 93
그림 3-6 4차 산업혁명에 의한 농업의 변화 …… 97
그림 3-7 스마트 농업 시대의 농업 생산 요소 결합 방식의 변화 …… 108
그림 3-8 제록스사의 벤치마킹 10단계 …… 118
그림 4-1 농업과 비농업 부문 성장률과 소득의 협상(鋏狀) 현상 …… 126
그림 4-2 UR 방식과 DDA 방식(의장 초안) 간의 관세 감축률 차이 …… 128
그림 4-3 관세의 점진적 감축과 수입 농산물 도착 가격 …… 134

그림 4-4 경종 작물 생산 추이(2007~2018년) ········ 135
그림 4-5 축산 사육 규모 변화 추이(1995~2018년) ········ 136
그림 4-6 식품에 대한 소비자의 관심 사항 ········ 138
그림 4-7 경영학의 관심 영역의 변화 ········ 142
그림 6-1 농산물 유통 구조 개선 종합 대책(2013년 이후~) ········ 186
그림 6-2 코로나 팬데믹이 농식품시장에 미친 영향 ········ 192
그림 6-3 유통 관련 업종의 2020년 1분기 매출 증가율 ········ 192
그림 6-4 식품 소비 트렌드별 발현량 비중 추이 ········ 194
그림 6-5 중장년층 소비자의 온·오프라인 쇼핑의 지출 비중 ········ 194
그림 6-6 농식품 유통 부문 4차 산업혁명 기술의 융합 기대 효과 ········ 198
그림 6-7 대형 유통업체의 양방향 정류 체계 ········ 199
그림 6-8 공영 도매시장 정보화 영역 및 기대 효과 ········ 204
그림 7-1 경영 관리도(management flow chart) ········ 216
그림 7-2 SWOT 분석을 통한 전략 결정 ········ 235
그림 7-3 제품 포트폴리오 전략 수립을 위한 BCG 매트릭스 사례 ········ 237
그림 7-4 포터의 본원적 경쟁 전략 ········ 239
그림 8-1 농장 회계 시스템 ········ 248
그림 8-2 회계 시스템으로 얻을 수 있는 12개 재무 보고서 ········ 249
그림 8-3 기업의 자본 조달 수단 ········ 255
그림 9-1 상위 20% 농가와 평균 소득과의 격차(2019년) ········ 261
그림 9-2 자원 부존 여건의 변화에 따른 생력 농업의 전개 ········ 264
그림 9-3 경영 규모와 생산비의 관계 ········ 267
그림 9-4 기술 도입의 단계별 검토 사항 ········ 275
그림 9-5 농가 소득 향상을 위한 절대적 및 상대적 생산비 절감 ········ 280
그림 9-6 경영 규모화와 비용 절감 효과 ········ 281
그림 9-7 소농과 대농의 소득 5분위 분포 상태 ········ 281
그림 9-8 비용 절감의 목표 단계별 접근 방법 ········ 284

그림 10-1 농업 생산 과정에 연관된 투입 요소의 결합 ······ 309
그림 10-2 생산의 3영역과 생산의 탄력성 ······ 313
그림 10-3 각종 비용곡선의 도출 ······ 319
그림 10-4 최적 산출량 결정(완전 경쟁의 경우) ······ 320
그림 10-5 최적 산출량 결정(독점적 경쟁의 경우) ······ 320
그림 10-6 단기와 장기 비용곡선 ······ 321
그림 10-7 생산의 이윤 극대화 조건 ······ 323
그림 10-8 이윤 극대화와 매출 극대화 ······ 325
그림 10-9 노동 수요·공급의 균형과 임금 ······ 328
그림 10-10 농촌 노동시장의 이중적인 공급곡선 ······ 328
그림 10-11 요소 가격의 변화와 농업 구조 개선 ······ 329
그림 11-1 농장 계획 수립의 6단계 ······ 336
그림 11-2 LP 문제의 각 생산 요소의 제약 조건 ······ 342
그림 11-3 이윤 극대화를 실현하는 점 ······ 343
그림 11-4 전체 농장 예산의 구성 ······ 347
그림 11 5 현금 흐름의 도해 ······ 348
그림 11-6 작물-축산 농장의 작업 과정도 사례 ······ 350
그림 11-7 가치사슬의 형성과 수직적 통합 관계 ······ 354
그림 11-8 농산물의 가치사슬 구조와 가치 창출 ······ 357
그림 11-9 사과 산업의 가치사슬 부석 사례 ······ 360
그림 11-10 낙농 산업의 가치사슬 분석 사례 ······ 361
그림 11-11 우크라이나 농업 진출을 위한 생산·수송·교역에 관한 네 가지 유형 ······ 366
그림 12-1 고객 관계의 진화 ······ 378
그림 12-2 기업 조직 체계의 진화 방향 ······ 383
그림 12-3 엔더선 컨설팅의 CRM 모델 ······ 385
그림 13-1 벤치마킹 기법에 의한 농업 경영 혁신 전략 ······ 403
그림 13-2 벤치마킹의 단계아 지원 활동 체계 ······ 409

그림 14-1 농업 수입에 영향을 미치는 요소 ······ 444
그림 14-2 생산 요소의 최적 투입 수준 ······ 446
그림 14-3 농업 지출에 영향을 미치는 요소 ······ 448
그림 14-4 경영 성과를 결정하는 요인의 연관 관계 ······ 462
그림 14-5 경영 진단을 위한 온도계 그래프 ······ 465
그림 14-6 경영 진단을 위한 레이더 그래프 ······ 466
그림 14-7 농업 경영의 기본적인 구조 ······ 469
그림 14-8 경영 진단 결과의 삐뚤어진 예 ······ 470
그림 14-9 농산물 원가의 구성 ······ 472
그림 14-10 생산량과 비용의 관계 ······ 474
그림 14-11 손익분기점 분석도 ······ 475
그림 14-12 원가곡선 ······ 477

제 1 편 농업경영학의 위상과 역할

제1장 경영학의 체계와 과제

제2장 코로나 이후 시대, 농업경영학의 역할

코로나 팬데믹이 앞당긴 4차 산업혁명 시대가 본격적으로 열리고 있다. 가상현실을 주고받을 정도로 인터넷의 속도가 빨라지고 전 세계의 모든 정보들이 통합되고 있다. 빅데이터의 통합이 이루어져서 이를 인공지능으로 분석하고 자기학습을 통한 지속적인 개선에 의해서 새로운 정보들이 생성되고 있다. 이 정보들은 인류 사회의 생활 방식과 기업 경영의 행태 자체를 빠르게 변화시키고 있는 것이다.

눈부시게 빠른 속도로 변화되고 있는 기술과 시장 변화를 읽고 여기에 빠르게 대응할 수 있는 경영 마인드를 갖춘 사람을 키워 내야 한다. 농업 인력이 보유한 지식과 창의력이 함양되지 않는다면 4차 산업혁명 시대의 농업을 새로운 성장 산업으로 바꾸어 낼 수 없다.

변화의 물결에 올라타서 변화를 즐기는 자만이 살아남는다.

제 1 장 경영학의 체계와 과제

1. 경영학의 연구 대상
2. 경영학의 학문 체계
3. 경영 혁신 시대의 개막과 경영학의 과제
4. 한국 농업 경영에 주어진 과제

1. 경영학의 연구 대상

경영학(business administration or management)이란 경영체의 경영 활동을 합리적으로 수행하기 위한 제반 법칙을 연구하는 학문이다.[1] 여기에서 경영체란 기업뿐만 아니라, 정부, 정당, 군대, 학교, 병원, 노동조합, 협동조합 등을 포함하는 광의의 개념이지만 기업(firm)이라는 경영체가 주된 연구 대상이 된다.

기업의 경영 활동을 보다 효과적으로 수행하기 위해서는 기업이 수행하는 여러 가지 활동(생산, 마케팅, 인사, 재무 등)에 대하여 구성원들의 노력을 계획·조직·지휘하고 조정·통제하는 과정이 필요하다. 경영학은 기업 경영자에게 필요한 전문적인 경영 능력과 지식 및 기술을 개발하여 이를 구체적으로 교육하려는 데 주된 목적이 있다. 경영학의 연구 대상은 크게 나누어 경영 조직체와 경영 관리 활동으로 나눌 수 있다.

그림 1-1 경영학의 연구 대상

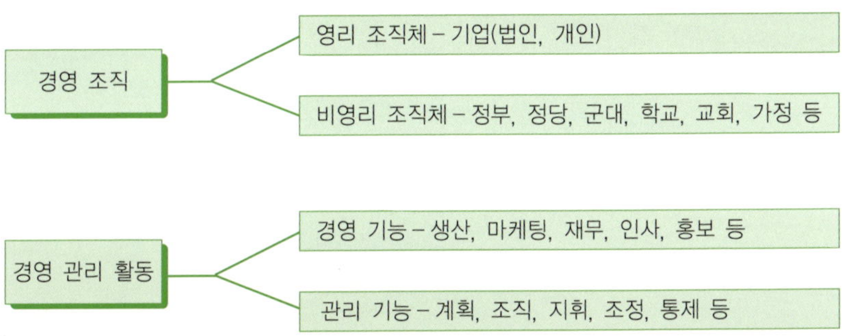

1 경영학은 기업을 연구 대상으로 하여 기업을 종합적으로 설명·예측·이해하려는 입장에서 완성된 지식의 체계이다. 그러므로 다른 사회과학 분야의 학문에 비해서 실사구시(實事求是)적인 성격이 강한 것이 특징으로, 새로운 경영 지식 체계를 추구하는 것 외에도 경영 지식을 현실에 활용할 수 있는 능력을 배양할 의무도 동시적으로 지니고 있다.

전자는 조직체의 구조와 기능을 밝히려는 조직론적 경영학의 입장이며, 후자는 조직체를 운영하기 위한 관리론적 경영학의 입장이다.

2. 경영학의 학문 체계

경영학은 학문으로서의 역사가 비교적 짧다. 따라서 이를 연구하는 학자의 연구 방법이나 국가에 따라서 경영학의 체계는 다양하게 나타날 수 있다.

현대 경영학의 일반적 체계는 연구 대상의 인식 방법, 인식 대상, 인식 내용 등에 따라서 크게 구분된다.

먼저 인식 방법, 즉 관점에 따른 경영학의 체계는 기업과 기업 경영자의 성립과 성장 및 발전 과정을 다루는 경영사(기업사, 경영학사, 기업가사 등)와, 실재적·경험적 존재로서의 기업 현실 문제의 인과적인 관련을 체계적으로 파악하여 법칙과학화하려는 이론 경영학(기업 이론, 경영 이론 등) 및 기업 환경 변화에 대응하기 위한 경영 정책(경영관리론, 경영전략론) 등으로 나누어진다.

경영사(經營史)는 과거로부터 현대에 이르기까지의 경영학의 성립 과정과 동태적 변화 과정을 다룬다. 경영 이론(經營理論)은 기업의 구조나 경영 활동의

그림 1-2 인식 방법에 따른 경영학의 체계

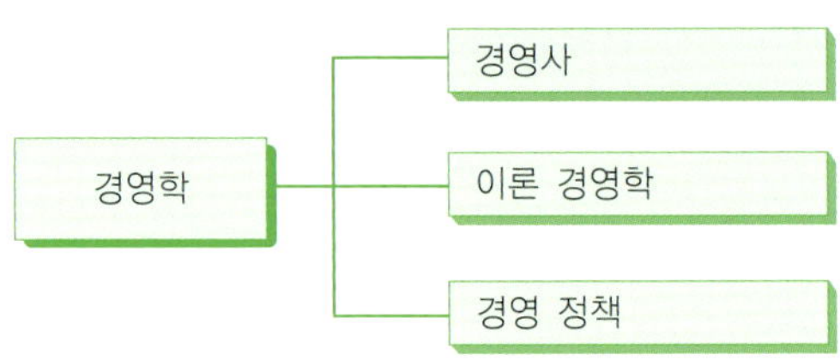

결과를 인과론적으로 분석·파악함으로써 현실 문제의 제 요인을 밝힘으로써 경영 정책 수립의 이론적 기초를 제공한다. 경영 정책(經營政策)은 경영 주체(기업 등)가 당면하고 있는 현실 문제를 실천적으로 처리할 수 있는 합리적인 처리 방법을 제시하기 위한 경영관리론적인 방법의 제시뿐만 아니라 기업의 목적, 경영자의 철학, 경영 이념과도 같은 규범적인 문제도 다룬다.

기업 경영 활동을 전체와 부분 또는 종합과 개별 산업 등 어떤 대상으로 인식하느냐에 따라서 경영학은 일반 경영학과 특수 경영학으로 구분된다.

생산 조직체로서의 기업은 구체적으로 여러 업종에 속하고 있다. 다양한 산업 분야에 종사하고 있는 각 기업 경영에 공통적으로 존재하는 특성 내지 동질성 또는 보편성 등을 종합하여 모든 기업에 공통적으로 적용될 수 있는 추상화된 이론을 체계화한 것이 일반 경영학이다.

이에 대하여 다양한 다른 분야에 속하고 있는 특수한 기업(농업, 공업, 상업, 건설, 금융, 관광 등)이 가지는 각각의 특성, 즉 이질성과 특수성 등을 체계화하여 특수한 산업 분야에만 적용할 수 있는 경영학 지식 체계를 특수 경영학이라 한다.

특수 경영학의 체계는 일반 경영학의 기초적 지식을 바탕으로 하여 형성되지만, 특수한 산업 영역에만 적용할 수 있는 구체적이며 실제적인 지식 체계로서 보편성이나 일반성은 일반 경영학보다 제한적이다.

농업경영론은 농업(광의의 농업에는 농작물, 축산물, 임산물의 생산과 유통을 포함) 분야에서 발생하는 경영 문제를 다루는 특수 경영학 분야이다.

기업이 당면하고 있는 경영 문제에 대한 인식 내용에 따라서 일반 경영학은 다음과 같은 여러 내용이 포함된다.

그림 1-3 인식 대상과 내용에 따른 경영학의 체계

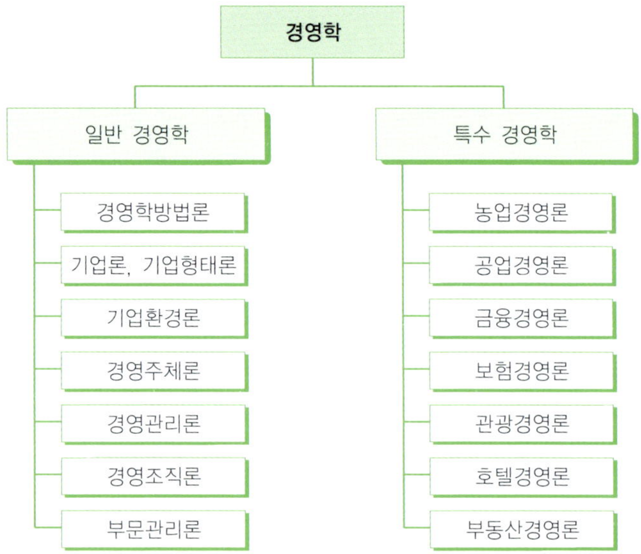

경영학 연구방법론

경영학의 의의와 성격, 연구 대상, 연구 방법, 체계와 역사 등의 개념적인 문제를 중심으로 하는 이론적인 연구가 중심이 된다.

기업론

경영학의 주 연구 대상인 기업은 인간 생활의 바탕이 되는 재화의 조달과 배분을 담당하는 기초 조직이다. 인간이 생활을 영위하기 위하여 당면하고 있는 가장 중요한 경제 문제는 다음의 세 가지로 요약된다.

- 이용 가능한 희소 자원으로서 무엇을 생산할 것이냐

- 어떻게 생산할 것이냐
- 어떻게 배분할 것이냐

가장 중요한 세 가지 문제를 자본주의 질서 속에서 수행하고 있는 기초 조직으로서 기업의 목적과 형태 및 기업 경영 원리와 기업의 성장과 사회적 책임 등에 대한 연구가 중심이 된다.

기업환경론

계속되는 경영 주체(going concern)로서의 기업은 외부로부터 원자재, 노동력과 같은 각종 물자와 함께 정치·경제·문화 면에서부터 자연적 조건에 이르기까지의 많은 요인과 영향을 받아들여서 스스로 적응·처리하고 다시 외부에 영향을 미치는 과정을 통해 발전해 간다. 기업 환경의 변화에 대한 민감한 파악과 이에 적절하게 대응하는 조치가 취해지지 않으면 기업의 존속과 성장은 위태로워지게 된다.

오늘날의 경영학은 기업 환경의 문제를 과거 어느 때보다 중시하고 있는데 그 원인은 다음과 같다.

- 기업의 사회적 책임이나 공정성이 중시되면서 기업에 대한 정치적·법률적 규제의 강화가 증가하고 있다.
- 현대 기업은 기업 경영을 둘러싼 많은 이해관계자(또는 집단)와의 이해 조정 기능을 필수적으로 갖추어야 한다.
- 비대면(un-contact) 유통 문화의 확산 등 급속한 소비 패턴(pattern)의 변화가 기업 활동(생산과 유통)의 혁신을 요구하고 있다.
- 4차 산업혁명적인 첨단 기술의 개발이 기업 경영 시스템의 혁신을 요구

그림 1-4 경영 관리의 관리 대상

하고 있다.

- 기상이변 등 지구 환경 악화가 기업 경영의 규제 강화로 현실화되고 있다.

경영주체론

기업이란 인간이 인간을 위해 설립·운영하고 있는 협동적 생산 조직체로서 기업의 경영 정책을 수립하거나 기업 활동을 수행하기 위해서 반드시 사람의 의사결정을 필요로 한다.

기업 경영 활동의 주된 책임을 지고 있는 사람을 가리켜 경영자(manager, executive)라고 하는데, 경영자는 기업 활동의 여러 가지 기능을 담당하고 있는 종업원들의 업무를 조직·지휘·조정·통제한다.

경영학에서는 경영자의 성격을 투자자와 경영자로 분리해서 설명한다. 투자자는 기업을 이루는 데 필요한 기계와 설비 및 원료 등의 자본재를 마련하기 위한 자본을 제공하고 있는 사람을 의미하고, 경영자는 투자자들이 제공한 자본과 노동자가 제공하는 노동력을 결합하여 기업 활동이 합리적으로 수행

그림 1-5 경영 조직의 3요소

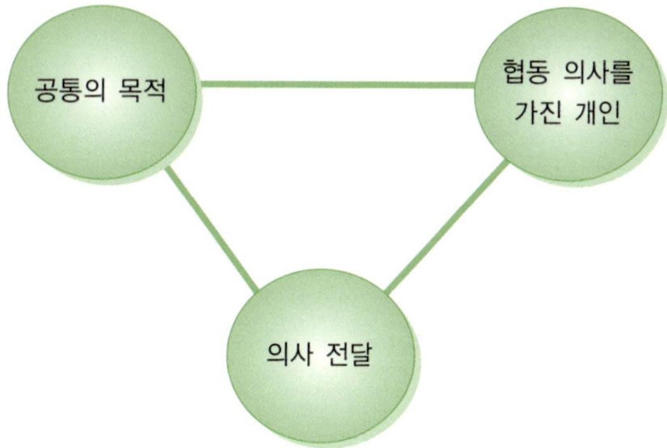

되도록 지휘·감독하는 사람을 뜻한다.

현대적 기업에서는 출자 기능과 관리 기능 및 집행 기능이 이른바 '소유와 경영의 분리'에 따라서 각각 출자자와 경영자 및 근로자에 의해서 분담되고 그 유기적 결합체로서 경영이 영위되는 것이 일반적이다. 이에 따라서 기업에 대한 투자자인 동시에 직접 경영을 담당하는 경우에 특별히 기업가(entrepreneur, enterpriser)라고 부른다.

흔히 소규모 기업이거나 생산이나 서비스 방식이 단순한 기업의 경우에서, 또는 투자자와 경영자가 명확하게 구분 내지 분리되지 않은 기업에서 발생하며 일반적인 농업 경영자가 여기에 속한다.

기업의 경영 관리를 책임 맡고 있는 경영자들은 소유 경영자(owner manager), 고용 경영자(hired manager), 전문 경영자(professional manager) 등으로 구분된다.

그림 1-6 부문 관리의 대상

경영관리론

기업 경영자는 기업의 목적을 보다 능률적으로 달성하기 위하여 기업 경영의 여러 가지 부문(생산, 판매, 재무, 인사, 구매 등) 활동에 대하여 계획을 세우고 조직을 형성하며, 종업원들의 활동을 지휘·통제하는 일련의 활동을 수행하는데, 이를 경영 관리(management)라고 한다.

경영 관리는 기능적인 면에서 수직적 기능과 수평적 기능으로 크게 나누어진다. 계획·조직·지휘·통제 기능은 수직적 관리 기능이고, 생산·판매·재무·인사 기능은 수평적 관리 기능이다.

경영조직론

"기업은 조직이다"라는 관점에서 기업의 구성원들이 상호 관련을 맺으면서 조직적·유기적인 협조를 통하여 효율적으로 기업의 목적을 달성하도록 하는 것이 경영조직론이다.

현대 경영 조직의 과제는 다음의 두 가지로 크게 나눌 수 있다.

- 가치관의 변화에 의해서 발생하는 구성원의 다양한 욕구를 기업의 목적과 어떻게 조화시킬 것인가?
- 불확실성이 높아지는 기업 환경의 변화에 기업 경영 조직을 어떻게 동태적으로 적응시켜 나갈 것인가?

현대적 경영 조직의 의사결정 양식은 ① 공통의 목적(common purpose), ② 협동 의욕(willingness to cooperate), ③ 의사 전달(communication) 등 세 가지 요소에 의해서 이루어진다.

부문관리론

기업의 경영 관리 활동은 경영 조직과 경영 정책이나 경영 환경 등에 대한 전반적 관리 활동과 함께 기업 활동의 각 부문에 대한 부문 관리 활동으로 형성된다. 즉, 기업 활동의 각 분야인 구매, 생산, 마케팅, 인사, 재무, 회계, 홍보 등에 대한 세부 관리 활동의 원리와 활동 체계에 관한 이론이 포함된다.

3. 경영 혁신 시대의 개막과 경영학의 과제

1) 21세기 기업의 도전 과제

오늘날 기업들은 기존의 경영 관행이나 이론으로는 해결하기 어려운 수많은 도전에 직면해 있다. 글로벌 경쟁 시대에서 발생하고 있는 급격한 변화와 지구촌 곳곳의 산업 현장에서 돌풍같이 휘몰아치고 있는 창조적 파괴, 그리고 첨단 기술과 지식의 범용상품화(commoditization of knowledge) 및 급증하고 있는 사회적 요구에 대한 기업의 대응 능력 강화 등이 21세기에 들어선 기업들이 직면하고 있는 대표적인 도전 과제들이었다.

여기에다 2020년에 시작된 코로나19 팬데믹(pandemic)이 몰고온 세계 경제의 심각한 침체와 함께, 폭발적으로 증가하고 있는 비대면 언택트 소비 문화의 확산에 적응해 나가는 것이 새로운 도전 과제로 등장하고 있다. 특히 코로나 사태가 촉진시키고 있는 탈세계화(脫世界化)와 함께 성큼 다가온 4차 산업혁명 시대에 적응해서 기업 경영 체질을 효과적으로 변화시키고 살아남아야 하는 기업의 생존을 건 과제에 직면해 있다.

이러한 도전에 맞서 기업들은 경영 방식을 처음부터 끝까지 변화시키고 바꾸는 경영 혁신에 나서고 있다. 경영 전략을 수립하는 일에서부터 예산 배분, 조직원에 대한 동기부여와 성과 측정에 이르기까지의 기업의 경영 관습과 문화 전체를 변화시키고 있다. 물론 오랫동안 계속되어 온 기존의 경영 관행을 완전히 새롭게 변모시키는 것은 결코 쉬운 일이 아니다. 그러나 기존 경영 관행을 기업 환경의 변화와 시대의 요구에 맞게 다른 경쟁자들보다 더 빠르게 변화시키는 기업들만이 미래의 승자(勝者)가 될 수 있는 신경영 시대가 열리고 있는 것이다.

하멜(Gary Hamel) 교수는 기업들이 직면하고 있는 세 가지 도전과 세 가지 혁신 방안을 제시하고 있다.[2] 하멜이 가장 중요시하는 것은 경영 혁신이다. 지

2 2008년 월스트리트 저널이 선정한 "가장 영향력 있는 경영 구루(Guru)로 선정된 런던 비즈니스 스쿨의 게리 하멜 교수는 전략 의도(strategic intent), 핵심 역량(core competence), 경영 혁신(management innovation) 등의 개념을 제시하면서 경영학이 지평을 바꾸어 놓았다는 평가를 받고 있다. 박봉권·신헌철(2010).

난 수백 년간 기업들은 경영 방식과 수단의 혁신을 통하여 장기적인 경쟁 우위를 확보해 올 수 있었다. 그러나 글로벌 경쟁 시대가 열리면서 또 다른 경영 혁신의 필요성에 직면하고 있다. 기존 경영 모델에 의한 처방이 한계에 직면하였기 때문이다. 유통 기한이 한참 지난 기존 경영 관행에 대한 믿음을 과감히 버리고 미래 경영에서 성공하기 위하여 기업들은 세 가지 도전 과제를 극복하기 위한 경영 혁신에 나서야 한다.

첫째, 기업이 당면하고 있는 급격한 변화에 맞설 수 있는 적응력(adaptability)을 강화시켜야 한다. 하멜은 100년 후 21세기를 되돌아본다면 21세기의 키워드(keyword)는 "가장 빠른 변화를 겪은 시대"일 것이라고 단언한다. 빛의 속도로 변화하고 있는 초변화(hyper change) 시대에 걸맞게 빠르게 변화되고 있는 환경에 적응할 수 있는 기업을 만들어야 한다는 것이다. 그러나 기업들은 문제가 직접 닥치기 전에는 쉽게 변하지 않으려는 속성이 있다. IBM도 1980년대 수익성 급감을 경험한 뒤에야 서비스에 초점을 맞춘 회사로의 변신을 서둘렀고, 이에 의해서 세계적 기업으로 성장할 수 있었다.

변화에 대한 적응력을 강화하기 위해서는 대기업 조직을 좀 더 전문화된 작은 조직으로 나누는(break into smaller sub unit) 혁신이 필요하다. 소조직 문화를 근간으로 최고의 적응 능력을 갖춘 기업의 사례로 '구글'을 들 수 있다. 구글은 한 팀당 4~5명의 작은 조직으로 쪼개져 있어서 더 자유롭고 창의적인 아이디어를 낼 수 있는 장점이 있다. 이 장점을 무기로 하여 구글은 2019년 현재 매출이 214조 원을 넘는 세계적 기업으로 창업 20년 만에 우뚝 설 수 있었다.

둘째, 주인 의식을 가진 리더들이 자발적인 업무 처리와 새로운 아이디어를 통해 기업의 혁신(innovation)을 이끌어 가는 주체로 활동하도록 조직의 분위기를 바꿔야 한다는 것이다. 조직원들의 상상력을 발휘하여 혁신을 이끌어 낼 수 있도록 독려해야 한다는 것이다. 구글은 70:20:10의 법칙을 통하여 핵심 사업(core business)에 집중하면서도 일정한 시간을 재투자(reinvestment)와 완전히 새로운 생각(crazy new idea)에 집중하도록 하면서 성공적인 기업으로 성장할 수 있었다는 것이다.

셋째, 조직원들의 자발적인 참여(engagement)를 유도할 수 있는 직장 분위기로 바꿔야 한다는 것이다. 세상은 지식 기반 경제에서 창의성 기반 경제(creativity-based economy)로 바뀌고 있다.

창의성 기반 경제에서 가장 중요한 것은 직원들의 자발적인 참여 분위기이다. 임직원의 자율성을 확대하고 참여 기회를 늘리는 등 기업의 경영 활동 전반을 변화시킴으로써 기업 구성원의 창의성을 향상시키고 구성원들을 혁신 활동에 자발적으로 참여하도록 하는 경영 혁신이 필요하다는 것이다.

2) 세계 경제 위기 이후의 기업 경영 전략

2008년 9월 '리먼브라더스' 파산 이후 세계 경제는 몸살을 앓았다. 세계 경제가 불확실성에 쌓여 있을 때 기업의 화두는 '생존'이었지만, 위기 국면을 벗어난 현재 기업의 화두는 위기 이후 '더 강한 기업'을 만드는 전략에 집중하고 있다.

글로벌 CEO들은 위기 이후 더 강한 기업을 만드는 조건으로 주력 업종에 대한 세계적 경쟁력 확보, 고객맞춤형 서비스 강화, 인재 육성 등을 제시하고 있다.

'GE인터내셔널'의 팔코(Beccalli Falco) 사장은, 첫째 제일 잘하는 것에 초점을 맞추어 강점을 더욱 강하게 만들어야 하고, 둘째 기업의 성장 원천이 무엇인지 찾아야 한다고 세계지식포럼에서 강조하였다.[3]

3 2009년 한국에서 매일경제신문사 주최로 열린 "하나의 아시아, 신경제질서 그리고 경제회복"(One Asian, New

그는 "GE의 성장 원천은 기술과 서비스"라며 위기 상황 속에서 비용 절감에 나서더라도 연구 개발(R&D) 투자는 절대 줄이지 않는다고 강조하였다. 또한 지역적으로도 성장 원천 지역을 파악하기 위한 전략을 수립하는 것이 중요하다는 점을 강조하였다.

GE의 경우 미국, 유럽, 일본 시장을 따로 놓고 나머지 세계는 하나로 묶는 시장 공략 전략을 구사해 왔으나 위기 이후에는 중동, 남미, 러시아, 캐나다 등 자원 부국을 따로 묶고 중국, 인도 등 성장 가능성이 높은 나라들을 하나로 묶는 시장 공략 전략을 수립·시행하고 있으며, 특히 위기 이후의 성장 원천 시장은 아시아 시장이 될 것이라고 전망하고 이에 집중하는 시장 개발 전략을 세우고 있다.

경제의 글로벌화가 진행되면서 전 세계 곳곳에서 많은 기업들이 한정된 시장을 놓고 더 치열한 경쟁을 벌이고 있다. 과거에는 유럽, 미국, 일본 기업들이 경쟁을 벌였는데 이제는 한국·중국·인도 기업들까지 더해져서 치열한 경쟁 구도를 형성하고 있다.

이러한 치열한 경쟁 환경 속에서 살아남기 위해서는 기업들은 보다 전략적으로 변신해야 한다고 하버드대 포터(M. Porter) 교수는 충고한다.[4] 전략이란 것은 기업이 비교우위를 갖출 수 있는 방법이자 통로이다. 기업 비교우위의 원천이 어디에서 나오는지, 그리고 해당 기업이 확보할 수 있는 비교우위는 어떤 것인지 찾아야 한다. 그것이 바로 전략이다.

economic order & Recovery)을 주제로 하여 개최된 제10회 세계지식포럼에는 250명의 글로벌 리더들이 참여하였다. 매일경제 세계지식포럼 사무국(2010).

4 경쟁 이론에 관한 한 포터만큼 국제적인 명성을 누리는 인물은 없다. 1979년 '경쟁 전략'(competitive strange) 개념을 담은 논문을 통하여 최고 스타가 된 이후 1990년 『국가경쟁우위론』(*Competitive Advantage of Nations*), 1998년 『경쟁론』(*On Competition*)을 발간하여 전략적 포지셔닝, 가치사슬, 국가 경쟁력, 클러스터와 같은 경영 전략 수립에 큰 영향을 미치는 개념들을 발표하였다.

(1) 독창성 확보가 최고의 전략이다

전략을 좁게 생각해서 최고의 기업을 만드는 것이라고 생각하면 이미 이길 수 없는 경쟁에 들어가는 것이나 마찬가지라고 포터는 설명한다.

이제는 더 이상 최고의 기업이란 없다. 최고의 제품도 없다. 어떤 고객을 상대하느냐에 따라 달라지기 때문이다. 최고의 생산 시스템도 없다. 어떤 방식으로 제품을 시장에 출시하느냐에 따라 달라지기 때문이다. 최고의 서비스 전달 방식이란 것도 없다. 서비스 모델에 따라서 달라지기 때문이다.

따라서 최고의 경영 방식이 하나밖에 없고 이것이 풀어야 할 과제라고 생각하면 다양성이나 선택의 여지가 없고 고객의 니즈(needs)도 충족시켜 줄 수 없다. 하나의 방식으로 경쟁하기 때문이다. 그러므로 이 경쟁은 고객에게도 좋지 않다.

포터는 경쟁이란 맞붙어서 싸우기보다 독창성을 찾는 것이라고 강조한다. 결국 최고라는 것은 없고 근본적인 경쟁 전략은 차별화된 독자적인 위치를 확보하여 고객에게 차별화된 무인가를 전달하는 것이라고 강조한다.

지금은 바야흐로 4차 산업혁명의 경쟁 시대가 열리고 있다. 전 세계적으로 고객들이 수십억 명에 달한다. 모든 고객의 니즈를 충족시킬 필요도 없고 충족시킬 수도 없다. 이제는 무조건 최고를 지향하기보다는 자신만의 차별화를 구축하는 전략이 필요하다. 값싼 해외 농산물과 무한 경쟁의 전장(戰場)으로 내몰리고 있는 한국 농업의 경쟁력 역시 품질과 서비스의 차별화에서 비롯된다. 독창성이 향후의 기업 성패를 좌우하는 새로운 기준이 되는 세상이 열리고 있다.

(2) 포지티브섬 경쟁을 지향해야

기업들이 중국, 인도 등 신흥시장으로 신규 진입을 추진할 때, 대부분의 경우 기존 기업들의 진출 방식과 상품 판매 방식을 모방한다. 기업들이 동일한 전략을 구사함에 따라 출혈경쟁이 뒤따라서 가격은 떨어지고 전체 산업은 어려움에 처하게 된다. 이것이 제로섬(zero sum) 경쟁이다. 제로섬 경쟁에서는 한 기업이 얻은 만큼 다른 기업은 잃는다. 한정된 시장에서 잃은 몫과 얻은 몫의 합이 영(零)이기 때문이다. 특히 현재와 같이 성장이 어려운 시기에는 제로섬 경쟁에 치중하면 아무도 성공하지 못할 위험성이 더욱 커지게 된다.

그러므로 기업들은 제로섬 경쟁에서 벗어나서 긍정적인 경쟁 구도인 포지티브섬(positive sum) 경쟁 구도를 만들어야 한다고 포터는 주장한다. 포지티브섬 경쟁은 기업들이 차별화된 제품과 서비스 제공을 통하여 경쟁해야 가능하다. 차별화된 전략을 기반으로 경쟁하면 모든 기업들이 윈윈(win-win)할 수 있다. 경쟁사들이 다른 서비스를 제공하기 때문에 다양한 고객 니즈가 충족되므로 새로운 시장을 창출할 수도 있다.

(3) 가치사슬 전체를 통합해야

기업 경영에서 수익성을 올리려면 비용을 줄여야 한다. 가격을 올리거나 비용을 줄이는 것이 경영 이론의 기본이다. 그러나 가격을 올리거나 비용을 줄이는 것을 지속하기는 어렵다. 이때 기업에게 장기적인 경쟁력을 가져다줄 수 있는 것이 바로 가치사슬(value chain) 활용 전략이다.

가치사슬은 포터가 처음으로 만들어 낸 개념이다. 원재료의 조달과 생산 및 판매 등 기업의 부가가치를 창출하는 직접적인 경영 활동과, 부가가치 창출에 간접적으로 도움을 주는 연구 개발·재무·인사·홍보 등에 관련된 일련의 경영 활동을 기업의 가치사슬 활동이라고 한다. 가치사슬 활동을 어떻게 활용하느냐에 따라서 전략이 결정된다. 기업의 경영 전략이 다르다는 것은 다른 기업의 가치사슬 활동과 다르다는 뜻이 된다.

성공적인 전략은 가치사슬 자체가 다르다. 오늘날과 같이 경쟁이 치열한 경우에는 기업이 수행하는 가치사슬 활동을 통합적으로 운영할 수 있도록 전략을 수립하는 것이 바람직하다. 왜냐하면 특정 기업이 어느 한 부분만이 아니라 가치사슬의 여러 가지 활동을 유기적으로 연결하고 통합하여 운영하는 차별화된 전략을 갖춘 경우에는 다른 기업이 이를 쉽게 모방할 수 없기 때문이다. 가치사슬 활동을 통합하여 운영하면 기업의 비교우위를 장기간 동안 유지할 수 있다는 것이다.

(4) 사회적 이슈를 기업의 경영 전략에 포함시켜야

과거의 경영 전략은 이윤과 효율성의 극대화에 집중되었다. 많은 경영자들은 기업의 사회적 책임(corporate social responsibility: CSR)을 다하기 위한 활동은 기업에게 비용 부담만 준다고 생각해 왔다. 그러나 과거에는 기업 경쟁력과는 별다른 관련이 없다고 생각하였던 사회적 이슈(issues)가 기업 경쟁력에 큰 영향을 미치고 있다.

수자원과 에너지를 낭비하는 기업의 경쟁력은 보장받기 어렵다. 환경을 오염시키면서 기업이 지속 가능한 경쟁력을 확보하기도 힘들다. 사회적 이슈를 고민하지 않고 단기적인 수익 창출에만 매달리는 기업의 장기적인 경쟁력 확보는 어려워지고 있다. 왜냐하면 많은 고객들이 기업의 사회적 이슈에 대응한 성적표를 보다 중시하고 있기 때문이다.

미래 고객들은 제품값이 다소 비싸더라도 기업의 사회적 책임(CSR) 활동을 열심히 하는 기업의 제품을 원하고 있다. CSR은 기업의 여력이 있는 때만 하는 일이 아니라 비즈니스의 일부분으로 생각하여 사회적 이슈에 기업이 더 접근해야 경쟁력을 확보할 수 있다.

실제로 앞서가는 기업들은 모두 사회적 가치를 기업의 경제적 가치에 포함시키고 있다. '네슬레'의 경우 이해당사자와의 가치 공유(shared value)를 기업의 중요한 가치로 삼고 있다. 기업 이윤의 사회적 환원에 충실한 '유한양행'도 소비자의 사랑 속에서 지속적인 성장을 구가하고 있다. 기업의 경쟁력을 높이면서 동시에 공동체에도 도움을 주는 경영 전략을 선택하는 기업이 불황 속에서도 살아남는다는 것이다.

3) 코로나19가 몰고 오고 있는 세계 대공황

코로나19의 대유행이 지구촌 인류의 삶의 방식과 경제 질서를 통째로 뒤흔들고 있다. 감염 예방을 위한 사회적 거리두기 등 경제 활동 억제 조치와 가계와 기업의 소비 지출 유보 현상 때문에 세계 경제는 제2차 세계대전 이후 가장 심각한 침체 국면으로 빠져들고 있다.

국제통화기금(IMF)은 『세계경제전망』(*World Economic Outlook*, 2020)에서 세계 경제는 3%의 마이너스 성장을 할 것이라고 내다보았다.[5]

각국 정부는 움츠러들고 있는 수요를 진작시키기 위해서 대대적인 '돈풀기'에 나서고 있다. 그러나 위축된 소비 심리를 끌어올려 경제 침체 현상을 극복할 수 있을 것이라고 기대하기는 어렵다. 왜냐하면 공급 위축의 문제가 남아있기 때문이다. 노동자들의 비정상적인 근무로 인한 생산 차질 현상이 세계 전역에서 일어나고 있다. 세계화의 진전으로 글로벌 공급망이 촘촘히 짜여진 상태에서 발생하고 있는 특정 국가의 생산 차질은 곧바로 전 세계의 생산 차질로 파급되기 때문이다. 실제로 코로나19로 인해서 중국의 반제품 등 중간재 생산 공장들이 멈춰서면서 우리나라를 비롯한 세계의 최종재 생산이 차질을 겪게

5 실제로 2020년 1분기 성장률은 미국이 –4.8%, 중국은 –6.8%, 유로 경제권은 –3.8%, 우리나라는 –1.4%를 기록했다.

생각의 폭과 통찰력을 키우자

1. '수익'이 나지 않는 묘한 원리

대부분의 경영자들이 가장 중요하게 생각하는 바는 '새삼 비용을 들이지 않고도' 기존의 사업에서 수익을 더 많이 올리는 것이다. 그런데 충격적이게도 다양한 산업을 폭넓게 조사해 보면, 기업 내 비즈니스의 40%, 곱게 보아 주어야 30%는 수익을 내지 못한다. 생산이든 영업이든 서비스든 무관하게 말이다. 거의 모든 기업에서 수익을 내는 극히 작은 부문이 다른 부문의 적자를 메우고 있다.

몇 년 전 아주 성공적으로 비즈니스를 하고 있는 한 실험 재료 제조사의 CEO가 내게 자문을 구하였다. '수익성 개선 방안'을 찾아달라는 것이다. 나는 새롭고 거창한 계획을 세우는 대신, 그 회사의 기존 '어느' 부문이 '어떻게' 수익을 내고 있는지 분석해 보기로 하였다. 발견된 내용을 보고 우리는 모두 망연자실해졌다.

이 회사에는 이미 수익성을 높일 여지가 많았다. 그런데도 어딘가에 있을지 모를 '흑자의 섬'을 찾아 헤매고 있었다. 그러므로 이들이 할 일은 새로운 사업 분야를 개척하는 것이 아니라, 이미 하고 있던 일에서 체계적으로 수익성을 높이는 것이었다.

수익이 떨어지는 이유는 다음과 같았다.

- 고객 전체 거래의 33%가 채산성이 없고, 지역에 따라 29~42%가 불량 고객임.
- 주문 경로 35%가 수익성이 없고, 지역에 따라 23~50%까지 격차가 존재함
- 유통 벤더와 연결되어 있는 생산 라인의 40%가 수익성이 없고, 핵심 벤더와 연결된 생산 라인 38%는 현상유지 수준임.
- 전화 판매에 의한 판매 방식이 41%의 매출 수익을 실현시킴으로써 다른 판매 방식(현장 판매 36%, 전체 30%)보다 훨씬 나은 실적을 보이나 전화 판매 활용률은 지역에 따라 3~32%까지 천차만별임.
- 회사 사람들이 알고 있는 것과 달리 제품 수명주기가 짧은 제품이 36%의 매출 수익을 내서 제품 수명주기가 긴 제품(34%)보다 수익이 크고, 재고가 없는 기획 상품과 주문 제작 제품의 이익률인 29%보다 높음.

우선 수익을 높일 수 있는 영역은 30%가 넘었다. 현재 비즈니스를 구성하고 있는 요소에 살짝 변화를 가미하기만 하면 얻을 수 있는 수익이다. 추가 비용이나 투자도 필요 없다. 동일한 결과가 철강, 통신, 소매업 등 수많은 산업 분야에서 발견된다. 당신이 속한 기업은 상대적으로 수익률이 좋은가? 지난 연말에는 인센티브도 후하게 받았는가? 앞으로도 전도 유망한가? 그러나 틀렸다. 당신이 알고 있는 것보다 훨씬 많은 수익을 내는 것이 가능하기 때문이다. 경쟁사보다 잘하고 있는 것으로는 부족하다.

자료: 이훈 외 역(2010), pp. 25~27에서 발췌·인용함.

되었다. 더구나 주요 선진국들은 인구 고령화의 진척으로 이미 구조적인 경제 침체에 접어들고 있는 상황이다. 따라서 재정 지출 확대와 통화 증발에 의존해서는 세계 경제가 침체 상태에서 쉽게 벗어나기를 기대하기 어렵다.

코로나 사태는 2020년 후반기에 이어서 2021년에도 계속될 가능성이 크다. 왜냐하면 겨울철에 접어들고 있는 남미와 아프리카 국가들에서 신규 확진자 수가 크게 늘어나고 있고 북반구 국가들의 재확산도 일어나고 있기 때문이다. 만약에 코로나 사태가 2021년까지 이어진다면 개인과 기업들의 파산이 대폭 증가할 것이다. 이는 부실 채권 증가로 인한 은행 부실화로 이어지고 실물 경제위기가 금융위기로 이어지는 악순환에 빠져들어 세계 대공황(Great Depression)의 발생이 불가피하게 될 것이다. 코로나19의 세계적 대유행(Great Pandemic)이 세계 대공황으로 귀결될 가능성이 커지고 있는 것이다.

코로나 사태는 소득과 부(富)의 양극화를 더욱 심화시켜 2009년 세계 경제위기 이후 만연되어 온 포퓰리즘(populism)의 확산을 부채질하게 될 것이다. 왜냐하면 코로나 사태는 소규모 서비스업을 운영하는 기업들과 여기에 종사하고 있는 저소득 근로자들에게 집중적인 피해를 야기하고 있기 때문이다. 국제노동기구(ILO)의 최근 보고서(『코로나와 세계노동』, 2020. 4. 29)에 의하면 전세계 20억 명에 달하는 비공식 경제(informal economy) 노동자들 중에서 76%에 달하는 16억 명가량이 코로나 사태로 심각한 피해를 입고 있다고 한다.[6]

코로나 사태의 장기화가 진행되면 선진국들은 자국의 경기 침체를 타개하기 위한 보호무역주의를 본격화하게 될 것이고 이에 따라서 가난한 개발도상국의 고통은 더욱 가중되어 장기화될 수밖에 없다.

개발도상국들이 현재 직면하고 있는 심각성은 무려 100개국 이상이 국제

6 통계에 제대로 잡히지 않는 노점상, 건설 현장 비공식 노동자의 소득이 평균 34% 감소하게 되어 사회적 불평등이 더욱 심화되고 있다고 우려하고 있다.

통화기금(IMF)에 긴급 금융 지원 요청을 하고 있는 것에서 엿볼 수 있다.

4) 본격화되고 있는 탈세계화

현대 경제는 경제 활동에 관련된 모든 경제 주체들이 거미줄처럼 복잡하게 얽혀서 운용되고 있다. 더구나 세계화의 진전에 따라 각국의 분업 체계가 잘 짜여져 운용되고 있기 때문에 어느 한 국가의 생산 차질 또는 수요 감퇴는 연쇄적으로 연관되어 있는 나라에 순식간에 파급되는 결과로 이어진다. 코로나19와 같은 전염병으로 인해서 이러한 연결고리의 어느 한 쪽이 깨지면 여기에 연결된 다른 경제 활동도 연쇄적으로 연결고리가 부서지게 된다.

경제학 교과서에서 설명하고 있는 소득 순환 모형으로 코로나19가 미치게 되는 영향을 살펴보자.

가계는 자기 보유의 노동력과 자본을 기업에 공급한다. 기업은 이를 이용하여 재화를 생산하고, 가계는 기업이 보수로 지급한 돈으로 재화를 구매하는 식으로 소득이 순환하며, 이러한 소득 순환 과정에서 경제가 성장하게 된다. 이러한 소득 순환의 한 부분에서 차질이 발생하면, 결국 모든 순환 흐름이 차질을 겪게 되는 결과로 이어진다.

어떤 특정 국가에서 발생한 차질은 상품뿐만 아니라 자본과 노동력의 이동이 크게 늘어난 1990년대 이후의 세계화(globalization) 시대에서는 전 세계로 차질이 순식간에 확산된다.

[그림 1-7]에서 ×는 차질 또는 경제적 타격을 의미한다.

먼저 가계는 상점 폐쇄, 운송 제한, 여행 금지 등 조치로 소비를 줄이게 되고, 기업은 판매 부진과 재고 누적으로 조업 단축 내지 파산으로 치닫게 된다. 이 과정에서 근무 시간 단축과 해고 등이 불가피하게 되므로 가계에 지급하게

그림 1-7 코로나19가 소득 순환 과정에 미치는 동시다발적 차질

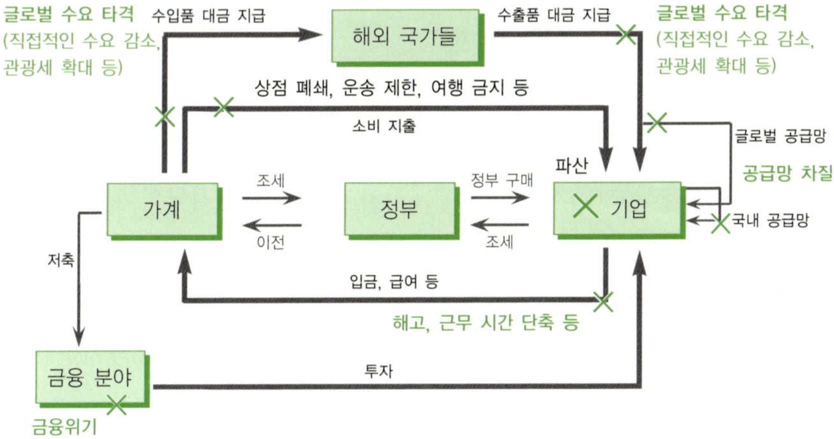

자료: 폴 크루그먼 외(2020), p. 29.

되는 임금 감축이 진행되어 가계의 소비는 더욱 위축된다. 이러한 경제적 타격은 수입품 대금 지연과 수입 감소로 이어져 글로벌 수요 감퇴로 귀결되고 결국에는 글로벌 공급망까지 타격을 받게 된다. 또한 기업의 현금 흐름이 타격을 받게 되면 금융 기관으로부터 받았던 대출금의 원리금 상환이 어렵게 된다. 결국 금융 기관 역시 기업의 대출금 상환 유예와 가계의 소득 감소에 의한 저축 감소로 금융위기 상태로 내몰리게 된다.

세계화가 크게 진전된 현 상태에서 코로나19 팬데믹은 글로벌 수요와 공급망에 차질을 가져오게 되고 이러한 차질이 단기간 내에 수습되지 않는다면 글로벌 금융위기로까지 치닫게 될 수 있다는 것이다.

코로나19는 공급과 수요 양 부문에 동시적인 충격을 주고 있다. 이와 같은 수요·공급에 대한 동시 충격은 재화와 서비스의 국제 교역에 큰 영향을 미치

게 된다. 특히 세계 경제를 이끌고 있는 G-12 국가가 전 세계 코로나 감염 국가 확진자 순위에서 상위 75개 국가에 속해 있으면서 전 세계 확진자의 59.3%를 차지하고 있다는 점(2020년 10월 13일 현재)에 주목할 필요가 있다. 왜냐하면 이들 국가가 전 세계 수요와 공급의 대부분을 차지하고 있으면서 전 세계 제조업과 수출·수입을 좌지우지할 정도로 영향력이 절대적인 나라이기 때문이다.

코로나19를 막기 위한 주요국의 사회적 거리두기 등 정책들이 총수요 감소를 유발하여 글로벌 교역 자체를 크게 위축시킬 것이라는 점이 가장 우려되는 점이다. 경기 침체기에 들어서게 되면 교역 규모가 글로벌 성장보다 훨씬 빠르게 둔화되었다는 점을 감안하면 글로벌 교역 규모의 위축은 쉽게 예상할 수 있다.[7] 특히 이번에 큰 타격을 입은 12개 국가들은 서로 거미줄처럼 얽혀 있는 글로벌 공급 체인의 중심에 서 있는 나라들이다.

이 국가들은 서로 상대국이나 제3의 나라에서 부품 소재를 전달하는 핵심적인 공급자 역할을 수행하고 있기 때문에 핵심 국가들에서 발생한 공급 충격은 전 세계로 확산되어 세계 교역 질서의 대붕괴를 피할 수 없게 한다.

미국과 함께 세계화를 가장 선두에서 이끌어 왔던 유럽은 유럽연합(EU)을 결성하고 상품뿐만 아니라 자본과 노동력의 역내 이동을 자유화했다. 또한 통화 동맹을 체결하여 유로(euro)를 단일 통화로 사용함으로써 역내 교역의 효율성을 극대화해 왔다. 그러나 EU는 코로나 사태에 대해 공동 대응 조치를 하지 못했다. 가장 먼저 이탈리아가 단독으로 국경을 봉쇄했고 프랑스, 독일 등이 뒤를 이었다. 여기에다 독일과 프랑스는 의료용 마스크의 해외 수출을 금지하면서 EU 역내 다른 회원국으로의 수출까지 봉쇄했다. 더구나 유럽 전역에 촘촘히 엮어져 운영되고 있던 EU 역내 가치사슬마저 곳곳에서 끊어졌다. 코로나

7 이는 지난 2008·2009년 교역 내붕괴(great trade collapse) 당시에 두드러지게 나타났다.

사태가 EU 공동시장의 기본 원칙까지 순식간에 깨뜨리는 사태가 발생한 것이다. 영국의 탈퇴(Brexit)로 힘이 빠지고 있는 EU의 결속력이 코로나 사태로 유로존(Eurozone)의 와해 위기 가능성마저 커지고 있는 것이다.

아시아·태평양 지역은 유럽과 함께 글로벌 가치사슬이 가장 촘촘히 엮어진 지역이다. 중국과 베트남 등지에 미국을 비롯한 선진국의 중간재 및 완제품 생산 기지가 세계화의 바람을 타고 속속 들어섰다. 그러나 코로나 사태가 발생하자 중국이 봉쇄 조치를 취하면서 아시아·태평양 지역의 가치사슬이 멈춰 섰다. 코로나 사태로 인한 피해 상황 파악뿐만 아니라 생산 관리를 위한 필수적인 인원의 출입국마저 봉쇄당하면서 글로벌 투자 기업들은 자신들이 투자한 자산이 자신들의 뜻대로 더 이상 자유롭게 통제될 수 없다는 점을 인식하게 된 것이다. 이에 따라 현재까지 세계화의 이름으로 진행되어 온 면대면(face to face)의 물리적 공급망은 필연적으로 붕괴될 수밖에 없다.

글로벌 투자 기업의 일부는 본국으로 되돌아가는 리쇼어링(reshoring)을 시도할 것이고, 일부는 다른 곳으로 투자처를 옮기는 디쇼어링(deshoring → deplace shoring)을 추진하고 있다. 특히 코로나 사태가 세계 전역으로 확산되던 초기에는 보건용 마스크와 진단 장비의 수출이 제한되고 곡물 수출국들의 곡물 수출 제한 조치가 잇따르면서 세계 각국은 적어도 의약품과 생필품 그리고 식량 자급자족의 필요성을 절실히 깨닫게 되었다.

코로나는 세계화에 의한 연결고리를 타고 전 세계로 더욱 빠르게 확산되고 있고, 세계 각국은 경쟁적으로 수출과 수입 제한 조치를 시행하고 있다. 그럼에도 불구하고 세계무역기구(WTO)는 회원국들의 보호무역주의 회귀를 전혀 막지 못하고 있다.

코로나 사태가 본격적인 탈세계화를 유발하고 있는 셈이다.

5) 코로나가 촉진시키고 있는 4차 산업혁명

비대면 언택트(un-contact) 소비가 폭발적으로 증가하면서 새로운 사회문화로 자리잡아 가고 있다. 중국은 사회주의 체제의 강력한 공권력 개입을 통하여 4차 산업혁명적인 기술을 이용함으로써 코로나 사태를 매우 빠르게 진정시켰다는 평가를 받는다. 인공지능, 핸드폰과 CCTV, 안면 인식 기술로 개인 정보를 파악해서 바이러스 전파를 단기간에 막을 수 있었다. 일반 국민들도 코로나 환자의 모든 동선을 추적하는 정보를 통해서 자신이 환자와 접촉했는지 확인할 수 있었다. 뿐만 아니라 드론을 이용하여 격리된 지역에 물자를 제공하고 마스크 미착용자에 대한 경고 방송을 했다. 심지어는 로봇이 열적외선 온도 측정으로 아파트, 마트, 공항 등에서 발열자를 찾아냈다. 정부의 코로나 구호용 지원금도 현금이나 상품권이 아니라 스마트폰을 이용한 알리페이나 위챗페이 등의 모바일 결재 시스템에 입금시켰다. 지급 속도만 빨라진 게 아니라 지급된 구호금이 어떻게 사용되는지 추적과 분석을 가능하게 해서 경기 부양 효과를 최대한 높일 수 있는 자금 지원 방식도 분석이 가능한 핀테크(fin tech)를 활용했다. 코로나 사태가 4차 산업혁명을 빠른 속도로 정책 수단화 내지 생활화시키고 있는 실증 사례를 전 세계에 보여 준 것이다.

기업들은 인공지능, 빅네이터, 클라우딩, 디지털 플랫폼, E-비즈니스, 핀테크, 사물인터넷(IoT)에 이르는 디지털 기술과 로봇과 3-D 프린팅 기술을 이용한 생산의 효율성을 깊이 인식하게 되면서 4차 산업혁명적인 기술 수용에 보다 적극적인 자세로 전환하고 있다. 코로나 사태로 인류는 갑자기 재택근무(在宅勤務)를 경험하게 되었고 재택근무가 충분히 효율적이라는 점을 느끼게 되었다. 많은 한계 기업들이 파산하고 노동자들의 일자리는 줄어들었지만 4차 산업혁명은 더욱 빨리 진행될 것이고 4차 산업혁명 시대에 살아남기 위한 기업

간, 국가 간 경쟁은 더욱 치열하게 전개되어 갈 것이다. 지구촌의 삶의 방식을 송두리째 바꾸고 있는 코로나 팬데믹은 4차 산업혁명적 기술을 모든 생산과 소비 생활에 빠르게 접목시키고 있다.

'강 건너 불 구경'하듯이 바라보던 4차 산업혁명적인 기술을 코로나 사태로 인해서 비자발적으로 채용·경험하면서 사람들은 자신들의 삶의 방식에 4차 산업혁명적인 기술을 빠른 속도로 접목시키게 된 것이다.

맥킨지 컨설팅은 2020년 4월 보고서에서 조사 대상 40개국 소비자들의 소비 총액은 감소했지만 디지털 채널을 이용한 상품과 서비스의 총액은 오히려 증가했다고 분석하고 있다.[8]

우리가 원하든, 원하지 않든 간에 4차 산업혁명은 인류의 소비 행태에서부터 본격적으로 도입되어 상품 생산 질서의 변화와 기업 경영 방식의 변화로 연결되면서 탈세계화의 흐름으로 이어지고 있다.

4. 한국 농업 경영에 주어진 과제

1) 개방 시대 대응 과제

농가 호당 평균 100ha가 넘는 대규모 경영 체제의 선진국 농업과 호당 평균 1.5ha(2018)에 불과한 영세 경영 규모의 한국 농업이 개방 시대의 '맞짱' 경쟁에서 살아남을 수 있을 것인가?

관세 감축이 진행됨에 따라 밀려들어 오는 저가의 해외 농산물과 경쟁해

8 「Covid.19 사태에서 세계의 소비자 행태 변화」, 맥킨지 컨설팅, 2020. 4.

생각의 폭과 통찰력을 키우자

2. 코로나 바이러스 확산 방지를 위해 중국에서 활용된 하이테크(hi-tech) 전략

1) 하늘을 채운 드론

코로나 대유행 때 드론은 확성기로 정보를 공유하고, 소독제를 뿌리고, 의약품을 배달하며 적외선 열화상을 이용하여 체온을 측정했다. QR 코드가 그려진 표지판을 달고 비행하면서 비접촉식으로 환자 등록 등을 가능하게 했다. 초기에 저장성의 인민병원은 드론을 사용하여 검사용 샘플을 운반함으로써 교차 감염의 위험을 크게 줄였다.

2) 로봇 배송

의료진이 로봇 위에 물건을 놓으면 로봇은 환자가 있는 입원실로 이동하여 비접촉식으로 물건을 전달한 뒤, 자동으로 간호사의 스테이션으로 돌아가서 소독된다. 이러한 로봇은 대당 평균 20실까지 비접촉식으로 배달 서비스를 제공할 수 있었다. 로봇과 무인 차량은 커피에서 신선 채소 등 모두 식음료 부분에 이르기까지 비접촉 방식으로 배달 서비스를 제공함으로써 배송 담당 인력의 부담을 크게 줄였다.

3) 생명공학 기술

한 의료 회사는 면역 강화 성분을 포함한 '약'이 되는 면류의 새로운 식품 라인을 출시했다. 정부와 민간 부문 자본이 생명의학 서비스 및 의료 기술에 넘쳐나고 있다. 이에 따라 제약 회사, 의료 기기 서비스, 생물학적 제품 등에 대한 주가가 폭등하고 있다. 온라인 의료 서비스 플랫폼은 코로나 바이러스 증상에 대한 온라인 서비스를 시작했고 인공지능 분석을 통해 CT(컴퓨터 단층 촬영)만으로도 96%의 정확도를 가진 코로나 바이러스 검사 기술도 개발되고 있다.

4) 가상 교실-에드테크(education tech)

중국의 가상 교실과 온라인 교육은 세계에서 유례를 찾기 어려울 정도의 호황을 누리고 있다. 1만 개가 넘는 초등학교와 중고등학교에서 온라인 가상 교실에 참여하고 있다. 2020년 봄 학기에는 칭화대학에서 3,923개의 과정을 그리고 북경대학에서는 4,437개의 과정을 온라인 공개 수업, 녹화 영상 라이브 스트리밍 및 화상 회의로 진행했다. 중국 교육부는 20개 이상의 온라인 플랫폼에서 24,000개의 온라인 과정을 무료로 제공했고, 수많은 온라인 교육 회사가 초중고 학생을 위한 무료 온라인 강좌를 공유하고 있다.

5) 원격 근무

전염병 대유행의 시기에는 집에 머무르면서 접촉을 피하는 것이 중요하다. 2020년 중국의 춘절(春節)을 맞이하여 알리바바의 딩톡앱은 가장 많이 다운로드된 무료 앱이 되었다. 2월 3일에만 1,000만 개 넘는 회사가 딩톡의 팀채팅 그룹 조직도 및 화상 회의 기능을 활용했다. 틴센트의 닌센트 미팅과 위챗워크 등 화상 회의 앱은 수백만 개의 회사에 서비스를 제공함으로써 원격 근무를 지원했다.

6) 무인 소매점

24시간 영업하는 슈퍼마켓은 셀프서비스 체크아웃 시스템으로 손님을 맞고 있다. 메이투안(Meituan)과 엘레미(Ele me)에서 KFC에 이르기까지 비접촉 배달 서비스를 시작했다. 코로나 이후 중국에서 온라인으로 식료품을 구매하는 것은 이제 표준이 되고 있다. 중국의 시노팩 주유소도 비접촉으로 식료품을 판매하고 있다. 온라인으로 구매하면 주유소에서 식료품을 트렁크에 넣어 주는 새로운 서비스가 활성화되고 있다.

7) 바이러스 저항력을 가진 스마트 시티(smart city)

위챗(We Chat)과 바이두맵(Baidu Maps)은 실시간 정보 네트워크를 구축해서 중국 전역의 100개 도시와 3,000개 이상의 병원에 대한 정보를 공개했다. 환자는 전화로 코로나 바이러스를 진료해 주는 지정 병원을 찾을 수 있기 때문에 혼란과 대기 시간을 크게 줄일 수 있다. 스마트 시티는 빅데이터와 클라우드 컴퓨팅을 통합하여 감염을 신속하게 감지해 지역 사회에 알리고 확신을 저지하는 조기 경고 메커니즘을 갖출 수 있었다.

코로나 바이러스 대유행은 인류 사회가 직면한 큰 위기임이 분명하다. 그러나 위기를 대처하기 위해서 개발된 신기술은 다른 무엇보다 강력한 기회를 제공한다. 그러므로 위기를 낭비하지 않아야 한다.

자료: 박영숙·제롬 글렌(2020)에서 발췌 정리함.

서 한국 농산물이 식량 자급률 확보와 농가 소득 확보를 위한 시장 몫(share)을 계속적으로 확보할 수 있을 것인가? 전통적인 소농 방식에 의해서 주로 노령화된 농민들이 생산하는 농산물로 전문 CEO가 경영하는 선진국 농산물과의 시장 경쟁에서 경쟁력 확보가 가능할 것인가?

한국 농업 경영은 농산물시장의 개방이 진행되고 있는 글로벌 경쟁 시대에 처하여 폐쇄된 내수시장만을 대상으로 영위되어 왔던 기존의 경영 체제와는 전혀 다른 새로운 경영 체제로의 혁신을 이루어야 한다는 과제에 직면하고 있었다. 개방 시대의 한국 농업 경영이 직면하고 있는 지상과제는 한마디로

'국제 경쟁력 향상'을 위한 경영 혁신이었다.

(1) 국제 경쟁력 향상이 무엇보다 우선되어야 한다

40여 년에 걸친 경제의 고도성장을 성공적으로 뒷받침해 온 한국 농업, 그러나 시장 개방의 태풍 속에서 설 자리마저 위협받고 있는 한국 농업을 이끌고 나갈 꿈(비전)을 실현할 수 있는 당면 과제는 다음과 같이 요약할 수 있다.

국제 경쟁력을 갖춘 일(산업)로 농업을 탈바꿈시켜야 한다. 농업을 직업으로 선택한 사람(농민)들의 소득을 보장할 수 있어야 한다. 농촌을 삶의 터로 국민들이 선택할 수 있도록 생활 환경을 바꾸어야 한다. 무엇보다 국민경제의 한 부문으로서의 농업의 설 자리(位相)를 축소 지향으로부터 확대 지향으로 반전(反轉)시킬 수 있어야 한다.

전면적인 시장 개방 확대로 진입한 한국 농업의 꿈은 국제 경쟁력의 향상 없이는 실현될 수 없다. 그러나 UR 협정에 의한 개방 이후 지난 25년 동안의 정책적 노력에도 불구하고 뚜렷한 경쟁력 향상 효과를 거두었다고 긍정적인 평가를 하는 의견은 찾기 어렵다. 그동안의 정책 추진 성과를 고려할 때, 우리 농업의 경쟁력을 획기적으로 향상시키기 위한 정책 과제는 무엇인가?

첫째, 가격 경쟁력 향상에 치우쳐 온 정책 수단을 비가격 경쟁력 강화를 위한 정책으로 정책의 우선순위를 바꾸어야 한다. 그동안 선택하였던 주된 경쟁력 향상 정책은 우리 농산물의 비교열위(比較劣位) 부문인 가격 경쟁력을 향상시키기 위한 정책이었다. 생산 요소(비료, 농약, 농기계) 보조 정책과 생산 기반 조성 정책은 생산비를 인하시키기 위한 정책이었다. 경영 규모를 확대하기 위한 규모화 정책은 경영비를 절감하기 위한 정책이었다. 무엇보다 결정적인 것은 지나치게 높게 형성되어 왔던 생산자 잉여(producer surplus)의 격차 극복이 어려웠기 때문에 가격 경쟁력의 비교열위를 극복하기 어려웠다.[9]

그러나 가격 경쟁력의 현저한 비교열위에도 불구하고, 즉 수입 원가와 국내 가격 간의 현저한 격차에도 불구하고 우리 농산물은 일정한 국내시장 점유율을 본격적인 시장 개방이 진행된 지난 25년 동안 지켜올 수 있었다. 그 이유는 우리 농산물의 품질과 서비스 등 비가격 경쟁력이 수입 농산물보다 비교우위(比較優位)적이었기 때문이다.

그러므로 앞으로의 국제 경쟁력 향상 정책은 우리 농산물의 비교열위 부문(가격)을 획기적으로 개선하려는 노력과 함께 비교우위 부문(품질, 서비스)을 더욱 강화하여 해외 농산물과의 차별화 정도를 지속·강화시키는 정책으로 정책의 우선순위를 유지해야 한다는 것이다.

둘째, 가격 경쟁력상의 비교열위를 완화하기 위해서는 생산 요소 결합 방식의 구조 개선을 위한 정책 개입을 강화해야 한다. 그동안의 가격 경쟁력 향상 정책은 주어진 자원 결합 방식을 조건으로 하여 각 생산 요소(토지, 노동, 자본)의 개별적인 생산성 향상 노력에 치우쳐 왔다고 할 수 있다.

그러나 경쟁 상대국보다 훨씬 높은 지대(20배 이상)와 임금(2배 이상) 수준 때문에, 주어진 (토지+노동+자본)의 결합 비율에 의한 생산비 구성 구조를 바꾸지 않으면 생산비를 효과적으로 낮추기가 어렵다. 그러므로 값비싼 토지 자원을 자본으로 대체시키고 값비싼 노동 자원을 자본으로 대체시키는 방향[10]으로 농업 자원 결합 방식의 구조 개선을 위한 정책 개입을 강화해야 한다는 것이다. 이를 위한 투·융자 재원은 개방 피해 보전을 위한 직불제 강화에 소요되는 추가적인 재정 수요를 전환시키는 방식으로 충당하는 것이 바람직하다.

9 2018년도 우리나라 쌀 생산 농가의 10a당 총소득은 1,178,214원이고 이 중에서 생산비(796,416원)를 제외한 순수익(381,798원)이 생산자 잉여로서 총수입의 32.4%에 해당한다. 경쟁국과 비교해서 지나치게 높은 생산자 잉여에도 불구하고 쌀 생산 농가의 소득은 영세한 경영 규모 때문에 상대적으로 낮다.

10 시설 재배 농법은 토지 이용을 줄이는 대신 자본 이용을 늘리는 방법이고 기계화 및 자동화는 노동 이용을 줄이는 대신 자본 이용을 늘리는 방법이다.

셋째, 수입 농산물에 의해서 잃게 될 국내시장 몫을 대신할 우리 농산물의 새로운 시장을 열어야 한다. 값싼 수입 농산물은 저품질의 국내 농산물시장의 상당 부분을 점차 잠식하게 될 것이다. 잃게 될 국내시장 몫을 대신할 새로운 시장을 찾지 못하면 한국 농업의 위축은 피하기 어렵다.

국민소득 상승으로 웰빙(well-being) 추세는 확산되고 있다. 이에 따라 안전성, 기능성을 갖춘 고품질 농산물에 대한 수요도 빠른 속도로 증가하고 있다. 비싼 생산 자원(땅, 노동력) 가격 때문에 값싼 해외 농산물과 승부가 어려운 가격 경쟁을 하기보다는, 우리 농민의 우수한 기술 수준과 사계절이 분명한 기후 조건 등을 활용하는 고품질, 고부가가치 농산물로 고소득의 국내외 시장의 점유율 향상을 지향하는 품질과 서비스 경쟁에 나서야 한다. 이를 통해서 잃게 될 국내시장 몫을 대신할 수 있는 새로운 국내시장을 확보해야 한다. 또한 방탄소년단이 쌓아올린 K-pop의 명성과 전 세계를 놀라게 한 K-방역(코로나 방역 시스템)의 성과를 바탕으로 K-food를 세계인의 식탁에 올리기 위해 힘을 모아야 한다. 이것이 해외의 신수요와 신시장을 적극 개척해야 하는 이유이고 또 승산도 충분하다.

넷째, 경쟁력을 갖춘 신경영 주체를 적극 육성해야 한다. 정보통신 기술(ICT)의 융합이 선도하고 있는 제4차 세계화는 생명공학 기술(BT), 나노 기술(NT), 문화 기술(CT) 및 환경 기술(ET) 등을 응용 융합한 신제품의 개발과 유통이 선도하는 새로운 지식 경쟁 시대로 유도하고 있다. 지식 경쟁 시대에 적응하기 위한 필수적인 요소는 사람이다. 사람이 가진 지식 경쟁력이다. 환경 변화를 읽고 여기에 빠르게 대응할 수 있는 경영 마인드를 갖춘 인적 자원의 뒷받침이 없이는 급변하는 지식 기반 사회에 적응하여 농업을 경쟁력이 있는 고부가가치 산업으로 발전시켜 나갈 수 없다.

농업 부문이 구조 조정과 경영 혁신을 위하여 농업 밖으로부터 많은 자금이 유입되고 있다. 첨단 신기술도 농업 부문의 응용을 기대하면서 빠르게 개발되고 있다. 그러나 농업 부문 밖으로부터 밀려들어 오는 자금과 신기술을 농업 부문으로 흡수하여 효과적으로 적용·관리할 수 있는 농업 인적 자원은 빈약하기 그지없다. 그러므로 오늘날 우리 농업의 위기는 확대되고 있는 시장 개방에서 연유한다기보다는 농업 인적 자원의 빈약으로 인해서 초래되고 있는 지식과 창의력 경쟁력의 기반 약화에서 연유한다고 단언하여도 지나치지 않을 것이다.

그러나 지식 경쟁력을 갖춘 신경영 주체를 양성하는 것은 쉬운 일이 아니다. 농업 부문의 미래를 열기 위한 도전 의지를 주는 동기부여적인 교육과 경영 및 유통 혁신을 수행할 수 있는 경영 마인드 함양 교육을 지속적으로 시행함으로써 농업 인력의 경영 능력을 키워 나가야 한다. 물론 다양한 유인적인 시책과 규제 개혁으로 비농업 부문의 유능한 인력을 농업 부문으로 공급하기 위한 시책이 제도적으로 강화되어야 한다. 또한 신경영 주체의 육성 대상에서 제외될 수밖에 없는 대부분의 노령 경영주와 영세 경영주에 대한 퇴로(退路)가 제시되지 않으면 신경영 주체 확보를 위한 농업 구조 조정 정책은 벽에 부딪힐 수밖에 없다.

그러므로 전 농가와 전 품목을 대상으로 하여 추진되고 있는 현재의 평균적인 농정 추진 방식의 한계를 극복하기 위하여 농업 정책 대상을 분리하여 경쟁력 향상 정책과 복지 향상 정책으로 정책 접근을 차별화해야 한다. 동시에 유휴될 농업 자원(토지, 노동, 자본)의 새로운 고용 기회와 소득 기회를 창출해야 한다. 유휴될 농업 자원의 퇴로를 여는 이러한 정책이 뒷받침되지 않는 한 농업 구조 조정의 연착륙은 어려울 수밖에 없다.

다섯째, 경영주가 노령화된 농가 중에서 후계 경영자 부재로 해체 위기에 몰리고 있는 가족농을 위한 맞춤형 시책도 구조 조정의 연착륙을 위해서 확립

그림 1-8 가족농의 발전 모형

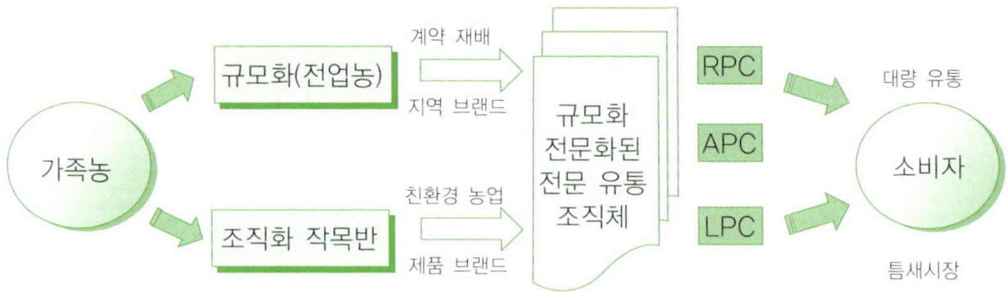

될 필요가 있다([그림 1-8] 참조).

2018년 현재 60세 이상의 노령화된 농림어업 취업자는 89만 2,000명으로 전체 농림어업 취업자의 65.3%를 차지하고 있다. 또한 0.5ha 이하의 영세한 자급(自給) 농가는 49만 호로서 전반적인 농가 호수의 감소 추세에도 불구하고 전체 농가의 48.0%로, 개방 시작 당시(1995년)보다 절대 수에서 3만 3,000호가 늘어났고 전체 농가에 대한 비율(30.4%) 면에서도 그게 늘어나고 있다.

노령화되고 영세한 경영 규모의 농가들을 대상으로 하는 경쟁력 향상 정책은 효과를 거두기가 어렵다. 그러므로 이들을 위한 사회부조적(社會扶助的)인 복지 향상 정책을 경쟁력 향상 정책과 분리해서 적용할 필요가 있다. 물론 이러한 정책 선택은 정책 공급자(정부)가 일정 기준에 의해서 이를 분류하기보다는 정책 수혜자인 농가가 양자택일적(alternatively)으로 선택하도록 유도하는 것이 바람직하다.

경쟁력 향상 정책 대상으로 선정되기를 원하는 영세 가족농에게는 가족농을 위한 별도의 발전 모형이 준비되어야 한다. 그것은 가족농을 전업농으로 규모화시키는 방법과 가족농의 조직화를 통한 규모화를 유도하는 방법 등이다.

(2) 비가격적인 상품 경쟁력 강화에 초점을 맞추어야 한다

전통적인 경제 이론에서는 생산 요소 부존 조건의 비교우위성에 따라 각국의 생산비 차이가 나게 되고, 생산비의 차이는 각국 생산물의 가격 차이로 연결되어 국제 경쟁력의 비교우위 정도가 결정된다고 설명한다.

이 때문에 비교우위는 부존 자원의 상대적인 양과 질의 차이에 의한 가격 경쟁력에 의해서 판가름된다고 쉽게 생각하는 경향이 있다. 그러나 이는 현실과 전혀 다르다. 물론 가격 경쟁력이 어떤 상품의 비교우위 정도를 결정하는 데 중요한 기준이 되는 것은 사실이지만, 어떤 상품의 비교우위는 상품의 가격 조건뿐만 아니라, 상품에 체화(embodied)되어 있는 품질이나 서비스 조건 등에 의해서도 결정되기 때문이다.

현대 경영 이론에서는 생산 요소 부존 조건뿐만 아니라 경영체의 경영 능력이나 경쟁 전략, 관련 산업과 지원 산업의 기여도 및 상품의 수요 조건 등도 국제 경쟁력을 결정하는 중요한 요소로서 파악한다.[11] 이를 농산물의 경쟁력에 대입하여 재해석하면 농산물의 국제 경쟁력은 ① 가격 경쟁력, ② 품질 경쟁력, ③ 서비스 경쟁력, ④ 경영 주체의 능력과 여건 등으로 나누어서 그 크기를 형상화할 수 있다([그림 1-9] 참조).

한국 농산물은 생산 요소 부존 조건이 경쟁 상대국보다 열악하기 때문에 생산 요소 가격, 특히 지대와 임금 수준이 상대적으로 높아서 가격 경쟁력은 국제 수준보다 1/4~1/5 수준으로 낮은 것이 사실이다. 그러나 품질이나 서비스 등 농산물에 체화되어 있는 상품성 경쟁에서는 국제 농산물보다 현재 수준에서도 경쟁력이 상당히 높다고 할 수 있다. 한국 농민이 보유하고 있는 기술의 우수성과 토양, 기후 등 생산 조건 등에 기인한 한국 농산물의 비가격 경쟁력

11 M. porter(1998).

그림 1-9 한국 농산물의 국제 경쟁력 크기

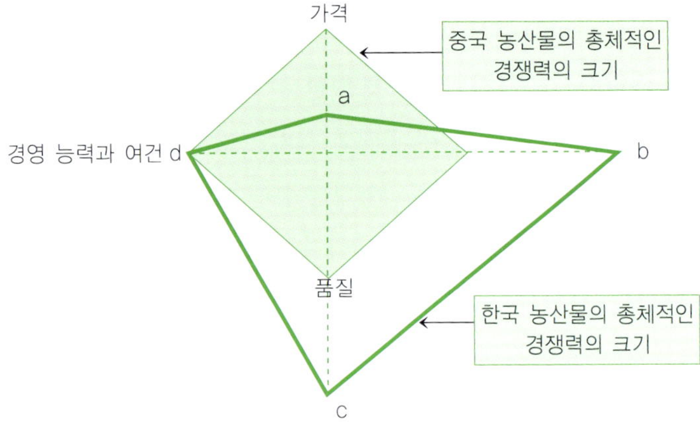

수준은 효율성 실현을 중시하는 대량 생산과 대량 유통 과정 및 특히 장거리 운송 과정을 반드시 거쳐야 하는 수입 농산물보다는 품질·서비스 경쟁력 측면에서 현저한 비교우위를 보이고 있기 때문이다.

[그림 1-9]에서 각 꼭지점을 연결한 다이아몬드의 크기를 경쟁 상대국(중국 등)의 국제 경쟁력 수준이라 할 때, 우리 농산물의 경쟁력 크기는 가격 조건에서는 비교열위 수준(a)이지만 품질(c)과 서비스(b) 조건에서는 비교우위적이므로 경영 능력과 여건을 서로 같다고 가정한다면 ◇abcd로 표시할 수 있으며, 원래의 다이아몬드 크기보다 계측하는 방법에 따라 클 수도 있다. 이 때문에 개방 폭의 확대에도 불구하고 일정률의 국내시장 몫을 굳건히 지키고 있는 것이다.

우리 농업의 경쟁력 향상을 위한 실천적인 전략으로 품질과 서비스 등 우리 농산물의 비교우위 부문인 비가격적인 가치 경쟁력을 더욱 차별화시키는 방향으로 개방 대응 정책을 선택한다면 우리 농산물의 경쟁력은 경쟁 상대국의 경쟁력 수준(원래의 다이아몬드 크기)보다 커질 수 있다는 것이다.

그러나 그동안의 농산물 개방 대책은 가격 경쟁력의 비교열위를 만회하기 위한 생산성 향상과 생산비 절감을 위한 구조 개선 사업 등에만 치중되어 왔을 뿐, 우리의 비교우위 요인인 품질과 서비스 경쟁력의 차별화를 보다 강화시키기 위한 정책적 노력이 부족하였다는 점을 반성해야 한다.

우리 농산물의 품질과 서비스 경쟁력 수준을 해외 농산물과 더욱 차별화시키기 위해서는 생산과 유통 과정에서 농업 관련 산업(agri-business) 분야, 즉 농산물 유통 산업과 농업 자재 산업뿐만 아니라 서비스 산업과의 효과적인 연계를 강화시켜야 한다.

단순한 농업 생산 활동(farming)만으로 농산물을 생산하여 유통시켰던 시대는 이미 지난 일이다. 농산물과 함께 서비스와 문화까지 한 묶음으로 상품화하여 국내외 시장에서 경쟁시키는 농산업 경영 시대에 농업인들이 적극적으로 동참해야 농산물의 비가격 경쟁력을 효과적으로 향상시킬 수 있을 것이다.

(3) 농업 자원 결합 방식의 개선을 위한 사회적 투자가 필요하다

주어진 농업 생산 자원(토지, 노동, 자본)의 결합 방식을 전제로 하여 각 생산요소의 생산성을 향상시키기 위한 가격 경쟁력 향상 정책은 우리의 높은 지대와 임금 등 자원 부존 조건의 제약 때문에 한계에 부딪히고 있다. 물론 그동안의 농업 구조 조정은 농업 경영의 규모화와 자본 집약도를 향상시키는 실적을 보여 온 것은 사실이다.

논 농업의 경우 호당 경작 규모는 1995년의 0.88ha에서 2018년에는 1.33ha로 1.5배로 늘어났다. 한육우도 50마리 이상 대농의 생산 비중이 2000년의 1.4%에서 18.6%로, 양돈도 1,000마리 이상 대농의 비중이 41.6%에서 54.8%로 높아졌다. 경영 규모가 확대될수록 생산의 효율성이 향상되고 소득이 증가하게 되므로 생산 자원을 대농에게 집중시키는 규모화 정책이 시장 선택의 방향과 합치되어 성과를 보이고 있는 것이다.

또한 자본 집약도(원/10a) 역시 1990년의 89만 2,000원에서 2018년에는 632만 4,000원으로 7.1배 커지고 있다.

IMF 위기 이후(1997년), 한 자릿수로 크게 떨어진 자본 가격(이자)과 정부의 구조 개선을 위한 투·융자 재원의 확대에 힘입어서 자본에 의한 토지와 노동의 대체 효과에 의해서 노동생산성과 토지생산성은 지속적으로 증가해 왔으나 자본생산성은 반대로 큰 폭으로 저하되어 왔다.

UR 협정에 의한 시장 개방 이후 23년간(1995~2018) 노동생산성(원/시간)은 1.92배, 그리고 토지생산성(천 원/10a)은 1.84배 향상되었으나 자본생산성(부가가치/자본 비용)은 45.9% 수준으로 크게 저하되고 있다([그림 1-10] 참조).

그러나 자본생산성의 급격한 저하를 완화시키지 못한다면 농업 경쟁력 강화의 효과적인 진전을 기대하기 어렵다. 그러므로 농업 경영 규모화에 의한 자원 결합 구조의 획기적인 개선을 통하여 가격 경쟁력 향상을 구체화시키기 위한 새로운 정책 개입이 강화되어야 한다는 것이다.

우리나라 농업 자원 가격을 국제 수준과 비교하면 토지·노동 자원 가격이 지나치게 비싼 대신에 자본값(이자)은 상대적으로 싸다. 그러므로 가격 경쟁력 수준을 궁극적으로 향상시키는 유효한 방법은 자본 집약도의 고도화에 의한 토지·노동 절약적인 농법의 선택이다. 즉, 현재의 농산물 생산비 구성에서 지대(40%), 임금(35%)의 비중을 자본의 효과적인 대체에 의해서 지속적으로 낮추어 가는 구조 개선 정책을 선택해야 한다. 왜냐하면 주어진 자원 결합 방식을 전제로 하여 투입 자원의 생산성을 향상시키는 방식의 가격 경쟁력 향상 정책은 이미 한계에 부딪쳤기 때문이다.

그림 1-10 농업생산성의 추이(1990~2018년) (2000년=100)

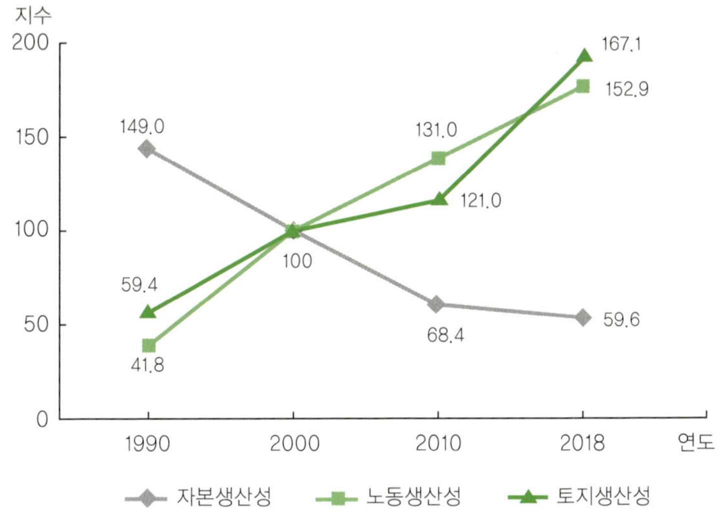

따라서 그동안 진행되어 온 농업 구조 개선 정책의 남은 과제는 지나치게 빠른 속도로 낮아지고 있는 자본생산성을 향상시킬 정책 수단의 강화라고 할 수 있다. 자본생산성은 농업 부가가치를 농업 자본 비용으로 나눈 값으로 정의된다. 자본생산성을 높이기 위해서는 분자(농업 자본 비용: 이자)를 낮추거나 분모(농업 부가가치)를 높일 수밖에 없다.

토지와 노동 절약적인 동시에 자본 집약적인 생산 요소 결합 방식으로의 효과적인 전환은 이를 위한 저이자율 또는 무이자 금융 공급의 확대라는 정책 수단의 뒷받침이 필수적이다. 공업화와 경제성장을 위해서 우리나라가 선택하였던 정책은 성장 전략 부문인 중화학공업 부문과 수출 산업 부문에 대한 차별적인 금융 공급 확대 정책이었다. 이러한 경험을 농업 경쟁력 강화를 위한 정책 선택에도 적용하자는 것이다.

이를 위한 재원은 경쟁력 강화라는 농업 구조 개선 목표 달성과는 무관하거나 심지어는 상충적이기도 한 소득 보전 직불제 재원의 일부를 자원 결합 방식의 혁신을 유도하기 위한 재원으로 활용하는 방향으로의 정책 전환이 심각하게 검토되어야 한다. 즉, 소득 보전 직불제 지원 규모를 일정 한도에서 고정시키는 대신에, 증가될 것으로 예상되는 직불 소요 예산을 재원으로 하는 구조 개선 융자 제도를 도입하는 방식으로 적극적인 개선을 하는 것이 바람직하다.

(4) 농업 경영 규모 확대를 위한 획기적인 시책이 필요하다

우리나라 농산물 가격은 국제 가격보다 훨씬 높다. 그럼에도 불구하고 농업 소득은 호당 1,300만 원에 못 미친다(2020년 12,950천 원: KREI 추정치). 이 때문에 농가 소득 중에서 농업 소득의 비중은 29% 수준에 불과하고, 농외 소득(40%)과 직불금 등 이전 소득(27%)에 의존해서 농가는 경영체를 겨우 유지하고 있는 처지이다.

농가 호당 경지 면적은 2019년 현재 1.57ha로 10년 전보다 15% 늘어났고, 65세 이상 고령층 농가 인구의 비중은 60.3%로 1990년(23.3%)보다 37%p 높아지고 있다. 이러한 농가의 영세 경영 규모와 노령화가 농업 소득 규모를 낮추고 있을 뿐만 아니라 한국 농업의 국제 경쟁력을 낮추고 있는 구조적인 원인임을 직시할 필요가 있다.

농가 호당 농업 소득은 지난 20년간(1999~2019) 1,000만 원에서 1,300만 원 수준에서 머물러 왔다. 농업 소득 중에서 농업 경영비가 차지하는 비중은 2019년 현재 65%이다. 그러므로 나머지 35%는 생산자 잉여로 볼 수 있다. 그러나 호당 경영 규모가 너무 영세하기 때문에 높은 생산자 잉여 비중에도 불구하고 호당 농업 소득은 낮을 수밖에 없고 따라서 농산물 가격은 국제 가격 수준보다 훨씬 높아질 수밖에 없다. 우리나라보다 농업 인구당 경영 규모가 100배 이상 큰 미국의 곡물 농사의 경우에는 생산자 잉여를 우리의 1/10 수준으로 줄여도 농업 소득은 우리보다 10배나 계산적으로 커질 수 있다. 또한 유럽의 청과류 수출국인 네덜란드의 농업 인구당 경영 규모는 우리보다 8.6배나 크다. 그러므로 생산자 잉여를 우리의 1/3 수준으로 유지해도 농업 소득은 우리보다 3배 정도 높아질 수 있다.

따라서 농업 경영 규모 확대는 호당 농업 소득 확대와 우리 농산물의 국제 경쟁력 강화를 위한 필수적 조건이다. 이를 위해서는 농업 인구 전체의 60%를 넘어서고 있는 65세 이상의 고령 농업인의 은퇴를 촉진하는 효과적인 정책 전환이 필요하다.[12]

정부는 2020년부터 기존의 품목별 소득 보조 정책을 공익형 직불제로 전환시키려고 계획하고 있다 정부 계획에 의하면 농촌에 거주하면서 농업 활동을 계속하는 조건으로 0.5ha 이상의 농가에게는 3개 구간을 설정하여 보조금을 차등 지급하는 영세 소농 우대 방향의 직불제 개편을 추진하고 있다.

그러나 이러한 공익형 직불제가 영세 소농의 농업 생산 활동을 계속한다는 조건으로 지급된다면, 고령농 은퇴를 지연시키는 문제를 야기시킬 수 있다. 그러므로 농업 종사 의무를 폐지하고 국민 소득을 보장한다는 차원에서 공익형 농업 직불제를 운영하는 것이 바람직하다.

그동안 시행해 왔던 쌀 보조금 중에서 고정형 보조금은 사실상 쌀을 재배하는 조건부로 지급되었다고 볼 수 없다.[13]

EU의 공통 농업 정책에서는 농민의 조기 은퇴를 지원하는 연금 제도를 시

12 정부가 그동안 시행해 온 경영 이양을 조건으로 한 직불제는 정책 효과를 사실상 거두지 못했다.

13 2019년도 벼 재배 면적은 73만ha였는데, 고정형 직불금 지급 면적은 80만 2,000ha였다. 쌀 재배 면적 중에서 7만ha가 다른 작물 재배로 전환되어 쌀 과잉 생산을 억제하는 데 기여한 소위 공익을 인정하여 보조금을 지급한 셈이다. 박현출(2020), pp. 214~215.

행하고 있다. 1970년대부터 경영 규모 확대를 위하여 현행의 65세 은퇴 연금 대신에 55세부터 조기 은퇴를 하는 농민에게도 연금 지급을 시작했다. 농업 경영 규모 확대를 통한 농업 경쟁력 강화라는 공익을 추구하기 위한 정책 수단으로 은퇴 연금 제도를 활용하고 있는 것이다.

이 밖에도 고령 농업인의 은퇴를 촉진하기 위해서는 은퇴로 인한 소득 상실액 보전 프로그램과 은퇴농의 경험과 축적된 농업 생산 지식을 활용할 수 있는 은퇴농 노후 생활의 활력화를 위한 다양한 시책이 강구될 필요가 있다.

(5) 식품 소비 변화의 미래 트랜드에 부합하는 시책이 강구되어야 한다

비대면 언택트 소비가 폭발적으로 증가하면서 새로운 사회문화로 자리잡아 가고 있다. 전통적인 오프라인(off-line) 농식품 유통의 중심축 역할을 수행해 왔던 공영 도매시장도 균일한 품질의 농식품 연중 공급 체계를 확보하고, 고품질, 소포장 등 소비자의 선호 체계 변화에 대한 대처 능력 강화를 위해 도매 유통 시스템의 혁신에 적극적으로 나서야 한다. 이를 위해서는 도매시장의 경직적인 경매 제도 개혁과 함께 (오프라인 + 온라인 + 물류)로 완성되는 미래 도매시장의 기반 구축이 뒷받침되어야 한다. 눈부실 정도로 바뀌고 있는 농식품 소비 문화에 적극적으로 대응하지 못한다면, 농식품 유통의 중심축 역할을 수행해 왔던 공영 도매시장도 전통시장과 함께 역사 속으로 사라질 운명에 처해 있다는 사실을 직시해야 한다.

국민소득 증가, 웰빙 트렌드(trend) 확산 등의 영향을 받아서 고품질 농산물에 대한 수요가 증가하고 있다. 또한 해외 농산물과의 현저한 가격 경쟁력의 비교열위를 품질과 서비스 경쟁력의 비교우위 강화를 통하여 대응하기 위한 공급 측면의 노력이 친환경 농산물, 우수 농산물 생산 방식(GAP), 유기 농산물 등의 고품질 농산물의 생산 증가로 시장에 반영되고 있다.

그러나 생산이 증가하고 있는 친환경 농산물은 유통 활성화가 뒷받침되지 못하여 시장실패(market failure) 현상이 심각하게 야기되고 있다. 즉, 친환경 농산물의 '안전성'이라는 품질 가치가 도매시장 경매 과정에서 제대로 평가받지 못하기 때문에, 대부분의 유통 물량은 대형 유통업체 또는 전문 매장 등 소수의 구매자에 의한 전형적인 구매자 시장(buyer's market)에 예속화되어 적정 가격에 의한 판로가 제약되고 있거나 도매시장에서 헐값으로 둔갑 판매되고 있어서 농가들의 생산 의욕을 저하시키고 있다.

고품질 농산물의 생산 확대에만 집중되고 있는 정책의 관심을 고품질 농산물의 유통 활성화와 수요 기반 확대로 전환시킬 때가 된 것이다.

친환경 농산물은 대형 할인 매장, 전문 판매장 등에 대한 직거래나 계약재배 등 폐쇄적인 유통 경로에 의한 고비용·고마진 구조로 유통되고 있기 때문에 일반 농산물보다 평균 1.9배의 높은 가격으로 거래되고 있다. 이 때문에 생산자의 출하 선택권이 제약되는 등 시장 교섭력(bargaining power)이 불균형된 구매자 시장화되고 있으며, 소비자의 높은 친환경 농산물에 대한 욕구(needs)를 수요(demand)로 적절히 현재화(顯在化)시키지 못하여 고소득층의 틈새시장(niche market)화되고 있어서 빠른 생산 증가를 감당할 만한 수요 확대가 부진한 실정인 것이다.

한국농촌경제연구원의 분석(『농업전망 2019』)에 따르면 미래 사회의 중요 트렌드는 ① 고령화가 이끌고 있는 인구 구조의 변화, ② 기술의 융·복합화가 이끌고 있는 기술 혁신의 변화, ③ 글로벌 중산층의 증가가 이끌고 있는 경제의 변화, ④ 기후 변화와 화석 에너지 고갈로 인한 환경의 변화, ⑤ 네트워크 사회화가 이끌고 있는 정치의 변화 등으로 나누고 있다.

이러한 미래 사회 변화 트렌드를 기반으로 하여 미래 먹거리 산업의 주요 트렌드를 ① 지속 가능성, ② 사회 윤리, ③ 수요·공급 긴밀성, ④ 투명성, ⑤ 소

그림 1-11 미래 먹거리 산업의 주요 트렌드

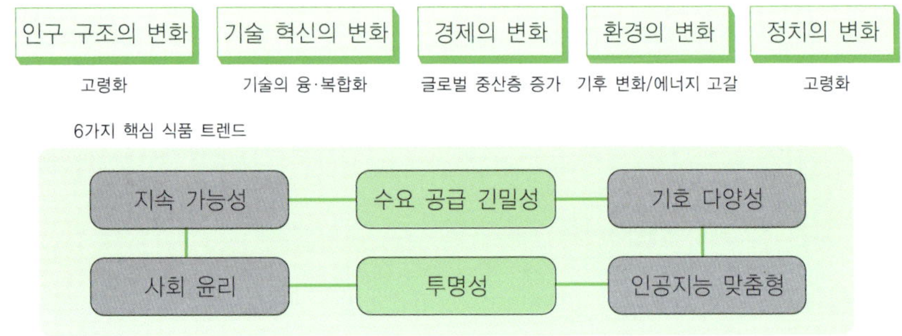

자료: 농림수산식품기술기획평가원(2016).

비자 기호 다양성, ⑥ 인공지능 플랫폼으로 도출하고 있다.

[그림 1-11]에서 보는 바와 같은 미래 식품 트렌드 핵심 요인 6개의 조합을 통하여 도출된 미래 기술 기반의 먹거리 주요 산업은 다음과 같다.

① 농업 생산 분야에서는 스마트 가드닝(smart gardenning)이 중요한 분야로 등장하게 될 것이다. 미래 소비자는 안전성을 확보하는 동시에 다양한 니즈(needs)를 충족시킬 수 있는 스마트 가드닝 산업에 직·간접적으로 참여하길 원하는 경향이 커질 것이므로 스마트 가드닝 산업의 발전 가능성이 높다. 여기에는 정밀 농업 및 예측 분석 기업, 농장 관리 소프트웨어 기업, 스마트 물 관리 기업, 로봇과 드론, 센서(sensor), 생장 데이터 분석 기업 등이 포함된다. 또한 인공지능 및 로봇 기술 분야에 대한 수요도 커질 것이다.

② 유통 분야에서는 중개 플렛폼 사업이 활성화될 것이다. 인터넷을 기반으로 하는 중개 플랫폼 사업이 급성장하고 있다. 음식·식재료·정리 배

생각의 폭과 통찰력을 키우자

3. 작지만 강한 한국 농업 만들자

경제위기를 극복하기 위한 수출시장 확보 차원에서 거대 경제권(미국, EU, 중국)과의 자유무역협정(FTA)이 적극적으로 추진되고 있다. 이에 따라 농산물시장의 완전 개방 시대가 바야흐로 열리고 있다. 농민 단체들은 개방 반대를 외치며 아스팔트로 나서고 있고, 농정 당국의 움직임도 긴박해지고 있다.

과연 개방 폭이 확대되면 한국 농업은 망하는가?

우리 농산물의 가격 경쟁력은 수입 농산물보다 대단히 낮다. 농산물 생산비의 70% 이상을 차지하는 지대와 임금이 경쟁국 수준보다 10배 이상 높기 때문이다. 그러나 농산물에 대한 시장 수요는 가격 요인에 의해서만 결정되는 것이 아니라는 다음과 같은 현실을 통찰하는 지혜가 아쉽다.

비싸도 건강에 좋고 맛있는 농산물시장은 확대

수입 소고기보다 3배 이상 비싼 한우 고기는 국내시장의 일정 몫을 여전히 유지하고 있다. 의무 수입된 중국 쌀은 우리 쌀의 절반 가격 수준에서 주로 외식과 가공시장에서 힘겹게 판매되고 있다. 주곡(主穀) 자급을 위해서 개발된 통일벼 쌀은 일반미의 1/4 수준의 가격에도 불구하고 이미 들판에서 자취를 감춘 지 오래이다.

"개방되면 다 죽는다"는 완강한 저항 속에서 타결되었던 UR 협정에 의한 시장 개방이 지난 10년(1995~2005) 동안 진행되어 왔다. 이 기간 동안 한국 농업 생산이 현저한 가격 격차의 불리성을 극복하면서 연평균 1.15%씩 실질 성장할 수 있었던 원인을 찾아서 이를 골간으로 하는 개방 대응 정책을 시급히 수립해야 한다.

배고프고 가난하였던 시절의 농식품 선택 기준은 단연 질(質)보다는 양(量)을 중시하는 가격 요인이었다. 그러나 국민소득이 증가하면서 품질과 서비스를 더욱 중시하는 쪽으로 식품 선택 기준이 바뀌고 있다. 값은 비싸더라도 건강에 좋고 맛있는 농산물시장은 오히려 확대되는 트렌드에 적극적으로 대응하는 농정 개혁이 첫 번째 과제이다. 말하자면, 생산성 향상에 치우쳤던 농정 패러다임을 상품성 향상으로 초점을 바꾸어야 한다는 것이다.

2007년 현재 농림어업 취업자 중에서 56%(96만 명)가 60세 이상의 노령노동자들이다. 은퇴를 앞둔 노쇠한 농업 인력이 IT(정보 기술), BT(생명공학 기술) 등 첨단 기술을 구사하면서 경쟁력을 갖춘 농업 경영체로 거듭나기를 기대하기는 어렵다.

그러므로 평균적인 접근 방식에서 벗어나 경쟁력 향상 정책과 복지 향상 정책으로 개방 대응 정책 대상을 차별화해야 한다는 것이 두 번째 과제이다.

경제위기를 맞아서 '일자리 만들기'에 올인하고 있는 정부가 노령 노동 인력 100만 명을 고용하고 있는 농업 고용의 유지 문제에 지나치게 무관심한 이유를 이해하기 어렵다. 농업 부문의 노령노동자 문제를 우리 사회의 복지 향상 문제로 적극적으로 편입시켜 준다면 한국 농업의 경쟁력 강화는 그렇게 어려운 문제가 아니다.

갑비싼 노동과 토지 자원을 절약함으로써 가격 경쟁력을 향상시킬 수 있는 농업 자원 결합 방식의 혁신을 지향하는 정책 수단의 선택이 세 번째 과제이다.

기후 변화와 환경 위기에 대응하는 녹색 성장 산업

농업 기계화는 노동을 자본으로 대체시키는 영농 방식이고, 시설 원예는 토지를 자본으로 대체시키는 영농 방식이다. 여기에 소요되는 자금은 현행의 갈라먹기식 직불제를 개선함으로써 조성할 수 있다.

연간 3조 원 규모로 커지고 있는 직불제 소요 예산 중에서 매년 5,000억 원을 따로 떼어서 은행에 이자로 지불하고 조성할 수 있는 자금은 10조 원 규모가 된다. 연간 10조 원 규모의 무이자 경영 개선 자금을 10년 동안만 지원하면 한국 농업은 유럽의 네덜란드나 덴마크와 같이 '작지만 강한 농업', 자본과 기술 집약적인 농업으로 거듭날 수 있다.

한국 농업은 우리의 선택 방향에 따라서 망해 가는 산업이 아니라 기후 변화와 자원·환경 위기에 대응하기 위한 녹색 성장 산업이 될 수 있다.

자료: 성진근(2009).

달·레시피 공유·맛집 추천 및 예약 등 사업이 급성장하고 있고, 최근에는 제조사가 최종 소비자에게 직접 서비스를 전달하는(direct to consummer: D2C) 사업 모델이 성장하고 있다.

③ 대체 소재는 기존의 생산 체계에서 야기되는 환경 오염 등의 문제를 줄이고 유통 체계에서 공급의 불안정성을 해결할 수 있다는 점에서 관심이 높아지고 있다.

미국, 유럽 등에서는 배양육 등에 대한 정부와 사회단체의 연구 개발 투자가 활성화되고 있어서 미래 식품 산업의 중요한 부분으로 인식되고 있다. 우리나라에서는 곤충 산업과 소재화 연구가 꾸준히 수행되고 있으나 소비자의 인지도가 낮아서 아직도 소비시장이 제대로 형성되지 못하고 있다.

제 2 장 코로나 이후 시대, 농업경영학의 역할

1. 한국 농업의 위축 과정에서 맞닥뜨린 코로나 팬데믹
2. 농업 생산의 공공성
3. 농업경영론의 학문적 역할
4. 농업 경영의 범위

1. 한국 농업의 위축 과정에서 맞닥뜨린 코로나 팬데믹

공업화·도시화를 중심으로 하는 눈부신 경제성장을 이루어 오는 과정에서 농업 부문의 위축은 지속적으로 진행되어 왔다.

1970년의 농림어업 국내 총생산액(GDP)이 국민총소득(GNI)에서 차지한 비중은 26.2%였다. 그러나 그로부터 40년이 지난 2018년에는 그 비중이 불과 1.8%로 쪼그라들었다. 1970년의 총취업자 중에서 농림어업 취업자의 비중은 50.4%였으나 2018년에는 5.0%로 줄어들었다. 더구나 전체 농림어업 취업자 중에서 29세 이하의 청년층은 1.8%에 불과한 반면에, 60세 이상의 노령자는 65.3%로 늘어나 노동력의 노령화마저 빠르게 진행되어 왔다.

이러한 몇 개 지표의 변화 동향만을 기준으로 이야기한다면 한국 농업은 사라져야 할 산업이고, 따라서 농업경영학 역시 도서관으로나 보내야 할 과거의 학문 체계일 수밖에 없다.

일반적으로 농업 부문은 다른 산업(제조업이나 서비스업)과 비교해서 수익성, 성장성, 안정성 등 경영 지표가 상대적으로 떨어진다. 이 때문에 시장에 방임할 경우, 시장 신호(market signal)가 가리키는 방향으로 사람도, 돈도, 땅도 농업 부문에서 다른 산업 분야로 이동하게 된다. 경제 발전 과정에서 생산 자원이 보다 유리한 경영 성과가 발생하는 다른 산업으로 이동이 진행된 결과, 산업 구조 조정 차원에서 농업 부문의 상대적인 위축이 진행되어 온 것이다. 이런 현상을 두고 농업을 상대적인 쇠퇴 산업(declining industry)이라 부르기도 한다.

산업 간 성장률이나 수익률의 차이가 발생하게 되면 해당 산업 부문에 고용되어 있는 생산 요소에 대한 소득 분배도 차이가 발생하게 되어 산업 부문 간의 소득 격차가 불가피하게 발생된다. 소득 격차가 심화되면 상대적으로 불리한 산업 부문에 고용되어 있던 생산 자원(토지, 노동, 자본)이 시장 신호에 따라 유리한 산업 부문으로 이동하면서 결국 불리한 산업은 쇠퇴하게 된다는 것이다.

한국 농업은 경제 개발 연대(1970년 이후 2000년까지) 동안 왕성한 구매력을 보여 준 국내 소비자들의 수요에 의존해서 비농업 부문보다는 낮지만 지속적인 실질 성장을 계속해 올 수 있었다. 국내 농산물시장이 강력한 수입 제한 정책에 의해서 보호된 상태에서 가격 지지 정책과 생산 요소 보조 정책 및 기술 개발과 지원 정책 등의 국내 농업 보호 정책이 효과를 발휘하였기 때문이었다. 특히 식량(주곡) 자급 정책을 달성하기 위한 증산 정책을 뒷받침해 온 강력한 정부의 수매 정책에 힘입어서 농산물은 생산만 하면 팔려 나갔기 때문에 주로 생산경제학적인 이론에 입각한 농업경영론의 체계만으로도 충분히 버틸 수 있었다. 그러나 농산물시장 개방이 진전됨에 따라서 국내 농업의 성장을 뒷받침해 왔던 종래의 농업 정책 골격은 국제적 기준(WTO 협정 및 FTA)에 적합한 방향으로의 개혁이 불가피하게 되었다.

수입 농산물에 부과되었던 높은 관세는 해마다 감소되어 왔고 낮은 양허관세율에 의한 의무 수입량은 점차 늘어나고 있다. 농가 소득의 원천이 되어 왔던 농산물 가격 정책이나 농업 자재에 대한 보조 등 지원 정책은 날로 감축되어 유명무실(有名無實)한 정책으로 소멸될 처지에 처하게 되었다.

시장 개방 폭의 확대에 따라서 값싼 해외 농산물의 국내시장 점유율도 해마다 높아지고 있다. 이에 따라 국내 농산물을 선호해 왔던 국내 소비자나 식품 가공 산업 및 외식 산업 분야에서의 해외 농산물의 선택 폭은 날로 확대되고 있다.

바야흐로 한국의 농업 경영자들은 날로 줄어들고 있는 시장 수요를 지키기 위하여 해외 농산물뿐만 아니라 이웃 농가들과 어우러져 적자생존(適者生存)의 논리가 지배하는 치열한 경쟁 속으로 내몰리고 있다.

코로나19는 농업 경영 부문에도 직접적인 영향을 미치고 있다.

첫째, 경영 인력 부족 문제가 심각해지고 있다. 값싼 외국인 노동자의 입국이 제한되면서 축산을 비롯한 전 농업 부문에서 생산 차질 현상이 동시다발적으로 발생하고 있다. 농장 경영인들은 그동안 강 건너 불구경하듯이 지나쳐온 자동화 시설과 정보화 시설 등 소위 4차 산업혁명 기술의 현장 도입에 적극적인 자세로 돌아서고 있다.

둘째, 식품은 늘 풍족하게 생산되어 식탁으로 공급된다는 안이한 믿음을 가지고 있던 소비자들도 과일, 채소, 계란, 육류 등 식품 부족 현상을 경험하면서 소규모 실내 재배 시설의 도입이나 실험실 배양 고기 등에 큰 관심을 가지게 되었다. 이에 따라 정보통신 기술(ICT)을 기반으로 한 스마트 가드닝(smart gardenning) 사업이 보다 활성화되어 갈 것이다.

셋째, 코로나19는 음식 배달 서비스의 광범위한 확대를 불러왔다. 코로나 대유행 속에서 식료품 배달 서비스를 지원하는 앱(application)들이 많이 생겨났고, 이를 이용해 본 사람들은 앞으로도 부담 없이 이 서비스를 이용하게 될 것이므로 이용자층은 전 연령층으로 광범위하게 확대될 것이다. 이에 따라 농장에서 식탁까지(from farm to table)의 연결고리는 배달 서비스 체제의 강화라는 환경 변화에 편승하여 중요한 유통 경로의 하나로 발전하게 될 것이다.

넷째, 최소한의 식량 자급(食糧自給) 능력의 유지 필요성에 폭 넓은 공감대가 형성되고 있다. 우리나라의 식량 자급률은 1990년대의 43.1%에서 2018년 현재 21.7%로 지속적으로 떨어져 왔다. 국민 10명 중에서 겨우 2명분 식량만 국내에서 확보할 수 있는 형편인 것이다.

코로나 방역을 위해서 국경 봉쇄 조치가 길어진다면 그래서 식량 수입마저 여의치 않게 된다면 우리 사회가 마주하게 될 혼란은 상상하기 어렵지 않다. 따라서 국제화 시대를 맞아서 국민들의 관심권 밖으로 밀려났던 식량 자급 능력 향상을 위한 시책들이 재정비·강화되어야 한다.

생산경제학적인 틀(frame) 속에서 안주해 왔던 농업경영론의 관심 분야를 고객과 시장(market)으로 확장시켜야 한다. 가족노동에 의한 소농(小農) 경영 중심적인 접근 자세를 소농 협동에 의한 생산과 유통의 규모화 경영 중심으로 이끌어야 한다.

농업과 ICT(정보통신 기술)를 결합하여 디지털, 지능형 농업을 실현하는 스마트 농업 기술을 적극적으로 도입하여 체화(體化)시켜야 한다. 비용 절감, 위험과 식품 안전성 관리, 농업 가치사슬의 확장, 농업 인력의 정예화 등을 위해서 스마트 농업은 한국 농업의 구조 전환을 위해서 그리고 코로나 이후의 미래 농업을 준비하는 수단으로 불가피한 선택일 수밖에 없다.

주어진 좁은 국토 자원의 이용에 초점을 맞춘 폐쇄적인 농업경영론의 관심 영역을 해외의 값싼 자원의 이용으로 외연(外延)을 확장시켜야 한다. 농업경영자의 소득 향상을 뒷받침해 왔던 농업 정책도 농업 경영의 규모화와 공공재(公共材) 생산적인 기능의 극대화에 초점을 맞추어서 전환되어야 한다.

2. 농업 생산의 공공성

국민경제의 안정적인 발전을 위하여 필수적인 식량 안보, 농촌 지역 사회 유지, 농촌 경관 및 문화적 전통의 전승(傳承), 농업과 농촌의 환경 보전 기능 등은 농산물과 결합 생산되어(joint producted) 공급되지만, 그 가치가 가격의 크기로 시장에 반영되지 않으므로 시장도 없고 거래도 이루어지지 않는다. 따라서 시장에 방임할 경우 농업 생산이 위축되면 농업의 다원적 기능도 동반·위축되는 시장실패(market failure) 현상이 발생하게 된다.

농업의 다원적 기능에 의해서 생산되는 다양한 재화 및 서비스를 농업 비상품재(agricultural non-commodity)라 부르는데, 농업 비상품재는 대부분 외부성(externality)과 공공성(publicity)을 지니고 있기 때문에 민간에 의해서는 적절하고 충분한 양의 공급을 기대할 수 없으므로 정부의 개입이 필요해진다.

외부 효과는 어떤 개인의 행위로 인해서 다른 사람들의 효용이나, 생산이 직접적이고 물리적으로 영향을 받지만 행위를 선택하는 개인은 자신의 행위로 인해 타인이 입게 되는 영향을 감안하지 않고 의사결정을 할 때 발생하게 된다. 예를 들어, 과수원의 꽃은 꿀벌에게 꿀을 제공하고 꿀벌은 과수를 수정시켜 열매를 맺게 하지만 과수원 주인과 양봉업자의 거래처럼 서로 대가를 주고받지는 않는다. 이와 같이 시장 거래를 통하지 않고 다른 사람에게 이익을 주는 것을 외부 경제(external economy)라고 하고, 반대의 경우를 외부 불경제(external dis-economy)라 한다.

이러한 외부 경제 효과가 존재할 경우 시장에서의 상품의 수요곡선이나 공급곡선이 상품의 사회적 한계 가치나 한계 생산비와 일치하지 않게 되어 시장은 자원의 효율적인 배분에 실패하게 되는 것이다. 예컨대, 장마철에 논의 홍수 조절 기능의 가치는 엄청나지만 그 가치가 결합 생산물(joint products)인 쌀 가격에 반영되지 않을 뿐만 아니라 홍수 조절 기능이 거래되는 시장도 없다. 이 때문에 홍수 조절 기능은 쌀 생산의 중요한 외부 효과의 하나이지만 시장에서 거래되지 않는 공공재적인 기능인 것이다. 쌀 생산으로 인해 유발되는 농촌 지역 사회 유지나 식량 안보, 농촌 경관 조성, 고령화된 한계 노동력의 고용 기능 등도 역시 일종의 외부 효과라 볼 수 있다.

농업의 다원적 기능이 공공재적인 성격을 지닌다는 것은 비경합성(non-rivalness)과 비배제성(non-excludability)을 가진다는 것을 의미한다.

비경합성이란 한 사람이 향유한다고 해서 다른 사람이 향유할 수 없는 재화나 용역이 아니라는 뜻이다. 예컨대, 식량 안보는 한 사람이 혜택을 입는다고 해서 이웃의 사람이 혜택을 받을 수 없게 되는 것은 아니므로 비경합적 용역이라 할 수 있다. 공공재의 이러한 비경합성으로 말미암아 비용을 지불하지 않은 무임승차자(free rider)가 발생하므로, 시장에 방임할 경우 공공재는 생산이 줄어들게 되어 국민 후생 수준은 떨어질 수밖에 없다. 그러므로 정부 개입(세금)에 의한 적정 생산이 유지되는 것이다. 등대나 치안 유지 등이 좋은 예이다.

비배제성이란 비용을 지불하지 않은 사람의 이용을 배제할 수 없다는 뜻으로, 예컨대 국방 능력을 강화하면 비용(세금)을 부담하지 않은 사람들이 국가 안보(national security) 강화의 혜택을 입는 것을 배제하지 못한다는 뜻이다.

농업의 다원적 기능이 상당한 정도의 공공재적 성격이나 외부 효과의 성격을 가진다고 인정될 경우, 정부 개입에 의한 적정 수준의 공급이 필요하게 된다.

예를 들어, 벼를 생산하는 농민이 생산하는 가치가 시장재인 쌀이 500이고 식량 안보나 환경 보전 등과 같은 비시장재가 500이며, 벼농사의 생산비가 400이라고 하자. 농가는 벼농사를 통해서 시장에서 500의 시장재 가격을 획득하여 생산비를 제외한 100의 소득을 누려 왔다. 그러나 값싼 해외 농산물의 수입 증가로 쌀값이 300으로 떨어지면 농가는 100의 손해를 보게 되므로 생산이 중단되어 궁극적으로는 쌀농사가 사라짐으로써 식량 안보 등 비시장재의 생산도 중단될 것이다. 만약 정부가 200만큼의 소득 지지 정책을 선택하여 쌀농사를 계속하도록 하는 납세자 부담형 직접 지불 정책을 도입한다면, 국민들은 200의 세금 부담 대신에 비시장재 생산으로 인한 500의 가치를 도로 향유할 수 있기 때문에 사회적 후생은 300이 순증가하게 될 것이다. 이 때문에 세계의 모든 선진국들이 자국의 농업 보호를 위해서 엄청난 크기의 재정적 부담을 계속해 오고 있는 것이다.

인류 역사가 시작된 이래 20세기 중반에 이르기까지 농업은 세계 모든 나라의 중심 산업 역할을 수행해 왔다. 세계 각국이 공업화 경제성장에 다투어 나섰을 때에도 농업은 경제성장을 뒷받침하는 기여자(contributor)의 역할을 충실히 수행해 왔다. 그러나 이 과정에서 농업은 위축의 길로 들어서게 된다. 시장에 반영된 가격의 크기로 계산되는 효율성(efficiency)이 다른 산업 부문에 비하여 상대적으로 떨어졌기 때문이었다.

농산물시장의 개방화와 교역 자유화를 처음으로 국제 다자간 협상의 의제로 삼았던 UR 협상 과정에서 수입국들은 수출국의 논리에 대응하여 자국 농업 생산이 행하는 다양한 기능이 계속 유지되어야 할 필요성을 강조하면서, 이른바 농업의 비교역적 기능(non-trade concerns: NTC)이란 개념을 제기하였으며, UR 협정(Article 20)과 DDA 협상 의제 및 OECD 등 국제기구에서도 주요 개념으로 논의되어 왔다.

농업의 다원적 기능은 그 가치가 가격의 크기로 표시되지 않으므로 시장에서 거래가 이루어지지 않는다(non-trade)는 특징이 있다. 따라서 가격에 의한 시장 기구(market mechanism)에 방임하면 농업의 위축과 함께 동반 위축될 수밖에 없다. 농업은 산업적 기능과 공익적 기능을 동시적으로 수행하면서 국민경제의 발전을 뒷받침하는 중요한 산업이다. 그러나 가격의 크기로 표시되는 농업의 산업적 기능만을 중시하여 농업을 시장에 방임한다면 가격의 크기로 표시되지 않는 농업의 다원적 기능(multi functionality)으로 대표되는 공익적 기능도 농업의 위축과 동반하여 위축될 수밖에 없다는 것이다.

미국, 일본, EU 등 선진국들이 자국 농업의 공공적 기능의 위축을 우려하여 WTO/DDA 협상을 지연시키면서 자국의 보조금 감축에 민감한 반응을 보이고 있었던 것은 이 때문이었다. 그러므로 개방화 시대에 처한 한국의 농업 경영도 농업의 공공성을 유지·확보하기 위한 강력한 지원 정책의 뒷받침을 전제조건으로 하여서 발전 방향이 모색되어야 마땅하다.

3. 농업경영론의 학문적 역할

시장화·개방화라는 경제 환경의 변화와 민주화·지방자치화란 정치 환경의 변화 속에서 농업경영론의 주된 연구 대상인 농업의 위상과 전통적 역할은 급속히 위축되고 있다. 이에 따라 농업경영론에 대한 사회적 수요는 급속하게 줄어들어 학문적인 정체성마저 크게 위협받고 있다.[1]

왜 농업경영론을 공부해야 하는가? 그리고 농업경영론 교육을 통한 인재 양성의 사회적 필요성에 대한 설득력을 어떻게 높일 수 있는가? 근본적으로 일반 경영학으로부터 농업경영론을 굳이 분리시켜서 차별적으로 존립시켜 나가야 할 이유는 무엇인가?

생명 산업을 관리하는 학문이다

농업경영론은 생명 산업을 효과적으로 관리하기 위한 학문 분야란 점부터 강조해야 한다. 태양 에너지를 광합성(光合成) 작용을 통하여 에너지로 바꾸어 내는 농업은 어떤 환경 변화에도 불구하고 인류의 생존과 번영을 위해서 필수적인 생명 산업이다.

먹거리를 생산하고 의식주에 필요한 생활용품의 원료를 생산하며 나아가서 연료 생산을 위한 에너지 작물을 생산해 내는 생명 산업의 효율화 문제는 '적정 생산을 위한 자원 배분의 효율화'란 차갑고 기계적인 투입-산출의 경제

1 대학의 농업경영학과는 이미 사라를 감추었으며, 농업경제학과에서 필수 과목이었던 농업경영론도 그 비중이 왜소화되고 있다.

이론만으로 해석되고 실현될 수 있는 문제가 결코 아니다. 경제적 효율성의 실현에만 집중한 미국, EU 등 선진국의 대규모 축산 경영이 결국 광우병(BSE) 파동으로 연결되어 소비자들로부터 외면당하고 있는 것이 좋은 예이다. 유전자 조작 식품(GMO)의 경우도 이와 크게 다르지 않다.

생명을 키워서 인류의 생명과 건강을 유지하게 하는 농업은 경제적 효율성뿐만 아니라 자연 순환적 질서를 중시하는 산업이므로, 생명의 소중한 가치가 인정되는 한 그 가치가 시장 가치의 상대적인 크기에 의해서 과소평가되어서는 안 된다는 인식이 널리 공감대를 형성하고 있다. 따라서 생명 산업의 적정 수준 유지와 발전을 위한 공공적 역할을 담당하는 농업경영론 분야는 차별적으로 존립시켜 나갈 필요가 있다. 또한 식량의 절대 부족 시대를 관통해 오면서 중시되었던 양(量) 위주의 생산경영학적인 연구와 교육 영역의 범위를 정비하여 국내외의 새로운 수요와 시장 창출을 중시하는 방향으로 연구의 질(質)과 외연(外延)을 확장해야 한다.

전통적인 토지와 노동 의존적인 농업 경영 질서는 자본과 기술 의존적인 경영 체제로 전환되고 있다. 농산물의 주력 소비 계층도 가정에서부터 가공업체 등 대량 소비업체로 바뀌고 있다. 가격보다는 품질과 안전성을 우선시하는 방향으로 소비자 선호 체계도 달라지고 있다.

이러한 농산물 생산과 유통 환경의 변화를 적극 수용하여 농업 생산 활동뿐만 아니라 농업 관련 산업(agri-business) 및 식량 위기에 대응하여 식량의 안정적인 공급 능력의 확대를 위한 해외 농업 진출과 해외 농장 경영 등 분야로 농업경영론의 연구와 교육 영역의 확대가 이루어져야 한다. 이를 통해서 우리 농업의 경쟁력 향상에 적극적으로 기여함은 물론, 배출된 고급 인력의 새로운 일자리도 확보할 수 있을 것이기 때문이다.

한계적 자원을 고용·관리하는 학문이다

농업은 다른 산업 부문에서 고용되기 어려운 한계적 자원(限界的 資源)을 많이 고용함으로써 자원의 실업과 유휴화에 따른 사회적 비용을 절감시키는 산업이다.

대표적으로 2018년 현재 농림어업 취업자의 65.3%에 달하는 89만 3,000명의 60세 이상 고령노동자는 농업 이외의 부문에서 일자리를 찾기가 어렵다.[2] 또한 국토 면적의 15.9%에 해당하는 농경지 1,596천ha의 대부분은 농업 생산 이외의 생산적인 용도로 이용할 수 있는 고용 기회를 찾지 못하고 유휴화될 것이다.[3]

이 밖에도 세계에서 가장 높은 수준의 토지생산성을 기록하고 있는 한국 농민의 높은 기술 수준이나 경영 능력, 그리고 농사를 위해서 준비되어 있는 농기계나 시설 등 자본의 유휴화와 함께 농업 생산의 전·후방 산업인 농자재 산업과 식품 산업 및 유통 산업 등 농업 관련 산업의 농업 생산과의 동반 위축은 국민경제의 또 다른 부담 요인으로 작용하게 될 것이다.

한계적 자원인 농지와 고령 노동력을 결합시켜 국민 생활의 기초인 식량을 비롯한 농산물을 효율적으로 생산·유통시키는 체제를 뒷받침하는 농업경영론의 차별적인 존립 이유는 충분하다

넓은 농촌 공간을 관리하는 학문이다

비록 농업 총생산액이 국민경제에서 차지하는 비중은 2% 이내 정도로 왜

2 2018년 현재 우리나라의 실업 인구는 94만 2,000명으로 실업률은 3.4%였는데, 만약 고령 농업 노동력이 실업 상태에 처한다면 실업률은 당장 2배 높아질 것이다.

3 2018년 현재 상태에서도 유휴 농경지 면적은 전체 농경지의 3.8%에 해당하는 61,000ha에 이른다. 농업 이외의 산업 부분에서 고용이 어려운 한계적 자원인 노동력과 토지가 가족노동력에 의한 소농 경영 형태로 유지되어 생산적으로 활용되면서 사회적 손실과 국민경제의 부담을 줄이고 있다.

소해지고 있지만 여전히 농촌 공간은 급속한 도시화의 진전에도 불구하고 전 국토의 85%를 차지하고 있다. 좁은 도시 지역에 총인구의 82%가 살고 나머지 광대한 농촌 지역에 총인구의 18%가 살고 있는 인구의 지역 간 불균등 분포는 그동안의 성장 거점 이론으로 대표되는 불균형 성장 이론이 적극적으로 선택된 결과라고 해석할 수 있다.

과도한 농·도 간 인구 이동(migration)에 따른 폐해를 시정하기 위해서 선진국들은 최근 들어 다양한 농촌 지역 개발 정책을 선택하고 있으며, 우리나라도 1990년대 이후로 수도권 과밀화를 해소하기 위한 다양한 정책을 수립·집행하여 왔다. 특히 행정 수도 이전을 비롯한 공공 기관의 지방 이전 정책을 통하여 수도권으로 사람과 돈을 집중시키고 있는 수요를 지방으로 분산시키는 일에 적극적으로 나서고 있다. 이러한 지역 균형 발전을 위한 시책들은 도시 지역의 인구 과밀(過密)로 인한 사회적 비용이 우리 사회가 감내할 수 있는 수준을 지나치고 있다는 인식의 발로인 것이다. 따라서 국토의 대부분을 차지하고 있는 농촌 지역을 전 국민을 위한 정주(定住)와 휴양 공간으로 가꾸는 등 국토 공간 이용의 효율성을 향상시키는 역할을 뒷받침하는 지연(地緣) 산업인 농업의 경쟁력 향상을 담당하고 있는 농업경영론 분야의 차별적인 존립 이유는 여전히 뚜렷하고 중요하다.

환경을 보전하는 지속성에 기반을 둔 학문이다

농업의 윤리는 땅에 뿌리를 박고 사는 사람들의 윤리이지, 유목민과 같은 나그네의 윤리가 아니다. 무엇이든 부족하면 외부 세계로 진출하여 가져오면 되고 훼손된 자연과 환경은 버려두고 다른 데로 이주(移住)하면 되었던 유목민의 윤리는 오늘날의 물질 문명의 발전을 가능하게 하였지만, 그 대가로 자연 자원 고갈과 심각한 환경 악화를 가져왔다.

미세먼지로 인한 대기의 질 악화와 잦아지고 있는 기상이변 등 예상치 못하였던 경제성장의 폐해와 역효과를 경험하면서 신·재생 대체 에너지의 개발이 활성화되고 지구 환경 보호를 위한 다양한 국제 협약들이 체결되고 있는 것이 좋은 예이다.

농업은 자연 환경 변화에 순응하며 점진적으로 진화하면서 장래의 생산 잠재력을 유지해 나가는 지속성을 추구하는 산업이다. 식량 안보나 국토와 환경 보전 등을 비롯한 엄청난 크기의 공익적인 기능을 시장 가격의 크기로 반영되지 않은 가치 형태로, 무보수로 생산하여 국민경제에 기여하는 것이 농업이다. 비록 생산성은 뒤떨어지지만 내일의 잠재 생산 능력을 희생시키지 않는 지속적 성장(sustainable growth)을 추구하는 산업이 농업이고, 이러한 농업의 경쟁력 향상을 뒷받침하는 경영 기술 체계가 바로 농업경영론인 것이다.

4. 농업 경영의 범위

1) 농업 경영자의 업무

토지, 노동, 자본 등 주어진 생산 자원이 항상 제한되어 있다는 가정하에서 기업 경영의 아이디어와 방법 및 자원을 결합하여 상품을 생산하고 이를 시장에 수익적으로 판매하는 일을 수행하는 기술과 과학(art and science)적인 업무가 기업 경영자가 수행하는 고유 업무의 영역이다.

이 업무를 효율적으로 수행하기 위하여 경영자는 제한된 자원을 배분하고 이용 방향을 제시하며 통제한다. 이러한 관점에서 농부들이 수행하는 업무도 일반적인 경영자와 큰 차이가 없다. 농부들은 농장 경영자(farm manager)인 것이다. 따라서 농업경영론은 훌륭한 농업 경영자를 양성하고 농업 경영자의 자질을 향상시키기 위한 학문 체계라 할 수 있다.

『브리태니커 백과사전』(*Encyclopedia Britannica*)에 의하면, "농장 경영(farm management)이란 농장의 생산(production)과 이익(profit)을 최대화하기 위하여 농장을 조직화하고 운영하는 데 관련된 의사를 결정하고 수행하는 일"이라고 정의하고 있다. 또한 "농부(farmers)는 자신이 결정한 의사결정과 활동으로부터 최대의 만족을 얻기 위하여 자신들의 통제하에 있는 자원을 관리(manage)하는 일을 수행하는 경영자"라고 정의하고 있다.

농장 경영자가 수행하는 활동과 임무의 범위는 다음과 같다.

① 생물학적·물리적·사회과학적인 모든 정보를 종합·관리하는 일
② 재무적·물적·인적인 자원을 획득하고 통제·관리하는 일
③ 농장의 종류에 따라서 차이가 있겠지만 토양 구조와 성분, 작물과 가축의 성장과 영양, 잡초와 병충해 관리, 가축 질병 관리, 가축 유전과 번식, 생태학, 농기계 관리 등 기술적 지식을 관리·향상시키는 일
④ 경제학, 재무 관리, 농산물 유통, 지도력과 심리학, 기업 법률, 홍보와 소통 등 경영 전략에 필요한 지식을 관리·향상시키는 일 등이다.

이러한 업무를 수행하기 위한 구체적인 과제는 다음과 같다.

① 능력 있는 개별 분야 업무 담당자를 선발
② 개별 사업과 전체 농장의 수익과 비용을 추정
③ 토지, 기계, 시설 등 자원의 획득 및 임대 조건에 대한 협상
④ 선진 기술과 경영을 수행하는 기관 및 농가에 대한 방문 조사 등 경영

그림 2-1 농장 경영의 경제·사회적 환경

개선 정보 수집

⑤ 유능한 상담자로부터 경영상의 조언을 획득하여 경영 개선 활동 시행

⑥ 건물·건축과 토양 관리를 위한 업무를 감독·관리

⑦ 농장에서 생산된 상품의 마케팅 관리

⑧ 적절한 경비 지출 관리

⑨ 보험 관리와 정부 지원 계획에 대한 정보의 획득과 대응

⑩ 경영 결과(재무적, 자산 변동, 생산 과정 등)에 대한 보고서 작성

⑪ 차년도 사업 계획 작성과 예산 편성

농장이 수행하는 사업(farm business)은 불확실성과 시장 수요의 변화 및 사업 수행 환경의 변화 등 여러 가지 유·불리한 환경 변화에 항상 노출되어 있다. 이러한 농장 환경은 생산 자원(resources), 시장(markets), 제도(institutions), 기술(technology) 등 네 가지 요소로 설명할 수 있다([그림 2-1] 참조).

(1) 생산 자원

농장의 이용 가능한 자원량은 농장의 성격이나 규모를 결정한다. 농장의 자원은 토지, 노동력, 자본(농기계, 시설, 건물 등 고정 자산과 운영 자본)과 경영 기술 및 농장의 기후와 날씨 등 조건이 포함된다. 정보 능력(신문, 잡지, 상담자, 생산과 유통에 관련된 정보 네트워크 등)도 중요한 자원이다. 농업 경영자는 가장 효율적으로 자원을 획득·이용해야 할 과제를 안고 있다.

(2) 시장

생산물과 생산 요소(자재 등 투입 요소)를 판매하고 구입하는 데가 시장이다. 농산물 가격은 품목에 따라서 다르지만 일반적으로 농장 수준(farm gate)에서는 미리 결정되어 알려지지 않는다. 생산자와 수요자, 즉 판매자와 구매자가 만나서 협상하는 시간과 장소에서 가격이 결정된다. 따라서 이웃 농가의 농산물 또는 해외 농산물과의 경쟁 과정에서 가격이 결정되어 농가의 소득이 결정되므로 어떤 시장에서 농산물을 판매하고 어떤 시장에서 농자재를 구매할 것인가 하는 문제가 경영자에게 주어진 선택 과제인 것이다.

(3) 제도

많은 제도가 농가의 선택에 영향을 미친다. 정부의 정책과 규제는 농업 신용 공급, 토지 이용, 각종 계약, 자재 구입 비용, 농산물 판매 가격 및 시장 형성 등에 중요한 영향을 미친다. 특히 해외 농산물의 수입 관세 인하 등 무역 자유화 협상(FTA, DDA/WTO 등)은 장래의 시장과 가격 형성에 중요한 영향을 미치게 된다. 축산 배출물(분뇨 등)의 처리 등에 대한 환경 규제 역시 농장 경영에 중요한 영향을 미친다.

(4) 기술

농장 경영에 영향을 미치는 기술에는 물리적이고 기계적이며 생물학적인 생산 과정에 필요한 기술뿐만 아니라 경영 관리에 필요한 정보와 관리 기술도 포함된다. 적정한 기술 선택은 농장의 현재와 미래의 생산성 수준과 활력화 정도를 결정하는 대단히 중요한 환경 요인인 것이다.

2) 농장 경영의 기능

경영은 계획하고 조직화하며 실행하고 통제하는 네 가지 기능을 수행한다. 네 가지 경영 기능은 분리되어 있지만 서로 얽혀서 영향을 주고받는다. 예컨대, 작물을 생산하기 위해서는 어떤 작물을 재배할 것인지에 대한 계획이 필요하고, 생산 자원을 효과적으로 투입하기 위한 조직화가 필요하며, 작물을 생산하고 판매하는 업무를 실행하며, 병충해 관리를 어떤 시기에 어떤 정도로 할 것인지에 대한 통제가 필요하다.

마찬가지로 재무적 관리(financial management)는 얼마나 자금을 차입할 것인지 결정하는 역할과, 어디로부터 자금을 차입할 것인지에 대한 자금 조달처에 대한 조직, 그리고 필요한 부분에 대한 자금의 이용 등 실행 및 적절한 자금 차입 조건에 대한 통제 등이 필요하다.

(1) 계획

계획(planning)이란 사업 추진 전략과 사업 활동의 경로를 결정하는 일이다. 일반적으로 계획은 다음과 같은 과정을 거쳐서 수립된다.

① 기업 소유자나 경영자의 사업 목표(goals and objectives)에 대한 인지와 평가

② 농장 경영 사업(예: 양돈 경영)이 속한 전체 산업(돈육 산업)에 대한 평가
③ 농장 가용 자원량에 대한 준비와 전체 산업에서 차지하는 농장의 위상 분석
④ 선택 가능한 대체적인(alternatives) 농장의 사업에 대한 분석
⑤ 투입 생산 요소와 생산에 적용할 수 있는 가격 자료의 선택
⑥ 대체적인 사업별 기대 수입과 비용 산출
⑦ 판매 가격, 비용, 수확량 등에 대한 비용과 수익의 가능한 범위 추정
⑧ 대체 가능한 사업별로 예상되는 경영 결과 분석
⑨ 가능한 경영 결과와 기업 목표에 기초한 사업 운영 계획 수립

계획은 예산 보고서로 뒷받침되어야 한다. 일반적으로 다음과 같은 네 가지 형태의 예산이 수립된다.

① 사업별 예산(enterprise budget): 특정 사업별 기대 비용과 수입
② 전체 농장 예산(whole farm budget): 특정 사업들의 결합에 의한 전체 농장의 기대 수입과 비용
③ 현금 흐름 예산(cash flow budget): 특정 기간 동안의 사업 수행에 투입되거나 사업으로부터 발생하는 현금 흐름 기록
④ 부분 예산(partial budget): 사업 내용의 변화로 야기된 기대 비용과 기대 수입에 대한 부분적인 예산

(2) 조직

조직화(organizing)에는 다음과 같은 업무가 포함된다.

① 농장 경영에 필요한 자원, 즉 토지, 노동력, 기계, 가축, 자본 등의 획득
② 자원 획득에 관련된 거래 및 협상 조건 결정
③ 농장 경영의 책임 소재 명확화에 의한 업무 분담을 결정하는 업무 조직도 작성(누가 어떤 사업을 담당하고 그 결과를 누구에게 보고해야 하는지 등)
④ 사업 경영 주체의 법적 형태 결정(단독 투자 사업, 공동 경영 사업, 주식회사, 합자회사 등)

(3) 실행

실행(direction & implementing)에는 다음과 같은 업무가 포함된다.

① 토지, 노동, 자본과 경영 등 자원의 적절한 결합과 이용 계획을 선택
② 생산과 유통 계획의 집행, 농장 노동자의 선발과 보충, 작업 지시 등 물리적 경영 활동 지시
③ 업무 감독, 책임자 임명, 직원 간 융화, 동기부여, 직원 능력 개발과 후생 증진

(4) 통제

농장 업무의 통제(controlling)는 두 부분으로 구성된다.

① 농장의 당초 목표와 선택된 실행 계획의 경영 결과 비교
② 필요한 경우 작업 수정 활동의 선택

농장의 효과적인 통제는 예산과 재무 보고서에 의한 평가를 통해서 이루어진다. 그러므로 장부 기록은 통제를 위한 대단히 중요한 수단이 된다.

참고문헌

농림수산식품기술평가원, 『2040 농림식품 미래기술예측조사』, 2016.

농림수산식품부, 『농림수산식품 주요통계』, 2019.

매일경제 세계지식포럼 사무국, 『수퍼모멘텀 2010』, 매일경제신문사, 2010.

매일경제신문사, 『세계석학들이 내다본 코로나 경제전쟁』, 2020.

박봉권·신헌철, 『다보스 리포트, New Normal』, 매일경제신문사, 2010.

박봉규 외, 『경영학의 이해』, 경영과 미래, 2010.

박영숙·제롬 글렌, 『세계미래보고서, 2035-3055』, 교보문고, 2020.

박현출, 『농업의 힘』, 에이치엔 컴(주), 2020.

성진근, 「경제시평」, 내일신문, 2009. 4. 2.

______, 『새농업경제학』, 제2판, 도서출판 해남, 2014.

이기원·김서원, 「미래기술기반 건강한 먹거리 산업동향과 과제」, 『농업전망 2019』, 한국농촌경제연구원, 2019.

이훈·구계원 역, 『레드오션전략』(Jonathan L. S. Byrnes, *Island of Profit in a Sea of Red Ink*), 타임비즈, 2010.

임승규 외, 『포스트 코로나, 우리는 무엇을 준비할 것인가』, 한빛비즈, 2020.

제이슨 솅커 지음, 박성현 옮김, 『코로나 이후의 세계』, 2020.

폴 크루그먼 외, 『코로나 경제전쟁』, 매일경제신문사, 2020.

제2편 농업 경영 환경의 변화

제3장 글로벌 경제·경영 환경의 변화

제4장 시장으로 나온 세계 농업 경영 질서

제5장 탈세계화 흐름과 스마트 농업혁명

제6장 4차 산업혁명 시대의 농산물 유통 혁신

4차 산업혁명 시대가 열리면서 엄청난 기업 경영 환경의 변화가 진행되고 있다. 제조업을 중심으로 촘촘히 엮어졌던 글로벌 공급사슬(supply chain)이 해체되는 대신에 디지털 플랫폼, 사물인터넷, 로봇, 인공지능 등의 신기술에 의해서 형성되는 새로운 형태의 글로벌 공급망이 짜여지고 있다.

시장이 달라지고 고객이 달라지고 있다. 기상이변의 심화와 글로벌 경영 환경의 변화로 농업 경영의 불확실성도 커지고 있다. 위기는 기회를 동반한다고 한다. 농업 위기의 실체는 무엇이고 어떤 기회가 새로 만들어지고 있는가, 그리고 기회에 접근하기 위해서 농업 정책은 어떻게 달라져야 하고 농업 경영인은 어떤 준비를 해야 하는가.

제 3 장 글로벌 경제·경영 환경의 변화

1. 코로나19가 몰고온 메가트렌드 변화
2. 앞당겨진 4차 산업혁명 시대
3. 4차 산업혁명과 스마트 농업
4. 경영 혁신의 필요성과 기법

1. 코로나19가 몰고온 메가트렌드 변화

1) 산업혁명과 세계화의 역사

19세기 초에 영국에서 시작된 증기 기관과 방적기 발명 등의 기계 개발은 인류 역사상 처음으로 시작된 제1차 산업혁명 시대를 이끌었다. 이로 인해서 인류의 생산 능력과 생활 수준은 한 단계 격상되었다.

증기 기관차의 개발에 뒤이어서 석유를 연료로 하는 내연 기관의 발달과 전기 모터의 개발(1827년) 등 신기술의 개발이 이끈 미국 주도의 대량 생산 기술 혁명은 제2차 산업혁명이라 불리운다. 제2차 산업혁명에 의해서 인류의 식량 생산 능력은 비약적으로 발전되어 식량이 풍부해졌다. 이에 따라서 지구촌의 인구도 크게 늘어났다.[1]

제2차 세계대전이 종식된 이후(1945년), 상품과 서비스 무역이 급속히 확대되었고 자본과 노동의 국가 간 이동도 크게 확대되었다. 관세 및 무역에 관한 일반협정(GATT)이 체결되면서(1948년) 국제 무역의 확대를 뒷받침할 수 있는 제도적 기반이 마련되었다. 이어서 공산품뿐만 아니라 농산품과 서비스까지 자유 무역의 대상으로 확대한 우루과이라운드(UR) 타결 이후, GATT는 세계무역기구(WTO) 체제로 변신하여 세계의 자유 교역 질서를 이끌었다. 인터넷의 개발이 이끈 정보통신 기술의 발달과 컨테이너 운송 기술의 개발 및 글로벌 공급망의 연계와 확대 등 제3차 산업혁명적인 기술 개발이 세계 무역의 확대에 크게 기여했다.

1 1804년에 세계 인구는 유사 이래 처음으로 10억 명을 넘어섰다. 이로부터 123년이 지난 1927년에 세계 인구는 두 배(20억 명)로, 47년 이후(1974년)에 다시 두 배(40억 명)로, 그리고 49년 이후(2023년)에 다시 두 배(80억 명)로 증가할 것으로 예상된다.

제2차 세계대전 이후에 진행된 세계화를 통해서 유럽 국가들은 빠른 전쟁 피해 복구와 경제 번영의 기틀을 다질 수 있었다. 유럽의 경제 공동체인 EC는 1994년에 유럽연합(EU)으로 변신하여 경제 동맹을 체결하고 단일 통화(EURO) 체제를 도입하였다. 러시아를 비롯한 구소련 공화국들도 자본주의 시장경제 체제 이행을 추진하면서 세계 무역과 투자는 더욱 급속히 확대되었다.

우리나라에서도 세계화는 김영삼 정부 때부터 본격적으로 도입되었다. 김영삼 정부는 출범(1993) 2년 이후인 1995년을 세계화 시대 원년으로 삼는다는 선언을 했다. 그러므로 우리나라는 제3차 산업혁명 기술에 기반을 둔 세계화에 이때부터 본격적으로 참여하게 된 것이라고 정리할 수 있다.[2]

스위스 다보스에서 개최되는 세계경제포럼(WEF)에서는 세계화는 산업혁명적인 기술의 개발과 동반하여 진행되어 왔다고 설명하고 있다.

제1차 세계화는 19세기부터 제1차 세계대전이 일어나기 이전(1914년)까지의 기간 동안에 제1차 산업혁명적인 기술의 개발이 이끌었다.

제2차 세계화는 제1, 2차 세계대전이 끝난 이후, 1945년부터 1989년까지의 기간 동안에 진행된 제2차 산업혁명적인 기술이 이끌었다(Globalization 2.0). 그리고 1989년부터 2008년까지의 기간 동안에 진행된 제3차 산업혁명적인 기술이 제3차 세계화를 이끌었다(Globalization 3.0).

그러나 제3차 세계화 기간 동안에 진행된 부(富)의 집중과 함께 소득의 양극화 현상 등과 같은 국내 문제뿐만 아니라, 미국과 중국 간의 갈등으로 대표되는 선·후진국 간의 갈등이 심화되면서 탈세계화 움직임이 현저해지고 있었다.

2 일반적으로 글로벌화는 수출입 무역, 장단기 금융 거래, 근로 이민과 여행 등 여러 가지 경제 행위들이 국경을 넘어 자유롭게 이루어지는 것을 의미한다. 글로벌화를 위해서는 상품, 자본, 노동력 등이 국경을 넘을 때 적용되는 갖가지 규제와 세금 등 장벽이 세거 또는 완화되어야 한다. 글로벌화가 진행된 1990년대 이후 전 세계적으로 무역 자유화와 탈규제 흐름이 가속화되어 왔다.

그림 3-1 확대되는 부의 집중화 현상

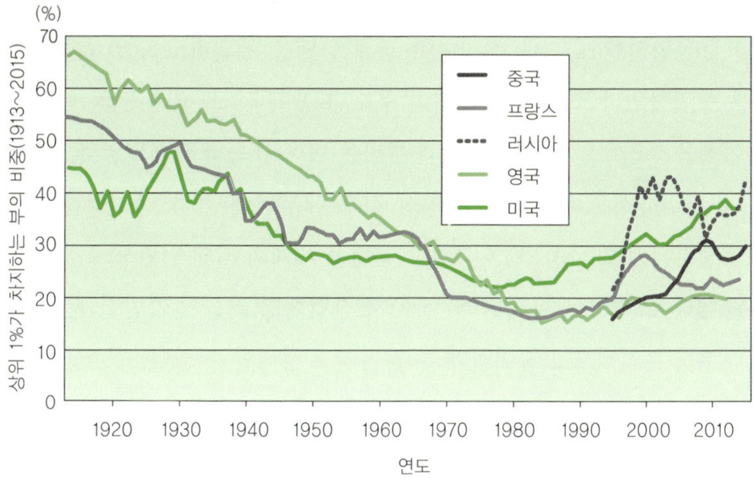

자료: World Inequality Lab(2018).

[그림 3-1]에서 보는 것처럼 세계화가 급속히 확산된 1990년대부터 부(富)의 집중화 현상이 본격적으로 진행되었다. 세계화를 선도하고 있는 미국, 유럽뿐만 아니라 중국, 인도, 러시아 등 개발도상국들도 상위 10%가 차지하는 부의 비중이 1980년의 20~30%에서 1990년에는 35~40%로, 그리고 2015년에는 40~55%로 높아져 온 것이다.

소득의 양극화 현상도 빠르게 진행되어 왔다. 미국과 서유럽의 경우 1995년 이전까지만 해도 하위 50% 인구에게 돌아가는 국민소득 비중이 상위 1% 인구에게 귀속되는 소득보다 많았다. 그러나 세계화가 급속히 진행되었던 1995년 이후부터는 상위 1% 인구에게 귀속되는 소득이 더 많아졌다. 예컨대, 세계화를 선도하고 있는 미국의 경우 2016년 기준으로 하위 50% 인구가 차지하는 국민소득 비중은 13%인 데 반해서 상위 1% 인구가 차지하는 국민소득 비중은

그림 3-2 확대되는 소득 양극화(미국)

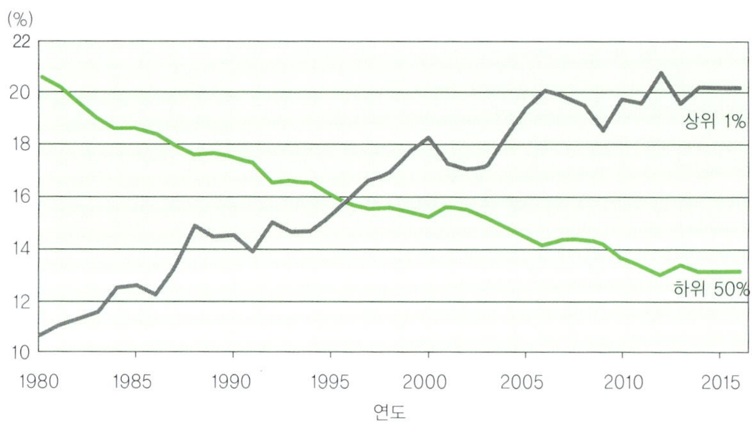

자료: World Inequality Lab(2018).

20%를 상회하는 상황에 이르게 된 것이다([그림 3-2] 참조).

선진국에서 추진하고 있는 비가격적 요소들에 의한 비관세 장벽의 강화에 의한 자국의 산업 보호 정책도 글로벌화의 교란 요인으로 작용하고 있다.

온실가스 발생을 억제하기 위한 녹색국경세(green border tax)는 선진국들이 자국의 녹색 성장 전략을 유지하기 위한 비가격적인 경쟁 요소로서 엄밀한 의미에서 관세는 아니지만 관세와 같이 교역을 제한할 수 있는 유사(類似) 관세라고 할 수 있다. 또한 안전과 관련된 규제도 확대되고 있다. 글로벌 테러의 무차별적인 확산과 각종 신기술에 대한 위험 요인이 부각되면서 안전 관련 무역 규제가 확대되고 있다. 또한 환경과 안전뿐만 아니라 공정 거래, 노동, 인권, 소비자 보호 등의 다양한 비가격적 요소들을 가격 경쟁의 요소로 전환시키는 방식을 통해서 선진국들의 자국 산업 보호 정책이 강화되고 있는 것이다.

2008년의 세계 경제위기를 계기로 하여 경제의 글로벌화를 이끌어 오던 선진국들이 글로벌화 흐름에 심각한 제동을 걸고 있는 것이다.

선진국들의 규제 강화에 대응하는 수단으로 개도국 개발 규제와 표준화 작업이 확산되면서 세계시장의 블록(block)화 현상마저 진행되어 왔다. 중국은 거대한 내수시장을 기반으로 하여 선진국들이 주도해 온 규제 및 기술 표준을 적극적으로 수용하는 대신에, 자국 상품에 적합한 규제와 표준화 작업을 진행시키고 있다. 따라서 제3차 글로벌화는 '새로운 규제와 함께 하는 글로벌화'의 형태로 진행되고 있었다.

한국은 향후 전개될 글로벌화의 새로운 흐름에 가장 큰 영향을 받을 수밖에 없는 나라이다. 한국은 글로벌화의 혜택을 가장 많이 받아 세계 7위의 수출국으로 도약함으로써 선진국 진입에 성공한 나라이다. 개도국들처럼 관세를 인상하기도 어렵고 선진국들처럼 환경 규제를 강하게 추진하기도 어렵다. 또한 독자적인 표준화를 추진하기는 더더욱 어렵다. 특히 대부분의 식량과 자원을 해외 수입에 의존하면서 경제의 해외시장 의존율이 높은 비정상적인 경제구조를 지니고 있는 나라이기도 하다.

그러므로 세계 경제 패러다임의 변화, 즉 글로벌화의 진화 방향과 새로운 흐름을 빨리 간파하여 대응하는 일만이 우리 경제의 내일을 보장받을 수 있는 길이다. 그 길은 한국 경제의 취약 부분인 내수시장을 적극적으로 확충하고 식량과 자원 확보의 잠재력을 높이는 일에서부터 찾아져야 한다.

2) 4차 산업혁명 시대와 새로운 세계화의 시작

세계화가 급속하게 확산되기 시작한 1990년대 후반부터 부(富)의 집중과 소득의 양극화 현상이 현저해짐에 따라 인구의 대부분을 차지하는 중산층 이하의 대다수 국민들은 세계화에 반감을 가지게 되었다. 그것이 소위 "1%를 위

생각의 폭과 통찰력을 키우자

4. G의 역사

G의 역사는 G-10에서 시작되었다. 1963년 9월 국제통화기금(IMF)으로부터 단기 유동성(대기성 차관) 지원에 관한 일반차입협정(GAB)을 체결한 10개국 모임이 G-10의 시초이다.

1971년 베트남전의 전쟁 비용 과다 지출로 달러화 가치가 급락하자 닉슨 미국 대통령은 달러화에 대한 금태환 중지 조치를 취하였고, 달러화의 붕괴 위기를 막기 위해서 미국, 프랑스, 영국, 독일, 일본 등 5개국의 재무장관이 백악관 도서관에서 따로 모여 결정한 이른바 '스미소니언 합의'를 계기로 G-5가 출범하였다. 1975년 프랑스 랑부이예에서 이탈리아를 포함한 G-6 정상 회의가 열렸으며, 1976년 6월 미국이 G-6 정상 회의에 캐나다를 초청하면서 G-7 정상 회의가 출범하였다.

제2차 오일쇼크가 발생하면서 단순한 사교 모임적 성격이던 G-7이 실질적인 네트워크로 발전하였다. 1998년 러시아가 정식 회원국이 되면서 G-7은 G-8로 변모하였다.

1997년 외환위기를 겪으면서 국제 금융시장 안정을 위한 새로운 협의체 필요성이 제기되었고, 1999년 9월 G-7 재무장관 회의에서 G-20 창설이 합의되었다. 세계 인구의 2/3, 세계 GDP의 85%를 차지하는 G-20의 첫 정상 회의는 2008년 11월 워싱턴에서 개최되었으며, 2010년 6월의 제4차 캐나다 회의에 이어서 2010년 11월 서울에서 제5차 정상 회의가 개최되었다. '47년의 G의 역사'에서 처음으로 대한민국이 의장국으로서 선진국과 개도국 간의 교량 역할을 맡게 된 것이다.

자료: 매일경제 지식포럼 사무국(2010), pp. 29~31에서 발췌·인용함.

한 99%의 희생"으로 표출되면서 2009년의 글로벌 금융·경제위기로 이어졌다. 탈세계화 움직임은 선진국과 개도국 간의 갈등 심화 때문에도 촉진되고 있다. 불과 얼마 전까지만 해도 미국은 자국 기업들의 중국 진출을 적극 지지하고 지원했다. 이에 따라 중국은 중간재 생산이나 최종재 조립을 담당하는 세계의 공장으로 급성장할 수 있었다. 세계화가 진전되는 과정에서 중국, 인도, 브라질, 러시아, 인도네시아, 멕시코, 터키로 이루어진 신흥 7개국(E7)의 경제 규모는 미국, 일본, 독일, 영국, 프랑스, 이탈리아, 캐나다 등 선진 7개국(G7)의 경제 규모에 거의 필적할 정도로 커지고 있다. 선진국들은 자국의 산업 경쟁력이 약화되고 고용이 악화되어서 세계화에 의한 기업의 분업 생산 체제를 더 이상 밀어붙일 수 없는 지경에 이르게 된 것이다.

더구나 해외로 생산 시설을 이전한 선진국의 글로벌 기업들 입장에서도 개도국 현지 노동자들의 지속적인 임금 상승 때문에 기업의 해외 진출이 이제는 득(advantage)이 아니라 오히려 짐(burden)이 되고 있는 상황에 이르게 된 것이다. 여기에 생산 과정에서 육체노동의 중요성이 크게 감소된 4차 산업혁명적인 기술의 개발이 개도국이 보유하고 있는 값싼 노동력의 가치를 결정적으로 감소시켰다. 이 때문에 개도국에 진출한 선진국의 글로벌 기업들은 본국으로 돌아가서 4차 산업혁명적인 신기술을 생산에 활용하는 것이 보다 유리한 상황으로 바뀌게 된 것이다.

4차 산업혁명은 인공지능(AI), 빅데이터 등과 결합된 제조 공정뿐만 아니라 제품 개발과 서비스 분야에까지 이르는 전 산업의 스마트(Smart) 기술혁명에 의한 산업혁명을 칭한다.

1차에서 3차에 이르기까지의 산업혁명은 인간의 육체노동을 기계로 대체하는 결과를 가져왔다. 이에 따라서 새로운 산업과 일자리가 창출되었다. 그러나 4차 산업혁명은 인간의 육체노동뿐만 아니라 정신노동까지 인공지능, 로봇, 3D프린팅, 사물인터넷(IoT) 등에 의해서 대체시킬 수 있다. 이에 따라서 소수의 고급 인력을 위한 일자리는 새롭게 창출되지만, 새 기술에 적응하지 못하는 많은 노동자들의 일자리는 줄어들게 된다. 이에 따라서 소득과 부(富)의 격차는 더욱 심화될 수밖에 없고 각국의 '돈 풀기'로 대표되는 포퓰리즘(populism)적인 정책은 더욱 강화될 수밖에 없다. 코로나 팬데믹은 제3차 세계화를 종식시키고 4차 산업혁명을 우리 삶에 깊숙이 받아들이는 결정적인 계기로 작용하고 있다. 이에 따라서 전통적인 제조업 중심의 무역과 투자가 감소하고 제조업을 중심으로 하여 촘촘히 엮어졌던 글로벌 공급사슬이 사라지는 대신에 디지털 플랫폼, 사물인터넷, 로봇, 인공지능 등에 의해서 형성된 새로운 형태의 글로벌 공급망이 형성되고 있다. 세계경제포럼(WEF)[3]은 4차 세계화는 2008년부터 4차 산업혁명적인 기술과 연계하여 진행되어 왔다고 설명한다.

코로나 팬데믹에 대응하는 과정에서 인공지능이나 로봇 자동화 등 4차 산업혁명적인 기술에 대한 거대한 수요가 존재한다는 사실이 밝혀졌다. 특히 소비자의 수요를 충족시키기 위해 여러 곳에 분산되어 있는 적은 수요를 효율적으로 관리하는 공급망의 자동화 기술이 각광을 받고 있다. 전자상거래 역시 종래의 편의성 문제를 뛰어넘어 필수적 유통 서비스로서의 입지를 굳혔다. 원격업무 처리 방식 역시 사회경제적 선호도가 높아졌다. 재택근무 직업이 갖는 부가가치는 분명해졌다. 직장인들에게는 시간과 출퇴근에 따른 비용 지출을 줄여 준다. 고용주에게는 사무실과 주차 공간, 업무 시설과 장비 및 사무용품에 대한 지출 감소로 비용 절감을 이룰 수 있다. 물론 의료 서비스, 유통망, 제조업 분야에서는 현장에서 일할 근로자가 계속 필요하겠지만 비즈니스 업무와 외부 전문가의 역할은 대부분 온라인화되어 갈 것이다. 글로벌 기업들은 바이러스 감염의 우려 없이 인공지능을 이용해서 의사결정을 하고 로봇과 3D프린팅 기술을 이용하는 생산 자동화 시설을 확대해 갈 것이다. 또한 산업용 사물인터넷을 클라우드 컴퓨터와 연결해서 세계 각지에 흩어져 있는 생산과 유통 시설들을 관리·통제하게 될 것이다. 코로나 팬데믹이 4차 산업혁명에 기반을 둔 새로운 세계화를 성큼 앞당기고 있는 것이다.

3 세계경제포럼은 2019년 다보스 연례회의에서 4차 세계화(Globalization 4.0)를 회의 주제로 다루었다.

2. 앞당겨진 4차 산업혁명 시대

1) 4차 산업혁명의 개념

컴퓨터의 발전, 인터넷의 발전 그리고 정보통신 기술의 발전 등은 우리의 생활을 과거와는 전혀 다르게 바꿔놓고 있다. 상상 속의 일이라 여겨 왔던 일들이 현실 문제로 성큼 눈앞에 펼쳐지고 있다. 강 건너 동네 불구경하듯 생각했던 일들이 코로나 사태로 바로 우리 동네, 내 문제로 다가오고 있다.

우리는 이미 4차 산업혁명 시대에 들어서고 있다. 로봇, 인공지능, 빅데이터, 사물인터넷 가상현실 등의 단어는 더 이상 낯선 단어가 아닌 생활 주변 언어로 사용되고 있다. 4차 산업혁명 시대는 인터넷의 통신 속도가 현재보다 수백~수천 배 빨라지는 5G 시대와 동일하게 시작된다고 보면, 코로나19가 세계적으로 맹위를 떨치고 있는 2020년이 그 시작 시점으로 보아도 무방할 것이다.

4차 산업혁명의 시대에 접어들면서 수많은 기술들이 융합되고 통합되면서 지구촌의 인류 생활에 새로운 편의를 제공하고 있다. 4차 산업혁명이라는 용어는 2016년 1월의 다보스포럼에서 처음 정의되었다. 즉, "4차 산업혁명은 디지털혁명(3차 산업혁명)에 기반하여 물리적 공간과 디지털 공간 및 생물학적 공간의 경계가 희석되는 기술 융합의 시대"를 말한다는 것이다. 물리적 공간의 융합이란 엄청나게 멀리 떨어져 있는 물리적 공간을 무시하고 마치 동일한 공간에서 활동하는 것처럼 물리적 공간 사이의 거리를 초월할 수 있는 인터넷 기술이 현실화된다는 것이다.

생물학적 공간의 융합 기술은 인간의 생명과 관련되는 바이오 산업과 헬스케어 산업 등의 분야에서 급속하게 발전하고 있다. 사람과 동물들의 신체 일부나 특정 장기들을 성장시킬 수 있는 바이오 기술들이 실험 단계에 와 있으며 이미 실용화되고 있는 기술도 속속 선보이고 있다. 이에 따라서 불치의 암 등 악성 질병도 정복될 것이고 인류의 수명도 연장되는 생물학적 공간의 융합 기술 시대가 성큼 우리 곁으로 다가오고 있다.

물리적 공간, 디지털 공간 및 생물학적 공간의 경계가 허물어지면 여태까지 상상하지 못했던 새로운 공간이 나타나게 된다. 이에 따라서 어떤 산업 분야도 독립적으로 발전될 수 없는 시대가 열리고 있는 것이다.

4차 산업혁명이란 "무선 인식 기술(RFID), 사물인터넷(IoT), 빅데이터(Big Data), 인공지능(AI) 등의 신기술들이 초연결을 가능하게 하는 5G 기술의[4] 첨단 정보통신 기술과 융합되고 다시 경제, 사회, 문화 전반으로 융합되어 모든 산업 분야가 융합되는 새로운 혁명이다"라고 요약할 수 있다.

2) 4차 산업혁명 시대의 산업의 범위 확장과 중요 기술

전 산업에 걸친 통합 및 융합을 위한 파괴적 기술(Disruptive Technology)이 보편화되어 산업 간의 장벽을 무너뜨리고 산업 간의 통합 내지 융합을 촉진시킬 것이다. 동일한 산업 내부에서도 경쟁력의 원천 자체가 바뀔 것이다. 과거에는 자원, 시설, 장비 등의 하드웨어(hardware)가 중심이 되었지만 4차 산업혁명이 진행될수록 정보와 지식 자원의 보유 정도가 경쟁력의 원천으로 자리잡을 것이다.

기업의 경쟁 방법도 달라질 것이다. 과거에는 기업을 운영하는 지능형 플랫폼이 대외비(對外秘)로 관리되면서 제품 또는 서비스 관련 상품을 개발·생산

4 인터넷 통신 기술이 속도를 발전 단계별로 나누어 보면 전화 통화만 하던 시절(1G 시대)에서 문자를 주고받을 수 있었던 2G 시대를 지나 사진 등의 화상 정보를 송수신하는 3G 시대 그리고 동영상을 송수신할 수 있는 4G 시대를 거쳐서 가상현실까지 주고받을 수 있는 5G 시대로 진화하고 있다.

그림 3-3 4차 산업혁명의 기술과 산업의 융합

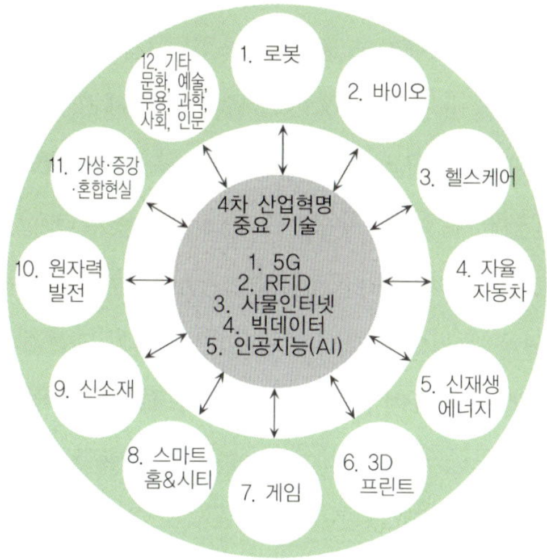

자료: 이범희(2018), p. 46.

하여 고객에게 공급하였다. 그러나 4차 산업혁명이 진행될수록 2개 이상의 상품이나 서비스를 생산·공급해야 경쟁력을 확보할 수 있게 될 것이다. 왜냐하면 미래의 고객의 욕구는 상품뿐만 아니라 서비스도 동시에 요구할 것이기 때문이다. 이러한 제품과 서비스 간의, 나아가서는 제품 생산과 서비스 생산 등 산업 간의 통합 내지 융합을 활용하여 고객의 욕구(wants and needs)를 충족시킬 수 있는 기업만이 4차 산업혁명 시대에서도 경쟁력을 확보할 수 있을 것이다.

4차 산업혁명을 이끌고 있는 중요 기술을 요약하면 다음과 같다.

(1) 5G 시대의 통신 기술

인터넷 통신 속도는 발전 단계별로 나누어서 구분된다.

1G 시대는 아날로그 무선 전화기가 출시되면서 시작되었다. 2G 시대는 아날로그 무선 통신 시대를 벗어나 디지털 휴대폰이 등장하면서 문자 송수신이 가능한 시대이다. 3G 시대는 2003년부터 사진 등의 영상 통신이 가능해진 시대이다. 4G 시대는 2011년 스마트폰이 출현되면서 동영상 통신이 자유롭게 되었으며, 특히 게임이 활성화된 시기이다.

5G 시대의 통신 속도는 4G 시대보다 200배가 넘는다. 가상현실, 증강현실 그리고 혼합현실을 전송하고 수신하기에는 엄청나게 많은 정보량을 주고받아야 하기 때문에 상상 이상의 빠른 인터넷 통신 속도가 필요하게 된다.

(2) 무선인식(radio frequency identification: RFID) 기술

RFID는 무선 주파수(radio frequency)와 극소형 반도체 칩을 활용하여 식품, 동물, 식물, 사물 등의 정보를 관리할 수 있는 기술을 의미한다. 종래에 이용되어 왔던 바코드는 바코드에 내재되어 있는 정보를 수정할 수 없지만 RFID는 반도체로 만들어져 있으므로 내재되어 있는 정보를 수정하고 삭제할 수도 있다.

RFID를 활용할 수 있는 분야는 무궁무진하다. 도난 혹은 복제 방지, 유통체인 관리, 대중교통 요금 징수, 출입 및 접근 통제, 전자 요금 징수, 생산 관리 등의 분야에서 센서(sensor)로 활용될 수 있다.

최근의 신축 아파트 단지에서는 RFID 주민 카드를 지급하여 주민들의 편의시설 활용이나 비용 관리에 이용하고 있다. 사물에 RFID를 심어서 사물들 간의 대화가 가능하게 하는 역할도 수행하고 있다. RFID는 이미 우리 생활 주변에서 많이 활용되고 있는 IC 카드에도 내장되어 있다. RFID는 주파수에 따라 정보를 다르게 하여 빠른 정보 인식이 가능한 장점이 있다.

(3) 사물인터넷(IoT) 기술

사물인터넷은 사물과 사물 간의 대화를 나눌 수 있게 하는 것이다. 사물인터넷의 중요한 수단은 사물에 심어져 있는 반도체 칩인 RFID이다. 인간이 개입하지 않고 사물들 간의 대화로 연결되는 인터넷 세상을 사물인터넷이라고 한다. 사물인터넷은 RFID의 활용도가 매우 많지만 RFID와 연결될 수많은 센서 기술이 사물인터넷의 기본이 된다. 예컨대, 동작, 위치, 방향, 근접, GPS, 중력, 가속도, 온도, 조도, 기압, 습도 등의 변화를 인식할 수 있는 매우 다양한 센서 기술들이 RFID 기술과 융합되어야 사물인터넷이 시작될 수 있다.

사물과 사물들 간의 대화들은 수많은 정보로 남게 된다. 분야별 정보들은 빅데이터로 축적되고 축적된 분야별 빅데이터는 다른 분야로 연결되고 통합되어 새로운 데이터로 재탄생할 수 있다. 이런 과정을 거쳐서 축적된 수많은 종류의 빅데이터들은 산업의 경계를 허물고 새로운 산업의 출현으로 연결될 것이다.

산업 분야별 빅데이터의 물리적인 통합은 불가능하므로 산업 분야별로 독립적으로 활용되고 있던 인터넷을 통합하고 연결함으로써 서로 다른 빅데이터들을 통합하고 연결하는 방식을 취하게 된다 사물인터넷의 세계시장 규모는 2020년에 19조 달러(한화로는 2경 원) 규모가 될 것이라 한다.[5]

(4) 인터넷의 통합과 빅데이터 기술

인터넷이 통합되고 있다. 사물과 사물 간의 대화들은 수많은 정보로 남게 된다. 분야별 사물인터넷의 결과물인 정보들은 빅데이터로 축적된다. 이렇게 축적된 분야별 빅데이터들은 다른 분야와 연결·통합되어 새로운 데이터로 재

5 이범희(2018), p. 52.

탄생될 수 있다. 산업 분야별 사물인터넷으로 시작되어 축적된 수많은 종류의 빅데이터들은 산업의 경계를 허물게 되고 새로운 산업들의 출현으로 이어질 것이다.

빅데이터(big data)는 기존의 통계학적인 방법이나 도구를 이용해서는 분석할 수 없는 수많은 정형 및 비정형 데이터를 의미한다. 현재 매순간마다 생산되고 전파되는 정보와 데이터 양은 너무 많아서 '정보의 바다'라고도 한다. 이 정보의 바다에 떠 있는 수많은 데이터인 빅데이터를 가공하여 의미 있게 활용할 수 있어야 가치 있는 데이터가 된다. 사람들은 일상생활에서 컴퓨터, 스마트폰, 자동차, 가전제품 등을 항상 이용하는 과정에서 수많은 데이터를 발생시키고 있지만 이를 활용하지는 않고 있다. 빅데이터는 새로운 분석 방법을 활용하여 사람들의 행동이나 패턴의 변화에 대한 가치 있는 정보로 가공될 수 있다. 기업들은 빅데이터 분석 방법을 이용하여 고객의 행동 패턴을 분석하여 적절한 상품을 권유할 수가 있는 것이다. 서울시는 심야 버스를 운행하기 위하여 빅데이터를 활용하여 각 지역의 심야 시간대 유동 인구와 활동 인구를 분석하여 심야 버스의 노선을 결정했다고 한다.

정보의 바다에 떠 있는 수많은 정보와 데이터들인 빅데이터는 가공되고 의미 있게 활용되어야 가치 있는 데이터가 될 수 있다. 사람들은 일상생활에서 컴퓨터, 스마트폰, 자동차, 가전제품 등을 항상 사용하면서 무수하게 많은 데이터를 발생시키고 있지만 그 가치를 인식하고 활용하지 않고 있다.

빅데이터를 분석하기 위해서는 많은 컴퓨터를 동시에 작업할 수 있는 분산 처리 시스템인 하둡(Hadoop)이 활용된다.[6]

6 하둡은 대용량 데이터의 활용과 처리를 돕는 자바(Java) 소프트웨어 프레임워크(Software Framework) 이름으로 미국의 프로그래머 더그 커팅(Doug Catting)이 개발했다.

(5) 인공지능(AI) 기술

인공지능 기술(artificial intelligence technology)은 인간의 학습 능력, 자각 능력, 자연 언어 이해력 등을 컴퓨터 프로그램으로 실현할 수 있는 기술을 의미한다. 컴퓨터가 인간의 지능적인 활동을 모방할 수 있는 기술로서 이세돌 기사와 바둑 시합을 벌인 알파고(AlphaGo)는 구글이 개발한 인공지능 기술이다. 인공지능 기술이 활발하게 적용되는 분야는 다음과 같다.

자연 언어 처리 기술

지구상에 존재하고 있는 대부분의 언어를 자동 번역할 수 있는 시스템이 활용되고 있다. 이 시스템의 개발로 외국어를 배우려는 노력을 더 이상 하지 않아도 되는 세상이 되었다. 이를 위해서는 인공 신경망 번역(neural machine translation: NMT) 방식이 이용된다.

영상, 목소리, 문자 분석 기술

컴퓨터가 영상, 목소리, 문자를 해석하고 분석하는 과정은 매우 복잡하므로 인공지능 기술은 로봇 개발에 필수적인 기술이다.

전문가 시스템 기술

전문가 시스템 기술(expert system)은 전문적인 작업을 사람 대신에 컴퓨터가 할 수 있도록 개발된 기술이다. 4차 산업혁명 시대가 진행되면서 가장 먼저 없어질 직업으로는 스포츠 경기 심판, 의사, 판사, 운전기사, 제조업의 생산직, 은행원, 건설 노동자, 텔레마케터, 도서관 사서, 경비원 등이 거론되고 있다.

3) 4차 산업혁명의 영향을 크게 받을 산업 분야

(1) 로봇 산업

4차 산업혁명의 중심에는 로봇이 있다. 과거의 산업용 로봇은 기술의 편리성을 활용하여 산업의 발전을 위한 도구로 사용되었다. 그러나 4차 산업혁명 시대의 서비스 로봇(service robot)은 사람과 기술을 연결시키는 인공지능을 가진 도구로서 인간과 대화를 하면서 기술의 편리성을 인간에게 제공하는 기능을 수행하게 된다.

(2) 바이오 산업

바이오의 어원은 그리스어의 비오스(Bios)이며 생명과 생물의 살아 있는 모든 것을 의미한다. 그리고 바이오 산업은 바이오에 화학, 전자, 의학, 물리, 금속, 기계 등의 산업 부문을 연결하고 융합하여 새로운 상품을 만들어 내는 산업을 뜻한다. 다시 말하면 바이오 기술(bio technology)을 활용하여 유용한 생물을 만들어 낼 수 있는 새로운 산업 분야가 바이오 산업이다. 바이오 기술은 의학 분야 이외에도 농업, 화학 공업 등에서 기초 연구들이 활발하게 진행되고 있기 때문에 식량 증산이나 에너지 절약 등의 실현을 앞당길 수 있다.

(3) 헬스케어(Health Care) 산업

인구의 고령화 추세에 따라 만성 질환이 크게 증가하고 있다. 이를 해결하기 위한 방안으로 U헬스케어(Ubiquitous H.C.)가 확산되고 있다. 바이오 기술, 사물인터넷, 의료 기기 등을 활용해서 측정된 의료 정보를 실시간으로 의사에게 전달함으로써 환자의 예방 치료는 물론 개인별 맞춤형 진료 관리가 가능한 유비쿼터스 헬스케어 시대가 이미 시작되고 있다.

생각의 폭과 통찰력을 키우자

5. 공급망의 안정성 확보가 가장 중요하다

코로나 팬데믹의 여파로 미국 내에서는 휴지 품귀 현상이 일어나고, 신선식품이 마트마다 동이 났다. 새롭게 다가온 이런 일상생활의 변화는 많은 사람들에게 충격을 주었다. 이 결과는 사람들에게 공급망(supply chain)의 중요성을 절감하도록 하는 계기가 되었다. 여기에서 공급망이란 미국 내 공급망, 글로벌 공급망, 원자재를 다루는 산업, 최종 목적지까지 도달하는 물류 배송의 마지막 단계(last mile)의 과제 등을 포함한 개념을 말한다. 1990년대와 2000년대 초까지만 하더라도 대학의 경영학과에서 공급망이란 단어는 거의 쓰지 않았다. 하지만 코로나 사태 이후에 식료품, 의료용품, 의료 기기들이 구하기 힘든 물건이 되어버리자, 공급망 붕괴로 인한 부정적 여파에 대한 사람들의 관심이 커지고 있다. 이에 따라서 모든 경영진, 정치인 및 소비자에 이르기까지 가장 관심 높은 주제 중의 하나로 공급망의 안정성 확보 문제가 대두되고 있다.

제품이 어디에서 오는지, 어떻게 제품이 나에게까지 전해지는지, 그리고 언제 제품이 도착하는지와 같은 질문은 아주 중요한 이슈가 되어버린 것이다. 경제 운용의 안정성은 재화와 서비스가 필요한 곳에 필요한 양만큼, 적시에 도달할 수 있느냐 하는 문제에 봉착해 있다. 만약 이 문제가 순조롭게 풀리지 않는다면 사람들의 일상생활에 실제적인 위험이 발생하고 나아가서 잠재적으로 국가 안보까지도 위협받게 된다. 독일의 극작가 베르톨트 브레히트(Berthold Brecht)는 그의 작품 「서푼짜리 오페라」(The Threepenny Opera)에서 인생의 이치를 한 문장으로 표현했다. "일단 먹고 나야만 도덕을 찾는다." 배가 불러야 그 다음을 이야기할 수 있다는 것이다. 사람들이 음식을 원활하게 구할 수 없다면 경제는 통째로 흔들리고 만다. 식량이나 다른 생필품의 안정적인 공급망 확보가 어려워지면 국가 전체의 안정성은 쉽게 무너져 내릴 수 있다. 영국의 오래된 동요 가사에 나오는 허바드 수녀(Mother Hubbard)는 자신의 찬장이 텅비었다고 노래한다. 오늘날 사람들도 찬장에 무엇이 들어 있는지를 걱정하지 않고 살고 있다. 주문만 하면 필요한 것이 채 20분도 걸리지 않은 시간에 집까지 배달되는 세상에서 살고 있기 때문이다. 코로나 사태가 오기 전까지 우리 모두의 찬장은 허바드 수녀의 찬장과 비슷한 신세가 되었고 사람들은 식료품 확보를 위해 발 빠르게 움직이지 않아도 되었다.

그러나 코로나 사태를 겪으면서 식료품과 위생용품 소비는 식당과 집에서 소비하던 행태에서 오로지 집에서만 소비하는 행태로 바뀌고 있다. 따라서 미래에는 보다 안정된 공급망이 필요할 것이다. 코로나19 팬데믹이 지나고 나면 사람들은 빈 찬장을 비운 채로 놓아두지는 않을 것이다.

자료: 제이선 셍커(2020)에서 발췌·인용함.

(4) 기타

이 밖에도 자율 자동차 산업, 신재생 에너지 산업, 에너지 저장 장치 산업, 3D 프린트 산업, 게임 산업, 스마트 홈 & 스마트 시티 산업, 신소재 산업, 원자력 발전 산업, 가상·증강·혼합현실 산업 등이 4차 산업혁명적 기술 개발의 영향을 받아서 크게 발전할 가능성이 높다.

3. 4차 산업혁명과 스마트 농업

1) 정밀 농업 기술과 정보통신 기술이 융합된 새로운 농업혁명의 시대 개막

농업은 상대적으로 쇠퇴하는 산업(declining industry)이라는 말이 오래도록 회자되어 왔다. 농업 생산은 자연조건 의존성이 높기 때문에 경영의 위험과 불확실성이 다른 산업보다 높다는 점, 토지 의존적인 경영이기 때문에 규모의 경제(economy to scale)를 실현하기 어렵다는 점, 이에 따라서 산업 성장률이 다른 산업에 비해서 상대적으로 낮다는 점 등이 주된 이유로 지적되어 왔다. 이 때문에 우리나라는 물론 전 세계적으로 농업 인구의 감소와 고령화 추세가 이어져 왔다. 농업 생산의 정체와 농촌의 도시화 등이 지속적으로 진행되어 왔고 기후 변화 현상이 초래한 가뭄, 이상기온 등 자연재해 현상이 빈발하면서 오늘날에는 농업의 지속 가능성마저 위협받고 있는 처지가 되었다. 국민총소득(GNI) 중에서 농림어업의 비중은 1980년의 14.3%에서 2000년의 3.9% 그리고 2018년에는 1.8%로 크게 낮아졌다. 총취업자 중에서 농림어업 취업자의 비중도 1980년의 34.0%에서 2000년의 10.6% 그리고 2018년에는 5.1%로 낮아졌으며,

반면에 젊은이의 이농(離農)으로 60세 이상의 고령층 농업 취업자의 비중은 1980년의 11.2%에서 2000년에는 44.0% 그리고 2018년에는 65.3%로 높아졌다.

농산물시장 개방 이후 식량 자급률도 1980년의 56.0%에서 2000년에는 29.7% 그리고 2018년에는 21.7%로 크게 떨어지고 있다. 농가 소득 중에서 농업 소득이 차지하는 비중은 1980년의 47.3%에서 2010년에는 31.4%로 그리고 2018년에는 30.7%로 낮아지고 있다. 농업 소득의 감소 대신에 농업외 소득과 이전 소득이 증가하여 2018년 현재 농업외 소득은 농업 소득의 1.3배 그리고 이전 소득은 농업 소득의 76.6% 수준으로 커지고 있다. 농지 면적도 1980년의 2,109천ha에서 2018년에는 1,596천ha로 40년 전의 75% 수준으로 줄어들었다.

코로나 사태가 발생하자 전 세계 대부분의 국민들은 생필품 구매가 어렵다는 현실을 체감했다. 마스크는 물론이고 화장지 등 생필품의 사재기가 시작되었고 급기야는 신선 농식품마저 구하기가 어려워졌다. 항상 풍족하게 공급되는 것으로 믿어 왔던 식량의 부족 사태가 현실화될 수도 있음을 절감했다. 코로나 사태가 장기화되어 국제 간 운송이 여의치 않아질 경우를 대비하여 국내 농업의 쇠퇴가 더 이상 진행되는 것을 막아서 최소한의 식량 자급 능력을 유지해 나가야 한다는 인식이 널리 확산된 것이다.

그렇다면 현재의 산업 간 경쟁력의 격차로 인해서 상대적으로 쇠퇴하고 있는 농업의 생산성 내지 경쟁력은 회복될 수 있는가? 인구는 기하급수적으로 늘어나는데 식량 생산은 산술급수적으로 증가하므로 인구 증가를 적절히 제한해야 한다고 주장했던 18세기 영국의 맬서스(T. R. Malthus)의 비관론을 극복한 것은 대규모 농지 조성과 농기계 개발에 의한 농업혁명이었다. 20세기 들어서 폭발적으로 증가하기 시작한 인구를 부양하기 위한 식량 공급은 과학 기술, 특히 생명공학 기술의 발전에 힘입은 녹색혁명(Green Revolution)으로 해결할 수 있었다. 그러나 녹색혁명으로 식량 생산 능력은 비약적으로 발전하였지만, 화

그림 3-4 기술 발전에 따른 농업생산성 변화

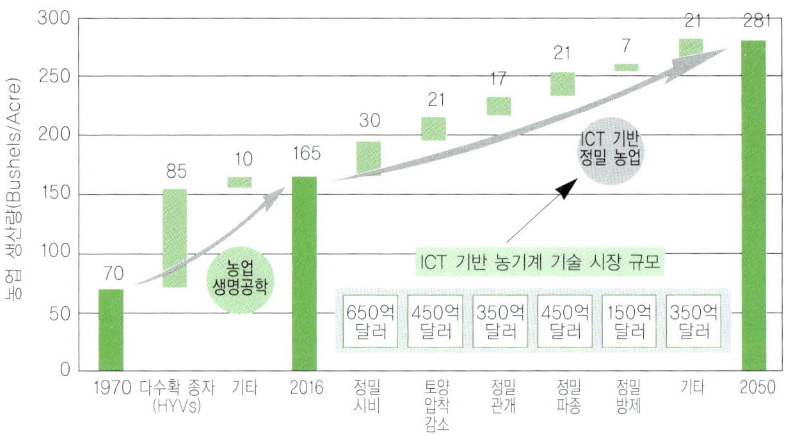

자료: 이주량 외(2018).

학 비료 과다 사용으로 인한 토양 오염과 무분별한 농약 사용으로 인한 환경 위해의 증가 및 과도한 수자원 사용 등으로 인한 농업 생산의 지속 가능성이 크게 도전받고 있다는 우려도 커져 왔다.

녹색혁명적 농업 기술인 다비다농약(多肥多農藥)적 기술의 폐해를 극복하기 위해서 개발된 영농 기술이 정밀 농업(precision sgriculture)이다. 정밀 시비에 의한 비료 사용량 감소, 정밀 방제를 통한 농약 사용량 감소, 정밀 관개를 통한 수자원 절약 그리고 자율 무인 농기계 이용에 의한 토양 압착 감소 등이 정밀 농업의 효과로 설명된다. 이러한 정밀 농업 기술에 정보통신 기술(information and communication technology: ICT)이 융합하면서 소위 스마트 농업(Smart Farming)이라고 불리는 제3의 녹색혁명이 농업 경쟁력을 비약적으로 발전시킬 수 있을 것으로 기대되고 있다.

21세기 들어서면서 전 산업에서 디지털 전환(digital transformation)이 급속히 이루어지고 있다. 정보통신 기술의 활용에 대한 산업 간 경계가 허물어지면서 ICT는 혁신의 가장 중요한 요소로 다루어지고 있다. ICT 기반의 정밀 농업은 향후 2050년까지 전 세계 농업 생산의 잠재력을 70%가량 상승시킬 수 있을 것으로 예측되고 있다.[7]

2) 4차 산업혁명 기술의 농업 부문 적용 영역

통상적으로 어떤 산업에서 4차 산업혁명이 시작되었다고 말할 때, 이는 각각의 산업에서 수행하던 전통적인 업무 방식이 ICBAMS(IoT, Cloud, Big Data, AI, Mobile, Security)로 대표되는 4차 산업혁명 기술의 적용을 통해 효율적으로 전환되고 있음을 뜻하며 그 핵심은 데이터이다.

그리고 데이터를 중심으로 한 접근 방식으로 볼 때, 모든 산업 분야를 막론하고 4차 산업혁명 기술의 적용은 데이터의 [① 생성·수집－② 분석－③ 활용]의 세 가지 영역으로 대별할 수 있다.

농업 생산 활동에서도 4차 산업혁명 기술의 적용은 다음과 같은 세 가지 영역으로 분류할 수 있으며, 초기 단계에서 각 영역으로 특화되어 발전되었던 기술들은 점차 상호 유기적으로 결합되어 시너지 효과를 창출하면서 고도화되고 있다.

(1) 사물인터넷과 클라우딩 기술을 활용한 생산 관련 데이터의 생성과 수집 영역

1980년대 말 농경지의 세분화된 관리로 농자재 투입량을 줄이고 생산량을

7 이주량 외(2018), p. 3.

그림 3-5 4차 산업혁명 기술의 농업 부문 적용 영역

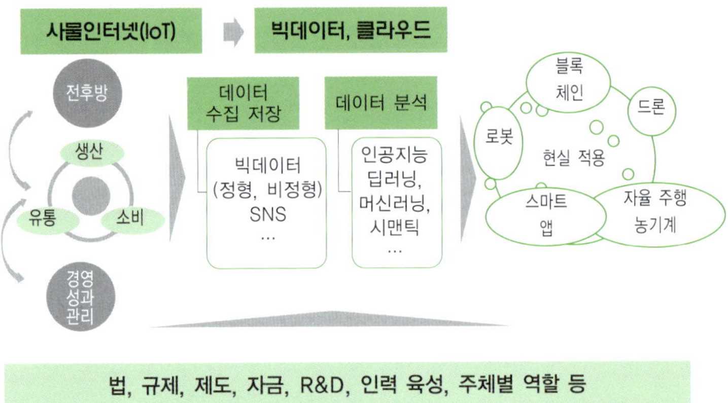

자료: 김연중 외(2017).

증가시킬 수 있다는 정밀 농업(precision farming)의 아이디어가 제시되고 항공 사진과 토양도(土壤圖)에 기반하여 비료량을 조절하여 살포하는 장치가 활용되기 시작하면서 주목되기 시작한 영역이다. 1990년대 중반 GPS(global positioning system: 위성 위치 파악 시스템)의 도입으로 지도 정보와의 융합이 가능해지면서 급속한 발전을 하기 시작했다. 2000년대에 들어서면서 토양 및 기후, 작물의 상태를 모니터링하는 센서의 성능 개선과 함께, 특히 생성된 정보를 효율적으로 수집하고 모니터링할 수 있도록 지원하는 사물인터넷과 클라우딩 기술이 상용화되면서 폭발적으로 성장하고 있다.

(2) 빅데이터와 인공지능 기술을 활용한 데이터의 분석과 처방 영역

4차 산업혁명 시대의 도래와 함께 농업 분야에서 가장 빠르게 발전하면서 확산되고 있는 영역이 바로 빅데이터와 인공지능 기술을 활용한 지능 경영[8] 분

야이다. 농업 경영체의 경영자는 작물의 선택에서 파종 시기, 시비량 조절 등 수많은 의사결정을 해야 하는데, 농기계와 농경지에 장착된 수많은 센서 등이 만들어 내는 방대한 데이터를 분석하여 위험은 줄이고 수확량은 높일 수 있는 과학적인 방법을 제시해 주는 것으로 미국에서는 이를 처방(prescription) 농법이라고 한다. 대표적인 것이 미국의 Climate Corporation 사의 Climate Fieldview 서비스로서 2006년 구글 출신의 과학자와 엔지니어들이 스타트업 형태로 창업하고 2013년 몬산토에 9억 3,000만 달러(약 1조 원)에 인수된 후 유료 이용자의 급증으로 처방 농업의 선두 기업으로 자리매김하고 있다.

2010년대 중반에 이미 미국 내 주요 농가의 과거 60년간 수확량 데이터, 1,500억 곳의 토양 데이터, 250만 개 지역의 기후 정보 데이터를 확보하고 500만ha 이상의 유료 서비스 면적을 확보했으며, 2025년에는 남한 면적의 16배에 해당하는 약 1억 6,000만ha로 유료 서비스 면적을 확대할 것으로 예측되고 있다.[9] 지난 2018년 8월에는 기존 서비스 외에 종자유전학 라이브러리와 머신러닝 기술을 결합한 종자 추천 모델(seed advisor model)을 출시하였다. 이 모델은 농장별로 토양과 기후에 맞는 종자들을 분석·예측하여 농부들에게 최적의 종자를 찾아 주는 서비스이다. 존 디어(Seed Star Mobile)나 듀퐁(Pioneer Field 360)과 같은 세계적인 대기업들이 농업 생태계를 아우르는 수직 통합적 서비스로 시장을 선점하고 있는 가운데 FBN(Farmers Business Network), 온팜(On Farm)과 같은 스타트업도 독작적인 사업 모델로 경쟁하고 있다.

8 지능 경영(business intelligence)이란 기업의 의사결정자가 (실시간으로) 데이터에 접근하고(분석가의 도움으로) 적절한 분석을 수행하여, 더 나은 의사결정을 하기 위한 아키텍처, 데이터베이스, 응용 시스템, 방법론을 통합한 포괄적 용어이다.

9 2019년 현재 미국 내 농민의 60% 이상이 1~2개의 처방 농법 서비스를 이용 중이다.

(3) 처방된 데이터를 통한 영농 작업 자동화 영역

선진국들의 농업·농촌 고령화와 이로 인한 인력 부족 및 인건비 상승 추세에 반해 농업 분야의 영농 작업 자동화를 위한 무인·자율 기술의 비용은 지속적으로 하락하고 있어서 농업 경영체의 경쟁력 확보를 위한 현실적인 대안으로 부상하고 있는 영역이다. 영농 작업 자동화를 위한 무인·자율 농기계 기술은 현재 미국, 일본 등 농기계 선진국을 중심으로 크게 자율 주행 분야와 자율 작업 분야로 나누어 발전하고 있다. 자율 주행 분야는 전자통신이 가능한 트랙터, 콤바인 등 기존 형태의 본체에 자율 주행 기능은 물론 Dual GPS와 조향 핸들, 센싱 시스템 그리고 주변 환경을 실시간으로 인식·판단하여 주행하는 무인화 단계의 기술에 도달하였다. 자율 작업 분야는 대체로 2m 이내의 크기를 갖는 소형 주행 플랫폼에 제초, 농약 살포 등 영농 작업을 할 수 있는 로봇을 결합시킨 형태이다. 농장을 주행하면서 GPS, 영상 카메라, 초음파 등 다양한 센서를 이용하여 대상 작물과 주변 환경을 파악하고 농작업을 자동으로 수행하는 기술이 상용화되고 있다. 듀퐁, 존 디어 등 미국계 관련 기업의 경우 대규모 농장형에 집중하는 반면 구보타 등 일본계 관련 기업들은 분산 포장형 무인 농기계 개발에도 투자를 확대하고 있다.

3) 4차 산업혁명에 의한 농업의 변화 방향과 기대 효과

지금까지 진행되어 온 세 차례의 농업혁명에 의해서 농업의 생산성이 비약적으로 발전하여 인구의 폭발적 증가에 의한 기아 상태를 극복할 수 있었다는 사실은 부정할 수 없다. 그러나 신기술에 의해서 농업생산성이 향상되는 것과 비례해 농업의 지속 가능성은 점점 더 위협받게 되었다는 점 역시 부정할 수 없다. 그러나 4차 산업혁명적인 기술이 농업에 본격적으로 적용되면 농업 생산을 위한 주요 생산 요소 결합 방식의 변화로 지속 가능성과 생산성의 발전이 동시에 이루어지기를 기대할 수 있다. 나아가서 젊은이가 떠나는 농업에서 유능한 인재가 앞에서 이끌어 가는 농업으로의 변화도 기대할 수 있다.

4차 산업혁명의 세계에서는 모든 것이 센서로 감지·측정되고 모든 사물을 연결하는 사물인터넷(IoT)에 의해서 빅데이터가 구축되며 모든 가용(可用) 데이터는 인공지능(AI)에 의해서 분석된다. 인공지능에 의한 의사결정 지원 시스템에 기반을 둔 새롭고 다양한 제품 및 서비스가 생산되어 각종 정보통신(ICT) 기기와 로봇 등을 통해서 인류는 실생활 과정에서 4차 산업혁명의 혜택을 누리게 된다. 4차 산업혁명은 속도(velocity), 범위(scope), 시스템 영향(systems impact) 등 모든 측면에서 이전의 어떤 산업혁명과는 비교할 수도 없이 빠르고 광범위한 변화를 동반하게 될 것이다. 또한 물리적 환경과 사이버(디지털) 환경 및 생물 환경 등의 다양한 영역을 관통하는 초융복합, 초연결성, 초지능화의 종합적인 플랫폼으로 작동할 것이다.[10]

4차 산업혁명적인 기술은 농업이 직면하고 있는 현안 과제 해결에 중요한 기여를 할 것으로 기대되고 있다. 먼저 세계적인 차원에서 제기되고 있는 농업 관련 문제는 식량 부족 문제를 해결해 나가야 하는 과제와 함께 물 부족 문제와 토양 오염 악화 및 기후 변화 등 농업 생산 기술과 관련된 지구 환경 악화를 감축시켜야 한다는 것이다. 즉, 식량 생산 능력을 증대시키는 동시에 다비다농약(多肥多農藥)의 녹색혁명적 농업 기술을 줄여 나감으로써 지구 환경 악화를 최소화시켜야 한다는 것이다. 세계 인구는 2019년 현재 76억 명을 넘어섰고 앞으로 30년 이후에는 91억 명을 넘어설 것으로 전망되기 때문에 농업 생산량은 현재보다 15~20% 증가시키면서도 지구 환경 악화적인 농업 기술의 적용은

10 Klaus Schwab(2016).

그림 3-6 4차 산업혁명에 의한 농업의 변화

자료: 이주량 외(2018).

줄여 나가야 된다는 것이다. 또한 국제적으로 세계화 추세 속에서 지나치게 위축된 식량 자급 능력을 향상시켜서 코로나19와 같은 전염병 창궐로 인한 국경 봉쇄 조치에 대응하여 식량 안보 능력을 강화해 나가야 한다는 인식이 폭넓은 공감대를 형성하고 있다.

글로벌 차원에서 논의되고 있는 농업의 미래상은 지속 가능한 집약적 영농(sustainable intensification of agriculture), 즉 스마트 농업(smart farming)에서 찾아야 한다는 인식(*Global Opportunity Report*, 2016)이 확산되고 있다. 스마트 농업은 정밀 농업, 데이터 농업, 디지털 농업, 스마트 팜 등 다양한 형태로 표현되어 국가별로 발전하고 있다. 미국을 비롯한 농업 선진국에서는 스마트 농업을 정밀 농업의 디지털화된 형태로 이해하고 있으며 위치 결정 장치(GPS) 기술이 상용화되면서 본격화되기 시작하였다. 초기에는 미국, 호주, 중북부 유럽 등지의 대규모 경작지에서 맞춤형 비료, 맞춤형 농약 등의 투입을 통해서 비용 절감과 생산량 증대 및 토양 오염 등을 비롯한 환경 위해 요인 절감을 위해서 활용되었다. 최근 들어 정밀 농업 기술에 정보통신(ICT) 기술이 접목되면서 그 개념과 적용 영역이 확대되어 왔다. 여기에다 4차 산업혁명의 핵심 기술인 사물인터넷, 빅데이터, 클라우드 컴퓨터, 인공지능, 로봇 기술까지 활용하면서 스마트 농업의 외연이 농업 전후방 산업(투입재 산업과 유통 산업)으로 크게 확장되고 기술적으로 고도화되는 과정을 거치게 될 것으로 예상된다.

기술 발전에 따른 농업의 발전 단계를 구분한 선행 연구[11]에 따르면 녹색혁명을 통한 농업생산성의 획기적 증가를 Agriculture 2.0, 그리고 GPS 기술을 활용한 맞춤형 정밀 농업 기술의 등장을 Agriculture 3.0, 2010년대 초반부터 시작된 정보통신 기술과의 고강도 결합으로 심화 발전된 정밀 농업 형태인 스마트 농업 또는 디지털 농업은 Agriculture 4.0으로 정의하고 있다. 또한 현재 시작 단계인 인공지능(AI)과 로봇 기술을 근접 활용한 무인 자율 의사결정 농업 시스템은 Agriculture 5.0으로 정의하고 있다([표 3-1] 참조).

4차 산업혁명 기술이 농업에 본격적으로 적용되면 농업은 바람직한 방향으로의 변화를 통하여 식량 증산과 함께 지속 가능성도 회복되는 효과를 기대할 수 있다.

(1) 농업 생산 요소의 전환과 지속 가능성의 회복

전통적인 농업 생산은 대표적인 노동 집약적인 산업으로서 생산 요소는 토지, 노동, 자본과 기술(경영 포함)로 구성되었다. 그러나 스마트 농업에서는

11 이주량 외(2018), p. 14.

표 3-1 농업의 발전 단계 및 기술적 특징

단계	시기	특징
Agriculture 1.0	1900년대 초반	• 노동 집약적이며 생산성이 낮은 관행 농업 • 식량 제공에는 성공했으나 투입 인력 소모가 지나치게 큼.
Agriculture 2.0	1950년대 후반	• 비료, 농약, 농기계 활용 확대로 녹색혁명 이룸 • 투입재 비용이 절감되면서 생산성이 기하급수적으로 늘어났으며, 더불어 농업의 규모를 대폭 증가시킴.
Agriculture 3.0	1990년대 중반	• GPS를 이용한 정밀 농업 기술(guidance, sensing/control, telematics, data management) 등장 • 정밀 농업 기술의 성숙에 따라 비용 절감은 물론 품질 개선 및 다양화 등으로 목표가 확대됨.
Agriculture 4.0	2010년대 초반	• ICT 기술과 기존 농업용 기계와의 결합을 통한 정밀 농업의 디지털화 • sensor/actuator, micro-processor, 광대역 통신, 클라우드 기반 ICT 시스템, 빅데이터 등의 기술 발전에 근거함. • Non-physical service, eco-system, cooperation의 중요성 증대 • "Industry 4.0"의 농업 버전 • 스마트 농업(smart agriculture), 디지털 농업(digital farming), 데이터 농업(data farming)과 동일한 개념
Agriculture 5.0	in no time	• Robotics 및 AI의 기반의 무인/자율 의사결정 시스템

자료: 이주량 외(2018), p. 14.

노동의 중요성은 크게 감소하는 대신에 시설 장비 데이터와 센서 등이 결합된 정보통신(ICT) 기술이 노동의 빈자리를 메우게 될 것이다. 또한 지금까지의 생물화학 기술을 기반으로 발전해 왔던 녹색혁명적인 기술은 물리기계 기술을 기반으로 저투입, 정밀 농업 기술로 전환하게 된다. 이러한 농업 생산 요소의 전환 효과에 따라 생력(省力) 농업과 비료·농약 저투입(低投入) 농업이 실용화되어 생산 효율은 최대화되는 동시에 농업 생산의 지속 가능성은 회복되는 효과를 기대할 수 있다. 관행적인 전통 농업 시대를 이끌어 왔던 경험 기반의 농장 경영 방식은 정보통신 기술 기반의 스마트 농업의 형태로 전환하게 된다. 이 과정에서 고령화된 농장 경영주가 보유한 전통적인 농장 운영 기술은 청년 세대에게 익숙한 ICT 기반의 기술로 해석되어 경영 이양과 함께 경영의 규모화를 촉진시킬 수 있을 것으로 기대된다.

(2) 시장 지향적인 농업 생산 체제로의 전환으로 농업 생산 소득 향상

국민소득 향상과 수명 연장에 따라 농식품 수요가 고급화되고 식품 안전성 가치를 보다 중시하는 방향으로 시장이 변하고 있다. 평균 가격이 2배 정도로 높은 친환경 농산물 생산액이 전체 농산물의 20% 정도를 차지할 정도로 그 비중이 높아지고 있다. 가락시장의 특품과 하품의 가격 차이는 딸기는 4배, 양파는 5배, 배추는 3배로 격차가 벌어지고 있다. 값싸게 많이 생산해서(product-out) 도매시장에 밀어내듯이 내다 파는 증산(增産) 제일주의 시대가 저물어 가는 대신에, 고객이 원하는 농산물을 생산해서 고객이 원하는 방식으로 판매하는(market-in) 농가가 높은 소득을 실현할 수 있는 시장 지향적인 농업 생산 체제로의 전환이 진행되고 있다. 핵가족화와 1인 가구의 증가에 따른 반가공, 전 처리, 소포장 농산물에 대한 수요가 지속적으로 증가하고 있고 인구의 고령화와 국민소득 향상에 따라서 고품질 기능성 농산물에 대한 수요 또한 지속적으로 증가하고 있기 때문이다.

스마트 농업 기술은 시장 수요의 변화를 실시간으로 빅데이터의 분석 기법으로 파악하여 생산 현장에 적용시킬 수 있기 때문에 시장에서 원하는 고객의 가치 소비 트렌드에 효과적으로 대응할 수 있다. 이에 따라서 생산과 유통이 단절되었던 과거의 농장 경영 방식을 유통과 소비의 변화에 적응하는 방식, 즉 생산과 유통 및 소비가 통합되는 방식으로의 전환을 가능하게 함으로써 새로운 가치 창출에 의한 농장 수익 모델 개발을 통해서 농업 생산 소득의 향상을 기대할 수가 있다.

4) 스마트 팜 보급, 확산 정책의 추진과 성과

(1) 스마트 팜 확산 사업

우리나라에서는 2013년 7월 제1차 농식품 ICT 융·복합 확산 대책으로 기본적인 정책 방향이 결정된 이후, 2018년 4월 스마트 팜 확산 방안이 발표되면서 스마트 팜 혁신 벨리를 중심으로 하는 산업 생태계 활성화 정책이 가시화되었다. 이에 따라서 스마트 팜 기반을 확대하고 농가의 투자 부담을 완화하기 위한 시책이 집행되고 있다. 2014년부터 시작된 ICT 융·복합 확산-스마트 팜 보급 사업은 시설 원예, 과수, 축산의 3분야로 나누어 추진되고 있으며, 구체적인 분야별 지원 내용은 다음과 같다([표 3-2], [표 3-3] 참조).

시설 원예 분야

'ICT 융·복합 확산-스마트 팜 시설 보급 사업'이 추진되고 있으며 양액기와 같은 ICT 기반 구축을 위한 시설 장비는 시설 원예 현대화 사업으로 별도로 신청해야 한다.

과수 분야

'과수 분야 스마트 팜 확신 사업'으로 운영되며 "과수 고품질 시설 현대화, 원예 현대화 사업에서 지원되는 시설 장비에 한정해서 ICT 기반 구축 시설 장비가 신청 가능하다.

표 3-2 스마트 팜 확산 산업의 분야별 지원 내용

지원 대상 / 분야	센서 장비	영상 장비	제어 장비	정보 시스템
시설 원예	외부의 온도, 풍속, 강우, 조도, 시설 내부의 온습도, CO_2, 토양 수분, 배지 수분, 양액 EC·PH 모니터링 장비	영상 모니터링 장비	환풍기, 천창, 측창, 차광 커튼, 보온 커튼, 광량, CO_2, 감우, 양액 재배 시설 등의 제어 장비	온실 내 센싱, 제어 정보의 모니터링, 제어 및 분석 시스템
과수	온도, 습도, 풍속, 강우, 토양 수분, 병해충 예찰 정보 모니터링 장비	영상 모니터링 장비	관수, 시비, 농약 살포 등의 제어를 위한 ICT 융·복합 통합 제어 장비	과수원의 센싱, 제어 정보의 모니터링, 제어 및 분석을 위한 정보 시스템
축산	외부 환경 및 내부 환경의 센싱을 위한 모니터링 장비	영상 모니터링 장비	사육 단계별 자동급이기, 선별기, 사료빈관리기, 동방별 음수관리기, 자동포유기 등 자동 원격 제어 장비	온실 내 센싱, 제어 정보의 모니터링, 제어 및 분석 시스템

자료: 이주량 외(2018).

표 3-3 스마트 팜 확산 방안의 주요 내용

추진과제	주요 내용
스마트 팜 청년 창업 생태계 조성	① 스마트 팜 청년 창업 보육 및 임대형 스마트 팜 도입 ② 창업 자금과 농지 지원 및 실패에 대한 안전망 강화
스마트 팜 산업 인프라 구축	① 스마트 팜 실증 단지 구축 및 R&D 체계화 ② 빅데이터 수집·활용 체계화 및 기자재·통신 표준화 ③ 전문 인력 양성 ④ 시장·품목 다변화
확산 거점으로 스마트 팜 혁신 밸리 조성	① 스마트 팜 혁신 밸리 사업 계획 공모·선정 ② 스마트 팜 혁신 밸리 구축 추진

자료: 이주량 외(2018), p. 76.

축산 분야

'축산 분야 ICT 융·복합 확산 사업'으로 운영되며 ICT 기술 연계를 위한 시설 장비를 지원하고 있다.

스마트 농업 기술의 확대 보급을 위하여 2014년부터 시작된 스마트 팜 확산 사업을 통하여 2017년 현재 시설 원예 농가 4,010ha 및 축산 농가 790호에 ICT 융·복합 시설이 보급되었다. 앞으로 2022년까지 스마트 팜 시설 원예 면적은 7,000ha 수준으로 그리고 스마트 축사는 5,750호의 농가로 확대 보급할 것을 목표로 하고 있다.

스마트 팜 확산을 위한 정부의 추진 과제는, 첫째 스마트 팜 청년 창업 생태계 조성을 지원하고, 둘째 스마트 팜 산업 인프라를 구축하며, 셋째 확산 거점으로서 스마트 팜 혁신 밸리를 조성하는 것으로 크게 나눌 수 있다.

(2) 스마트 농업 도입에 따른 경제적 성과

스마트 농업 기술을 도입한 농가는 생산성과 소득이 향상되고 생산비, 특히 고용 임금이 감소되는 것으로 보고되고 있다.

시설 원예 전반에 대한 스마트 팜 시설 도입 농가의 단위 면적당 생산량은 평균 27.9%가 증가하였고 고용 노동비는 15.9% 감소하였다. 딸기와 참외 스마트 팜 농가의 소득은 도입 전과 비교하여 각각 21.5% 및 15.3%가 증가한 것으로 보고되었다(〈표 3-4〉 참조).

5) 스마트 농업 기술의 현장 적용 범위의 확대

농업 선진국에서의 스마트 농업은 정밀 농업 기술에 ICT 융·복합 기술이 접목된 형태로서 농업 생산–유통–소비의 가치사슬이 통합되고 농업 전후방

표 3-4 스마트 팜 도입 농가의 경영 성과

분야	경영 성과	비교 대상
시설 원예 전반	단위 면적당 생산량 27.9% 증가	스마트 팜 설치 전후
	1인당 생산량 40.4% 증가	
	고용 노동비 15.9% 감소	
토마토	수량 44.6% 증가 *일반 농가 65 → 스마트 팜 94kg/3.3m^2	일반 농가 대비
	소득 20.3% 증가 *일반 농가 12,790 → 스마트 팜 15,383천 원/10a	
딸기	소득 21.5% 증가 *품질 제고로 kg당 판매 가격 22.6% 증가	스마트 팜 설치 전후
참외	수량 9.6% 증가 *품질 제고로 kg당 판매 가격 9.8% 증가	스마트 팜 설치 전후
	소득 15.3% 증가 *도입 전 5,962 → 도입 후 6,873천 원/10a	

자료: 이주량 외(2018), p. 77.

산업(농자재 산업과 유통 산업)을 모두 포함하는 개념으로 이해·적용되고 있다.

사물인터넷, 빅데이터, 클라우드, 인공지능, 첨단 로봇 등 기술의 현장 적용을 통해서 농업 경영의 규모화와 자동화 및 투입 생산 요소 절감에 의한 경영 효율화를 실현하고, 생산비 절감(節減) 및 생산량 증대와 함께 환경 위해(危害) 요인을 저감(低減)시킴으로써 농업의 지속 가능성을 높이고 있다. 또한 농업 생산–유통–소비의 가치사슬 통합을 지향함으로써 농가 생산 소득의 향상을 도모하고 있다. 그러나 우리나라에서는 시설 원예, 축산, 과수 작물을 생산하는 첨단 농장을 스마트 팜으로 한정하고 스마트 팜을 이용하는 농업을 스마트 농업으로 간주하고 있다. 물론 스마트 농업 기술 개발과 보급 확산 정책이 본격화된 지 10년 정도에 불과한 스마트 농업의 초기 단계에 있기 때문에 단기간에 가시적인 성과 도출이 가능한 부문에 집중하는 전략의 선택도 이해할 수는 있다.

무엇보다도 우리나라 농업의 중심 작물인 벼농사에 스마트 농업 기술을 적용해야 한다. 벼는 경지 면적의 46%와 농가의 38%가 관여하는 농업의 핵심 작목으로서 스마트 농업 기술을 도입할 경우 가장 큰 효과를 기대할 수 있다.

실제로, 2014년 전남 보성군 보성농협에서 10ha 규모의 들녘에서 시행된 철분 코팅 무논점파 방식(모내기 과정을 생략한 기계 직파 재배)은 관행적인 기계 이앙 대비 노동 투입 시간을 31.8%, 농자재 투입액을 20~30% 줄임으로써 벼 생산비를 16~27% 절감시키는 성과를 거두었다. 생산비의 획기적인 절감에도 불구하고 생산성은 관행 이앙 농법에 비해 큰 차이가 없었다. 단지 직파 재배 기술의 성공 여부는 효과적인 제초(除草) 관리에 있다. 이를 효과적으로 해결하기 위해서 생분해성 멀칭 필름을 이용한 건답직파 재배 기술도 충남 서산 현대농장 등지에서 시행되고 있다. 전남 나주시 공산면에서는 총 100ha의 논에 GPS를 활용한 레이저 이용 균평기를 사용하여 논을 정지 작업한 후에 건답직파 방법으로 생산비를 30% 이상 절감한 사례가 발표되고 있다. 이 밖에도 드론을 이용한 쌀의 직파 재배와 쌀 수확 이전에 행하는 이모작(밀) 직파 재배 기술도 속속 개발되어 현장에 적용하고 있다.[12]

우리나라와 농업 환경이 유사하지만 더 빠른 속도로 농가 인구와 경지 면적이 감소하고 있는 일본은 미래 농업 대응 차원에서 쌀농사 분야의 스마트화를 위해 다양한 노력을 기울이고 있다. 이앙 작업에 앞서 지리 정보 시스템(geographic information system: GIS) 분석으로 트랙터의 작업을 모니터링하고 분석하

12 박광호(2019), 스마트 필드 농업 기술이란 작물의 최적 생육 환경을 제공하기 위하여 재배 환경을 조사하고 잡초 및 병해충 관리와 수확 후 관리 등 작업을 저비용, 저투입에 의한 편하고 정밀한 농작업을 통해서 생산의 효율화와 최적화를 실현하는 첨단 농업 기술을 말한다.

여 후속 작업 계획을 위한 의사결정을 지원한다. 이앙기에 센서를 부착해서 토양의 깊이와 비옥도를 측정하여 기계 이용을 최적화한다. 리모트 센서가 부착된 헬리콥터를 이용해서 벼의 생육 상태를 확인하여 수확 작업 모니터링을 시행한다. 이러한 벼농사의 자동화와 생력화를 통하여 노동력 부족과 고령화에 대응해 나간다.

벼농사 생산비의 60% 이상을 차지하고 있는 직접 생산비 중에서 자가 노력비는 38%, 위탁 영농비는 24% 정도를 차지하고 있는데, 위탁 영농 작업비는 본답(本畓) 준비＞수확·운반＞육묘＞이앙＞방제 작업 순으로 높은 비용을 차지하고 있으며 농업 노동력의 노령화로 그 비중이 해마다 높아지고 있는 추세이다. 그러므로 농촌 일손 부족과 노동력의 노령화로 인한 질 저하(低下) 현상에 효과적으로 대응하기 위해서라도 논농사의 스마트 농장화를 촉진할 필요가 있다. 스마트 농업 기술은 단지화된 농지에 적용하는 것이 보다 효과적이다. 그러므로 전국의 500ha 이상의 들녘 400여 개소를 우선 적용 대상으로 지정하여 스마트 농장화하는 것이 바람직하다. 이를 통하여 코로나 이후 국민적 관심이 높아지고 있는 식량 자급 능력을 지속적으로 확보해 나가야 한다. 쌀농사를 보다 쉽고 편하게 지을 수 있도록 하고(便農), 쌀농사 소득을 높여 주는 일(厚農)은 우리의 식량 안보 능력을 강화하는 일인 동시에, 고령 농가의 소득원(所得源)을 보장해 주는 중요한 농업 정책이다. 그러므로 스마트 농업 추진 대상에서 쌀농사를 반드시 포함시켜야 한다.

농업에 주어진 본연적(本然的)인 사명은 양적·질적으로 안정된 식량 공급이며, 생산 과정에서 발현되는 다원적 기능(multifunctionality)이다. 4차 산업혁명적인 기술의 도입과 적용에 있어서 단기적이고 가시적인 성과에 집착하기보다는 식량 자급 기반을 강화하는 동시에 인구 고령화 등으로 위태로워지고 있는 농업·농촌의 지속 가능성에 초점을 맞춘 정책 선택이 필요한 때이다.

6) 스마트 농업 경영 확대에 거는 기대

(1) 생산 요소 결합 방식의 변화로 농업의 지속 가능성 회복을 기대할 수 있다

여태까지의 농업 생산은 토지, 노동, 자본 등의 전통적인 생산 요소와 기술의 적정한 결합 과정을 통하여 이루어져 왔다. 이러한 관행적 농업의 생산 요소 결합 방식은 4차 산업혁명 시대에서는 시설과 장비 그리고 이를 운용하는 축적된 데이터와 변화를 감지하는 센서(sensor) 등을 활용하는 ICT 기술의 결합으로 전환된다. 이 과정에서 농업 생산을 위한 자재(비료, 농약, 물 등) 투입은 최소화되고 생산 효율성은 최대화되는 효과를 기대할 수 있다. 또한 값비싸진 인력의 투입도 효과적으로 절감되어 인력 의존적 농업이 기계 기술 의존적인 농업으로 탈바꿈하게 된다. 비료 농약 등 농업 투입재의 과다 사용으로 인한 환경 오염 문제도 정밀 농업에 의한 투입재의 저감(低減)으로 농업의 지속 가능성 역시 높아지게 된다.

(2) 농업 노동력 고령화에 따른 인력 부족 문제 해소를 기대할 수 있다

코로나 팬데믹으로 노동력의 국경을 넘나드는 이동은 크게 제약되었다. 이에 따라서 값싼 해외 노동력을 이용하면서 겨우 유지되어 왔던 농촌 현장의 인력 부족 문제는 더욱 심각해졌다. 농가 경제의 악화는 물론, 유휴(遊休)되는 휴경 농지의 증가는 불가피한 현실이 되고 있다. 전체 경지 면적에서 휴경 농지 면적이 차지하고 있는 비율(휴경률)은 1990년의 1.9%에서 2010년의 2.9%로, 다시 2018년에는 3.8%로 계속 높아져 왔으며, 외국인 노동자의 출입 통제가 단기간 안에 완화되지 않는다면 그 비율은 더욱 높아질 것이다. 특히 외국 노동력 의존성이 높은 축산과 시설 채소 등 소위 성장 농업 분야에서는 그 타격이

그림 3-7 스마트 농업 시대의 농업 생산 요소 결합 방식의 변화

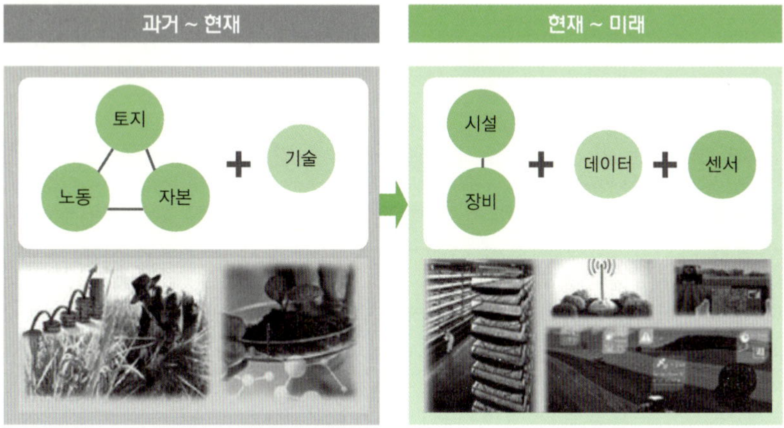

자료: 이주량 외(2018), p. 17.

더욱 커질 것이다. 그러므로 저투입, 고효율을 기대하는 스마트 농업으로의 전환은 한국 농업의 불가피한 선택이 될 수밖에 없다.

(3) 고령 농업 경영자의 자연스런 경영 이양을 기대할 수 있다

우리나라 농업 경영주의 평균 연령은 67세에 달하고 있다. 이들은 관행 농업 시대에 몸에 체화(體化)되어 있는 농업 지식과 그동안의 경험이 축적되어 형성된 기억을 기반으로 하여 농장을 운영해 왔다. 그러나 이들의 후계 세대인 청년들은 인력 의존적인 농업 경영보다는 ICT 기반의 농장 운영 기술 이용에 익숙하다. 따라서 부모 세대가 보유하고 있었던 농업 자본과 기술은 청년 세대로 이양되는 과정에서 자연스럽게 ICT 기반의 기술로 변환되는 과정을 거치게 될 것이다 이런 과정을 거치면서 관행 농업은 점차 스마트 농업의 형태로 변화될 것이다. 따라서 스마트 농업은 고령화된 숙련농이 보유하고 있는 농업 기

6. GE의 경쟁력 강화 전략과 조직 개발

2001년에 미국의 제너럴 일렉트릭(General Electric: GE)사는 1,259억 달러의 매출 규모와 137억 달러의 순이익 그리고 2002년에 4,015억 달러의 시장 가치로 '가장 존경받는 세계 기업'과 '가장 존경받는 미국 기업'에서 제1위로 평가되었다(www.fortune.com). GE가 세계 제일의 최우수 기업으로 평가받게 된 데에는 1980년대 이래 GE가 적극적으로 추진해 온 구조 조정과 경영 혁신 그리고 조직 개발이 주요 요인으로 작용하였다.

1981년 웰치(Jack Welch) 회장의 취임 당시 GE는 270억 달러의 매출과 16억 달러의 순이익을 달성하였으나, 내용 면에서 GE의 전통 사업인 가전제품은 경쟁력이 약해지면서 시장 점유율이 점점 떨어지고 있었고, 성장률이 높은 신규 첨단 기술 사업은 회사의 전체 수익에 기여하는 비중이 낮고 장기 전망도 불확실한 상태에 처해 있었다. 그리고 200개나 되는 사업부 조직은 너무나 복잡하고 관료화되어 있어서 엄청난 낭비와 더불어 신속하고 효율적인 전략 경영에 큰 걸림돌이 되고 있었다.

이와 같은 상황에 위기감을 느낀 웰치 회장은 무엇보다도 GE의 경쟁력을 강화시켜야 한다는 판단하에 GE를 세계 최강의 경쟁력을 가진 회사로 변신시키겠다는 의욕적인 비전을 제시하고 강력한 사업 구조 조정과 조직 구조 조정, 그리고 새로운 기업 문화 개발에 착수하였다.

사업 구조 조정에 있어서 웰치 회장은 사업 분야에서 제1 또는 제2의 경쟁력을 가질 수 없는 사업(토스터, 다리미, 오디오, TV, 비디오 등)은 과감히 매각·처분하고, 사업 전망이 좋은 고부가가치 사업(금융, 서비스, 첨단 산업 등)에 과감히 투자하여 사업 구조에 큰 변화를 가져왔다. 사업 구조 조정이 본격화된 1982년부터 1991년까지 웰치 회장은 전통 제품의 비중을 51%에서 26%로 크게 줄이는 한편, 서비스 사업의 비중은 19%에서 35%로 그리고 첨단 기술 사업은 30%에서 39%로 각각 사업 구조를 대폭 조정하고 GE의 경쟁력을 크게 강화하였다. 그리하여 그의 취임 당시 40여만 명이었던 구성원 수는 28만 명 수준으로 크게 줄어들었다.

조직 구조 조정에 있어서 웰치 회장은 200개나 되는 복잡하고 거대한 사업부 조직을 간소화하고, 그의 무경계(boundaryless) 경영 이념에 따라 계층 간, 실무·관리 스태프 간, 그리고 외부 관련 협력 집단들과의 관계에 존재하고 있던 모든 장벽을 없애기 시작하였다. 수많은 사업 단위들을 관장하던 사업 그룹 관리 본부들을 모두 철폐하고 주요 사업군을 12개로 간소화함으로써 사업 단위의 전략 경영 기능을 대폭 강화하고 관리 스태프 부서의 무의미한 통제와 심의 기능을 모두 없애버렸다. 그리고 사업 단위와 회장 사이의 9개 계층을 5개로 줄여 종래의 수직적 계층 구조를 수평적 구조로 대폭 조정함으로써 관료화된 조직 구조를 파괴하고 사업 단위의 권한과 자율성 그리고 기동성을 크게 강화하였다.

웰치 회장은 1980년대 하반기부터 구성원들의 행동 개선과 경영 혁신을 촉진시키기 위한 워크아웃(workout) 조직 개발 운동을 강력히 전개하기 시작하였다. 워크아웃은 구성원들이 자유롭게 실무 현장 문제를 분석하고 해결하는 데 직접 참여하여 업무·작업 과정을 개선하고 조직을 활성화시키는 GE 특유의 조직 개발 기법으로서, 여기에는 GE 경영연수원(Crotonville)의 조직 개발 전문가들이 변화 촉진자(change facilitator) 역할을 수행하여 워크아웃 과정을 효율화시켰다.

워크아웃 조직 개발은 노사 간의 신뢰감을 조성하고 구성원들의 참여 의식을 높임으로써 계층 간, 기능 간, 부서 간의 장벽을 없애고 정보와 자원의 공유를 통한 사업부 간의 장벽을 없애는 데에도 큰 역할을 하였다. GE의 매출은 1982년의 272억 달러에서 1991년의 602억 달러로, 그리고 순이익은 16억 달러에서 44억 달러로 각각 크게 증가하였고, 그 과정에서 GE는 세계 최강의 경쟁력을 가진 기업으로 인정받게 되었다.

자료: 이학종(2003).

술을 자연스럽게 이전시킬 수 있는 핵심 매개체 역할 수행을 기대할 수 있다. 이를 위해서는 농업에 종사하기를 원하는 청년들에게 ICT 기반의 농업 경영 기술을 비롯한 집중적인 학습 기회를 제공하고 정책에 필요한 자금을 지원하는 등 후계농 양성 시스템이 새롭게 정비되어야 하며 신농업 경영 기술을 적용할 수 있는 경영 기반의 확대, 즉 경영의 규모화를 실현할 수 있는 지원 시책의 정비와 강화가 효과적으로 뒷받침되어야 한다.

4. 경영 혁신의 필요성과 기법

IMF 위기 이후 현재에 이르기까지 기업뿐만 아니라 대학, 병원, 연구소, 정부 등 모든 경제 주체들은 '경영 혁신' 또는 '구조 조정'의 회오리에 휩싸여 왔다. 경영 혁신이란 화두(keyword)가 이렇게 보편화되고 있는 이유는 의외로 단순하다. 지금까지 생각하고 일해 왔던 방식이나 원칙을 크게 바꾸어 새롭게 나서지 않으면 살아남기 어려울 정도로 시장이 바뀌고 경쟁도 치열해졌기 때문이다.

최근까지의 기업 경영 환경은 국제화, 개방화, 정보화, 디지털화, 첨단 기술화 등 여러 가지로 표현되면서, 그 변화가 급격하게 그리고 예측이 어려우며 불확실성이 높은 가운데 진행되어 왔다. 그러나 코로나 팬데믹이 순식간에 우리 사회 속으로 밀어 넣은 4차 산업혁명적인 기술은 변화의 양(量)이나 질(質), 그리고 속도 면에서 과거와는 전혀 다른 변화를 요구하고 있다.

환경 변화가 완만하게 그리고 점진적으로 전개되는 경우에는 기업체의 전략도 점진적으로 조정되고 기업의 내부 구조[13]와 구성원 행동도 진화 과정에 의해서 서서히 조화와 균형을 맞추어 나갈 수 있다. 그러나 환경 변화가 급격히 일어나는 경우에는 이에 대응하기 위하여 경영 전략, 조직 구조, 경영 과정, 구성원 행동 등에 획기적이고 새로운 조화 관계를 요구하는 경영 혁신이 필요하게 된다.

이러한 경영 혁신 운동은 1990년도에 들어서면서 전 세계적으로 폭발적이라 할 만큼 활발하게 전개되었다. 포터(M. Poter)는 1980년도 후반부터 시작된 '미국의 일본 따라잡기' 노력이 바로 경영 혁신 운동의 기폭제가 된 것이라 주장한다. 미국 산업들은 다양한 경영 혁신 기법을 동원하여 경영 효율화를 추진하였고, 이것이 그 이후 10여 년에 걸친 미국 경제이 성장 동력이 되어 세계 경제의 최강자로 다시 복귀하게 이끌었다. 여기에 자극받은 전 세계의 기업들이 이를 적극적으로 벤치마킹하면서 경영 혁신 운동은 세계 모든 기업의 중요한 활동으로 자리잡게 된 것이다.

경영 혁신 운동에서 가장 핵심적인 것은 구조 조정(restructuring)이다. GE의

13 기업체의 내부 구조는 공식 운영 조직(formal structure)과 기술 및 기업체의 구성원(people) 및 경영 과정(process)으로 구성되며, 이들 구성 요소가 경영 환경, 사업 전략과 조화를 이루면서 경영 성과(performance)를 일구어 낸다.

웰치 회장은 경쟁력 없는 사업 부문을 잘라내는 사업 구조 조정을 '선택과 집중'으로 표현하였다. 그동안 우리 경제의 고도 성장 과정에서 재벌로 성장할 수 있었던 국내 유수의 기업들은 이른바 '문어발식 사업 확장'으로 상징되는 횡적인 사업 확장주의를 견지해 왔다. 그러나 최근 들어 한국 기업들이 앞다투어 구조 조정안을 내놓고 있는 것은 지속되었던 횡적 사업 확장에서 유발되는 비효율성으로는 도저히 생존할 수 없다는 사실을 자각하고 있기 때문이다.

1) 구조 조정

구조 조정이란 한 기업이 여러 사업부를 운영하고 있거나 여러 기업을 보유하고 있을 때, 미래의 경영 환경 변화에 대한 예측에 기초하여 어떤 사업을 주력 사업으로 하고 어떤 사업을 감축 내지 철수할 것인지, 그리고 어떤 사업에 새로 진출한 것인지 하는 등의 결정을 통해 사업 구조를 재편성함으로써 기업의 경쟁력을 높이자는 활동이다. 지난 30년간 국내 100대 기업 중에서 불과 16% 정도만 유지되고 있다. 미국과 일본의 경우에는 각각 21%와 22%의 기업만이 살아남고 있다. 또 국내 제조업 분야에서 1965년부터 10년 단위로 10대기업을 살펴보면 20년 이상 순위를 유지하고 있는 기업이 거의 없으며, 10년 주기로 거의 대부분의 기업들이 자리바꿈을 해 왔다는 사실에서 우리 기업에게 생존(survival)은 가장 중요한 문제가 되고 있다는 것이다.

기업의 수명 내지 장기적 성장을 결정짓는 요인은 두 가지로, 하나는 외부적 요인의 변화로 인한 시장 수요의 변화이며, 또 다른 하나는 기업 내부적 요인으로서 환경 변화에 대한 조직 적응력이라 할 수 있다. 기업들은 생존 내지 장기적 성장 전략의 선택 차원에서 구조 조정을 추진한다. 그러나 구조 조정은 단순히 한계 사업 분야를 정리하는 것만을 의미하지는 않는다. 사업 구성을 재

구축해서 기업의 경영 자원과 핵심 역량을 집중화하는 과정이 동시에 이루어져야 성공적인 구조 조정이 될 수 있다.

구조 조정을 뜻하는 리스트럭처링(restructuring)은 고정비 삭감, 사업 축소 내지 제품 삭감, 조직의 통폐합, 생산 시설의 해외 이전 등의 형태로 경영 환경이 나쁠 때 제일 먼저 거론되는 사업 재조정에 관련된 작업이다. 이와 비슷한 단어로 리엔지니어링(reengineering)은 기업을 부가가치가 높은 체질로 변화시키기 위한 기업 운영 구조 조정(business process restructuring)을 의미하므로 구분해서 인식할 필요가 있다.

2) 다운사이징

기업이 조직의 효율성, 생산성 및 경쟁력을 개선하기 위하여 인력의 규모, 비용 구조, 업무 흐름(work process) 등의 변화를 통해서 경영의 효율성을 제고하기 위한 일련의 의도적인 조치가 다운사이징(down sizing)이다. 대표적으로 기구 축소와 감원 등을 포함해서 분권화, 슬림화, 프로세스의 통합화 등이 추진된다.

일반적으로 다운사이징은 효율적인 네트워크 운영을 위한 정보 시스템의 다운사이징과 조직의 슬림(slim)화와 재정비 차원에서 이루어지는 조직 다운사이징으로 나눌 수 있다. 일반적으로 다운사이징은 세 가지 형태로 나타난다.

(1) 전형적인 인원 감축을 통한 다운사이징

일반적으로 조기(혹은 명예) 퇴직, 정리해고, 빈자리를 메꾸지 않은 자연 감수(attrition) 등을 통해 이루어진다. 최근 들어 기존의 정규 사원들을 해고시키는 대신에 이들을 각종의 비정규직인 임시 노동력으로 대체하는 이른바 고용 관

표 3-5 다운사이징의 세 가지 유형

구분	제1유형: 인원 감축	제2유형: 업무 재설계	제3유형: 체계적 접근
초점	사람수 감축	직무, 계층, 조직 단위	조직 문화
제거 대상	사람(people)	업무(work)	현상유지적인 사고
실행 기간	단기	중기	장기
기대 효과	단기 효과	중기 효과	장기 효과
구체적인 기법들	자연감소, 즉 소모(attrition) 해고 조기(명예) 퇴직 등	기능의 통폐합 조직 단위 통합 직무 재설계 계층 축소 및 제거	총체적인 조직 문화 및 경영 혁신 운동

계의 외주화(outsourcing) 경향도 커져 왔다. 그러나 문재인 정부에서는 외주화된 고용 인력을 정규직으로 다시 전환시키기 위한 시책이 강화되고 있다.

(2) 업무 재설계(work redesign)

기업 환경 변화에 적응하여 기업의 업무를 줄이거나 통합하는 것을 내용으로 하며, 인원 감축을 대신하거나 이와 병행해서 추진된다. 조직 내 불필요한 기능이나 계층, 부서, 작업 집단 등과 제품의 제거 등을 통해서 이루어지기도 하고 작업 흐름의 재설계, 조직 단위의 통합, 작업 시간의 감축 등을 통해서 이루어지기도 한다.

(3) 체계적인 접근

조직 내 인원이나 업무만을 변화시키는 것이 아니라 조직의 문화나 조직 구성원의 태도, 가치 등을 변화시키는 데 초점을 맞추는 접근 방법이다. 일과성(一過性) 프로그램이 아니라 지속적인 개선을 추구하는 개념으로 다운사이징을 실시하는 것을 의미한다.

최근 들어서 경기 변동과는 관계없이 경영상의 애로나 부도 위기가 없는데도 더 가볍고 날렵한(lean and mean) 기업을 만들어 지속적으로 수익성을 높이기 위해서, 다운사이징을 정상적인 경영 활동의 하나로 전략화시키는 경향도 늘어나고 있다. 또한 제조업의 생산직 종업원뿐만 아니라 사무, 관리직 및 중간 관리자층으로 다운사이징의 대상을 확대하고 있다.

3) 벤치마킹

벤치마크(benchmark)의 사전적(辭典的) 의미는 측량이나 계측 때 참고점으로 사용하기 위해서 미리 고정시켜 놓은 표지나 수준점을 뜻한다. 즉, 어떤 일의 평가를 위해 필요한 기준이 벤치마크이다. 따라서 벤치마킹(bench marking)은 경영의 어떤 분야에서 우수한 실적을 보이고 있는 상대를 표적 삼아서 자기 기업과의 성과 차이를 비교하고 이를 따라잡기 위해서 상대 기업의 운영 프로세스를 배우면서 경영 효율화를 실천하는 경영 기법인 것이다.

실제로는 벤치마킹 상대의 결정, 정보 수집, 성과 차이의 확인과 분석, 벤치마킹 결과의 전파 및 공감대 형성, 경영 혁신 계획의 수립, 실행 및 평가의 순으로 벤치마킹은 진행된다.

벤치마킹은 단순히 경쟁 기업이나 목표 기업을 모방하는 데 그치는 것은 아니다. 시장에서 경쟁 우위를 유지하고 있는 목표 기업의 경영 프로세스를 분석하여 그 근본 이유가 무엇인지를 파악한 뒤 이를 자기 것으로 받아들임으로써 자사의 경영 혁신과 시장에서의 경쟁력 향상을 추구하는 과정인 것이다. 벤치마킹을 수행할 때 중요하게 고려해야 할 점은 두 가지이다.

첫째, 목표 기업이 이룩한 가시적인 성과에 해당하는 정량적 지표(생산성,

표 3-6 벤치마킹의 형태

형태	대상	방법	비고
내부 벤치마킹 (internal)	자사 내 타 부서	• 자사 내의 비슷한 기능을 수행하는 부서를 비교 기준으로 삼아 벤치마킹	• 관련 자료 수집이 용이 • 다국적 기업
경쟁사 벤치마킹 (competitive)	경쟁사	• 유사한 업무를 기준으로 경쟁사와의 비교를 통한 벤치마킹	• 경쟁사 정보 수집의 어려움 • 경쟁사와의 정보 공유에 대한 이해 필요
기능 벤치마킹 (functional)	타 업종의 기업	• 업종에 관계없이 문제가 되는 부문의 최우수 기업을 대상으로 벤치마킹	• 타 업종 운영 방식의 자사 적용 가능성에 대한 조사 필요
일반적 벤치마킹 (general)	위에서 언급한 모든 대상이 가능	• 크게 보아 기능 벤치마킹의 일종 • 수주, 발주, 고객 서비스 업무 등 기본적인 운영 설치에 대한 벤치마킹	• 가장 근본적인 벤치마킹의 형태 • '최고 중의 최고'의 방법 발견이 가장 용이

자산 활용도)에 집착하기보다는 이러한 성과를 유도할 수 있었던 운영 기법이나 프로세스 등에 관한 정성적 분석이 필요하다.

둘째, 벤치마킹은 반드시 경쟁사를 대상으로 할 필요가 없다는 것이다. 벤치마킹은 최고 중의 최고(the best of best)를 지향하므로 비단 경쟁사뿐만 아니라 특정 분야에서 최고의 운영 기법을 가진 모든 기업이 벤치마킹의 목표가 될 수 있다.

벤치마킹은 제품뿐만 아니라 제품을 만들어 내는 운영 기법이나 업무 프로세스에도 주안점을 둔다. 일반적으로 무엇을 목표 대상으로 삼을 것인가에 따라서 벤치마킹 형태를 네 가지로 분류할 수 있다([표 3-6] 참조).

갈수록 치열해지는 경쟁 상황으로 내몰리고 있는 우리나라 기업들로서는 벤치마킹적 사고와 기법을 활용하여 경영 혁신을 수행함으로써 기업의 경쟁력을 향상시켜 나갈 필요가 있다. 왜냐하면 기업 외부로 눈을 돌림으로써 객관적 목표 설정이 뚜렷해지며 자사의 취약점을 쉽게 파악할 수 있기 때문이다. 또한 기업이 최고 수준을 추구함으로써 고객들을 만족시키는 수준이 무엇인지 파악할 수 있으며, 이를 추구하는 것이 곧 기업의 경쟁력 제고로 연결되기 때문이다.

벤치마킹은 미국의 복사기 제조업체인 제록스사에서 꽃을 피웠다. 제록스사는 여러 부문에 걸쳐서 여러 회사를 상대로 벤치마킹을 실시하였다. 이 중 특히 비경쟁사를 대상으로 큰 성공을 거둔 것 중의 하나가 스포츠 용품을 우편 주문에 의해서 판매하는 L.L. 빈사의 물류 부문 벤치마킹이었다.

제록스사는 경비 절감을 목적으로 하는 물류 개선을 위하여 L.L. 빈사의 창고 시스템을 목표로 선정하고 벤치마킹에 들어갔는데, 제록스 종업원 1인당 1회의 작업을 위해서 움직여야 하는 거리를 기준으로 계측된 생산성이 L.L. 빈의 1/3 수준에 불과하다는 것을 발견하였다. 이에 따라서 재고 회전 속도에 의한 물품 재배치, 전체 흐름 속도 단축, 작업자가 움직여야 할 거리 단축 등의 개선 활동을 통해서 생산성을 3배 이상 향상시킬 수 있었던 것이다.

제록스사의 벤치마킹은 10단계의 접근법을 활용하고 있다. 벤치마킹은 크게 계획, 분석, 통합, 조정 및 실행의 네 단계로 구분할 수 있고 각 단계를 다시 나누어 10단계의 접근법이 이용된다([그림 3-8] 참조).

4) 업무 재설계

1990년대부터 경영 혁신의 도구로 활용되어 온 업무 재설계(business process reengineering: BPR)는 "비용, 품질, 속도와 같은 핵심적 성과에서 극적인(dramatic)

그림 3-8 제록스사의 벤치마킹 10단계

향상을 이루기 위하여 기업 업무 프로세스(business process)를 근본적으로(fundamentally) 다시 생각하고 혁신적으로(radically) 재설계하는 것"으로 정의된다.

여기에서 업무 프로세스는 "측정 가능한 투입물을 측정 가능한 산출물로 전환하는 일련의 활동"을 의미하며, 이러한 활동을 근본적으로 재고려하여 비즈니스 시스템 전체를 혁신적으로 재구축하는 경영 혁신 활동인 것이다.

BPR의 특징은 다음과 같다.

첫째, 점진적인 경영 개선보다 낡은 것을 버리고 새로운 것으로 과감히 대체함으로써 업무의 극적인 향상을 추구한다는 것이다. 둘째, 현재의 프로세스를 계속적으로 개선해 나가기보다는 무(無)에서 출발하여 한꺼번에 업무 과정 자체를 근본적으로 수정한다는 것이다. 현재 하고 있는 업무를 왜 해야 하는지, 그리고 지금까지와 같은 방식으로 왜 실행하고 있는지 하는 질문에서부터 BPR을 실행한다.

셋째, 현존하는 모든 구조와 절차를 버리고 불필요하거나 낭비적인 요소를 제거하여 새로운 업무 처리 방법을 만들어 내는 것을 의미한다.

BPR의 추진이 성공하기 위해서는 최고 경영자의 적극적 개입, 전사적인 공감대 형성, 사업의 성공 요인과의 연계, 고객을 위한 리엔지니어링으로의 접근 등이 동시에 이루어져야 한다.

5) 아웃소싱

미국 기업들이 제조업 분야에서 활용하기 시작해서 경리, 인사, 신제품 개발 등에서부터 유통, 포장 등 영업 분야로까지 확대해서 적용하고 있는 경영 혁신 분야가 아웃소싱(out-sourcing)이다.

아웃소싱이란 "조직의 비핵심 업무를 외부 전문 기관에 위탁·수행하고, 자사의 자원은 전략적으로 중요하면서도 가장 경쟁력 있는 핵심 역량에 집중시킴으로써 최고의 경쟁력을 가진 기업으로 구축하기 위한 신경영 전략"이다.[14]

아웃소싱은 회사 업무의 일부를 축소하는 효과를 통해서 인원 절감과 생

14 http://www.unies.com/.

생각의 폭과 통찰력을 키우자

7. 행복 경영 추구

경영학의 아버지라 불리는 드러커(Peter Drucker) 교수는 "현대 사회에서 가장 중요한 기관은 정부도 학교도 아닌 기업"이라고 말하였다. 우리나라도 예외는 아니다. 동아시아연구원(EAI)이 매년 발표하는 한국의 25대 파워 기관에 삼성, 현대자동차, SK가 나란히 1, 2, 3위를 차지하였다. 검찰, 헌법재판소, 청와대, 대법원이 그 뒤를 이었다.

외국 여행 중에 도처에서 국위를 선양하고 있는 우리 기업들의 활약상에 눈시울이 뜨거워지고 코끝이 찡해 오는 애국심과 자긍심을 느껴본 사람들이 많을 것이다. 그러나 위대한 대한민국 건설의 첨병 역할을 담당하고 있는 자랑스러운 우리 기업과 기업인이 국내에서는 애정보다는 비난과 질시의 대상이 되고 있는 것이 안타까운 현실이다.

기업은 혁신을 통한 초일류 경쟁력을 바탕으로 탁월한 경영 성과를 내고(필요조건), 이를 기반으로 사회 친화적인 활동을 전개하여 모든 이해관계자를 만족시키는 사랑받는 기업으로 거듭날 때(충분조건) 비로소 장기적 성장 번영이 가능하다. 우리 기업인들은 국민 정서를 탓하는 대신 기업과 기업인이 존경받는 세상을 만들어 가는 숙제를 스스로 풀어 나가야 한다.

우리는 '이해관계자 행복 경영'에서 그 답을 찾을 수 있다.

행복 경영은 기업의 존재 이유에 대한 자각에서 비롯된다. 올해로 설립 344년째를 맞이하는 세계적 제약 회사 머크사의 조지 윌리엄 머크 전 회장은 "의약품이란 환자를 위한 것이지 결코 이윤을 위한 것이 아니다. 이윤이란 부수적인 것에 불과하다. 그리고 이 사실을 망각하지 않는 한 이윤은 저절로 나타나기 마련이다. 이것이 머크의 경영 이념이다"라고 말한 적이 있다. 초일류 기업들은 일반적 통념과 달리 우리가 기업의 목적이라 굳게 믿고 있는 이윤 극대화를 추구하는 대신, 기업과 관련된 사람들의 행복을 우선 추구하고 있다. 그들은 "남을 이롭게 함으로써 내가 이롭게 된다"는 자리이타(自利利他), "의를 먼저 행하고 이익을 뒤에 좇는 자는 번영한다"는 선의후리(先義後利)의 정신을 투철히 지켜 가고 있다.

행복 경영의 첫 번째 키워드는 직원 행복 경영이다. 기업의 가장 중요한 자산은 사람이다. 한 명이 1만 명을 먹여 살리는 상상력의 시대를 맞아 핵심 인재의 중요성은 더욱 커지고 있다. 슐츠(Howard Schultz) 스타벅스 회장을 비롯한 초일류 경영자들은 주주와 고객보다 직원을 최우선에 두고 있다고 공개적으로 말한다. 높은 급여나 훌륭한 복지가 동기부여의 일차적인 요인이 될 수 있다. 그러나 직원들은 존중과 배려, 도전할 만한 업무, 교육과 자기 계발 지원, 칭찬·경청 같은 비(非)금전적 요인에 의해 보다 크게 동기가 부여된다. 최근 12억 달러에 아마존에 인수된 온라인 신발 판매 회사 자포스의 한 직원은 "자포스를 만난 것은 내 인생 최고의 행운이다. 매일 아침 눈을 뜨면 회사 갈 생각에 가슴이 설렌다. 주말에는 월요일이 너무 멀게 느껴져 참을 수 없을 정도다"라고 말한다. 금요일이 아닌 월요일을 기다리는 행복한 직원들로 가득 찬 회사는 성장 가능성이 매우 크다.

행복 경영의 두 번째 키워드는 고객 행복 경영이다. 기업과 경영자는 직원의 행복과 성공을 돕고 행복해진 직원은 회사의 존립 기반인 고객의 행복을 지원하는 선(善)순환의 고리를 만들어 내는 것이 행복 경영의 다음 순서다. 기업 간 성과 차이는 '매우 만족'한 고객을 얼마나 보유하고 있는가의 차이에 의해 결정된다. 제록스사의 조사 결과에 의하면 매우 만족한 고객의 재구매율이 어느 정도 만족한 고객의 경우보다 6배 이상으로 높게 나타났다. '매우 만족'한 고객은 재구매뿐만 아니라 입소문을 내주는 마케터(marketer)로서 회사에 보답한다. 기업 내 모든 구성원이 자신들의 급여가 고객에 의해 지급된다는 사실을 자각하고 고객의 영혼을 울리는 와우(wow) 서비스를 통해 매우 만족한 고객을 다량으로 만들어 낼 때 지속 가능한 성장이 가능하다.

행복 경영의 마지막 키워드는 사회 행복 경영이다. 이제는 착한 기업이 성공하는 시대가 되었다. 미국인 5명 중 4명이 제품을 고를 때 해당 제품을 생산한 기업의 명성을 고려하는 것으로 나타났다. 좋은 기업은 훌륭한 상품과 서비스를 제공하지만 위대한 기업은 훌륭한 상품과 서비스는 기본이고, 더 나은 세상을 만들기 위해 노력한다.

행복 경영을 현실에 적용시키는 것은 결코 쉬운 일이 아니다. 곧이곧대로 이를 준수하면 단기적으로 손해를 감내해야 할 때도 있을 것이다. 사회 발전에 막중한 역할을 담당하면서도 기여에 걸맞지 않게 비난과 질시를 받을 것인지, 이해관계자 모두의 사랑과 존경·응원 속에서 세계적인 기업으로 영속 발전할 것인지의 선택은 우리 기업인들에게 달려 있다.

자료: 조영탁(2011).

제1단계: 단순 외주화 단계

단순·반복적 업무를 외부 기관에 맡기거나 독립된 자회사를 설립하는 위탁형 아웃소싱 단계

제2단계: 공동화 단계

대상 업무를 공동 센터화, 네트워크 및 인프라를 공유화하는 단계

제3단계: 전략적 제휴(co-sourcing) 단계

1, 2단계를 포함하여 스스로 할 수 없는 업무의 수행을 위해서 여타 기업과 전략적 제휴를 맺는 단계로서 글로벌 네트워크 구축, 신상품 개발, 기업 간 합병 시의 시스템 정비 등이 대표적인 제휴형 아웃소싱의 예이다.

제4단계: 기업 간 네트워크 형성 단계

아웃소싱 제공 기관과 기업이 네트워크라는 가상 공간을 통해 결합되어 특정 부문의 서비스를 네트워크상에서 공유하는 단계로 이를 가상 기업의 등장 단계라 한다.

제 4 장 시장으로 나온 세계 농업 경영 질서

1. 시장화 개혁의 본질과 농업 경쟁력
2. 시상 개방 협상의 주요 내용
3. 시장 개방의 영향
4. 농업의 중요성에 대한 인식 변화

1. 시장화 개혁의 본질과 농업 경쟁력

20세기 말에 타결된 GATT/UR 협상은 전통적인 세계 농업 경영 질서에 엄청난 변화를 요구하는 혁명과도 같은 사건이었다. "세계 농업 질서에 자유 무역과 시장 경쟁의 원리를 도입하자"는 농업 개혁(agricultural reformation)의 원칙이 국제적으로 받아들여진 것이다. 제2차 세계대전 이후 반세기 동안 식량 안보 등 개별 국가의 정치·사회적인 가치 실현을 목적으로 '사회 안정의 당위성'이 우선시되었던 농업 정책에 대체하여 '시장 원리에 의한 경쟁'이 보다 강조되는 농업 정책으로의 변화가 세계 농업 경영 질서에 미치는 의미는 무엇인가?

첫째, 세계 농업 질서는 국가 간 경쟁보다는 개별 농업 경영체 간의 경쟁 체제로 전환된다. 높은 국경 장벽이 헐리고 시장이 열리면서, 그리고 각국의 국내 농업 보호 정책(시장 개입 정책)이 축소되면서 기술과 경영 능력에서 경쟁력을 보유한 농장들은 살아남게 되고, 국제 경쟁력을 보유한 농장들을 많이 보유한 나라의 농업은 살아남는다. 물론 국경 조치나 국내 보조가 단계적으로 감축되기 때문에 단기적으로는 큰 변화가 오지는 않을 것이나, 중장기적으로 각종 국내 농업 보호 장치의 감축이 진행되는 조정 기간 동안에 경쟁력을 보유한 농장들을 많이 육성하여 새로운 시장을 확보하는 나라의 농업만이 결국 살아남게 된다는 것이다.

둘째, 농산물이란 상품만이 국제적으로 경쟁하는 수준이 아니라, 금융·유통·서비스 시장의 개방과 연관하여 농산물과 결합된 산업 복합적인 시스템이 한 덩어리로 묶여져서 경쟁되는 시대가 열리고 있다.

보관·포장·수송 등 물류 기술과 유통 인프라는 물론, 매장과 고객 관리 및 금융과 정보화 등에 이르기까지 농산물의 생산과 유통에 관련된 산업 복합 시스템이 한 묶음으로 엮어져서 교역되는 산업 복합적인 경쟁 시대로 진입하고 있는 것이다. 따라서 일국 농산물의 국제 경쟁력은 농산물이란 상품 자체가 가지고 있는 가격이나 품질 등의 고유한 경쟁력도 중요하지만, 이에 못지않게 농산물의 생산 및 유통과 관련된 전후방 산업인 농업 관련 산업(agri-business)의 경쟁력과 농업 생산자(또는 생산자 단체)가 확보하고 있는 거래력(bargaining power)도 보다 중요한 경쟁력의 요소로 등장하고 있다. 따라서 농업 경쟁력을 높이기 위해서는 총체적인 접근이 필요한 시대가 열리고 있는 것이다.

셋째, 농업 부문이 생산 과정에서 무보수로 생산·공급하고 있는 비교역적 기능(non trade concerns: NTC)의 확보를 위한 차별화된 정책 수단의 강도(强度)에 의해서 각국 농업 경쟁력의 중요한 부분이 결정되는 시대가 열리고 있다. 시장에서 드러나는 가격이란 가치만으로 평가되는 시장 경쟁에서 농업 생산은 다른 산업 부문에 비해서 경쟁력이 뒤떨어지기 때문에 위축이 불가피하다. 그러나 농업 생산 과정에서 동반 생산되는 농업의 식량 안보나 환경 보전 등과 같은 비교역적 기능의 무차별한 동반 위축은 산업 사회의 추가적인 비용 부담을 강요하게 된다.

WTO 농업 협정에서는 농업의 NTC 기능에 대한 중요성을 인정하기는 하였으나, 이를 확보·유지해 나가기 위한 정책 수단으로 수입 제한적인 정책을 유지하는 방식은 채택하지 않았다. 대신에 제한된 조건하에서 이들 기능의 계속적인 확보를 위한 국내 보조를 허용하는 선에서(Green Box 내지 Blue Box) 협상이 타결되었다. 그러나 각국의 재정 능력이나 정책 의지의 강도에 의해서 NTC 기능의 유지를 위한 정책 수단의 강도가 결정되고 있으며, 이러한 정책 수단의 강도에 의해서 각국 농업의 경쟁력 수준이 시장 이외의 요인에 영향을 받아서 결정되는 시대가 열리게 된 것이다.

일반적으로 농업 부문은 산업의 특성상 수익성, 안정성, 성장성 등 경영상의 제 지표가 다른 산업(제조업이나 서비스 산업)보다 떨어지게 된다. 이 때문에

그림 4-1 농업과 비농업 부문 성장률과 소득의 협상(鋏狀) 현상

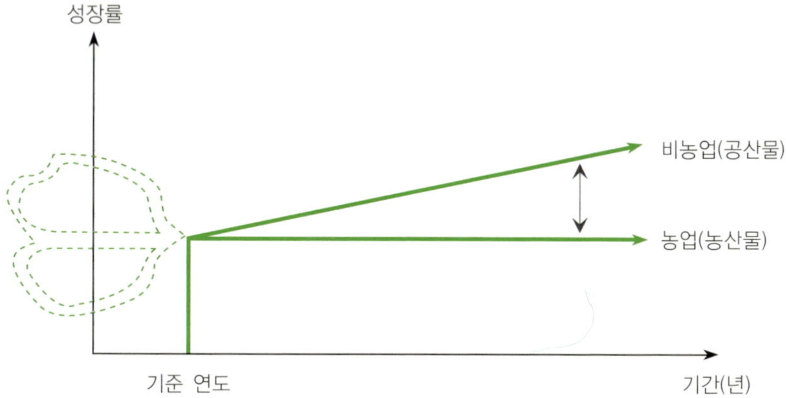

농업을 시장 경제에 방임할 경우, 농업 부문의 상대적인 위축 현상은 피할 수 없는 현상으로 받아들여지고 있다. 이를 극명하게 표현하고 있는 것이 이른바 협상(schere; scissor) 현상이다([그림 4-1] 참조).

우리나라의 경우 1970~2018년까지 48년 동안 농림어업 부문은 불변가격 기준으로 연평균 1.78%씩 성장해 왔다. 그러나 광공업 부문은 같은 기간 동안에 연평균 3.24%씩 그리고 서비스업 부문은 7.45%씩 농업보다 훨씬 큰 격차를 보이며 성장해 왔다. 이러한 산업 간 성장률의 격차는 산업 간의 생산성이나 수익성의 격차 때문에 일어나게 된다. 단적인 예로서 농가 판매 가격 지수와 농가 구입 가격 지수 간의 격차로 인한 농산품과 공산품 간의 부등가 교환(不等價交換) 현상의 심화가 일반적으로 지적된다.

그러므로 시장으로 나온 각국 농업의 발전 정도는 부존 자원의 비교우위적인 요소에 의해서 결정되는 고유한 경쟁력 수준도 물론 중요하지만, 부존 자원의 생산성을 향상시킬 수 있는 정책 환경과 농업 생산 과정에서 동반 생산

되는 비교역적 기능을 확보·유지해 나가겠다는 정책 의지에 입각한 사회적 투자의 크기에 의해서도 결정되는 시대가 열리게 된 것이다.

생산·유통·정책 등 농업 관련 모든 분야에 서식하고 있는 비능률적인 요소들을 털어 내고 열린 시장에서 적자생존(適者生存)의 원칙에 따라서 살아남을 수 있는 농장들을 얼마나 더 많이 만들어 낼 것이냐, 그리고 농업의 비교역적 기능을 유지해 나가겠다는 정책 의지가 얼마나 확고·강렬한 것이냐 하는 정도에 따라, 또한 경영 환경 변화를 수용하여 농업 경영 체질을 개선하려는 농업인들의 경영 혁신 의지의 강도에 따라 개방 시대, 우리 농업의 발전 정도가 결정되는 농업 환경의 변화가 진행되고 있다.

2. 시장 개방 협상의 주요 내용

보다 진전된 자유 무역 질서를 지향하는 WTO 체제하에서, 그리고 개별 관심국 사이에서 진행되고 있는 자유무역협정(FTA)[1]하에서, 한국 농업은 해외 농산물의 국내시장 접근 확대와 국내 농업 보호를 위한 정부 보조 정책의 점진적 후퇴라는 두 가지 제약 조건 속에서 보다 시장 지향적인 방향으로의 개편이 불가피해질 전망이다.

1 WTO(세계무역기구)는 모든 회원국들에게 최혜국 대우(most favoured nation treatment)를 보장해 주는 다자주의(多者主義) 원칙을 기본으로 하는 세계 무역 체제를 지향한다. 그러나 자유무역협정(FTA)은 WTO의 최혜국 대우와 다자주의 원칙을 벗어난 양자주의 및 지역주의적인 특혜 무역 체제이다.
FTA 체결국들은 회원국 간에 무관세나 낮은 관세를 적용하는 반면에, 비회원국에게는 WTO에서 유지하는 관세와 WTO에서 허용하는 수입 제한 조치를 그대로 유지한다. 그러므로 FTA는 WTO보다 진일보한 자유 무역 체제를 지향한다고 할 수 있다.

1) 시장 접근의 확대

각국의 국경 장벽을 완화함으로써 시장 접근(market access)을 확대하고자 하는 WTO/ DDA 개방 협상 의제는 관세 감축 분야와 시장 접근 물량의 확대, 그리고 특별 긴급 관세 제도(special safety guard: SSG)의 폐지 등에 초점을 맞추고 진행되었다.

첫째, 관세 감축 분야에서는 양허세율(WTO/DDA) 또는 실행세율(FTA)을 토대로 관세를 어느 정도로 줄여 나갈 것인지가 논의의 초점인데, 매년 큰 폭의 관세를 감축하는 방향이어서(제4차 수정안의 경우 선진국 54%, 개도국 36%) 시장 접근의 확대는 불가피하다. 왜냐하면 관세 감축 폭이 클수록 국내로 반입되는 해외 농산물의 수입 원가는 떨어질 것이기 때문이다([그림 4-2] 참조).

그림 4-2 UR 방식과 DDA 방식(의장 초안) 간의 관세 감축률 차이

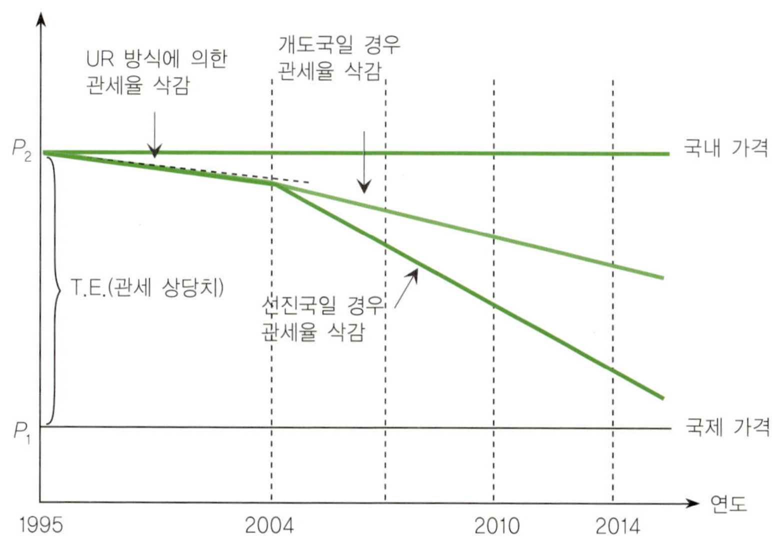

시장 접근 분야에서 관심을 끌고 있는 또 하나의 의제는 특별 긴급 관세 제도이다. SSG는 급격한 수입 증가로 인한 국내 피해를 막기 위한 장치로서 WTO 협정상 허용 제도인데, 부과 대상은 국내외 가격차에 해당하는 관세 상당치(tariff equivalent: TE)로 양허한 농림축산물이다.

수입 가격의 하락으로 인해 수입 물량이 당해 연도 기준 물량을 초과할 때 관세 상당치의 1/3 범위 내에서 관세를 추가적으로 부과함으로써 국내 산업을 보호하도록 허용하고 있는데, 기준 발동 물량은 최근 2년간의 평균 수입량에 기준 발동 계수(105~125%)를 곱한 금액에서 전년 대비 소비 변화량을 더해 산출하도록 되어 있다. 특별 긴급 관세는 선진국일 경우 추가적인 관세 감축 이행이 종료되는 대로 철폐하며, 개도국에 대해서는 현행의 SSG를 계속 허용하면서 식량 안보 및 농촌 개발 등을 위한 새로운 특별 긴급 수입 제한 조치를 도입하는 것으로 되어 있다.

2) 국내 보조의 감축

WTO에서 분류하고 있는 국내 보조 장치는 허용 보조(green box), 생산 제한하의 직접 지불(blue box), 그리고 감축 대상 보조(amber box) 등과 최소 허용 보조(de minimis) 등인데, 이를 선진국과 개도국으로 나누어서 국내 보조 감축 방안이 제시되었다.

먼저 허용 보조의 경우 선진국은 현행의 틀을 유지하되 보조금 지급 요건을 강화하며, 개도국은 보조금 지급 요건을 완화하기 위한 규칙을 개정하며 식량 안보 등 목적의 새로운 허용 보조를 추가할 수 있다. 생산 제한 직불 제도는 최근의 지급 실적을 기준으로 하여 선진국은 5년 동안 50%를 감축하고, 개도국은 33%를 10년 동안에 감축하자는 안이 제시되었다.

감축 대상 보조의 경우에는 선진국은 5년 동안 60%를 감축하고 개도국은 10년 동안 40%를 감축하자는 안이 제시되고 있는데, 우리나라의 경우 총감축보조(AMS)의 대부분을 사용하고 있는 쌀 직불 제도를 운영하고 있으므로 앞으로 직불제의 개편이 불가피한 실정이다.

앞으로 농산물시장 개방 폭은 지속적으로 확대될 것이고 국내 보조도 더욱 큰 폭으로 감축되어 갈 수밖에 없다는 제약 조건을 수용하여, 새로운 개방 규칙에 따라서 협정의 허용 범위 한도 내에서 농업 정책을 운용해 나가야 한다. 왜냐하면 개방은 선택의 문제가 아니라 필수적인 과정이기 때문이다. 그러므로 앞으로 우리가 선택할 수 있는 농업 정책의 범위는 WTO 협상의 허용 범위라는 제약 조건 속에서 이루어져야만 미래 지향성을 가질 수 있다.

문제는 거대 경제권인 미국, EU, 중국, 일본 등과의 동시다발적인 FTA 체결이다. 2004년 칠레와의 협상으로 출발한 한국의 FTA 협상은 이제 전 세계 모든 주요국과의 FTA 체결로 확산되고 있다.

우리나라의 농산물 평균 관세는 50% 정도로 비교적 높다. 관세율이 100%를 넘는 품목도 116개(HS 10단위 기준)에 달한다. 이런 고율 관세 품목들이 FTA 체결로 특혜 관세(무관세 또는 저율 관세)로 바뀌어 한국으로 수입되는 것이다.

FTA가 체결되면 회원국 간에 상품과 서비스의 교역과 투자 등이 이전보다 더 확대되는 이른바 무역 창출 효과(trade creation effects)가 발생한다. 그러나 회원국과 비회원국 간에는 오히려 교역과 투자 등이 감소하는 무역 전환 효과(trade diversion effects)도 발생하게 된다. 그러므로 WTO 협정에서는 FTA 체결 회원국들로 하여금 무역 전환 효과가 최소화되도록[2] 허용 조건과 기준을 규정하고

2 WTO 회원국이 다음 조건을 충족시키는 경우 관세 동맹(Customer's Unions) 및 자유 무역 지대(Free Trade Areas)를 창설할 수 있도록 허용하고 있다. GATT 규정 제24조 4항과 5항의 "관세 동맹이나 자유 무역 지대는 창설하기 이전에 적용되어 온 관세 및 기타의 상업적 제한(the duties and other regulations of commerce imposed)의 일반적 수준보다 더 높거나 규제적이지 않아야 한다"는 것이다.

8. 명분 없는 한·미 FTA, 반대 접으라

한·미 자유무역협정(FTA) 추가 협상이 지난 12월 3일 타결된 데 대해 정부와 여당은 양국의 이익이 균형 있게 반영된 상호 윈윈하는 협상이라며 긍정적 평가를 내리고 있는 반면, 민주당 등 야당은 굴욕·매국 협상을 했다며 강하게 반발하고 있다. 하지만 미국 정치권과 경제계는 자동차 관련 조항의 수정을 관철한 협상 결과에 대해 대체로 긍정적인 평가를 내리는 가운데 의회와 농축산업계 일각에서는 소고기 수출 확대를 관철하지 못한 점을 들어서 비판적인 입장을 견지하고 있다.

한국 정부는 자동차에서 미국 측의 요구를 많이 수용하는 대신, 소고기시장 추가 개방 요구를 막아 낸 외에도 돼지고기에 대한 관세 철폐를 2년 늦추고 복제 의약품 규제를 3년 유예하는 등 실리를 챙겼다는 입장이다. 협상이란 주고받는 것이라는 점에서 생각할 때, 정치적 파문이 큰 소고기시장을 지키기 위해서 교역 규모 면에서 몇십 배 큰 자동차시장을 내줬다는 점만 놓고 본다면 '더 주고 덜 받았다'는 주장도 일리는 있다.

그러나 큰 틀에서 보면 한·미 FTA는 경제의 수출 의존도가 50%가 넘는 한국의 입장에서 새로운 성장 동력을 갖출 수 있는 기회 요인이 된다. "미국 시장에서 한국산 브랜드에 대한 이미지를 높여 대미(對美) 수출에 크게 기여할 것"이란 전국경제인연합회의 논평이나 "한국 경제가 선진화되고 국내 기업의 미국 시장 진출을 확대하는 데 큰 도움이 될 것"이라는 한국무역협회의 한·미 FTA 추가 협상에 대한 평가가 이를 뒷받침한다. 이번 한·미 FTA 추가 협상 결과를 국가 전체의 경제적 관점에서 보면 한·미 두 나라는 물론 양국의 소비자와 생산자 모두 이익을 보는 윈윈의 결과임이 분명하다.

한·미 FTA 추가 협상 타결에 대해 가장 예민한 반응을 보이는 나라는 일본과 중국이다. 일본의 아사히신문은 경제산업성의 추정치를 인용, 자동차·전자·기계 부문 수출이 2020년에 가서 약 20조 원의 타격과 함께 관련 국내 생산업이 약 50조 원의 타격을 입을 것으로 우려하고 있다. 중국은 섬유 산업에서 입을 타격과 함께 정치적으로 더욱 가까워질 한미 동맹 관계를 우려하고 있다. 이 점에서는 북한의 시각도 마찬가지다

한·미 FTA 추가 협상은 취약한 농업 부문을 보호하기 위해 제조업 분야의 희생을 감수한 역사적 사건이다. 여태까지는 수출 촉진을 위해 농업 부문의 일방적인 희생을 강요해 왔지만 한·미 FTA 추가 협상은 정반대의 결과인 것이다. 한국 관·재계(官財界)의 인식이 그동안 많이 성숙해졌다는 증거다.

2008년 100일 동안의 촛불시위 이후 한국의 소 사육 규모는 220만 마리에서 270만 마리로 3년 동안 20% 이상 증가하였다. 가격 경쟁력의 비교열위를 품질 등 가치 경쟁력의 비교우위로 극복해 낸 대한민국 농민의 성공 사례다. 이를 통해 '개방하면 다 죽는다'는 패배 의식 대신 시장이 원하는 가치 경쟁력 향상이 자유 무역 시대의 새로운 활로라고 믿는 농민이 늘어나고 있는 것은 큰 수확이다.

민주당 등 야당이 자농자 문야의 앙모를 빌미로 인·미 FTA 비준 등의안을 반대하는

것은 적절하지 않다. FTA는 수출을 확대해 일자리를 창출할 수 있는 효과적인 수단이기 때문이다. 이웃 나라들이 부러워하는 미국과의 FTA 체결을 반대하는 것은 국익을 고려하지 않은 당략 차원의 단견으로 비칠 뿐이다.

올해 수출 7대국에 진입한 대한민국에는 FTA를 통한 무역 장벽 제거가 곧 성장 동력이다. 따라서 한·미 FTA 추가 협상 타결은 수출 드라이브를 위한 가속 엔진을 단 것과 마찬가지이다. 한국 경제의 성장 동력을 확충하고 안보를 강화할 수 있는 효과적인 길을 누구를, 그리고 무엇을 위해 반대하는가.

자료: 성진근(2010. 12. 13).

있다.

우리나라는 수출 의존적인 경제 구조를 가지고 있다. 그러므로 안정적인 수출 증대와 해외시장 확대를 위해, 경제적 이해관계 공유를 통한 정치적 동반 그룹을 형성하기 위해서 FTA 체결에 보다 전진적인 자세로 접근해야 할 필요성이 크다. 왜냐하면 자유 무역 체결 회원국 간의 교역과 투자는 증가하지만 비회원국과 회원국 간의 교역과 투자는 감소하는 무역 전환 효과를 효과적으로 저지해야만 우리 경제의 안정적인 성장을 기약할 수 있기 때문이다.

3. 시장 개방의 영향

농축산물 품목 중에서 수입 자동 승인 품목 수의 비중으로 산출되는 수입 자유화율은 WTO 체제하의 개방이 시행된 1995년의 95.6%의 수준에서 2015년은 100.0%로 완전 개방 수준에 이르렀다. 이에 따라서 수입 제한 품목은 1995년의 67개에서 2000년에는 24개 품목으로 줄어들었고 2015년에는 2,101개 품목 전체가 수입 자유화되었다. 농림수산물 수입액은 2000년의 98억 6,100만 달러에서 2018년에는 414억 2,150만 달러로 4.2배 규모로 증가해 왔다. 이는 같은 기간 동안의 국내 농림어업 부가가치 증가율(1.83%)보다 5배가량 높은 증가율에 해당한다.

농산물시장 개방은 어떤 경로로 국내 농업에 영향을 미치게 되는가?

한국 농산물의 생산비 중에서 70% 이상의 구성비(지대: 40%, 임금: 30%)를 차지하고 있는 지대(地代)와 임금(賃金) 수준은 경쟁 상대국인 중국이나 미국 수준보다 훨씬 높다.[3] 이 때문에 농산물 생산비는 3~4배 높다.

농산물 가격은 주로 생산비 수준에 의해서 결정되므로 해외 농산물 가격은 국내 농산물 가격보다 훨씬 낮은 수준에서 수출 가격이 형성된다.

현재 진행되어 온 각종 개방 협상은 현재 수준의 높은 관세율을 목표 연도에 이르기까지 점진적으로 감축하거나, 즉시 철폐하는 것을 주요 개방 수단으로 적용하고 있다. 개방 협상에서 첨예하게 이해가 엇갈리는 부분은 주로 현행 수입 제한 품목의 개방 수준이므로 대부분의 경우 현재 수준의 관세를 목표연도까지 일정한 비율로 감축하는 대신 의무 수입 비율을 증가하는 것으로 요약할 수 있다.

그러므로 관세가 매년 감축될수록 해외 농산물의 국내 도착 가격은 관세 감축 폭만큼 점차 낮아지게 되고 낮은 양허관세율에 의한 의무 수입량도 증가하게 된다([그림 4-3] 참조).

해외 농산물의 수입 확대는 국내 농업 생산에 무차별적인 영향을 미치는 것이 아니라 농축산물 품목별로 조금씩 다른 영향을 미치고 있다.

첫째, 토지 의존적인 식량 작물은 생산이 크게 위축되고 있다. 식량 작물

3 미국의 명목 임금 수준은 한국보다 약간 높다. 그러나 기계화 경영에 의한 노동생산성을 감안한 미국의 실질 임금 수준은 한국보다 훨씬 낮다. 중국의 농촌 임금 수준은 한국의 1/5 수준이나, 지대 역시 미국의 농지 가격은 한국의 1/10 이하이고, 중국의 농업세(엄밀히 말하면 국가 소유인 농지이용세)는 2006년부터 면제되었다.

그림 4-3 관세의 점진적 감축과 수입 농산물 도착 가격

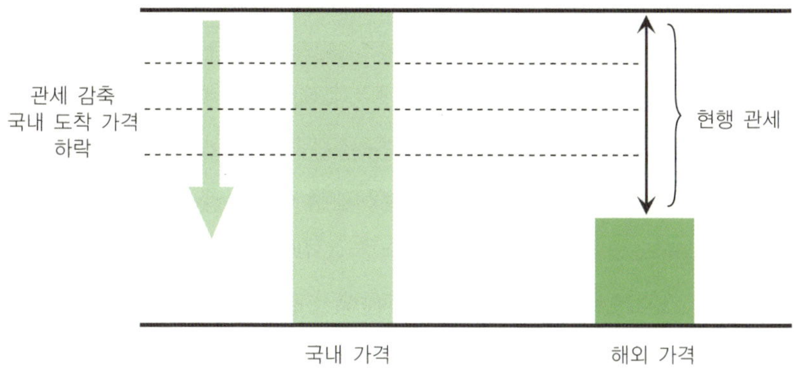

은 생산 과정에서 토지 의존성이 높은 작물이므로 광대한 토지를 이용하는 식량 수출국의 대농 경영과의 생산비 경쟁에서 비교열위적이다. 또한 수송·보관 등 수출 물류비 측면에서도 수출국 측에 상대적으로 유리하다. 그러므로 시장 개방의 진전에 따라 식량 작물의 생산 위축은 지속적으로 진행되어 왔다. 시장 개방이 진행된 최근 12년간(2007~2018) 맥류는 67.5% 수준으로, 두류는 69.3% 수준으로 재배 면적이 감소하였다. 그러나 미곡은 정부의 가격 지지 정책과 직불제 등 소득 보전 정책에 힘입어 재배 면적이 85.0% 수준으로 비교적 감소율이 작았다. 서류와 잡곡류는 건강 지향적인 소비 성향에 힘입어 각각 91.2%와 92.0% 수준으로 감소율이 낮았다([그림 4-4] 참조).

둘째, 자본과 기술 집약적인 원예 작물은 개방에도 불구하고 생산이 증가해 왔으나 최근 12년간(2007~2018)에는 생산이 위축 또는 정체되고 있다. 채소류와 과실류 등 원예 작물은 상대적으로 자본과 기술 집약적이라는 생산 과정상의 특성과 국민소득 증가에 따른 소비의 지속적인 증가 및 수송·보관 등의 과

그림 4-4 경종 작물 생산 추이(2007~2018년) (2007~2009년=100)

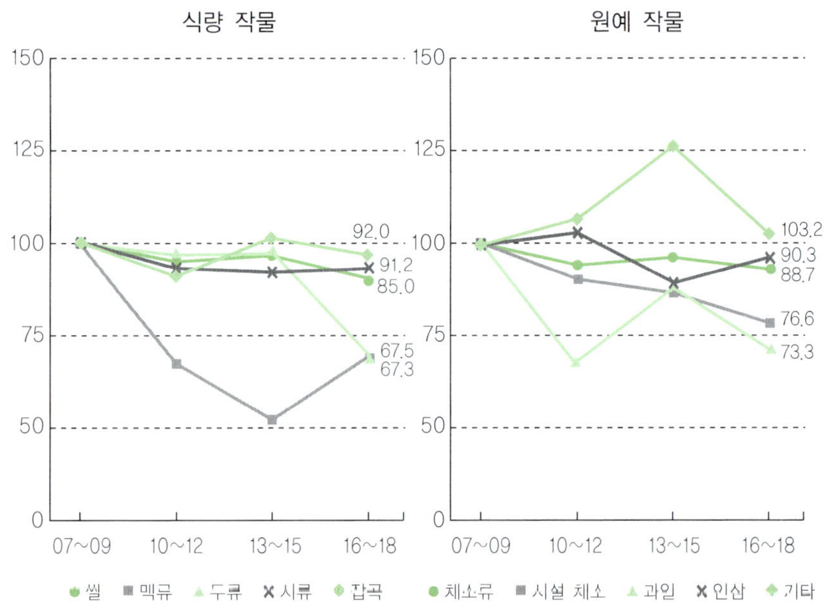

정에서 신선도를 유지하기 위한 높은 물류비 등의 영향으로 수입이 제한되는 등의 이유 때문에 시설 채소와 과일류의 국내 재배 면적은 2005년까지 전반적으로 증가하였다. 그러나 채소, 과일류 역시 농가의 작물 선택의 집중으로 과잉 생산·가격 폭락 현상이 빈발함에 따라서 최근 10년간에는 재배 면적이 전반적으로 감소하는 추세를 보이고 있다([그림 4-4] 참조).

셋째, 축산은 높은 소비 증가율과 함께 국민들의 식품 안전성 선호 추세의 확산에 힘입어 값싼 해외 축산물의 수입에도 불구하고 지속적인 생산 증가 현상을 보이고 있다([그림 4-5] 참조).

양돈과 양계 산업은 토지 의존성이 낮고 자본과 기술 집약적인 산업이므

그림 4-5 축산 사육 규모 변화 추이(1995~2018년) (1995년=100)

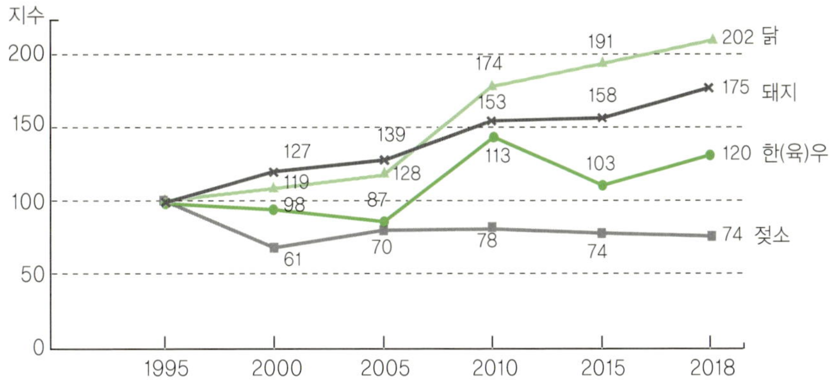

로 해외 축산물과의 가격 경쟁력 측면에서 크게 밀리지 않기 때문에 지속적인 성장 추세를 보여 왔다. 지난 23년간(1995~2018) 돼지 사육 규모와 호당 사육 규모는 각각 2.5배와 4.4배로, 그리고 닭 사육 규모와 호당 사육 규모는 각각 2.0배와 146배로 증가하였다. 그러나 초자원(草資源) 확보를 위한 값싼 초지 확보 조건에서 밀리는 한우는 2001년에는 사육 규모가 140만 6,000두로 줄어들어 1995년 개방 시작 연도의 259만 4,000두에 비해서 54.2% 수준으로 떨어졌으나, '촛불시위' 이후 국민들의 식품 안전성에 대한 높은 관심에 힘입어 2010년에는 292만 2,000두로, 2018년에는 311만 3,000두로 증가함으로써 1995년보다 전체 사육 규모는 1.2배 그리고 호당 사육 규모는 6.4배로 늘었다.

젖소는 2018년의 사육 규모가 1995년에 비해서 72.8% 수준으로 줄어들었으나 호당 사육 규모는 3배 정도로 증가하였다.

농산물시장 개방이 본격적으로 진행되면서 농민 단체를 중심으로 하여 한국 농업의 장래에 대한 농민들의 패배감이 넓게 만연되었다. 값싼 해외 농산물의 수입 증가가 이루어지면 값비싼 한국 농산물은 시장 점유율의 하락이 불가피하여 가격 하락과 소득 하락이 이어져서 결국 망할 수밖에 없다는 인식이 패배감의 원인이었다. 그러나 본격적인 시장 개방이 진행된 1995년 이후에도 수입 농산물의 시장 점유율(수입/국내 공급)은 크게 변하지 않았다.

수입 농산물의 수입 원가는 수입 가격에다 양허관세를 합한 가격으로 결정된다. 쌀을 제외하고 수입 가격에다 관세를 합해서 계산한 수입 원가의 국내 가격과의 차이는 느타리버섯이 4.58배, 수박이 2.79배, 파가 2.02배, 닭고기가 1.62배, 소고기가 2.13배, 사과가 2.11배 수준이었다.

그러나 국내 공급량에 대한 수입량의 비중은 관세율의 점진적인 하락에도 불구하고 괄목할 만큼 증가하지 않았다. 왜 이런 현상이 일어나고 있는가? 그것은 소비자의 식품(농산물 포함) 선택 기준이 가격 요인보다는 신선도, 맛, 식품 안전성 등 비가격적 요인을 더 중요하게 고려하고 있기 때문이다.

우리보다 소득 수준이 높은 일본의 경우에는 식품 안전성에 대한 관심이 훨씬 높고(41.5 : 70.0), 가격 조건에 대해서는 훨씬 낮은 점(12.7 : 8.0)을 감안할 때, 앞으로도 가격 조건에서 한국 농산물의 비교열위성은 농산물의 경쟁력 수준을 결정하는 데 경제 이론과는 달리 큰 영향을 미치지 못할 것이라고 예상할 수 있다([그림 4-6] 참조).

따라서 높아지고 있는 값싼 해외 농산물의 수입 압력에 맞서 우리 농업의 경쟁력을 확보하기 위해서는 소비자의 변화되고 있는 농식품 선호 기준에 대응하여 품질이나 서비스에서 차별화되는 농산물을 생산·유통시킬 수 있는 경영 전략의 개발과 선택이 절실하다는 것이다. 이를 위해서는 생산 단계의 우수 농산물 생산(GAP) 시스템과 품질 인증을 위한 이력 추적 시스템(traceability) 등의 강화뿐만 아니라 저온 냉장 수송과 보관 시스템(cold chain system) 및 포장과 소비자 선호 지향적인 상품화와 같은 물류·유통 시스템의 경쟁력 강화가 필수적

그림 4-6 식품에 대한 소비자의 관심 사항 (단위: %)

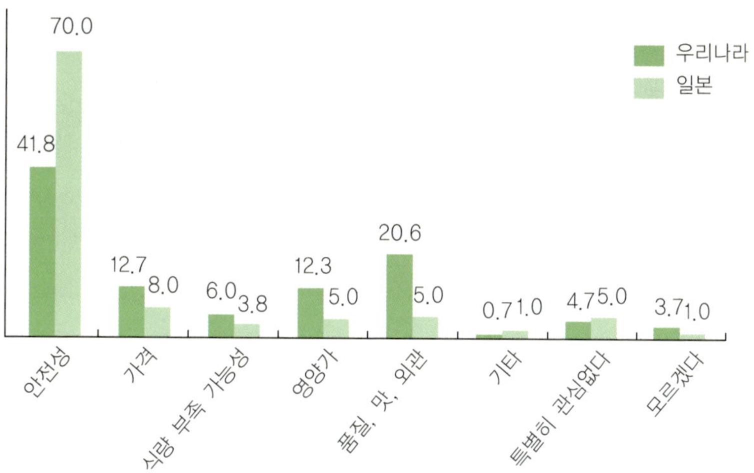

자료: 한국농촌경제연구원(2010), p. 184.

이다.

요약하면, 생산성 향상과 피해 소득 보상에 초점을 맞추어서 설계되었던 정부의 개방 대응 정책을 우리 농산물의 상품성 향상을 통한 경쟁력 강화를 실현시킬 수 있는 방향으로 전환해야 할 필요성이 절실하다는 것이다.

농업 경영 혁신을 위한 정책 콘텐츠(contents)는 이른바 3P 혁신 전략에 초점을 맞추어야 한다. 즉, 농산품에 대한 신수요와 신시장을 창출·개발하는 상품(products) 혁신과 개별 농장의 생산과 유통 활동을 고객과 시장 지향적으로 변화시키는 과정(process) 혁신 및 목표 지향적인 교육과 훈련을 통하여 경영 주체의 경영 능력을 향상시키는 사람(people) 혁신이 그것이다.

9. 코로나19는 경제 문제다

기후 변화 문제와 코로나19 팬데믹은 부분적으로 우리 경제 구조의 문제다. 둘다 '환경적' 또는 '자연적'인 문제로 보이지만, 사회적인 동인(動因)을 갖고 있다.

기후 변화는 특정 가스가 태양 복사열을 흡수해 발생한다. 기후 변화를 실제로 이해하려면 온실가스를 방출하는 사회적 이유를 이해해야 한다. 코로나19도 마찬가지다. 직접적인 원인은 바이러스로부터 유래되지만, 그 영향력을 관리하기 위해서는 인간 행동과 더 넓은 경제 상황을 이해해야 한다.

불필요한 경제 활동을 줄이면 코로나19와 기후 변화 문제를 해결하는 것이 훨씬 쉽다. 기후 변화의 경우 재료를 적게 생산하면 에너지를 덜 사용하게 되어 온실가스를 더 적게 방출하기 때문이다.

코로나19는 빠르게 전파되었다. 그러나 주된 감염 경로는 비슷하다. 사람들은 함께 섞여 질병을 퍼뜨린다. 사람들의 이동과 접촉을 줄이면 개인 간 감염이 줄어들고 전체 감염률도 줄어들게 된다. 우리는 코로나가 가장 먼저 유행한 중국 우한의 사례를 통해서 사회적 거리두기와 봉쇄 조치가 추가 질병 확산을 막을 수 있는 효과적인 조치였음을 확인할 수 있었다.

봉쇄는 세계 경제에 압력을 가하고 있다. 이에 따라 우리는 심각한 불황에 직면해 있다. 봉쇄의 경제학은 매우 간단하다. 사업은 이익을 내기 위해 존재한다. 기업이 생산할 수 없다면 물건을 팔 수 없다. 이것은 기업이 수익을 내지 못한다는 것을 의미한다. 그렇더라도 이 기간이 짧다면 당장은 필요하지 않더라도 근로자의 고용은 유지한다. 경제가 회복될 때 수요를 바로 충족시키기를 원하기 때문이다. 그러나 상황이 정말 나빠 보이기 시작하면 달라진다. 많은 사람들이 일자리를 잃거나, 잃게 될 것을 두려워한다. 그래서 그들은 소비를 줄이게 된다. 이런 사이클이 반복되기 시작하면서 경제는 불황에 빠진다.

정상적인 위기에서 이를 해결할 수 있는 처방은 간단하다. 사람들이 소비하고 다시 일하기 시작할 때까지 정부가 소비하는 것이다. 이 방법은 1929년의 대공황 때 선택된 케인스(John Maynard Keynes)의 유명한 처방이다.

그러나 코로나로 인한 상황에서 '소비'의 방식으로 경제가 회복되는 것은 바람직하지 않을 수 있다.

봉쇄의 요점은 사람들이 질병을 퍼트리는 일을 멈추게 하는 것이다. 소비를 촉진하기 위한 봉쇄 조치의 해제는 제2의 대유행을 불러올 수 있기 때문이다. 그러므로 코로나19에 대한 정확한 대응은 대규모 생산 확대가 아니라 대규모 생산 축소가 필요하다. 그리고 미래의 전염병에 더 탄력적으로 대응하고 최악의 기후 변화를 피하기 위해서는 생계 손실을 최소화하는 방식으로 생산을 축소할 수 있는 시스템 개발이 필요하다.

생태경제학자들은 사회적으로 정당한 방식에 의해서 생산량을 줄이는 방법을 오랫동안

고민해 왔다. 생산량을 줄이는 것이 기후 변화 문제의 핵심이기도 하기 때문이다. 우리가 더 많이 생산할수록 더 많은 온실가스가 배출된다. 그렇다면 사람들을 계속 일하게 하면서 소비재는 어떻게 줄일 것인가?

주당 근로 시간을 줄이는 것이 한 가지 방법이 될 수 있다. 또한 사람들이 더 천천히, 덜 부담스럽게 일하도록 할 수도 있다. 궁극적으로는 미래의 삶에서는 임금에 대한 사람들의 의존도를 줄여야 한다.

자료: 박영숙·제롬 글렌(2020), pp. 87~95에서 발췌·인용함.

4. 농업의 중요성에 대한 인식 변화

1) 경영학의 관심 영역 변화

산업혁명을 계기로, 특히 20세기 중반에 등장한 새로운 응용과학(applied science)으로서의 경영학은 기업 이론(firm theory)을 중심으로 발전하여 왔다. 한 사회나 국가의 발전은 경제 발전에 의존하고 경제 발전은 기업 성장이 주도한다. 그러므로 기업은 풍요한 사회 건설에 필요불가결한 경제 주체이며, 자본주의적 시장 경제의 중심적인 역할을 수행한다.

그러나 제도적이며 정적(靜的, static)인 존재로서의 기업보다는 기업을 운영하는 동적(動的, dynamic)인 존재로서의 경영이 중시되면서 20세기를 흔히 경영의 시대(the age of management)라고 칭하기도 한다.

초기와 근대적 경영학의 관심이 주로 생산의 효율화란 측면에 치중하였다고 본다면, 현대 경영학(1950년 이후)은 상품과 서비스의 생산뿐만 아니라 상품의 유통(marketing) 분야에까지 관심 영역을 확장시키는 이른바 전반적 경영관리로 이행되어 왔다.

사실상 제2차 세계대전이 끝나기 전(1945년)까지의 세계 경제는 공급의 절대 부족 시대였다고 할 수 있다. 상품과 서비스의 절대량 부족 시대하에서 기업 경영은 주어진 자원 조건하에서 생산의 극대화에 치중하는 것이 이윤을 극대화시킬 수 있는 가장 손쉬운 경영 전략이었다. 그러나 전쟁이 끝나면서 상황이 달라졌다. 세계 각국이 부족한 상품의 증산에 매달린 결과 상품의 재고가 쌓이기 시작한 것이다. 특히 전쟁이 끝나기 전까지 세계의 공장 구실을 해 왔던 미국 기업의 입장에서는 생산보다는 쌓여 가는 재고 처리를 위한 마케팅이 더욱 큰 문제로 등장하게 되었다.

상품 공급 과잉 시대로의 변화와 함께 기업 경영 환경의 또 다른 큰 변화는 경제의 세계화와 정보화(digitalization) 추세이다.

국가 간의 시장 경계는 빠른 속도로 허물어져 왔고, 이에 따라 산업과 경제의 세계화는 더욱 촉진되어 왔다. 세계화 과정에서 기업은 국가별로 각기 다른 전략을 취하던 자세에서 벗어나서 전 세계 소비자를 대상으로 하는 하나의 시장 전략으로 동일한 경영 전략을 취하게 된다. 즉, 국경에 따른 시장 구분이 더 이상 의미가 없어지고 자유 무역의 환경에서 제품, 기술, 서비스가 각국으로 자유롭게 이동하며, 인적 자원과 금융 자원의 흐름마저 자유롭게 되는 글로벌 경쟁 시대로의 엄청난 변화가 진행되어 왔다. 또한 4차 산업혁명 시대로 진입하면서 제품 개발에서부터 생산, 유통에 이르기까지의 전 과정에 지능형 제조 시설(소위 스마트 생산 시설)을 갖추어 나가야 한다. 또한 디지털 플랫폼과 핀테크 기술의 결합에 의한 스마트 유통 시설도 갖추어 나가야 경쟁력을 확보할 수 있다.

상품의 시장 경쟁이 치열해짐에 따라 소비자의 힘(power)도 비례적으로 커지게 되었다. 소비자들은 상품의 가격, 품질이나 서비스에 의해서만 상품을 선택하는 것이 아니라 상품을 생산하는 기업의 사회적 책임까지 고려해서 상

그림 4-7 경영학의 관심 영역의 변화

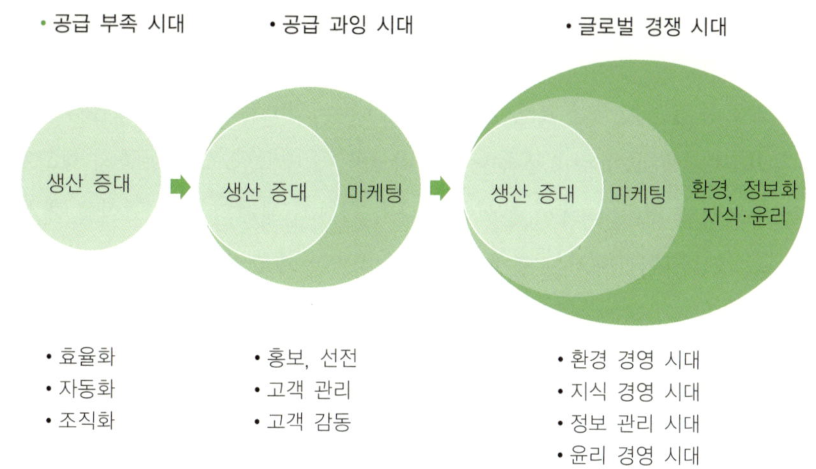

품을 선택하게 되었다. 이에 따라 경영의 관심 영역도 회사의 투명 경영, 도덕성, 사회적 책임 등의 분야로 확대되는 이른바 '윤리 경영'의 개념으로까지 확장되고 있는 것이다. 즉, 윤리적으로 훌륭한 기업이 생산하는 좋은 상품이 선택받는 시대가 열리고 있는 것이다([그림 4-7] 참조).

제2차 세계대전 이후 세계 경제는 높은 성장률을 지속해 왔다. 이 결과 상품 공급 과잉 시대가 열렸지만 에너지와 광물 자원의 과대한 수요 증가에 의해서 자원 가격이 치솟았고, 이에 따라 국제적인 자원 확보 경쟁이 보다 치열해지고 있는 것이 기업이 당면하고 있는 또 다른 환경 변화이다.

여기에다 국제 식량 위기마저 겹치면서 국내의 생산과 유통에만 집중되어 왔던 농업 경영의 관심 영역이 식량 공급의 잠재력을 향상시키기 위한 해외 진출로 확대되고 있다. 2007~2008년 사이에 경험하였던 국제 식량 위기는 코로나 사태가 길어지면서 재연될 조짐을 보이고 있다. 홍수와 한발 등 기상이변 현상에 의한 주요 생산국(러시아, 호주, 브라질, 중국 등)의 수확량 감소, 곡물의 에너지 원료(에탄올, 바이오디젤 등)로의 사용 증가, 인구 과잉 신흥 개도국(중국, 인도 등)의 식량 소비 증가, 국제 투기 자본의 식량 선물시장에의 참여 확대 등의 요인이 겹쳐지면서 코로나 사태로 인한 국경 봉쇄 조치의 가능성이 커짐에 따라서 가격 상승 폭마저 더욱 커질 가능성이 높아지고 있다.

곡물 수입국들은 식량 가격의 상승 문제뿐만 아니라 안정적인 식량 곡물 확보 문제마저 우려하는 수준으로 내몰리고 있다. 세계화에 의한 무역 자유화만으로는 바람직한 식량 안보를 달성하기 어렵다는 사실을 식량 수출국들의 다양한 곡물 수출 제한 조치를 경험하면서 알게 되었기 때문이다.

우리나라는 연간 필요한 식량 곡물(2,000만 톤)의 3/4을 해외 수입에 의존하고 있는 세계 3위의 곡물 수입 대국이다. 식량 위기의 가능성이 높아지면서 식량 안보를 위한 해외 농업 개발에 대한 사회적 관심이 증폭되어 왔으며, 연해주와 동남아시아 그리고 우크라이나 등지에 대한 해외 농업 진출이 간단없이 시도되어 왔다.

그러나 땅값과 인건비가 싸다고 해서 해외 농업 진출이 성공하는 것도 아니다. 이 때문에 이렇다 할 성공 사례를 찾기가 어려운 것이다. 생산에서부터 수출에 이르기까지의 보다 정교한 농업경영학적인 지식 체계에 대한 사회적 요구가 커지고 있는 이유가 여기에서도 발견된다.

2) 농산물 공급 과잉 시대에서 직면한 새로운 변화

우리 사회가 절대 빈곤 시대를 거쳐 오는 동안에 농산물 공급은 항상 수요에 미치지 못하였다. 정부는 농산물 가격 지지 정책과 종자, 비료, 농약 등 농자재의 공급 가격 인하를 위한 다양한 보조 정책을 통하여 증산 정책(增産政策)

을 추진해 왔다.

농업 생산자는 많이만 생산하면 소득 증가로 연결되었으므로 생산 극대화만이 농업 경영의 관심 분야이었다. 따라서 농산물 공급 부족 시대하에서는 맛, 색깔, 안전성 등 농산물의 품질 조건에는 관심을 기울일 동기 자체가 거의 없었다. 그러나 해외 농산물의 수입이 확대되면서 신선도 등의 이유로 수입 자체가 어려운 신선 채소류나, 정부가 가격이나 소득을 보장해 주는 쌀에 대한 생산 집중 현상이 일어나고 농업생산성이 지속적으로 향상되면서 농산물 공급 과잉 기조가 정착되었다. 가격 지지 정책을 비롯한 증산 정책이 후퇴하면서 수요와 공급의 상호작용에 의해서 농산물 가격과 생산량이 결정되는 시장주의적 농업 생산 질서가 자리잡게 되었다. 이 과정에서 자급적(自給的) 농업 생산 체제는 상품 생산적 생산 체제(이른바 상업농)로 전환되었다.

농업 생산자의 관심은 생산 극대화에서 이윤 극대화로 바뀌었고, 품질·서비스의 차별화를 통하여 이윤 극대화를 성취하지 못하는 농산품과 이를 생산하는 농가는 시장 개방 폭의 확대와 함께 점차 위축되어 왔다.

세계화의 진전과 4차 산업적 기술혁명에 따라서 농업 경영 환경은 또 한 차례 큰 변화의 물결에 직면하고 있다.

(1) 식량 안보의 중요성에 대한 새로운 인식의 형성

농산물 자유 무역의 진전에 따라서 농업 부존 자원 조건이 비교우위적인 북·남미 대륙의 일부 국가와 호주 및 유럽 대륙 일부 국가들의 세계 식량 생산량에서 차지하는 점유율은 높아지는 대신, 대부분의 자급적 생산 체제를 유지해 오던 국가들은 식량 수입국으로 전락하였다. 특히 식량 메이저 그룹의 식량 무역에서 차지하는 영향력은 더욱 비대해졌고 여기에다 국제 투기 자본마저 식량 무역에 가세함으로써 세계적인 식량 위기의 발생 가능성과 빈도가 매우 높아졌다.

이에 따라서 안정적인 식량 확보를 위한 해외 농업 개발 등 시책과 함께 그동안 지나치게 소홀하였던 식량 안보(food security)에 대한 반성을 기초로 하여 국내 농업의 역할에 대한 새로운 기대가 형성되고 있다.

(2) 자원 고갈과 환경 위기에 대응하기 위한 국내 농업의 중요성과 역할에 대한 새로운 기대의 형성

전통적인 자본주의 경제성장 이론은 자원의 투입 증가 또는 자원 결합 방법에 관한 기술 진보와 자본 투입을 늘리기 위한 저축률의 증가에 의해서 경제성장이 이루어진다는 것이 중심 내용이었다.

이러한 성장 모형의 암묵적인(implicit) 가정은 경제성장을 위해서 추가적으로 투입할 수 있는 자원 부존량이 무한히 존재한다는 것이었다. 그러나 세계 각국이 경쟁적으로 경제성장에 나선 결과, 지구촌 경제는 유사 이래 최대의 번영을 이룩하게 되었지만 지구촌의 개발 가능한 부존 자원량이 한계에 처하고 있다는 사실을 인류가 깨닫게 된 것이다. 또한 성장 모형에서 깊이 고려하지 못하였던 환경 악화가 경제성장을 위협하는 새로운 변수로 심각하게 대두되고 있다는 사실마저 깨닫게 되었다. 자원 위기와 환경 위기가 경제의 지속적인 성장을 저해하는 새로운 위협 요소라는 인식을 공유하게 된 것이다.

자원 고갈 현상에 대응하기 위한 새로운 자원(man made capital assets or low quality resource) 개발을 위한 높은 비용이 경제의 안정적인 성장을 위협하는 중요 변수로 등장하고 있다. 기후 변화로 대표되는 환경 악화마저 지구촌의 번영을 파괴시킬 수 있는 새로운 위협 변수로 등장하고 있다. 이러한 위협 요소에 대하여 전통적인 자본주의 경제성장 이론의 한계와 무력함이 노정된 것이다.

제한된 지구 자원(환경 포함)을 현재 세대뿐만 아니라 미래 세대도 같이 이용할 수 있어야 한다는 미래 세대의 이용 몫까지를 고려한 자원의 시간적 배분 중시적인 지속 성장이 지구촌 경제의 중요한 화두로 등장하게 된 것이다.

농업은 에너지의 원천적인 제조 산업인 동시에 환경 보전적 산업의 특징을 가지고 있다. 탄소 동화 작용을 통하여 태양열을 인류가 이용할 수 있는 에너지로 변환시키는 동시에, 온실가스(CO_2)를 흡수하여 산소로 변환시키는 원천적인 대기 정화 산업이기 때문이다.

자원 투입 비용 대비 산출액의 크기로 계측되는 효율성(efficiency)을 기준으로 할 때 농업은 자본주의 경제성장 과정에서 쇠퇴 산업(declining industry)의 처지를 감수할 수밖에 없었다. 그러나 지구촌의 자원과 환경 위기 시대에 대응하기 위한 저탄소 녹색 산업의 원천 산업이 바로 농업 부문이라는 인식의 전환이 바야흐로 이루어지고 있는 것이다.

바이오매스(bio-mass)[4]를 이용하여 대체 에너지(바이오에탄올과 바이오디젤)를 제조하는 일에서부터 바이오매스에서 공업용 친환경 원료를 추출하는 일, 그리고 유휴된 산림지에 대한 조림 등 녹색 산업화를 통한 탄소 배출권을 확보하는 일 등 저탄소 녹색 성장을 주도하는 농업의 역할과 기능 강화가 진화되고 있는 경제성장 패러다임의 핵심 분야가 되고 있는 것이다.[5]

(3) 식품 안전성에 대한 경각심 상승

교통·통신망의 발달과 각국의 무역 장벽을 낮추고 있는 자유 무역 체제의 확산에 따라 농산물시장은 대량 생산과 대량 유통의 세계적인 경쟁 시스템으로 발전하고 있기 때문에 일단 식품 사고가 어느 한 나라에서 발생하면 바로 교역 대상국인 지구 전체로 확산되어 대형 농식품 사고가 발생하게 된다. 이에

4 http://www.unies.com.
5 성진근(1993), pp. 78~89.

따라 식품에서 연유된 건강 위험성에 본격적으로 대처해야 한다는 사회적 요구가 커지고 있다.

1986년 영국에서 발생하여 전 유럽으로 확산된 광우병(BSE) 파동을 비롯하여 구제역, 조류 독감 등 악성 가축 전염병, 다이옥신 등 발암성 화학 물질의 체내 축적, 그리고 유전자 변형 식품(GMO)에 대한 불안 등 식품에서 연유되는 건강상 위험성에 대한 국민들의 경각심과 관심이 매우 커지고 있다. 세계화 과정에서 발생하고 있는 취약한 식품 안전성 확보를 위한 농업 생산 과정과, 유통 과정의 위험 제어와, 품질 관리 및 이력 추적 시스템 등 제도의 정비 및 강화를 통한 건강에 대한 적합성과 안전성을 갖춘 농식품 공급 능력의 확보에 대한 국민적 기대가 커지고 있는 것이다.

(4) 가격 신호에 의한 자원 배분을 중시하는 신고전학파 경제학 패러다임의 침체

'보이지 않는 손'에 의한 가격 신호(price signal)는 자원 배분과 이용의 효율성을 높여서 지구촌 경제의 번영을 이끈 주역이었다. 그러나 세계화 과정에서 경제와 자원 배분의 가장 중요한 평가 기준이었던 가격이란 가치의 중요성 대신에 디자인, 브랜드, 친환경성, 건강 지향성 등 비가격적 요소의 시장 영향력이 커지면서 가격 신호의 중요성이 반감되고 있다.

'우루과이라운드' 협상 이후 시장 개방 시대로 진입한 한국 농업의 장래는 암울한 것으로 전망되었다. 모든 경제 분야의 연구자들은 '국내외 가격 차'에 의해서 가격 경쟁력이 지나치게 낮은 한국 농업의 붕괴를 점치는 데 주저하지 않았다. 그러나 개방 이후 23년(1995~2018) 동안 한국 농업은 연평균 1.6%의 기대 밖의 실질적인 평균 성장을 해 왔다. 신고전학파 경제학의 가격 신호가 품질, 서비스 등 비가격적 가치의 신호에 밀려서 제대로 영향력을 발휘하지 못한 탓이라고 이해할 수 있다.

한국은 좁은 땅에서 많은 인구를 부양해야 하기 때문에 2019년의 인구 밀도는 509명/km^2으로 방글라데시, 대만에 이은 세계 3위국으로 세계 평균(52명/km)보다 9.8배나 높기 때문에 OECD 국가 중에서 가장 인구 밀도가 높은 수준이다. 이 때문에 농지 가격은 세계에서 가장 높고, 임금 역시 높은 경제성장 덕분으로 대단히 높은 수준이다.

높은 농지 가격과 임금 수준 때문에 농산물 생산비는 경쟁 상대국(중국, 미국)보다 3~4배나 높을 수밖에 없다. 자원 부존 조건의 비교열위성 때문에 한국 농업의 국제 경쟁력 수준은 '가격' 기준으로는 절망적일 수밖에 없다. 그러나 한국 농업은 수입 농산물과의 현저한 가격 경쟁력의 열세를 품질과 서비스 등 비가격적인 가치 경쟁력의 비교우위로 극복하면서 국내시장의 최소한의 규모를 지켜 내고 있는 것이다. 이러한 시장 개방 25년의 경험은 한국 농업의 새로운 가능성과 활로를 제시하고 있다.

무엇보다 지나치게 낮은 가격 경쟁력에 기초하여 형성된 한국 농업의 장래에 대한 절망과 패배 의식이 크게 잘못된 인식임을 깨닫게 된 것은 큰 성과라 할 수 있다. 또한 전 세계적으로 확산되고 있는 웰빙(well-being) 풍조와 K-Pop이 이끌고 있는 한류 열풍에 편승하여 한국 농산물의 우수한 품질 등 가치 경쟁력을 무기로 하여 새로운 틈새시장(niche market)을 세계 도처에서 개발할 수 있는 여지를 발견하였기 때문이다. 농산물을 선택하는 소비자의 기준이 가격 조건이 아닌 건강성, 안전성, 맛 등 기호성, 친환경성 등 비가격적 가치 조건을 더욱 중시한다는 사실을 값싼 해외 농산물과의 시장 경쟁 과정에서 체득하게 되었기 때문이다.

경제 패러다임의 진화에 따라 등장하고 있는 새로운 규범(new normal)으로 한국 농업의 가치와 역할에 대한 새로운 평가가 이루어지고 있다. 또한 자원과 식량 위기에 대응할 수 있는 잠재력을 강화하고, 세계화 추세 속에서도 새롭게 강화되고 있는 국제적인 신보호주의 등 거시적 경영 환경의 변화에 대한 대응 전략 차원에서 국내 농업의 전략적 중요성에 대한 인식이 달라지고 있다.

국내 자원 의존적이며 국민 건강을 책임지는 생명 산업인 농업의 발전 필요성에 대한 국민적 공감대가 코로나 사태를 겪으면서 점차 확산되면서 농업 경영 환경의 변화가 진행되고 있는 것은 전혀 놀랄 일이 아니다.

제 5 장 탈세계화 흐름과 스마트 농업혁명

1. 코로나가 불러온 탈세계화와 한국 경제
2. 인류 사회 산업혁명의 역사
3. 제3의 농업혁명 – 스마트 농업 육성과 농촌의 생활 환경 복원

1. 코로나가 불러온 탈세계화와 한국 경제

한국은 역사상 세 번째의 세계화 흐름에 편승하여 수출 주도형 산업화 정책의 선택으로 절대 빈곤국에서 선진국 진입을 성공시켰던 나라이다. 1961년 국민소득(1인당 GDP)은 94달러에 불과했지만 2018년에는 333배인 3만 1,363달러를 기록하면서 당당한 선진국 진입을 성공시켰다. GDP만을 기준으로 하면 전 세계에서 12번째로 큰 나라가 된 것이다. 그러나 2008년 세계 금융위기 이후, 최근 몇년간 주춤하던 제3차 세계화는 코로나 사태를 계기로 하여 본격적으로 퇴조하고 있다. 가속화되고 있는 4차 산업혁명과 궤(軌)를 같이하여 바야흐로 제4차 세계화 시대로 접어들고 있다.

실제로 세계 무역과 투자는 수년 전부터 줄어들고 있었다. 2008년 금융위기 직후 급락했던 세계 무역은 위기 이전의 수준을 회복하지 못하고 있었고, 국가 간 자본 이동도 위기 이전의 절반 이하 수준으로 떨어지고 있었다. 또한 외국인 노동자 이동 규모도 계속적으로 감소하는 추세를 보이고 있었다. 이 과정에서 한국의 수출 규모도 지속적으로 축소되었다. 2008년 GDP 대비 50.0%였던 상품 및 서비스 수출은 2016년에는 42.3%로 그리고 2018년에는 44.0% 수준으로 떨어졌다.

우리 경제의 성장 동력인 수출이 코로나 사태로 직격탄을 맞고 있다. 2020년 4월 수출은 지난해에 비해서 25.1% 감소한 데 이어 5월 수출 역시 23.7% 감소하는 등 두 달 연속 20%대의 감소세를 이어가고 있기 때문이다. 아직까지는 실물 부문의 위기였지만 코로나 사태가 길어지면 기업과 가계의 부도가 이어지면서 금융위기로 연결될 가능성이 커지게 된다. 결국 전 세계 모든 나라의 실물과 금융 부문이 점차 마비되면서 코로나 사태가 세계적 대공황을 야기시킬 가능성마저 커지고 있는 형국이다.

미국과 같이 자원이 풍부하고 내수시장의 비중이 큰 나라는 코로나 사태가 수습되면서 경제는 바로 회복의 길로 돌아설 수 있다. 그러나 자원이 없고 내수시장이 좁은 우리나라 입장에서는 탈세계화는 큰 위기로 연결될 수밖에 없다. 해외시장에서 돈을 벌어 원료를 사올 수 있어야 우리 경제가 돌아갈 수 있기 때문이다. 그러므로 대외 지향적 성장은 한국 경제의 필수적인 선택이다.

퇴조하고 있는 3차 세계화는 제조업 중심으로 사람과 사람이 직접 접촉하는 글로벌 가치사슬로 엮어졌다. 그러나 세계 경제는 4차 산업혁명과 함께 스마트 경제 체제로 전환되면서 디지털(digital) 중심으로 변화되고 있다. 이제는 온라인시장으로 접촉하는 가상(假想)의 글로벌 가치사슬의 비중이 커지는 시대가 온 것이다. 사물인터넷으로 빅데이터를 얻고, 그것을 클라우드에 저장하여 인공지능으로 분석하고, 로봇과 3D 프린트로 생산한 후에 디지털 플랫폼을 이용하는 E-비지니스를 통해서 판매하고, 핀테크로 결재하는 스마트한 공급망의 구축에 전 세계가 경쟁적으로 나서고 있다.

코로나 사태를 겪은 글로벌 기업들은 위험성이 높은 현재의 글로벌 가치사슬의 리모델링에 나설 것이다. 제조 과정의 상당 부분을 본국으로 회귀하는 리쇼어링(reshoring), 생산 기지를 본국과 가까운 이웃 나라로 옮기는 니어쇼어링(near shoring) 그리고 보다 위생적으로 안전하게 작업할 수 있는 환경과 함께 ICT 기술 기반이 잘 갖추어진 다른 나라로 생산 시설을 이전시키는 디쇼어링(deplace + shoring)을 시도하는 글로벌 기업들이 많아질 것이다. 우리나라는 4차 산업혁명을 이끌어 나갈 수 있는 인적·물적 기반이 잘 갖추어진 ICT 기술 강국이다. 더구나 코로나 사태를 겪으면서 한국의 효과적인 의료와 방역 시스템은 소위 K-시스템으로 불리며 세계인의 부러움을 모았다. 그러므로 중국으로부터 철수하려고 하는 미국과 유럽의 글로벌 기업들에게 고품질-최적 비용의 새로운 글로벌 공급망을 구축할 수 있는 디쇼어링 적지로 한국이 선택받노록

하는 것이 4차 산업혁명 시대를 성공적으로 열어 나가는 길이 될 것이다.

3차 산업혁명 시대를 이끌어 왔던 글로벌 가치사슬의 붕괴가 진행되면서 초래되고 있는 탈세계화 움직임 속에서 해외로 진출했던 우리 기업들이 리쇼어링하고 글로벌 기업들의 디쇼어링을 유도해야 한다. 이를 위해서는 시대에 뒤떨어진 규제를 철폐하고 기업과 노동자 간의 상생적 협력 분위기가 필수적으로 뒷받침되어야 한다. 4차 산업혁명 시대의 기업들은 최적 비용(best cost)에 의한 최고 상품(best product)을 생산해야 성공하는 기업이 될 수 있다. 그러므로 제품 개발에서부터 생산, 유통에 이르기까지의 전 과정에 로봇, AI, 빅데이터, 3D 프린팅 등이 결합된 지능형 제조 시설인 스마트 공장(smart factory)을 만들어야 한다. 나아가서 디지털 플랫폼과 핀테크 기술이 결합된 스마트 유통 인프라를 구축해야 한다. 이것이 한국 경제가 지향해야 할 큰 방향이다.

2. 인류 사회 산업혁명의 역사

컴퓨터의 발전과 인터넷의 발전 그리고 정보통신의 발전은 우리의 생활을 과거와는 전혀 다르게 변화시키고 있다. 그리고 앞으로의 변화는 더욱 빠르게 그리고 광범위하게 진행되어 나갈 것이기 때문에 상상으로만 가능했던 일을 현실화시킬 수도 있게 되었다. 이에 따라서 인류의 생활 모습도 상상하기 어려울 정도로 변화되어 나갈 것이다.

코로나 사태로 4차 산업혁명 시대가 문득 우리 앞으로 다가왔다. 우리는 이미 4차 산업혁명 기술에 의해서 변하고 있는 세상에 떠밀려 와서 살게 된 것이다. 4차 산업혁명이란 의미는 무엇이고, 이를 이끄는 주요 기술의 내용은 무엇인가?

인류 사회가 경험했던 산업혁명은 지금까지 총 4차례였다. 1차 산업혁명은 18세기 영국에서 증기 기관을 개발하는 것으로 시작되었다. 뉴커먼의 증기기관 발명(1712년) 이후 제임스 와트가 이를 수정해서 새로운 동력 장치를 개발하였다(1765년). 증기 기관의 개발로 인해서 사람과 동물에 의존했던 동력을 기계를 통하여 얻을 수 있게 되었다. 기계 동력을 이용함으로써 모직물을 대량생산할 수 있게 되었는데, 이 시기를 1차 산업혁명의 시작으로 보고 있다. 1차 산업혁명 기술에 의한 경공업 중심의 기술 혁신은 농민들을 도시의 공장 노동자로 전환시키는 등 사회적인 측면에서 중요한 계기를 제공하였다.

2차 산업혁명은 영국인 패러데이의 전기 개발 이후(1821~1831) 발전기의 발명과 강철 제조 기술의 발전으로 이어졌다. 수증기로부터 얻었던 동력을 전기와 석유 등 새로운 동력으로 대체하면서 공장 생산 능력이 획기적으로 발전하기 시작했다. 증기 동력 시대 이후에 진행된 전기와 석유 동력에 의해서 중화학공업이 발전하게 된 19세기부터 20세기 초반까지 걸친 시대를 2차 산업혁명 시대라 구분하고 있다.

20세기 후반부터 본격화된 인터넷과 IT(information technology) 분야의 기술 개발에 의해서 수많은 IT 기업들이 출현하였으며, 한국은 세계 최고 수준의 IT 강국으로 인정받게 되었다. 20세기 후반부터 21세기 초반에 이르기까지의 정보화 시대를 3차 산업혁명 시대라 칭한다. 한국은 디지털 기술을 기반으로 하는 인터넷과 IT 기술의 발전으로 자동화 생산 체계를 안정화시켰고, 이에 따라서 수출이 크게 늘어나서 3차 산업혁명 기간 중에 세계 제7위의 교역량 확대를 실현할 수 있었다. 한국이 보유하고 있는 세계 최고 수준의 정보화 기술(IT)은 눈앞에 펼쳐지고 있는 4차 산업혁명 시대에서도 중요 기술을 선점할 수 있는 기회로 인식되고 있다.

4차 산업혁명 시대는 인터넷의 통신 속도가 현재보다 수백~수천 배 빨라

표 5-1 산업혁명의 발전 단계별 과정

1차 산업혁명	2차 산업혁명	3차 산업혁명	4차 산업혁명
18세기	19~20세기	20세기 말~21세기 초	2020년~융·복합
동력	전기	디지털	융·복합
증기 기관	자동화	인터넷, IT	사물인터넷 통합
기계 생산	대량 생산	대량 맞춤 생산	산업 융합
경공업	중화학공업	정보화 시대	융합 및 통합

자료: 김연중 외 4인(2017).

진 5G 시대의 개발과 동일하게 시작된 것으로 보는 것이 일반적이다. 그러므로 이동통신의 표준이 설정되는 5G의 시대가 2020년이므로 4차 산업혁명은 2020년부터 시작되었다고 할 수 있다.

4차 산업혁명 시대에는 수많은 기술들이 융합되면서 인류에게 새로운 편의를 제공해 줄 것이다. 5G 속도를 갖춘 인터넷과 사물인터넷이 융합되고 모든 산업들이 인터넷으로 통합된다면 각 산업에서 발생되는 빅데이터들 역시 통합 내지 융합될 수 있을 것이다. 모든 분야의 통합된 빅데이터를 인공지능으로 분석하여 부단한 자기 학습을 통하여 발전시켜 나가는 시대가 바로 4차 산업혁명 시대인 것이다. 4차 산업혁명 시대에는 모든 상품과 서비스가 생산·유통·소비되는 과정에서 융합이 이루어지고 지능화되어 갈 것이다.

4차 산업혁명의 정의를 알기 쉽게 정리하면 다음과 같다. 4차 산업혁명은 무선인식(RFID), 사물인터넷(IoT), 빅데이터(big data), 인공지능((AI) 등의 기술들이 초연결을 가능하게 하는 5G 기술의 첨단 정보 기술과 융합되고 다시 경제, 사회, 문화 전반으로 융합되어 모든 분야가 융합되는 새로운 혁명을 일컫는다.[1]

4차 산업혁명 시대에서는 기술과 기술, 산업과 산업들의 독립적인 연결고

1 이범희(2018), pp. 41~42.

표 5-2 통신 속도의 세대별 발전 상황

	1G	2G	3G	4G	5G
현상	아날로그 무선 통신	디지털 문자 통신	영상 통신	동영상 통신	가상현실 통신
통신 속도	10Kbps	9.6~64Kbps	2~3Mbps	50~75Mbps	100Mbps~20Gbps
연도	1984년~	1996년~	2003년~	2011년~	2020년~
모바일 형태	벽돌 휴대폰	휴대폰 보편화	인터넷 접속	모바일 게임	모바일 원격 조정

자료: 이범희(2018), p. 48.

리가 끊어지게 되고 그 경계가 없어지게 되어 새로운 산업 분야들이 출현하게 될 것이다.

5G 시대의 전송 속도는 꿈의 속도이다. 초고화질의 영화 한 편을 단 1초에 전달할 수 있는 속도이다. 5G 시대에서 절대적으로 필요한 기술을 선점하기 위한 세계 각국의 경쟁이 매우 치열하게 진행되고 있다.

[표 5-2]는 통신 속도의 세대별 발전 상황을 요약한 것이다.

1G 시대는 아날로그 무선 전화기가 출시되면서 시작되었다. 2G 시대는 아날로그 무선 통신 시대를 벗어나 디지털 휴대폰이 등장하면서 문자 송수신이 가능한 시대이다. 3G 시대는 2003년부터 사진 등의 영상 통신이 가능해진 시대이다. 4G 시대는 2011년 스마트폰이 출현되면서 동영상 통신이 자유롭게 되었으며, 특히 게임이 활성화된 시기이다.

5G 시대의 통신 속도는 4G 시대보다 200배가 넘는다. 가상현실, 증강현실 그리고 혼합현실을 전송하고 수신하기에는 엄청나게 많은 정보량을 주고받아야 하기 때문에 상상 이상의 빠른 인터넷 통신 속도가 필요하게 된다.

사물과 사물들 간의 대화들은 수많은 정보로 남게 된다. 분야별 정보들은 빅데이터로 축적되고 축적된 분야별 빅데이터는 다른 분야로 연결되고 통합되어 새로운 데이터로 재탄생할 수 있다. 이런 과정을 거쳐서 축적된 수많은 종류의 빅데이터들은 산업의 경계를 허물고 새로운 산업의 출현으로 연결될 것이다.

산업 분야별 빅데이터의 물리적인 통합은 불가능하므로 산업 분야별로 독립적으로 활용되고 있던 인터넷을 통합하고 연결함으로써 서로 다른 빅데이터들을 통합하고 연결하는 방식을 취하게 된다 사물인터넷의 세계시장 규모는 2020년에 19조 달러(한화로는 2경 원) 규모가 될 것이라 한다.[2]

정보의 바다에 떠 있는 수많은 정보와 데이터들인 빅데이터는 가공되고 의미 있게 활용되어야 가치 있는 데이터가 될 수 있다. 사람들은 일상생활에서 컴퓨터, 스마트폰, 자동차, 가전제품 등을 항상 사용하면서 무수하게 많은 데이터를 발생시키고 있지만 그 가치에 비해 널리 활용되지는 않고 있다.

빅데이터를 분석하기 위해서는 많은 컴퓨터를 동시에 작업할 수 있는 분산 처리 시스템인 하둡(Hadoop)이 활용된다.[3]

3. 제3의 농업혁명 – 스마트 농업 육성과 농촌의 생활 환경 복원

1) 세계화의 진전 속에서 초래된 농업과 농촌의 붕괴 위기

코로나 사태는 국민의 안전한 식생활 유지가 무엇보다 중요한 과제라는

2 이범희(2018), p. 52.

3 하둡은 대용량 데이터의 활용과 처리를 돕는 자바(Java) 소프트웨어 프레임워크(Software Framework) 이름으로 미국의 프로그래머 더그 커팅(Doug Catting)이 개발했다.

점을 새삼스럽게 일깨워 주었다. 또한 농촌의 자연과 생태계를 회복·유지시켜서 과밀(過密) 공간에서 힘들게 살고 있는 도시민의 대안적 생활 공간으로 확보해 나가야 한다는 점도 현시점에서 매우 절실한 과제임을 일깨워 주었다.

세계화 시대하에서는 상상도 할 수 없었던 국경 봉쇄 조치와 이동 제한 조치가 조금만 더 길어졌어도 육류(肉類) 수입의 지연 및 제한으로 인한 고기값 폭등 사태를 우리는 피할 수 없었을 것이다. 또한 외국 노동자의 부족으로 인한 생산 및 출하 지연으로 채소, 과일 등 신선 농산물의 품귀에 의한 가격 폭등 현상도 전 국민의 식생활을 크게 위협했을 것이다.

1990년부터 2018년까지 28년 동안 농촌 인구가 총인구에서 차지하는 비중은 25.9%에서 18.8%로 줄어들었다. 농촌 인구 중에서 농가 인구가 차지하는 비중 역시 60.0%에서 23.8%로 줄어들었다. 이에 따라서 농가 인구가 총인구에서 차지하는 비중은 15.5%에서 4.5%로 크게 줄어들었다. 농가 인구 중에서 65세 이상의 노령 인구가 차지하는 비중은 11.5%에서 44.7%로 4배 정도 높아졌다.

요약하면 지난 30년 동안에 농가 인구는 1/3 수준으로 줄어들었고 젊은이의 이농(離農) 현상으로 농가 인구 중에서 거의 절반은 65세 이상의 노령층이 차지할 정도로 심각한 노령화가 진행되어 왔다는 것이다.

왜 농촌 지역의 인구 감소와 노령화가 진행되어 왔는가?

무엇보다 농가 소득의 감소 추세가 계속되어 왔기 때문이다. 1990년의 농가 소득은 도시 근로자 가구 소득의 97.2% 수준이었다. 이것이 2000년에는 80.5%로 다시 2010년에는 63.5%로 낮아졌고 소득직불금이 2010년의 2배 정도로 증가한 2018년에는 65.5%로 감소하였다. 여기에다 기후 변화의 심화로 인한 농업 경영 위험성마저 증가해서 안정적인 농가 소득 성장마저 크게 위협받는 일마저 잦아졌다. 농업을 직업으로 선택하기를 꺼리는 사람들, 특히 젊은이들이 늘어가는 것은 차라리 당연한 일이 아니겠는가?

농산물시장 개방이 진행되는 동안에 식량 수입은 크게 늘어나서 전체 곡물 자급도는 1990년의 43.1%에서 2018년에는 21.7%로 크게 낮아졌다. 30년 만에 국민 5명 중에서 겨우 1명 먹일 수 있는 식량만 생산할 수 있는 능력을 가진 나라로 변해버린 것이다. 만약에 국경 봉쇄 조치가 반년만 계속되었다면 "부족한 식량은 수입하면 된다"라는 안이한 인식이 얼마나 위험한 일인지를 코로나 사태가 깨닫게 해준 것이다.

우리나라는 3차 세계화의 흐름을 타고 수출 주도형 산업화 전략을 선택하면서 반만년 역사상 가장 빠른 경제성장을 통해서 선진국 반열에 오를 수 있었다. 그러나 내부적으로는 국가의 안정적인 존립 기반 중의 하나인 식량 자급률이 위기 수준으로 떨어지고 있고 농가 인구의 급속한 감소와 노령화 현상으로 농촌은 존립 기반마저 위협받는 지방 소멸의 위기로 내몰리고 있다.

어떻게 최소한의 식량 자급률을 안정적으로 유지해 나갈 것인가? 그리고 과밀 도시 생활 공간의 대체적(代替的)인 생활 공간으로서 농촌 지역의 생태 환경 복원을 비롯한 안전한 생활 공동체 기능을 회복시킬 수 있을 것인가?

2) 4차 산업혁명 기술의 현장 적용 기대 효과

4차 산업혁명의 세계에서는 모든 것이 센서로 감지·측정되고, 모든 사물을 연결하는 사물인터넷(IoT)에 의해서 빅데이터가 구축되며, 모든 가용(可用) 데이터는 인공지능(AI)에 의해서 분석된다. 인공지능에 의한 의사결정 지원 시스템에 기반을 둔 새롭고 다양한 제품 및 서비스가 생산되어 각종 정보통신(ICT) 기기와 로봇 등을 통해서 인류는 실생활 과정에서 4차 산업혁명의 혜택을 누리게 된다. 4차 산업혁명은 속도(velocity), 범위(scope), 시스템 영향(systems impact) 등 모든 측면에서 이전의 어떤 산업혁명과는 비교할 수도 없이 빠르고 광범위한 변화를 동반하게 될 것이다. 또한 물리적 환경과 사이버(디지털) 환경 및 생물 환경 등의 다양한 영역을 관통하는 초융·복합, 초연결성, 초지능화의 종합적인 플랫폼으로 작동할 것이다.[4]

4차 산업혁명적인 기술은 농업이 직면하고 있는 현안 과제 해결에 중요한 기여를 할 것으로 기대되고 있다. 먼저 세계적인 차원에서 제기되고 있는 식량 부족 문제를 해결해 나가야 하는 문제와 함께 물 부족 문제와 토양 오염 악화 및 기후 변화 등 농업 생산 기술과 관련된 지구 환경 악화를 감축시켜야 한다는 것이다. 즉, 식량 생산 능력을 증대시키는 동시에 다비다농약(多肥多農藥)의 녹색혁명적 농업 기술의 적용을 줄여 나감으로써 지구 환경 악화를 최소화시켜야 한다는 것이다. 세계 인구는 2019년 현재 76억 명을 넘어섰고 앞으로 30년 이후에는 91억 명을 넘어설 것으로 전망되기 때문에 농업 생산량은 현재보다 15~20% 증가시키면서도 지구 환경 악화를 초래하는 농업 기술의 적용은 줄여 나가야 된다는 것이다. 또한 국제적으로 세계화 추세 속에서 지나치게 위축된 식량 자급 능력을 향상시켜서 코로나19와 같은 전염병의 창궐로 인한 국경 봉쇄 조치에 대응하여 식량 안보 능력을 강화해 나가야 한다는 인식이 폭넓은 공감대를 형성하고 있다.

글로벌 차원에서 논의되고 있는 농업의 미래상은 지속 가능한 집약적 영농(sustainable intensification of agriculture), 즉 스마트 농업(smart farming)에서 찾아야 한다는 인식(*Global Opportunity Report*, 2016)이 확산되고 있다.

스마트 농업은 정밀 농업, 데이터 농업, 디지털 농업, 스마트 팜 등 다양한 형태로 표현되어 국가별로 발전하고 있다. 미국을 비롯한 농업 선진국에서는 스마트 농업을 정밀 농업의 디지털화된 형태로 이해하고 있으며 위치 결정 장

4 Klaus Schwab(2016).

치(GPS) 기술이 상용화되면서 본격화되기 시작하였다. 초기에는 미국, 호주, 중북부 유럽 등지의 대규모 경작지에서 맞춤형 비료, 맞춤형 농약 등의 투입을 통해서 비용 절감과 생산량 증대 및 토양 오염 등을 비롯한 환경 위해 요인 절감을 위해 활용되었다. 최근 들어 정밀 농업 기술에 정보통신(ICT) 기술이 접목되면서 그 개념과 적용 영역이 확대되어 왔다. 여기에다 4차 산업혁명의 핵심 기술인 사물인터넷, 빅데이터, 클라우드 컴퓨터, 인공지능, 로봇 기술까지 활용하면서 스마트 농업의 외연이 농업 전후방 산업(투입재 산업과 유통 산업)으로 크게 확장되고 기술적으로 고도화되는 과정을 거치게 될 것으로 예상된다. 기술 발전에 따른 농업의 발전 단계를 구분한 선행 연구[5]에 따르면 녹색혁명을 통한 농업생산성의 획기적 증가를 Agriculture 2.0, 그리고 GPS 기술을 활용한 맞춤형 정밀 농업 기술의 등장을 Agriculture 3.0, 2010년대 초반부터 시작된 정보통신 기술과의 고강도 결합으로 심화 발전된 정밀 농업 형태인 스마트 농업 또는 디지털 농업은 Agriculture 4.0으로 정의하고 있다. 또한 현재 시작 단계인 인공지능(AI)과 로봇 기술을 근접 활용한 무인 자율 의사결정 농업 시스템은 Agriculture 5.0으로 정의하고 있다([표 3-1] 참조).

4차 산업혁명 기술이 농업에 본격적으로 적용되면 농업은 바람직한 방향으로의 변화를 통하여 식량 증산과 함께 지속 가능성도 회복되는 효과를 기대할 수 있다.

전통적인 농업 생산은 대표적인 노동 집약적인 산업으로서 생산 요소는 토지, 노동, 자본과 기술(경영 포함)로 구성되었다. 그러나 스마트 농업에서는 노동의 중요성은 크게 감소하는 대신에 시설 장비 데이터와 센서 등이 결합된 정보통신(ICT) 기술이 노동의 빈자리를 메우게 될 것이다. 또한 지금까지의 생

5 이주량 외(2018).

물화학 기술을 기반으로 발전해 왔던 녹색혁명적인 기술은 물리기계 기술을 기반으로 저투입, 정밀 농업 기술로 전환하게 된다. 이러한 농업 생산 요소의 전환 효과에 따라 생력(省力) 농업과 비료, 농약 저투입 농업이 실용화되어 생산 효율은 최대화되는 동시에 농업 생산의 지속 가능성은 회복되는 효과를 기대할 수 있다. 관행적인 전통 농업 시대를 이끌어 왔던 경험 기반의 농장 경영 방식은 정보통신 기술 기반의 스마트 농업의 형태로 전환하게 된다. 이 과정에서 고령화된 농장 경영주가 보유한 전통적인 농장 운영 기술은 청년 세대에게 익숙한 ICT 기반의 기술로 해석되어 경영 이양과 함께 경영의 규모화를 촉진시킬 수 있을 것으로 기대된다.

3) 스마트 농업의 도입으로 실현시킬 농업과 농촌의 미래

오늘날 한국 농업과 농촌이 직면하고 있는 국제 경쟁력 향상 문제와 환경 악화의 진행으로 인한 지속 가능성 향상 문제는 스마트 농업의 적극적인 도입으로 해결해 나갈 수밖에 없다는 사회적 인식이 코로나 사태를 대응하는 과정에서 널리 공감대를 형성하고 있다.

한국 농업 특히 식량 농업의 국제 경쟁력은 그동안의 정책적 노력에도 불구하고 왜 향상되지 않고 있는가?

그것은 한마디로 곡물의 가격 경쟁력이 지나치게 낮기 때문이다. 예컨대, 국민의 주식 곡물인 쌀의 경우, 농가 판매 가격과 수입 가격 간의 격차 완화 내지 해소를 위한 그동안의 가격 경쟁력 향상 시책이 효과를 거두지 못하고 실패했기 때문이다. 쌀의 농가 판매 가격과 수입 가격 간의 격차는 2~4배 이상의 수준이다. 이 격차는 농가 판매 가격에서 차지하고 있는 생산자 잉여(producer surplus)를 효과적으로 줄이지 못하면 해소될 수 없다. 왜냐하면 농가의 경영 규

표 5-3 논벼 10a당 총수입과 생산비, 경영비 추이(1995~2018년)

(단위: 원/10a, %)

연도	총수입(A)	비율	생산비(B)	비율	순수익(A-B)	비율	경영비(C)	소득(A-C)
1995	738,874	100.0	411,975	55.8	324.899	44.2	197,947	538,927
2000	1,041,183	100.0	537,833	51.7	503.350	48.3	280,478	760,705
2005	879,062	100.0	600,120	68.3	291.516	33.2	389,620	545,776
2010	822,229	100.0	614,339	74.7	207.890	25.3	388.068	434,162
2015	993,903	100.0	691,869	69.6	302.034	30.4	432,936	560,966
2018	1,178,214	100.0	796,416	67.6	381.798	32.4	495,308	682,906
연평균 증가율	2.04	100.0	2.91		0.70		4.07	1.03

자료: 농림축산식품부(2019).

모가 지나치게 영세하기 때문에 높은 생산자 잉여를 실현하고 있음에도 불구하고 농업 생산 소득은 너무 낮아서 농가 소득과 도시 근로자 가구 소득 간의 격차는 해소되지 않고 있기 때문이다.

[표 5-3]에서 논벼 10a당 수입은 1995년부터 2018년까지 23년간 연평균 2.04%씩 그리고 생산비는 연평균 2.91%씩 증가해 왔다. 총수입에서 생산비를 제외한 순수익은 연평균 0.7%씩 증가해 왔다. 여기에서 순수익은 생산자 잉여로 볼 수 있다. 따라서 생산자 잉여는 총수입의 최고 48.3%에서(2000년) 최저 25.3%(2010년)로 변해 왔다. 그러므로 평균적으로 총수입의 30~40%에 해당한다고 할 수 있다. 만약 현재의 농가 호당 쌀농사 경영 규모를 10배로 키울 수 있다면 현재 규모의 생산자 잉여 비중을 1/10 수준으로 줄여도 현재 수준의 소득은 유지할 수 있기 때문에 쌀농사의 가격 경쟁력은 쉽게 향상된다. 현재의 경영 규모를 10배, 20배, 30배 규모로 확대할수록 국제 경쟁력을 갖추고 있는 수익성 높은 산업으로 쌀농사의 모습을 바꿀 수 있다는 계산이다.

그렇다면 어떻게 이를 실현할 것인가?

해외 농업 선진국들은 ICT 융·복합 기술을 농장 경영에 적용시켜서 농업 위기 극복은 물론, 제3의 농업혁명을 성공시키고 있다.

1990년대 중반 이후부터 GPS(global positioning system, 자동 항법 장치) 기술을 농장 경영에 접목하면서 본격적으로 발전된 정밀 농업은 농업의 규모화와 자동화로 생산비 절감 및 생산량 증대를 실현시킬 수 있었고 농약과 비료의 과다 사용을 억제함으로써 환경 보전을 통한 지속적 농업 실현의 꿈을 앞당기고 있었다. 이러한 정밀 농업 기술에 4차 산업혁명적인 ICT 융·복합 기술이 접목된 농업이 바로 스마트 농업이다.[6]

4차 산업혁명 시대의 스마트 농업은 사물인터넷, 빅데이터, 클라우드, 인공지능, 첨단 로봇 등의 기술을 농장 경영에 활용하는 동시에 생산과 유통 그리고 소비에 이르기까지의 가치사슬을 통합하는 등 농업 생산의 전후방 산업을 모두 포함하는 개념으로 확장해서 이해하고 현실에 적용하는 자세가 갖추어질 필요가 있다.

스마트 농업은 농업생산성 향상과 지속 가능성을 회복시킨다

농업 생산 요소는 토지, 노동, 자본이라고 교과서에서 가르쳐 왔다. 그러나 한국 농업의 경우 산업화 시대를 거치면서 토지는 계속적으로 줄어 왔고,[7] 노동은 양과 질 모두 심각한 양상으로 위축되어 왔으며[8] 자본 역시 국민경제에서 농업이 차지하는 비중이 쪼그라들면서,[9] 민간 투자의 획기적인 증가를

6 우리나라에서는 스마트 농업이 시설 원예, 과수 등과 축산 등에서 첨단 기술을 이용하는 농장을 스마트 팜이라 한정하고 스마트 팜 농업을 스마트 농업으로 간주하여 스마트 농업의 범위를 축소 해석하여 적용하고 있다.

7 농경지가 국토 면적 중에서 차지하는 비중은 23.3%(1970년)에서 15.9%(2018년)로 떨어져서 50년 만에 69% 수준으로 줄어들었다.

8 농가 인구는 같은 기간(1970~2018) 동안에 16% 수준으로 줄어들었으며 농림어업, 취업자의 65%가 60세 이상의 노령 인구가 차지하고 있다.

9 국민총소득(GNI) 중에서 농림어업이 차지하는 비중은 같은 기간 동안에 25.9%에서 1.8% 수준으로 떨어졌다.

기대할 수 없는 처지가 되었다.

이러한 생산 요소의 위축과 함께 한국 농업도 위축의 길을 걸을 수밖에 없었다. 그러나 스마트 농업 시대에서는 ICT 융·복합 기술의 활용으로 전통적인 농업 생산 요소의 투입을 최소화시키면서 생산성을 향상시킬 수가 있다. 예컨대, 시설 채소 면적은 2018년 현재 전체 채소류 재배 면적의 23% 수준으로 확대되면서 토지 이용률의 향상으로 토지 투입의 절감 효과를 거두고 있다. 또한 정밀 농업 기술을 활용하면서 비료, 농약 등 농업 투입재의 최소화 효과와 함께 생태 환경의 위해(危害)를 줄임으로써 농업 생산의 지속 가능성도 높이고 있다. ICT 기술에 사물데이터와 센서 기술이 보강되어 적용된다면 노동력 투입 역시 획기적으로 감축시킬 수 있다. 또한 은퇴를 앞둔 65세 이상 노령 농업인들의 지식과 경험을 기반으로 하는 아날로그 데이터에 의존한 영농 기술이 디지털 빅데이터로 전환되어 농업 경영의 경험과 지식이 부족한 청년들과 도시의 귀촌 희망자들에게 익숙한 언어로 보다 쉽게 이전되기를 기대할 수도 있다. 이에 따라서 현재의 농업 노동력 노령화와 높은 외국 노동력의 의존성 때문에 초래된 한국 농업의 위기 해소도 기대할 수 있다.

요약하면, 스마트 농업 기술의 적극적인 도입과 적용으로 한국 농업이 당면하고 있는 절대적인 과제인 농업생산성 향상과 지속 가능성의 회복을 기대할 수 있다는 것이다.

스마트 농업은 국토의 인구 배치 균형화에 기여한다

코로나19 팬데믹은 전 세계에 흩어져 살고 있는 인류와 인류가 운영하는 경제 질서 그리고 인류의 삶의 방식을 변화시키도록 강요하고 있다. 코로나가 급속히 확산되면서, 이를 억제하기 위한 다양한 노력이 정부(방역 당국)에 의해서 시행되었다. 주로 전염병 확산을 막기 위한 사회적 거리두기를 강제하는 과정에서 비대면(un-contact) 문화가 급속히 확산되었다. 학교는 원격 교육을, 병원은 원격 진료를, 그리고 기업은 원격 근무(재택근무)를 도입·시행하면서 이 같은 경향도 차츰 확대되고 있다.

미래 학자인 제이미 메츨(Jamie Metzl)은 2020년 3월 싱글레리티 대학교에서 개최된 '코로나19 가상 정상 회담'에서 "세계는 다시 위기가 발생하기 이전과 같은 모습으로 되돌아가지 않을 것이다. 우리는 이제 완전히 다른 세상으로 옮겨가게 된다"라고 결론을 내리기도 하였다.[10]

코로나는 컴퓨터와 스마트폰 인터넷으로 연결되는 사이버 공간으로 우리를 밀어넣고 있다. 전염병 대유행의 시기에는 집에 머무르며 사람 간의 접촉을 피하는 것이 예방을 위한 상책이다. 그러나 모든 사회 활동을 완전히 정지시킬 수 없으므로 업무 지속을 위해서 원격 근무 시스템을 불가피하게 도입·활용하는 기업 문화가 빠르게 확산되고 있다.

코로나19가 기승을 부리고 있던 2020년 초에 중국의 최대 명절인 춘절(春節, 음력 설날)을 맞아 알리바바의 딩톡앱은 중국에서 가장 많이 다운로드된 무료 앱이 되었다. 2월 3일 하루에만 6,000만 개가 넘은 회사의 사용자가 딩톡의 팀채팅 그룹, 조직도 및 전화 회의 기능을 활용했다. 텐센트의 작업 도구에 대한 수요도 급격히 증가했다. 현재 중국에서 가장 많이 다운로드되는 다섯 가지 무료 앱 중에서 위챗워크(Wechat Work)와 화상 회의 앱인 텐센트 미팅(Tencent Meeting)은 수백만 개의 회사에 서비스를 제공하고 있는 것으로 알려져 있다. 특히 위챗워크 사용량은 많은 기업과 학교가 업무와 교육을 재개한 시점인 2월 10일에 10배 증가했으며, 2,500만 개 이상의 회사에서 6,000만 명의 기업 사용자들에 의해서 사용되고 있다고 한다.

10 박영숙·제롬 글렌(2020), pp. 84~85.

원격 근무 시스템을 활용하는 재택근무(在宅勤務)의 장점은 분명하게 간추려진다. 직장인들에게는 출퇴근에 소요되는 시간과 연료 소모를 비롯한 직·간접 비용을 줄여 준다. 동시에 고용주에게는 사무실 공간 확보와 유지 비용, 주차 비용, 근무에 필요한 장비와 시설 유지 및 사무실 용품 확보 등에 대한 다양한 지출이 줄어들어 기업의 비용 절감 효과로 이어질 수 있다.

원격 근무가 활성화되면 직장인들은 마스크를 쓰고 생활해야 하는 도시의 밀집 생활 공간으로부터의 탈출을 자연스럽게 원하게 된다. 출근하지 않고 재택근무를 하면서도 회사와의 거리가 가까운 도시 지역 거주를 고집할 이유가 사라지기 때문이다. 이에 따라서 산업화 시대를 거치면서 진행되어 왔던 인구의 향도이촌(向都移村)으로 지역 공동화(空洞化)가 진행되어 왔던 농촌 지역에 인구가 역유입(逆流入)하는 계기가 만들어지고 있다.

코로나 대유행은 사람들이 '떠나는 농촌'에서 '돌아오는 농촌'으로 지역 선택의 기준을 결정적으로 바꾸고 있는 것이다. 코로나 사태가 발생하기 이전에도 도시 생활에 불만족을 느끼는 도시민들의 수가 늘어나고 있긴 하였다.

한국농촌경제연구원이 매년 시행하고 있는 '도시민과 농어촌 주민의 정주 만족도 조사'[11]에 의하면 2014년에는 도시민의 정주 만족감이 10점 만점에 7.2로 농어촌 주민의 5.8보다 높았으나, 2019년에는 도시민의 정주 만족도는 6.0으로 떨어지고 있는 데 비해서 농어촌 주민의 그것은 6.4로 높아지고 있다고 보고하고 있다. 또한 잠재적인 귀농, 귀촌 의향을 가지고 있는 도시민은 2019년 현재 전체 조사 대상자의 35.6%인데, 이들의 상당수는 자신이 꿈꾸어 온 바람(bucket list)을 실현하기 위한 적합한 장소로 농촌을 선택하고 있다는 것이다.

11 한국농촌경제연구원(2020), pp. 136~138.

생각의 폭과 통찰력을 키우자

10. 4차 산업혁명이 빨라진다

영국의 이코노미스트(*The Economist*)지는 스마트폰을 떼고는 살 수 없는 신인류에게 '포노사피엔스'(Phono Sapiens)라는 새로운 이름을 붙였다. 스마트폰은 2020년 현재 전 세계 인구의 40%에 가까운 30억 명 이상이 소유·이용하고 있다. 스마트폰으로 영화도 보고 쇼핑도 하고 뉴스도 보고 금융 거래까지 한다. 2007년 1월 스티브 잡스가 '아이폰'을 내놓으면서 한 말은 "이것이 모든 것을 바꿀 것이다"(This will change everything)였다. 아이폰이 세상에 나온 지 10년 만에 세상은 '모바일 혁명'의 한가운데로 들어섰다. 세계적인 역사학자인 이스라엘의 유발 하라리(Yuval Harari)는 7만 년의 역사를 거쳐 지구를 정복한 호모 사피엔스(Homo Sapiens)가 이제는 과학혁명으로 알고리즘과 데이터가 중심이 되는 세상에서 신(Deus)의 영역이라 여겨지던 '불멸'의 경지에까지 이르는 호모 데우스(Homeo Deus)도 될 수 있다고 예언했다. 노벨 경제학상 수상자인 로버트 실러(Robert Shiller) 예일대 교수는 "코로나 사태 이후, 노동시장과 기업의 사업 방식이 확 바뀔 것"이라고 예견했다. 코로나 사태로 사람들은 갑자기 비자발적으로 재택근무를 경험하면서 4차 산업혁명적인 기술이 충분히 효율적이라는 사실을 직접 확인했다. 맥킨지 컨설팅은 2020년 4월 『코로나19 사태에서 세계의 소비자 행태는 어떻게 변하고 있나?』라는 보고서에서 조사 대상인 세계 40개국 소비자들의 소비 총액은 감소했지만 디지털 채널을 이용한 상품과 서비스의 소비는 도리어 증가하고 있다고 분석했다. 2020년 지구인의 삶의 방식을 송두리째 바꾸고 있는 코로나 팬데믹은 4차 산업혁명이 우리네 삶에 깊숙히 들어올 수밖에 없음을 알리는 사건이다. 호모 사피엔스 인류는 포노 사피엔스 그리고 호모 데우스로의 진화가 더욱 빨라질 것이다.

자료: 이현훈(2020)에서 발췌·정리함.

도시 지역에서 U턴하는 식상인들은 대부분 디지털 업무에 익숙한 사람들이라 할 수 있다. 이들의 도움으로 노령화되어 있는 농업 경영자들을 디지털 농업 및 지능형 농업의 도입과 현장 착근을 촉진시킬 수 있을 뿐만 아니라 농촌 지역의 인구 과소화(人口過少化)에 의한 지역 불균형 발전 현상도 시정해 나갈 수 있을 것으로 기대되고 있다.

제 6 장 4차 산업혁명 시대의 농산물 유통 혁신

1. 농산물 유통 문제의 생성
2. 농산물 유통의 단계별 발전
3. 농산물 수요 환경의 변화
4. 4차 산업혁명 시대의 유통 혁신 방향

1. 농산물 유통 문제의 생성

1) 농산물 유통 문제의 유발 요인

2020년 7월부터 8월 중순까지 이어진 긴 장마와 뒤이어 찾아온 폭염 현상 때문에 채소류 값은 유례없는 폭등 현상을 보이고 있다. 2018년 8월 20일 도매시장 경락(競落) 가격 기준으로 상추(4kg) 6만 원, 오이(20kg) 6만 원, 풋고추(10kg) 16만 원으로 지난 해 같은 시기보다 4~5배 오른 가격으로 거래되었다. 또한 30℃를 웃도는 폭염이 계속된 관계로 엽채류의 짓무름과 뿌리썩음 현상이 발생하여 가을 채소류 가격마저 안심할 수 없는 상황에 처하고 있다. 그리고 긴 장마 탓에 복숭아, 배, 사과 등 과일류의 썩음 현상과 당도 저하 현상이 발생하여 추석 대목을 앞둔 과일 농가의 시름도 깊어지고 있다.

농산물 유통 문제는 왜 수시로 사회적 이슈로 등장하고 있는가?

무엇보다 농산품이란 상품의 물적(物的) 특성이 문제 유발 요인이다. 농산물은 살아 있는 유기물(有機物)이다. 그러므로 부패성이 높고 손상되기 쉬워서 신선도를 유지하기 어렵다. 토질, 기온, 강우량 등 자연조건을 갖춘 일정 지역에서 일정 시기에만 생산되며, 보관성도 낮다. 크기와 모양이 다양하여 표준화·등급화가 어렵고 부피가 크기 때문에 수송비도 공산품에 비해서 높다. 이러한 상품적 특성이 농산물의 원활한 유통을 저해하여 유통 문제를 유발시키게 된다.

그러나 상품의 물적 특성만으로 농산물 유통 문제를 모두 설명할 수는 없다. 농업 부문의 주력 생산 주체가 산업 자본이나 대규모 독점적 자본이 담당하고 있는 공업 부문과는 달리 가족농 형태의 소농(小農)이어서 유통에 문제를 유발하고 있는 또 다른 요인이다.

농업 경영 규모가 점차 확대되고 있기는 하지만 영세한 소규모 농가는 상업 자본에 의한 상인에 비해서 거래 교섭력(bargaining power)이 낮다. 소농 협동적인 유통을 실현하기 위해서 협동조합을 조직하여 이에 대처하고 있지만 협동조합의 산지 유통 사업 역시 한계가 있다.

소규모 생산자들에 의해서 생산되는 농산물은 공산품과는 달리 산지 수집과 중개 단계를 거치게 된다. 또한 소비지 시장에서도 중개와 분산 단계를 거치게 된다. 농산물 유통의 각 단계에서 출하 농민은 거래 교섭력이 강한 유통 주체(상인)들의 지배를 받지 않을 수 없게 되어 있다. 특히 도매시장의 경매 제도가 농산물 가격의 폭등락을 부채질하고 있다. 경매 제도하에서는 매일매일의 수요, 공급에 의해서 가격이 결정된다. 농산물은 생육에 일정한 기간이 필요하고 저장이 어려우므로 수요에 맞추어 공급량을 조절하기가 매우 어렵다. 이에 따라 과잉 공급 시에는 가격이 폭락하고 공급 부족 시에는 가격이 폭등하는 일이 반복되는데, 경매 제도는 이를 효과적으로 통제하기는커녕, 오히려 조장하고 있기 때문이다. 그러므로 산지와의 계약 재배 방식에 주로 의존하고 있는 선진국형 도매상 거래 제도를 선택하는 것이 바람직하다.

유통이란 상품의 소유권이 생산자로부터 상인이나 소비자로 이동하는 것뿐만 아니라 농촌(생산지)으로부터 도시(소비지)로의 공간적 이동까지 수반되는 것이 일반적이다. 농산물의 유통은 공산품과는 달리 수송, 보관 등 물류(logistics) 과정에서 부패나 파손 등 상품의 사용 가치를 유지해야 하는 중요한 기능을 수행한다. 특히 농산물에 대한 소비자의 선호가 다양해짐에 따라 세척, 절단, 포장 등 단순 가공 작업에 의해서 차별화된 가치를 생산하기도 한다.

이러한 물류 활동은 농산물에 일정한 가치를 부가하기 때문에 물류비는 순수한 유통 비용뿐만 아니라 유통 이윤까지도 추가적으로 가격 형성에 부가하게 된다. 물류 활동의 이러한 기능으로 인해서 물류를 담당하는 기업 부문에게는 적극적으로 이윤을 제공하는 원천이 될 수도 있다. 전자상거래업체인 쿠팡이나 대형 유통업체인 이마트 등이 대규모 물류 시설을 확보하여 농식품 유통에 나서는 것도 이 때문이다.

정보 산업의 발달도 유통 문제를 유발시키고 있는 또 다른 요인이다.

농산물 공급 과잉 기조하에서 소비자의 기호 변화를 신속하게 포착하여 생산에 반영시킬 수 있는 생산자만이 상대적으로 수지맞는 농업 경영을 수행할 수 있다. 또한 소비 관련 정보뿐만 아니라 다양한 관측 정보와 판매 관련 전략 등 유통 정보를 효율적으로 이용할 수 있는 유통 주체가 보다 큰 이윤을 획득할 가능성도 더욱 높아지고 있다. 이 때문에 소매업체의 규모화를 통하여, 또는 체인화에 의한 대형 소매업체가 우후죽순처럼 탄생하여 산지와의 직거래 추진 등 새로운 경로에 의한 농산물 유통에 나서고 있다.

유통 정보를 선점한 대형 소매업체는 전통적인 도매시장 중심의 농산물 유통 체제를 위축시키고 산지와의 직거래 등의 경로를 창출하면서 새로운 유통 문제를 유발하고 있다.

대형 소매업체들이 취급하는 농산물은 전체 상품 중에서 차지하는 취급 비율에 비해서 매출액 비중이 낮다는 특징이 있다. 대형 소매업체들은 농산물을 취급하는 데 있어 수익성보다는 소비자의 내점 빈도를 높이는 데 초점을 맞추는 경향이 있다. 이 때문에 연중 계속되는 특판 행사를 위한 미끼 상품으로 농산물을 취급하면서 협상 능력의 우월적 지위를 이용한 납품 단가의 하락 요구에 대한 농민들의 불만이 높아지고 있는 것이다.

수입 농산물의 시장 점유율 확대가 진전되는 과정에서 농업 생산은 전업농 중심의 전문화·규모화가 진행되면서 대농으로의 집중 현상과 함께 정부의 강력한 지원에 힘입어 산지 유통의 규모화가 빠르게 진행되고 있다.[1] 이러한

1 정부의 산지 유통 활성화를 위한 적극적인 지원(2011~2018년까지 8년간 총 3조 1,750억 원)에 힘입어 산지 유

농산물 유통의 전문화·규모화는 농산물 유통에 중요한 영향을 미치고 있다.

첫째, 농산물 유통에서 산지의 영향력을 증대시키고 있다. 산지 생산 주체나 유통 주체의 거래 교섭력이 확대되어 도매시장 중심의 경로 이외에 유통 경로 다양화가 이루어지고 있다. 즉, 소비지 시장의 대형 유통업체와의 직거래와 전자상거래 비중이 높아지고, 산지 출하업체의 출하원가(구입비+가공비+저장비)를 보장받기 어려운 경매제 중심의 도매시장 출하가 기피되고 있다. 둘째, 브랜드화, 저장, 포장 등 수확 후 처리 기술의 적용으로 농산물의 차별화가 확대되고 있다. 셋째, 도매시장 중심의 농산물 유통은 점차 계약 재배와 유통 단계 간 수직적 통합 방식으로 변화되고 있다.

2) 코로나19가 앞당기고 있는 새로운 연결 사회와 유통 혁명의 진행

유통(流通)이란 흐르고 통하게 하는 것이다. 그러므로 유통의 본질은 연결이다. 거래를 통한 소유권의 흐름(商流)과 거래 대상이 되는 상품, 즉 물건의 흐름(物流) 및 거래와 관계된 정보의 흐름(情流)을 통하게 하여 연결시키는 것이 바로 유통인 것이다.

농산물은 생산자로부터 최종 소비자에 이르기까지의 유통 과정에서 공간적·지리적 제약 때문에 일정한 단계를 형성하고 단계별로 부가가치를 창출하는 전통적인 유통 구조에 의존하여 유통되어 왔다. 즉, 산지 수집 단계와 도매·소매 단계를 거쳐 최종 소비자에게 전달되는 유통 과정에서 활동하는 유통인들이 경쟁을 통하여 생산하는 가치사슬이 농산물 유통 산업의 근간(根幹)인 것이다.

코로나 사태는 전통적인 농산물 유통의 근간 자체를 뒤흔들고 있다. 비대

통 조직을 2018년 현재 대형 71개소, 중형 43개소 등 114개소가 운영되고 있다.

면(非對面) 활동의 장려와 사회적 거리두기 등의 시책은 음식물을 구하기 위한 소비자들의 활동 범위를 제약시켰다. 이에 따라 전통적인 농산물 유통 경로의 이용은 크게 제한되는 대신에 온라인으로 연결되어 디지털 기술을 이용하는 새로운 유통 경로가 활성화되고 있다. 면대면 접촉을 줄이기 위한 기술 혁신이 가속화되면서 농산물 유통 산업은 20세기 후반부터 시작되어 온 정보 기술 혁명기로 재빠르게 들어서고 있다.

전통적인 유통 경로에 비해서 상대적으로 낮은 재고 관리와 운영 비용을 실현할 수 있다는 점에서, 그리고 생산자 → 판매자(도·소매) → 소비자에 이르는 유통 주체 간의 거리를 단축시킬 수 있다는 점에서 온라인 플랫폼 기술이 4차 산업혁명 시대를 이끌어 나갈 핵심 기술로 부각되고 있다. 그리고 사물인터넷, 클라우드, 빅데이터, 인공지능 등의 4차 산업혁명적인 첨단 기술들이 여기에 융합되면서 새로운 연결 사회가 열리고 있다.

이에 따라서 농산물 유통은 과거 어느 때보다 거세고 빠른 변화의 시대로 들어서고 있다. 농산물 유통 산업의 혁명적인 변화는 이미 수년 전부터 진행되어 왔다. 코로나19는 단지 이 변화를 촉진시키는 계기를 제공하였을 뿐이다. 전 세계적인 유통 산업의 변화를 상징적으로 보여 주는 두 가지 사건은 2016년 10월 알리바바의 마윈 회장이 '신유통'을 제시하면서 2017년을 신유통의 원년이라 천명한 것과 2017년 6월 아마존이 미국 최대의 유기농 식품업체인 홀푸드(Whole Foods)를 인수한 사건으로 볼 수 있다.

그동안 진행되어 온 유통 산업 변화의 메가트렌드는 온라인 전자상거래 시장이 기존의 오프라인 유통시장을 빠르게 잠식해 나가는 과정이라고 볼 수 있다. 새로운 변화 트렌드는 온라인(on line)과 오프라인(off line) 시장의 경계를 허물어서 새로운 유통 생태계를 조성하는 과정이라 할 수 있다.

11. 알리바바 마윈의 신유통 시대 선언과 아마존이 이끌고 있는 유통혁명

알리바바의 신유통 시대 선언

해마다 세계적인 매출 신기록을 갈아치우고 있는 중국 최대의 전자상거래업체 알리바바의 마윈 회장은 2016년 10월 '전자상거래 시대는 조만간 끝날 것'이며 이를 대신할 신유통 시대가 열리고 있다고 선언했다. 신유통은 '온라인, 오프라인 그리고 물류가 결합되는 새로운 유통 방식'으로 기존의 전자상거래 플랫폼 기반을 근거로 온·오프라인 통합 서비스의 확장을 추진하는 것이다. 마윈이 주장하는 신유통은 단순히 온라인과 오프라인을 연결하는 것을 의미하지 않는다. 오프라인 소매 생태계 전체를 모바일 기반의 온라인으로 연결하여 새로운 시장을 만드는 것을 의미한다. 고객 빅데이터를 활용해서 실시간으로 제품 수요와 재고를 파악함으로써 유통 과정의 손실을 최소화할 수 있도록 가치사슬 체계를 리모델링하는 한편, 중간거래상을 없애 비용 절감을 도모한다. 또한 고객의 관심사, 잠재적 욕구(needs), 향후 계획과 활동 등을 예측하고 인공지능(AI), 가상 및 증강 현실(VR/AR), 사물인터넷(IoT) 등 4차 산업혁명적 기술과 빅데이터를 활용하여 온·오프라인을 뛰어넘는 새로운 고객맞춤형 쇼핑 경험을 제공하는 것이다. 온·오프라인 시장을 통합하려는 마윈의 구상이 가장 먼저 적용된 분야는 신선식품 유통이다.

신유통 1호 프로젝트로 추진된 중국 최초의 온·오프라인 통합형 신선식품 마트 허마셴셩은 '3km 이내 30분 이내 배송'이란 차별적인 물류 시스템과 오프라인 매장을 체험 공간에 가깝게 구성하고 있으며 일부러 신선식품 매장을 방문하지 않고 집에서 이를 소매할 수 있도록 함으로써 20~30대 모바일 세대에게 인기를 끌고 있다. 마윈이 주장한 '신유통' 모델은 소비자의 변화와 유통 경로의 분화 기술 발전 등을 아우르는 유통의 초연결 시대를 여는 것이라고 할 수 있다.

세계 최대 전자상거래 기업 아마존(Amazon)의 홀푸드(Whole Foods) 인수

1994년에 설립된 아마존은 전자책을 시작으로 의류, 전자제품 등 다양한 상품의 온라인 판매를 시행하는 세계 최대의 전자상거래업체다. 미국 내 전자상거래 시장점유율의 43%를 차지하고 있고 충성 고객이 7,000만 명을 넘는 아마존은 2017년 6월 미국 최대의 유기농 식품 유통업체인 홀푸드 마켓을 137억 달러(한화 165조 원)에 인수했다. 홀푸드 마켓은 미국과 캐나다 영국 등지에서 총 460여 개의 지점을 운영중인 오프라인 유통업체로서 미국에서 최고급 식자재를 고가로 판매하는 곳으로 유명한 식품 유통 전문 기업이다. 왜, 아마존은 홀푸드 마켓을 인수하였을까?

아마존은 미국 각지에 초대형 물류 창고를 마련해 두고 적정 재고를 미리 확보해 두거나 미리 장래 수요를 예측하는 방식으로 재고를 확보하여 고객과 가장 가까운 물류 창고에서 주문 즉시 배송이라는 신개념 물류 방식의 도입으로 경쟁력을 확보해 왔다. 그러나 신선식품은 보존 기간이 짧아서 이 같은 방식을 적용하기가 어려웠는데 홀푸드 마켓 인수를 통해 신선식품의 품질에 대한 브랜드와 함께 물류 거점을 확보함으로써 홀푸드 마켓의 신선식품을 저렴한 가격에 온라인으로 주문·배송하는 서비스를 제공할 수 있게 된 것이다. 신선식품은 미국에서만 한해 7,500억 달러(한화 900조 원)에 이르는 가장 크고 수요가 확실한 분야로서 아마존의 홀푸드 마켓 인수는 신선식품의 새로운 온·오프라인 통합 유통 생태계를 조성하는 계기가 될 것으로 기대된다.

2. 농산물 유통의 단계별 발전

국민소득의 증가로 소비자 기호의 변화 등에 의해서 농산물 유통 환경도 끊임없이 변하고 있고, 이에 따라 농산물 유통 문제의 성격도 크게 달라지고 있다. 농산물 유통은 다음의 3단계를 거치면서 발전해 왔다.

1) 농산물 공급 부족 시기(1975년 이전)

해방(1945년)과 한국전쟁(1950년) 그리고 5.16군사정변(1961년) 이후 전개된 산업화 시대를 겪으면서 한국 사회의 가장 중요한 과제는 절대 빈곤 상태를 극복하기 위한 식량 등 농산물 증산이었다. 만성적인 농산물의 공급 부족 상태하에서 유통 정책의 범주에 속할 만한 정부의 시책도 사실상 가격 정책의 범주에 머물러 왔다. 예컨대, 가격 통제를 위한 「농산물가격안정법」(1961년), 「농수산물도매시장법」(1973년), 「소매시장을 관장하는 시장법」(1961년) 등이 대표적인 제도 변화이다. 이 시기의 농산물 유통의 단계별 특징은 다음과 같다.

① 산지 단계: 시장 교섭력이 취약한 영세 소농가에 의한 개별 출하가 일반적으로 이루어지고 있었으며, 산지 수집상들이 밭떼기 등을 통하여 산

지시장을 장악하고 있었다.

② 도매 단계: 소매시장에서 도매를 겸하는 형태로 주로 운영되었으며(이른바 유사 도매시장), 우월한 시장 지배력을 가진 위탁 도매상에 의해서 불투명한 거래가 주로 이루어지고 있었다.

③ 소매 단계: 재래시장을 위주로 하여 농촌의 정기시장(5일장) 및 도시의 영세 소매상(구멍가게) 등으로 소매시장이 구성·운영되고 있었다.

2) 도매시장 중심의 농산물 유통 시기(1976~1994년)

공업화, 도시화를 중심으로 하는 경제 개발 정책의 진전에 따라서 종래의 자급적인 농업 생산이 상품 판매를 목적으로 하는 이른바 상업농 시대로 바뀌었다. 시장에서 유통되는 상품량이 급증하면서 농산물 유통 문제가 중요한 사회적 과제로 등장하였다. 상업적 농업의 발달은 제1, 2차 농어민 소득 증대 특별사업(1967~1971년, 1972~1976년)이 그 계기를 부여하였는데, 이 사업은 이른바 환금 작물(換金作物) 생산에 의한 농가 소득 증대와 농산물의 가공과 수출을 유도하기 위한 것으로, 이 시책에 의하여 주곡 이외의 청과, 축산물과 특용 작물의 생산량이 크게 증가하게 되었다.

농산물 생산 증가는 품목에 따라 초과 공급 현상으로 이어져서 가격 파동이 반복되는 가운데 가격 정책도 통제 위주로부터 생산 가격을 지지하는 형태로 변화되기 시작하였다. 예컨대, 채소류 출하 조정 및 수매 비축 사업(1983년), 원예 작물 수급 안정 및 유통 개선 사업(1987년) 등의 정책이 그것이다.

정부가 식량 관리 차원에서 관장하고 있던 주곡 중심의 곡물 이외의 과잉 생산되고 있는 청과, 축산물의 효율적인 유통을 촉진시키기 위해서는 수급 상태를 반영하여 공정하고 신속한 가격 결정과 함께 효율적인 분산을 실현시킬 방안으로 「농산물 유통 및 가격 안정에 관한 법률」(이하 「농안법」)이 제정되었다(1976년). 이 법에 의해서 소비지에 도매시장과 농수축협 공판장을 설립하고 산지 유통 시설을 확충할 수 있는 근거가 마련되었으며 농산물 유통 근대화의 기초가 마련된 것이다.

특히 불공정 거래의 온상이었던 유사 도매시장 대신에 농산물 유통 개선 대책(1991년) 이후 주요 대도시와 지방 중심 도시에도 법정 도매시장이 들어서기 시작하면서 도매시장 중심의 농산물 유통 시대가 열리게 되었다.

도매시장 중심의 유통 체계의 발전에는 산지시장의 개선도 큰 기여를 하였다. 산지 유통 상인 주도하의 산지 유통은 점차 생산자 단체 중심의 산지 유통으로 변화되기 시작하였다. 종래의 주산단지 중심의 작목반과 협동출하반이 통합되어 공동 출하 조직과 품목별 전문 조직으로 발전하면서 소비지의 도매시장과 농협 공판장에 대한 공동 출하가 활성화되기 시작한 것이다.

3) 시장 개방화 대응 산지 및 소비지 유통 기반 강화 시기(1995~2012년)

1990년대 중반 우루과이 라운드 타결(1993년)[2]과 세계무역기구(WTO) 체제의 출범(1995년), 농안법 파동(1994년), 유통시장 개방(1996년) 등 연이은 충격 속에서 한국의 농산물 유통 정책은 개방 대비 피해 최소화를 위한 생산·유통 시설

2 1995년 1월 WTO 체제가 출범된 것은 우루과이 라운드 다자간 무역 협상이 타결되었기 때문이다. 1986년 7월에 추진되어 1993년 12월에 타결된 우루과이 라운드는 경제적 의미의 국경을 붕괴시켜 각국 국민경제의 세계화에 결정적 역할을 수행했다. 우루과이 라운드 다자간 무역 협상의 타결로 종래 국제 무역을 저해해 온 관세 장벽과 비관세 장벽 등 무역 장벽이 대부분 철폐되거나 완화되었다. 각국의 관세율은 평균 33%나 인화되었고 관세양허 품목도 대폭 확대되었다. 일부 공산품에 대해서는 관세가 완전히 철폐되었다. 이러한 결과로 세계 무역이 자유화되어 세계 각국의 국민경제가 하나의 세계 경제로 통합되기에 이르게 되었다. 우루과이 라운드의 타결로 농산물 교역도 자유화되었다. '예외 없는 관세화'와 최소시장접근법의 원칙에 따라 관세 이외의 장벽, 즉 비관세 장벽이 전부 관세화로 전환되었다.

확충 등 산지 및 소비지 유통 기반 강화를 위한 대대적인 지원이 이루어진 시기이다. 즉, UR 협상 타결에 의한 농산물 개방 확대 등에 대비하여 정부 보조 지원(42조, 15조 농특세)으로 산지 및 소비지에 생산·유통 시설 현대화가 본격적으로 이루어졌다.

값싼 해외 농산물과 경쟁하기 위하여 가격보다는 품질과 서비스 고급화가 중시되어, 품질 고급화를 위한 「품질인증제」(1994년)와 「친환경농업육성법」(1998년)이 제정되는 등 제도가 정비되는 것 외에도 도매시장 이외의 다양한 유통 경로가 소비지 시장에서부터 출현하기 시작했다.

1994년 농안법 파동[3] 이후 정부는 세 차례의 유통 개혁 대책을 발표하였는데, 대책의 핵심은 산지 및 소비지에 다양한 유통 시설을 건립하고 제도를 개선하여 농산물 유통의 효율화를 도모하는 데 있다고 요약할 수 있다.

사실 1990년대 이전까지 산지 유통 기반은 허름한 간이 집하장과 소형 저온 저장고, 무개 운송 차량 정도가 작목반 또는 지역 농협에 있는 정도였으나, UR 타결을 앞둔 1992년 들어 42조 구조 개선 사업과 15조 농특세 사업이 본격 추진되면서 청과물, 미곡, 축산물 등 부류별로 현대적인 산지 유통 시설이 2000년대 후반까지 집중적으로 건설되었다.

청과물 산지 유통 시설은 1992~1993년 지역 농협 중심으로 26개소의 청과물 종합 유통 시설이 건설된 이후 1996년부터 농산물 포장 센터(이후 농산물 산지 유통 시설, APC)가 설치되기 시작하여 2010년까지 전국에 318개소, 2014년 말까지 367개소가 설치되었다. 산지 유통 센터는 선별, 포장이 강조된 시설로써 자

3 중도매인에 대한 중개 업무 한정과 도매 행위의 금지에 대한 집단적 반발로 농안법 파동이 야기되었으며, 도매시장 내부적으로는 상장 예외 인정(1995년)과 시장도매인제 도입(2000년) 등 변화가 일어났고, 시장 내부에서는 산지 수집상 등록제 도입(1995년)을 통하여 수집상의 불법 및 탈법 위탁 거래를 제어하고 산지 유통 센터(APC)를 거점으로 하는 물류 효율화 추구와 산지 유통 전문 조직의 육성(2000년)을 통하여 공동 출하 기반을 강화하는 계기가 되었다.

표 6-1 농산물 유통 대책의 세부 내용(1994~2012년)

항목	제1차 대책 (1994. 9)	제2차 대책 (1997. 3)	제3차 대책 (1998. 6)	2000년 이후 시책
산지 유통	• 품목별 전문 조직 육성 • 산지 유통 시설에 대한 투자 확대 • 밭떼기 제도화	• 산지 유통 시범 농협 육성 • 농협의 공동 출하 기능 강화 • 우수 생산자 조직 지원 강화 • 간이 집하장과 산지 가공 공장의 운영 활성화	• 농산물 산지 유통 센터 건설 및 운영 혁신 • 산지 가공 산업 구조 조정 • 생산자 조직 육성 및 기능 강화 • 생산자 조직의 공동 출하 확대	• 산지 유통 전문 조직 유통 활성화 • 공동 마케팅 조직 육성 • 원예 브랜드 사업 • 거점 APC 지원
수급 안정		• 품목별 전국 생산자 조직 육성 • 사후적인 가격 안정 대책 내실화 • 출하 예약제 도입 • 농안기금 운용 제도 개선	• 유통 협약 및 유통 명령제 도입 • 채소류 출하 조절 체계 • 채소 수급 안정 사업 확대	• 자조금 제도 도입 • 시설 채소 및 과실류 수급 안정 제도 도입
소비지 유통	• 공영 도매시장 조기 건설 • 공영 도매시장 개혁(상장 수수료 인하, 중도매인 도매 행위 인정, 최저 가격 제시 제도 도입, 전 품목 상장 거래) • 물류 센터 확충 • 생산자 단체의 유통자회사 설립 • 직거래 사업 활성화	• 공영 도매시장 확대 • 공영 도매시장 제도 개선(상장 예외 제도 활용, 전자 경매 도입, 도매시장 평가 내실화) • 물류 센터 확충 • 산지와 대형 유통업체 간의 직거래 촉진	• 도매시장과 공판장의 조기 확충 및 시설 보완 • 도매상 제도 도입 및 도매시장 투명성 제고와 비용 절감 • 물류 센터 조기 확충 및 운영 개선 • 대형 유통업체의 농산물 취급 확대 • 다양한 농산물 직거래 제도화	• 공영 도매시장 및 종합 유통 센터 건립 완료 • 도매시장 표준 하역비 제도 도입 • 도매시장 규제 개혁 • 하나로마트 규모화 자금 지원

표 6-1 계속

항목	제1차 대책 (1994. 9)	제2차 대책 (1997. 3)	제3차 대책 (1998. 6)	2000년 이후 시책
품질 관리	• 표준 규격, 품질 인증제, 원산지 표시제 정착	• 안전성 조사 강화 • 품질 인증제 확대 • 원산지 표시제 강화 및 식육 구분 판매제 도입 •「농산물품질관리법」 제정	• 명품 개발 및 수출 상품화 추진 • 고품질 안전 농산물 공급 체계 구축	• GMO 표시제 도입 • 농산물 품질 관리사 제도 도입
유통 정보	• 전국권 유통 정보망 구축 • 유통 정보 조직과 인력 육성	• 농업 관측 강화	• 유통 정보화 기반 조성 • 농업 관측 강화	• 전자상거래 기반 구축
물류 개선		• 포장, 시설, 장비의 물류 표준화 • 무, 배추 포장 출하 촉진 • 파렛트 출하 체계 구축 • 물류 정보망 구축	• 농산물 포장화 및 규격화 • 일관 수송 체계 구축 • 저온 유통 체계 구축	• 저온 유통 체계 도입

자료: 김동환(2008).

동화된 선별기와 포장기의 보급도 병행하고 있어, 산지 유통 시설 현대화의 중심적인 역할을 수행하게 되었다. 이 밖에도 3개의 청과물 종합 처리장, 20여 개의 거점 산지 유통 시설이 설치되었다. 미곡 종합 처리장(RPC)은 1991년 RPC 시범 사업 2개소(농협)에서 시작하여 2003년까지 328개소가 설치되었으며, 건조 저장 시설(DSC)이 568개소 설치되었다. 축산물 종합 처리장(LPC)은 1994년부터 건설이 추진되어 2000년까지 10개소로 국내 도축량 30~40%를 처리할 계획이었으나, 10개소 중 1개소가 사업이 취소되어 실제로 2001년까지 9개소 건설이 완료되었다.

이와 같이 1990년대 들어 42조 구조 개선 사업과 15조 농특세 사업 추진에 힘입어 산지에 APC, RPC, LPC 등 현대적인 유통 시설이 집중 설치됨으로써 1990년대 중반부터 10년 사이에 선진적인 산지 유통 기반을 구축하게 되었다.

산지 생산자 조직에서는 1970년 이후 추진되어 온 공동 출하 조직 육성 정책이 1993년 신농정하의 품목별 생산자 조직 육성으로 질적 변화를 겪었으며, 이는 다시 2000년대 초반 산지 유통 전문 조직 육성 및 연합 판매 사업 추진으로 질적인 성장을 하게 되었다. 1994년 유통 개혁 대책의 일환으로 추진된 산지 유통 개혁에는 품목별 기초 조직, 광역 조직 등 생산자 조직 육성과 영농법인 지역 제한 폐지로 협동조합 계통 조직과의 경쟁을 촉발하였으며 농산물 포장 센터, 청과물 종합 처리장, 간이 집하장 등 유통 시설 현대화와 맞물려 생산자 조직의 농산물 상품화와 공동 출하를 촉진하게 되었다.

한편, 소비지에서는 1990년대 초반에서 2000년대 초반까지 전국 주요 도시에 32개 공영 도매시장 건설이 완료되어(2004년) 명실상부한 중진국 위상의 근대화된 도매시장 하드웨어 시설을 완성하였다. 또한 도매시장 소프트웨어 측면에서도 전자 경매의 단계적 확대 실시(2000년)와 함께 거래 제도 다양화를 위해 도매시장 내 상장 예외 품목 운영 및 정가·수의 거래[4]가 허용(1998년)되었다. 이어 2000년에는 농안법 전면 개정과 함께 서구식 도매상제를 본딴 시장도매인제를 시범적으로 도입하게 되었다(2004년 강서 도매시장에 시장도매인 시장 개설).

4 정가·수의 거래는 경직적인 경매 제도 운영의 단점을 보완하기 위하여 소매상의 주문량 내용 정보를 가진 중도매인과 산지 출하 주체와의 협상을 통한 직접 거래를 가능하게 하는 거래 방법으로 발전시켜 나가야 제도 도입의 실효를 거둘 수 있으나, 경매 법인의 편법적인 개입으로 제대로 활성화되지 못하고 있는 실정이다.

4) 유통 경로 다양화와 유통 경로 간 경쟁 촉진 시기(2013~현재)

1996년 유통시장 개방 이후 농산물 유통시장의 주도권은 공영 농산물 도매시장 중심에서 소비지 대형 유통업체 등으로 이동하게 된다. 이러한 변화를 반영하여 정부는 새롭게 「농산물 유통 구조 개선 종합 대책」(2013. 5. 27)을 제시하였다. 정부는 우리나라 농산물 유통이 가지고 있는 문제점을 효율성이 낮은 유통 구조, 가격의 불안정성, 산지·소비지 가격의 비연동성으로 진단하고 이를 해결하기 위해 다음과 같이 다섯 가지 실행 과제를 제시하였다.

① 도매시장 운영 패러다임 전환

- 정가·수의 매매 활성화, 경쟁 촉진, 시설 현대화, 파렛트 유통 활성화 등

② 직거래 등 대안 유통 경로 확산

- 직거래 유형별 맞춤형 지원, 신규 직거래 모델 발굴 및 확산 등
- 직거래는 주된 유통 경로가 되기 어려우나 기존 경로를 견제하는 대안적 유통 경로로 육성
- 「지역 농산물 이용 촉진 등 농산물 직거래 활성화에 관한 법률」 2015년 제정

③ 생산자 단체 역할 강화

- 산지 조직화·규모화·전문화(APC 활성화), 도매 권역별 물류 센터 설립·운영

④ 수급 관리 체계화

- 수급 상황 예측력 강화, 국내 수매 비축 확대, 계약 재배 확대, 수급 조절 매뉴얼 운영 등

⑤ 거래 공정성 확보 및 정보 제공 확대

- 공정 거래 강화, 소비자 정보 제공 확대 등

그림 6-1 농산물 유통 구조 개선 종합 대책(2013년 이후~)

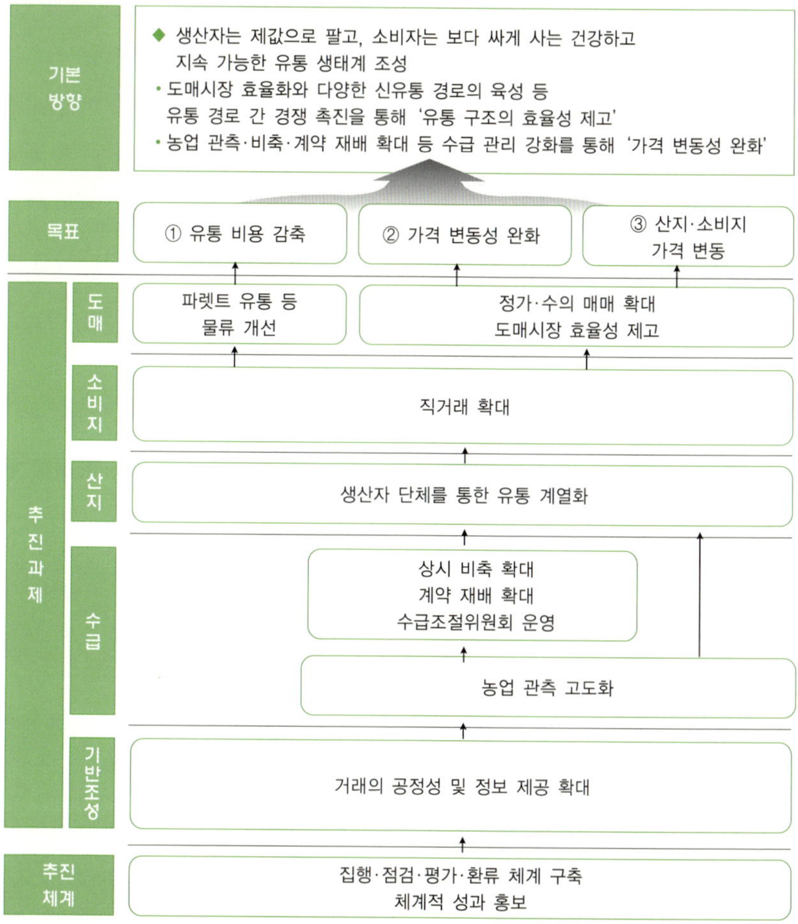

이러한 정부의 유통 구조 개선 정책의 방향은 현재까지 유지되고 있다. 문재인 정부는 푸드 플랜 수립(로컬 푸드 소비 체계 확산)과 유통 구조 개선 등을 중심으로 농산물 유통 정책 방향을 제시하고 있다. 쌀 과잉 문제 해결, 직불제 개

12. 사업 혁신으로 기존 사업의 경계를 뛰어넘어야

치열한 경쟁 환경과 범용화로부터 초래되는 낮은 마진을 극복하고 불만족스러운 고객 경험의 발견을 통해 새로운 성장 기회를 추구하려는 사업 혁신은 종종 제조업체들에 있어 제품과 관련 서비스의 결합·제공이라는 방식으로 추진된다. 예를 들어, GE 에어크래프트 엔진(Aircraft engine)은 항공사 등의 고객에 대한 엔진 제품의 판매, 장단기 대여 서비스 등의 기존 오퍼링에 더해, 엔진 공급 가격이 아닌 실제 사용 시간을 기준으로 가격을 부과하는 프로그램을 운영하고 있다. 이러한 접근은 대규모의 고정비를 변동비화함으로써 항공사들의 부담을 줄여 주고 있다. 또한 고객으로 하여금 불필요한 여유분의 엔진 보유를 줄여 비용을 절감시키는 동시에, 자체 엔진 보유를 선호하는 고객들에게는 어느 공항이든지 24시간 이내에 대체 엔진을 전달받을 수 있도록 보장하는 '여유분 보험' 서비스 오퍼링도 제공하고 있다.

사업 혁신의 프레임 워크

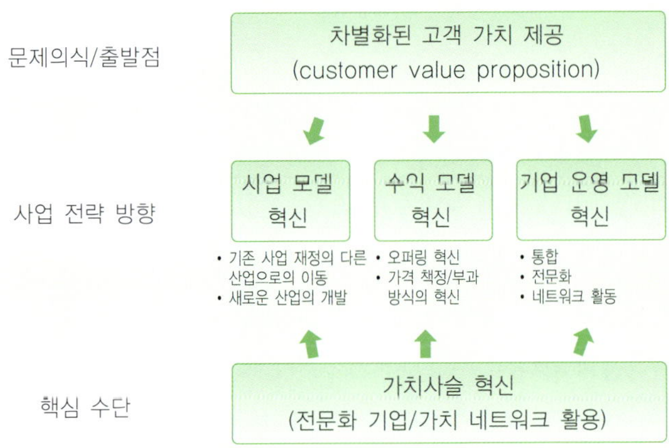

그러나 이러한 제품/서비스 결합 추진이 항상 성공하는 것은 아니다. 바로 다음과 같은 이유 때문이다. 첫째, 사업 특성이 다른 서비스 사업에 대한 경험 부족과 고객 통찰의 미흡으로 인해 고객에게 제공되는 가치가 빈약할 경우에는 실패할 가능성이 높다. 광범위한 고객 기반을 보유하고 새로운 디지털 영상 서비스 기회들을 알고 있었음에도 잘못된 해석과 대응으로 실패한 폴라로이드(Polaroid)가 대표적인 사례이다.

둘째, 쉽게 모방 가능한 서비스 오퍼링은 경쟁 심화 및 서비스의 범용화만을 초래할 뿐이다. 제품 보증 기간을 연장하거나, 자사가 제조 판매하는 제품이나 장비에 대해 설치/시

운전/정비 서비스 등을 통합 제공하는 것이 전형적인 예다. 이러한 종류의 서비스는 고유의 차별화된 가치를 주지 않는 한 모든 경쟁사가 쉽게 추종할 수 있으며, 이러한 현상이 거듭되면 결국에는 범용품의 굴레에서 벗어나기 힘들게 된다.

셋째, 제품과 서비스의 '묶어팔기'는 높은 마진을 창출할 수 있는 분야에서의 할인을 일상화시킨다. 어떤 고객에 대한 할인 판매는 향후 그 고객과의 거래 시 지속적인 부담으로 남게 될 뿐만 아니라 경쟁사의 추종 행위를 불러 가격 경쟁을 격화시킬 위험이 크다. 끝으로 신규 출시하는 서비스 프로그램에만 집중한 나머지 제품 품질 등 제품 자체의 본질적인 이슈나 고객 경험을 외면할 위험이 있다.

따라서 이러한 위험을 예방하고, 성공적인 사업 혁신을 추진하여 성과를 거두기 위해서는 가치사슬의 재편과 사업 전략 수립 못지않게 전사적인 변화를 효과적으로 추진해야 한다. 사업 혁신을 성공적으로 추진하기 위해서는 기업 문화, 조직 운영, 대시장 접근(go-to-market approach), 성과 평가, 인력 자원의 확보 및 구축, 기술적 인프라 등의 측면에서 전반적인 혁신(transformation)이 요구된다.

자료: LG경제연구원(2011), pp. 389~391에서 발췌·인용함.

편, 농가 경영 안전망 구축 등 산적한 농정 이슈들이 많아 유통 문제의 우선순위가 과거 정부들에 비해 낮아졌다고 할 수 있으나 여전히 가격 불안정, 유통 구조의 비효율성 등의 문제가 지속되고 있기 때문에 유통 구조 개선을 위한 정책은 지속적으로 추진 중이다. 현 정부의 유통 구조 개선을 위한 주요 정책을 정리하면 다음과 같다.

산지: 생산자의 거래 교섭력 제고를 위해 농협의 판매 중개 기능 강화

- 정책 자금과 연계하여 품목별 통합 마케팅 참여 확대를 유도하고, 전국 단위 품목 연합 취급 규모 지속적으로 확대

도매: 온라인 경매 등 신거래 방식 도입 및 도매시장 기능 다양화 추진

- 온라인 경매 지원을 위한 기술 개발을 추진하고, 거래시 분쟁 발생 가능성이 낮은 품목부터 온라인 경매 시범 사업을 추진

직거래: 다양한 유형의 직거래 모델 개발로 소비지 유통 경로 다양화

- '바로마켓'과 같은 직거래 장터 성공 모델을 전국적으로 확산
- 공영 홈쇼핑 주주사인 농협과 협업으로 산지 우수 농가 발굴 등을 통해 농축산물 취급 비중을 확대

3. 농산물 수요 환경의 변화

국민소득 증가와 여성의 사회 활동 증가 및 핵가족화의 진전으로 식품, 특히 농산물의 수요 환경이 크게 변화되어 왔다.

1) 농산물 소비 행태의 변화

첫째, 곡물의 소비는 감소되고 있는 반면에 축산물과 채소·과일류의 소비는 증가하고 있다. 최근 28년간(1990~2018) 쌀과 보리쌀의 국민 1인당 소비량은 각각 연평균 2.38%와 0.74%씩 감소해 왔다. 이에 따라 2018년의 쌀 소비량은 61kg으로 1990년 소비량의 51% 수준으로 감소하였다. 그러나 밀 소비량은 빵, 면류 등 가공식품의 수요 증가로 같은 기간 동안 연평균 0.28%씩 늘어나서 쌀 소비량의 44% 수준으로 증가하였다.

그러나 소고기, 돼지고기, 닭고기 등 육류 소비는 같은 기간 동안에 각각 연평균 4.12%, 3.6%, 4.68%씩 증가함으로써 28년간 3배 정도로 증가하였다. 우유와 계란 역시 연평균 12.18%와 1.70%씩 증가하였다. 채소류와 과실류 역시 각각 연평균 0.79%와 1.15%씩 증가하였다. 주식 곡물(쌀과 보리)의 소비는 줄어든 대신에 고급 농산물인 축산물, 과일 등의 소비는 늘어나는 변화가 진행된

표 6-2 농축산물 국민 1인당 연간 소비량 변화(1990~2018년)

(단위: kg, %)

구분		1990	2000	2010	2018	연평균 증감률
양곡	쌀	119.6	93.6	72.8	61.0(p)	△2.38
	밀	29.8	35.9	32.1	32.2(p)	0.28
	보리쌀	1.6	1.7	1.3	1.3(p)	△0.74
축산물	소고기	4.1	8.5	8.8	12.7	4.12
	돼지고기	11.8	16.5	19.3	27.0	3.00
	닭고기	4.0	6.9	10.7	14.2	4.63
	우유	43.8	59.6	64.2	80.1	2.18
	계란(개)	167	184	236	268	1.70
원예	채소류	132.6	165.9	147.3	165.3	0.79
	과실류	41.8	58.4	57.6	57.5	1.15

주: 2018년도 양곡 소비량은 잠정치임.
자료: 농림축산식품부, 『2019 농림축산식품 주요통계』, 2020, 재가공.

것이다([표 6-2] 참조).

둘째, 핵가족화의 진전과 65세 이상의 인구 비중이 2009년에 10.7%, 그리고 2026년에는 20%에 육박하는 등 고령 사회로의 진입 및 혼자 사는 싱글족(600만 명 이상)의 확대 등 인구 구조와 생활 관습의 변화가 농산물 소비 행태를 변화시키고 있다.

소포장 농산물의 소비가 확대되고 있어서 청과물의 경우 종래 15~20kg의 포장이 5~10kg과 1~3kg 포장으로 작아지고 있으며, 신선 농산물의 가정용 소비는 줄어드는 대신에 가정식 대체품 및 조리 및 반가공식품과 같은 가공품과 편이식품(home meal replacement or ready cooked food)의 소비가 늘어나고 있고, 외식(外食) 소비도 크게 늘어나고 있다.

셋째, 웰빙(wellbeing) 풍조의 확산에 따라 고품질 안전 농산물의 소비가 확대되고 있다. 소비자들의 농식품 안전성에 대한 관심의 증가와 정부의 친환경 농업 육성 정책에 힘입어 친환경 농산물은 2007년 현재 전체 농산물의 7%에 해당하는 1조 9,000억 원 규모에서 2010년에는 전체의 10%인 2조 4,000억 원에 이르고 있다.

친환경 농산물은 대형 할인 매장이나 전문 체인점 등에 의한 직거래와 계약 재배(30~40%) 방식에 의한 수의 매매 방식이 주도하고 있어서 생산자의 출하 선택권이 제약되는 등 구매자 우위적 시장(buyers market)으로 발전하고 있다. 또한 다품목 소량 생산 체제와 소규모 분산화된 개별 유통이 지배적이어서 수집·분산 등 과정에서 고비용 물류 구조를 유지하고 있고 유통 정보에 대한 접근이 어려운 불투명한 시장 구조를 가지고 있다.

이 때문에 친환경 농산물은 일반 농산물보다 평균 1.9배의 높은 가격으로 유통되고 있어서 고소득 소비자를 위한 틈새시장(niche market)의 상품으로 인식되어 생산과 소비를 효과적으로 연결시키지 못하는 불안정한 유통 구조를 가지고 있다. 또한 식품 안전성에 대한 소비자의 인식 제고에 따라 품질 인증을 확인할 수 있는 외부 표시(생산지나 영양 성분 등)에 대한 요구도 커지고 있다.

2) 코로나 대유행이 불러온 소비 패러다임의 변화

코로나19의 전 세계적인 확산으로 소비 패러다임의 변화가 빠르게 진행되고 있다. 전문가들은 이를 S.H.O.C.K로 나누어서 설명하고 있다([그림 6-2] 참조).

(1) 온라인 유통으로의 전환(switching on-line)

인터넷, 홈쇼핑과 같은 비대면 소비가 크게 증가하고 있다. 2020년 1분기(1~3월) 인터넷 쇼핑 매출은 전년 동기 대비 41%가 증가함으로써 2020년 3월 온라인과 오프라인 매출 비중이 50:50으로 같아질 정도로 비대면 소비가 크게

그림 6-2 코로나 팬데믹이 농식품시장에 미친 영향

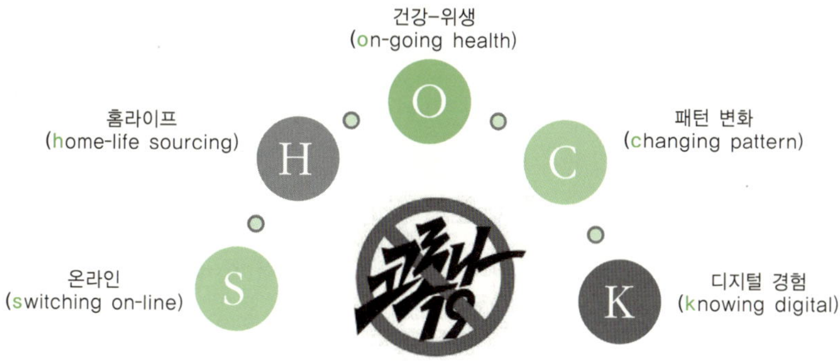

자료: 성형주(2020).

그림 6-3 유통 관련 업종의 2020년 1분기 매출 증가율

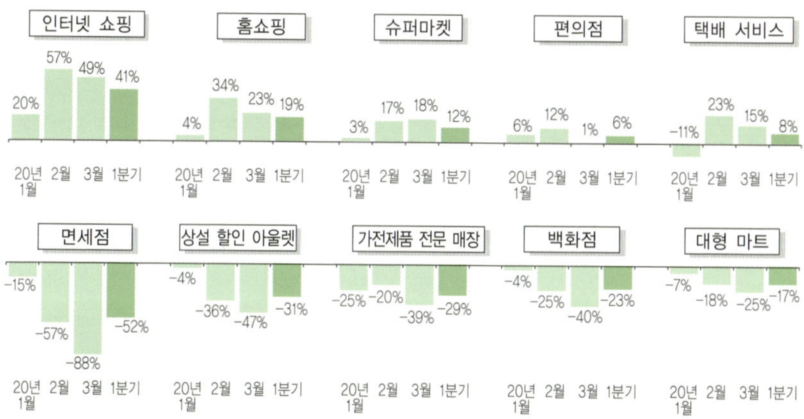

자료: 하나금융연구소.

증가하고 있다. 인터넷 쇼핑, 홈쇼핑, 슈퍼마켓, 편의점, 택배 서비스는 2020년 1분기 매출이 전년 동기 대비 각각 41%, 19%, 12%, 6%, 8%씩 증가했으나 면세

점, 상설 할인마켓, 가전제품 전문점, 백화점, 대형 마트 등은 각각 52%, 31%, 29%, 23%, 17%씩 큰 폭으로 감소하였다([그림 6-3] 참조).

그동안 온라인 유통 경로에 의해서 식품을 구매하는 행위에 대해 심리적 저항감을 가졌던 소비자들이 어쩔 수 없이, 또는 시험삼아서 온라인 식품 구매에 참석하게 되는 등 유통의 온라인 전환이 가장 빠르게 일어나고 있는 분야가 식품시장이며, 이러한 추세는 코로나 종식 이후에도 계속되어 오프라인 거래를 상당 부분 대체해 갈 것으로 전망되고 있다.

(2) 집 주변 쇼핑의 증가

코로나 유행 기간 동안(2020년 3월)의 쇼핑은 그 이전 기간(2019. 12~2020. 2)보다 집에서 가까운 편의점, 슈퍼마켓으로 몰리고 있었다. 즉, 백화점과 대형 마트에서의 쇼핑은 각각 23%와 17%씩 감소했으나 편의점과 슈퍼마켓 쇼핑은 각각 6%와 12%씩 증가했다. 또한 오프라인 쇼핑의 건당 평균 금액은 높아졌다.

(3) 건강 식품 및 위생 가전기(의류관리기, 공기청정기 등) 판매 급증

소비자의 식품 소비 선호도 조사에 의하면 국산 농산물 선호도가 높아졌고(33.5%), 건강·안전 지향적 소비 트렌드가 가장 높았고 고급화·다양화·간편화 추세는 꾸준히 확대되고 있었다.[5]

(4) 소비 패턴의 변화

외식은 줄이고 가정 내에서 식사하는 경향이 높아지고 있으며, 배달 서비스도 20~30대 중심에서 40~60대로 확산되는 양상이다. 또한 언택트(un-contact)

5 농촌진흥청 소비자 패널에 대한 온라인 설문 조사 결과(2020년 2월, 4월).

그림 6-4 식품 소비 트렌드별 발현량 비중 추이 (단위: %)

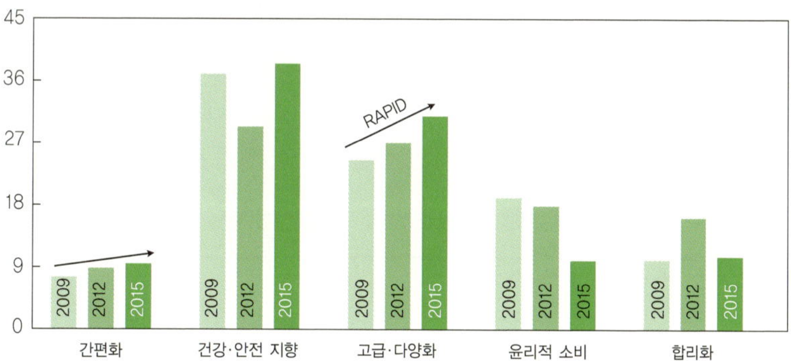

그림 6-5 중장년층 소비자의 온·오프라인 쇼핑의 지출 비중 (단위: %)

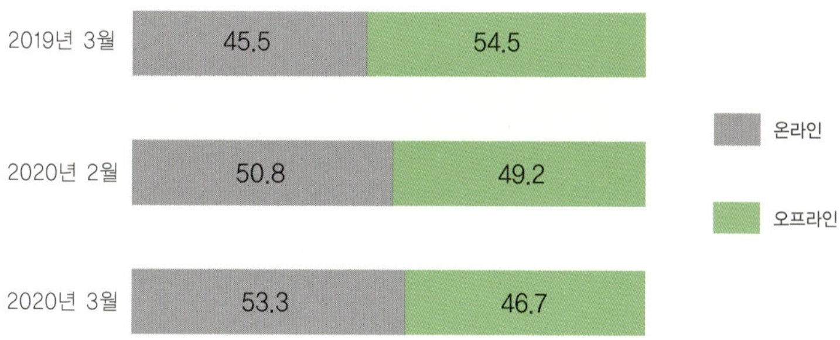

주: 4,000명을 대상으로 한 설문조사 결과임.
자료: 컨슈머인사이트.

소비 확대로 소매를 비롯한 유통 기업들은 드라이브 스루(drive through) 등을 비롯한 BOPIS 온라인 유통 전환을 시도하고 있다(buy on line, pick up in store).

(5) 중장년층의 디지털 경험으로 온라인 쇼핑의 소비 기반 확대

온라인 쇼핑의 편리함에 눈을 뜬 중장년층(50~60대)이 높은 구매력을 바탕으로 온라인 쇼핑의 주요 고객으로 부상하고 있다. 50대 이상의 소비자가 온라인 쇼핑에 쓴 비용은 전체의 53.3%이고, 중장년층의 주요 소비 품목은 식음료로 41.2%였다.

생각의 폭과 통찰력을 키우자

13. 고객의 불만을 해결해 주면 대가를 지불한다

집 근처 호수에서 사람들을 배로 실어 나르는 밀턴과 론이라는 사람이 있었다. 론의 배는 나무배로 역한 기름 냄새가 나고 찢어진 좌석에다 시끄러운 소리에 곰팡이까지 있었으며 물이 스며들었다. 밀턴의 배 역시 쿠션이 없어 딱딱했으며 종종 물벼락을 뒤집어쓰게 되는 형편이었다. 그러나 고객들은 불평하면서도 마을에 두 척의 배밖에 없었기 때문에 그 배를 탈 수밖에 없었다. 그리고 밀턴과 론 두 사람은 마을사람들을 위한 적극적인 서비스 경쟁도 하지 않았다.

밀턴이라는 사람은 1주일에 이틀을 쉬었고, 론은 매일 일을 하였다. 론은 밀턴이 일을 하지 않는 날 일을 독점하여 매우 좋아하였다. 하지만 밀턴은 편히 쉬기만 하는 것이 아니라 쉬는 동안에 손님들의 욕구를 만족시킬 수 있는 배를 만들었으며, 결국 넓은 짐칸, 편안한 시트, 조용한 엔진, 한꺼번에 빠르게 10명을 실어 나를 수 있는 큰 배를 만들었다. 결국 론은 하루도 쉬지 않고 열심히 일하였지만 소비자들이 밀턴이 기져온 새로운 배만 타게 되면서 수상 택시를 그만두게 되었다.

사람은 론과 마찬가지로 누구나 열심히 살고 있다. 주어진 상황과 환경하에서 최선을 다하려 노력하고 있다. 하지만 어떤 사람은 성공하고 어떤 사람은 실패한다. 이제는 어디에 집중하고 무엇을 바라보아야 하는가에 대한 방향을 생각해 보아야 한다.

밀턴은 일만 하는 것이 아니라 쉬는 시간을 가졌고 쉬는 시간에 그냥 쉬는 게 아니라 바로 고객의 욕구를 위한 준비의 시간을 가졌다. 다양한 교육에 참여하는 가장 큰 이유는 고객을 만족시킬 배를 만들려는 것이고, 책을 읽는 이유는 책을 읽으며 마케팅의 대가와 마케팅의 방법에 대한 대화를 하기 위한 것이다.

밀턴이 했던 것과 같이 고객의 불만이 무엇이고 그 불만을 해결하기 위한 수단은 무엇인가에 대해 깊이 생각해 보아야 한다. 고객의 구매 행동에 영향을 미치는 요소는 만족 요소보다는 불만 요소가 훨씬 더 강하다고 한다.

그래서 마케팅을 기획하기 위해서는 고객의 불만 요소를 놓치지 말아야 한다. 냉정한 고객 평가를 신상품 개발이나 마케팅 등에 적극 활용하면 그 어떤 전략보다 앞서 고객 만족을 이끌어 낼 수 있을 것이다.

자료: 윤선·진영미(2010), pp. 23~24에서 발췌·인용함.

4. 4차 산업혁명 시대의 유통 혁신 방향

1) 4차 산업혁명적인 기술 융합의 필요성과 기대 효과

농식품 유통 부문에 4차 산업혁명적인 기술 융합의 도입과 적용은, 첫째 농식품 유통 가치사슬을 구성하고 있는 유통 단계별 운영 과정을 보다 효율화시키고, 둘째 유통 과정의 전후방 가치사슬에 대한 영향력 높은 확신 효과를 통하여 농산업 전체의 발전적 효과를 견인하는 효과를 가진다. 특히 사물인터넷, 클라우드, 빅데이터, 인공지능, 모바일 및 보안 기술(이하 ICBAMS: IoT, Cloud, Big Data, AI, Mobile, Security) 등 4차 산업혁명의 핵심 기술의 융합을 통한 유통 부문의 정보 흐름 고도화는 유통 산업 자체의 발전뿐만 아니라 농식품 산업 전체의 중추신경계가 효율적으로 작동하게 함으로써 농식품의 생산 및 관련 산업의 고도화를 유발시키는 촉매제가 된다는 점에서 대단히 중요하고 시급한 필요성이 있다.[6]

먼저, 산업 측면에서 살펴보면 다음과 같은 농식품 산업의 경쟁 우위를 창출하는 역할을 기대할 수 있다.

단계별 농식품 유통 프로세스(process)들을 보다 투명·정밀하게 함으로써 거래 비용을 절감하고 비효율적인 프로세스를 제거 또는 효율적으로 전환함으로써 유통 비용 전체를 감축시킨다.

① 농식품 소비 및 유통 트렌드의 변화 등에 대한 정보를 보다 효율적으로 생산자에게 전달함으로써 농식품의 적량·적시·적가 생산을 유도한다.

6 성형주(2018).

② 다양한 상품 정보, 생산 정보, 유통 과정 정보 등을 디지털화함으로써 유통 단계 간 정보 공유가 강화되고 농식품의 신뢰성과 차별성이 강화되는 효과 등을 기대할 수 있다.

ICBAMS 융합을 통한 유통 정보의 고도화는 농식품의 가격 안정화와 식품 안전성에 대한 국민의 욕구(needs)를 충족시키는 등 다음과 같은 공공적인 효과를 기대할 수 있다.

① 농식품은 본질적으로 가격 변동에 대해서 공급이 매우 비탄력적인 동시에 기후 변화 등에 의한 높은 가격 변동성 요인을 내재하고 있는 상품이다. 정밀한 유통 정보는 단기적으로는 정부와 유통 주체들의 수급 조절 능력을 향상시킴으로써 가격 변동성을 완화시키고 장기적으로는 생산량 조절에 기여하는 효과를 기대할 수 있다.
② 식품 안전성 확보에 대한 국민적 욕구를 충족시키고 나아가서 완전 개방 시대를 맞은 한국 농식품의 차별화에 기여하는 효과를 기대할 수 있다.
③ 국민소득 증가와 1인 가구 증가 등 라이프스타일 변화에 따라서 빠르게 변화되고 있는 농식품 소비 트렌드 변화에 대한 대응 능력 강화를 기대할 수 있다.

코로나 사태로 인해서 변하고 있는 농식품 유통의 핵심적인 변화는 비대면 온라인 쇼핑의 가파른 증가와 전통적인 대면 구매의 감소라고 요약할 수 있다. 실제로 농축수산물과 음식료품의 비대면 쇼핑 금액은 전년 동월 대비 각각 91.8%와 59.4%씩 큰 폭으로 증가했다(통계청, 2020. 5. 6). 이와는 대조적으로 농산

그림 6-6 농식품 유통 부문 4차 산업혁명 기술의 융합 기대 효과

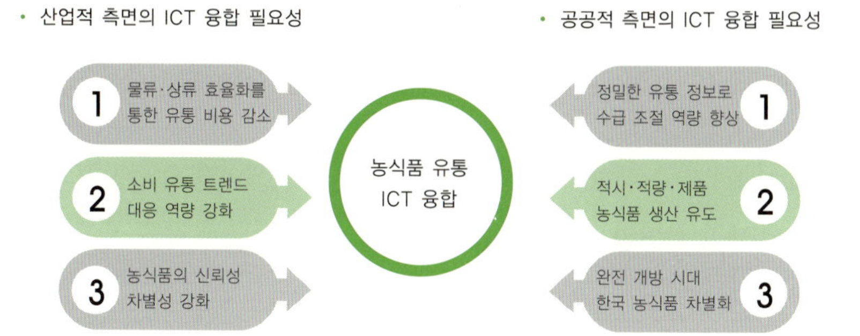

자료: 성형주(2017).

물 도매시장의 거래 물량은 지속적으로 줄어 왔는데, 코로나 사태를 계기로 하여 급격히 증가하고 있는 비대면 온라인 쇼핑의 영향으로 앞으로는 그 감소 폭이 더욱 커질 것으로 예상된다.

실제로 우리나라 최대의 공영 도매시장인 가락동 농수산물 도매시장의 거래 물량은 대형 유통업체와 전자상거래업체 등 경쟁적 유통 경로의 급성장에 영향을 받아서 몇 년 전부터 지속적으로 감소해 오고 있었다. 국내산 과일은 2000년부터, 채소는 2015년부터, 그리고 수산물은 1995년부터 거래 물량 감소 추세가 이어지고 있었는데, 코로나 사태 이후에는 그 감소 폭이 더욱 현저해질 것으로 전망된다. 우리나라 농식품 유통 부문에서의 4차 산업혁명적인 기술 도입은 소비지 대형 유통업체나 전자상거래 유통 경로에서는 비교적 빠르게 도입·실용화되고 있으나 중추적인 유통 기구인 농산물 도매시장이나 산지 유통 조직에서의 도입은 지지부진한 실정이다.

(1) 대형 유통업체의 정보통신 기술 융합의 진전

빠른 속도로 확산된 소비지 대형 유통업체는 경영 효율화를 위한 수단으로 빅데이터를 포함하는 정보통신 기술의 활용 고도화를 위한 지능 경영(bussiness intelligence: BI) 시스템을 도입·활용하고 있다. 대형 유통업체들은 균일한 연중 공급 체계를 확보하고 소비자의 농식품 선호 체계의 변화(고품질, 소포장, 반가공 등)에 효과적으로 대처하기 위해서 소비지 인근에 대형 물류업체를 운영하면서 산지의 출하 단계(APC 운영과 계약 재배 등)로까지 사업 영역을 확장하고 있다. 이를 가능하게 하는 것이 4차 산업혁명적 기술인 지능 경영 시스템이다. 대형 유통업체는 소비자 구매 통계 정보 분석을 기반으로 하여 매장별로 농식품 필요량을 산출하고 전체 수요량을 통합하여 적절한 수급 및 발주 계획을 수립하는 한편, 이를 고객의 구매로 연결시키도록 하는 고객 관리(supply chain management: CRM) 시스템을 지속적으로 고도화시켜 왔다. 또한 적시·적품·적량 공급을 위한 공급사슬 관리(supply chain management: SCM) 시스템도 소비자 선호 체계의 변화에 보다 신속하게 대응할 수 있도록 진화시켜 나가고 있

그림 6-7 대형 유통업체의 양방향 정류 체계

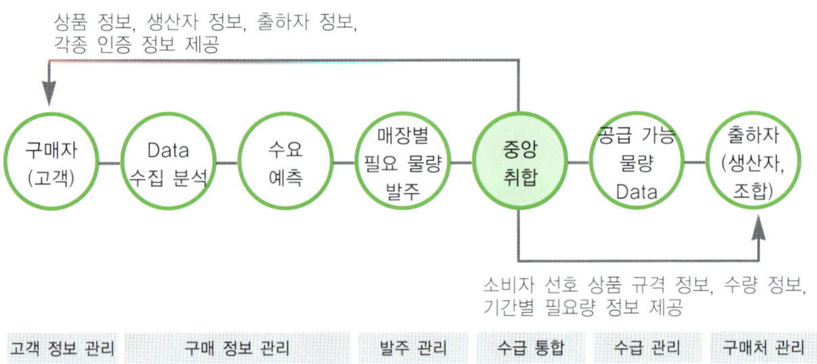

자료: 고윤석·성형주(2017).

다. 대형 유통업체의 고객 관계 관리와 공급사슬 관리를 포함하는 전사적인 자원 관리 시스템은 현재 지능 경영 시스템으로 발전하여 모든 기업 활동의 영역에 확대·적용되고 있으며, 생산자–소비자 간의 양방향 정류(情流) 체계도 강화되고 있다.

그러나 농식품 부문의 4차 산업혁명적인 기술 도입은 같은 유통 기업의 타 상품 유통 부문에 비해서는 아직까지 초기 단계라고 할 수 있다. 농식품이 가진 본질적인 상품 특성과 생산 농가 및 산지 유통 조직의 낮은 정보화 수준으로 인하여 기존의 전통적인 가치사슬을 효율적으로 재구성하기가 쉽지 않기 때문이다.

2) 공영 도매시장의 4차 산업혁명 대응 방향과 과제

전국의 32개 공영 도매시장은 농산물 유통 가치사슬의 중심에 위치하고 있는 한국 농산물의 중추적인 유통 경로이다. 이 때문에 공영 도매시장의 4차 산업혁명에 대한 대응 방향은 생산 및 소매 단계 등 전후방 가치사슬 전체의 발전 방향을 결정짓고 또 변화를 견인하는 중요한 역할을 수행하게 된다. 이러한 측면에서 첨단 정보통신 기술의 융합을 통한 공영 도매시장의 4차 산업혁명 대응은 농산물 유통 부문 혁신을 위한 가장 시급하고 중요한 과제라 할 수 있다.

32개 공영 도매시장은 배후 인구, 입지, 유통 시설 확보 등 측면에서 큰 차이가 있지만 일반적인 민간 유통 구조를 가진 소비지의 대형 유통업체에 비해서는 정보화 측면에서는 매우 취약한 상황이다. 도매시장 내의 유통 주체인 도매 법인과 중도매인의 정보통신 기술 융합 능력이 대단히 부족하고 대부분의 시장 개설자(지방자치단체) 역시 정보통신 기술이 융합된 미래 도매시장의 육성에 대한 의지와 추진 능력이 미흡하기 때문에 4차 산업혁명적인 기술의 수용과 현장 적응은 매우 더디게 진행될 수밖에 없다.

농식품 소비 및 유통 환경의 빠른 변화에도 불구하고 산지 조직화와 규모화 그리고 정보화 수준이 높지 않기 때문에 도매시장의 거래 규모는 서서히 줄어들겠지만 코로나 유행 기간이 길어지고[7] 비대면 온라인 쇼핑이 점차 생활화되어 간다면 공영 도매시장 거래 규모의 빠른 위축은 불가피할 전망이다. 도매시장 거래 규모의 위축이 초래하게 될 문제는 단지 도매시장 종사자(2018년 기준 16,434명으로 중도매인 8,033명, 도매 법인 3,051명, 하역인 3,690명, 매매 참가인 789명, 관리공사 871명)의 일자리를 위협하는 데 그치지 않는다. 공영 도매시장이 수행해온 가격 발견 등의 공공적 기능의 약화로 인한 사회적 비용의 증가와 함께 농산물 유통 생태계의 동반 위축을 초래할 수 있기 때문이다.

공영 도매시장은 대다수의 영세한 농업 생산자의 주된 출하처 역할을 수행하고 있다. 동시에 재래시장의 상인과 영세한 동네 슈퍼마켓 및 프랜차이즈가 아닌 소규모 음식점 등 주로 자영 소상공인들이 핵심적인 식재료 공급 체인의 중심체 역할을 수행하고 있다. 따라서 공영 도매시장의 위축이 계속되어 갈 경우, 생산자의 농산품 출하 교섭력이 약화될 뿐만 아니라 소비지 자영 소상공인의 동반 위축도 진행될 수밖에 없다.

그렇다면 공영 도매시장은 4차 산업혁명에 어떻게 대응해야 하고, 해결해야 할 과제는 무엇인가?

7 WHO의 사무총장 데위드로스는 1918~1920년간에 창궐하여 제1차 세계대전으로 인한 사망자 수 900만 명의 2~5배가 넘는 사망자를 발생시킨 스페인 독감 당시보다 세계 인구도 많이 늘었고 인구 이동 규모도 훨씬 크기 때문에 바이러스 전파력도 그만큼 강해진 코로나가 스페인 독감의 경우처럼 2년 이내에 끝나기를 희망한다고 밝힌 바 있다.

(1) 온·오프라인 통합 서비스를 지향하는 공영 도매시장의 기반 구축

공영 도매시장은 정부 지원에 의해서 개설된 이후 농촌의 생산자와 소비지의 소매상을 연결시키는 오프라인 유통 중심축 역할을 성공적으로 수행해 왔다. 그러나 코로나 사태로 앞당겨진 4차 산업혁명적인 신기술의 수용과 적극적인 활용이 뒷받침되지 않는다면 재래시장과 함께 역사 속으로 사라지게 될지도 모를 위기에 처해 있다. 그렇다고 해서 오프라인 도매 생태계를 일거에 온라인 도매 생태계로 바꿀 수는 없다. 왜냐하면 소규모 출하 농가와 소비지의 소상공인 등 도매시장 주요 고객층의 오프라인 도매시장 수요가 계속 이어지고 있기 때문이다. 또한 도매시장 종사자(유통인과 관리공사)의 의식 수준도 오프라인 도매시장의 성공 시대 환상에서 벗어나지 못하고 있어서 정보화 혁신을 위한 추진 의지가 매우 빈약한 실정이기 때문이다. 그러므로 수요가 줄어들고 있는 오프라인 도매시장의 운영 규모를 줄이는 대신에, 모바일 기반의 온라인 도매 유통 플랫폼을 새로 개설해서 운영하면서 오프라인 도매 생태계를 온라인 생태계로 점차 이전하는 점진적이고 단계적인 접근 방법이 필요하다.

이러한 단계적 접근을 성공시키기 위해서 필수적으로 갖추어야 할 선행 조건이 해결되어야 한다.

첫째, 공영 도매시장은 대부분 소비지의 중심 지역에 위치해 있다. 이러한 입지 조건은 온라인 도매 유통 플랫폼의 필수 시설인 상품 선별과 저장 및 배송 등을 위한 물류 시설 설치에 적합하다. 그러므로 사용량 및 사용 빈도가 줄어들고 있는 기존의 경매장 공간 규모를 줄여서 이를 온라인 유통을 위한 지능형 물류 시설을 갖춘 온라인 유통 플랫폼을 개설해야 한다. 소비자의 온라인 소매 유통업체와 농촌의 출하 주체와의 효과적인 연결을 통하여 농촌 현장의 언택트 소비 변화에 대한 대처 능력을 강화해 주는 동시에, 도매시장 내 유통 주체(도매시장 법인, 중도매인)의 새로운 일자리를 창출해야 하기 때문이다.

둘째, 농안법을 비롯한 도매시장 운영에 관한 관련 규정을 현실에 맞게 개정해서 도매시장의 혁신적인 변화를 뒷받침해야 한다.[8] 도매시장에 반입된 농산물을 경매 과정을 거쳐서 중도매인에게 중개하는 역할을 수행하는 도매 법인(경매 법인)은 중도매인 이외의 주체에게는 경매 물품을 판매할 수 없다(제3자 판매 금지). 그러므로 온라인 도매 유통 플랫폼에 참여할 수 있는 자격이 현행 법률 체계하에서는 제한된다. 또한 중도매인 역시 도매 법인에 의한 경매 과정 이외의 다른 경로에 의해서 상품을 구입할 수 없다. 즉, 산지 직접 거래를 통한 농식품 구매가 허용되지 않는다. 그러므로 중도매인 역시 산지와의 직접 거래를 수행하는 온라인 도매 유통 플랫폼에서 활동할 수 있는 참여 자격이 제한된다. 현재 도매시장에서 중심적인 역할을 수행하고 있는 핵심적인 두 유통 주체의 자유로운 영업 활동을 제한하는 법적인 규제를 해소하지 않고서는 도매시장에서 개설하고자 하는 온라인 도매 유통 플랫폼은 한갓 말장난에 그칠 뿐이다. 그러므로 도매시장에서 활동하는 핵심적 유통 주체의 영업 활동 범위를 제약하고 있는 시대착오적인 법적 제약을 현실에 맞게 개정하고 정비해야 한다.

(2) ICT 기술 융합을 위한 도매시장의 동태적인 진화 전략 수립

4차 산업혁명 시대로 진입하기 위한 사전적인 준비 과정에서 빼놓을 수 없는 부분은 도매시장의 정보화이다. 도매시장 정보화는 두 가지 영역으로 대별할 수 있다. 하나는 도매시장의 공적 기능 강화와 시장 관리 운영의 효율화를 위한 영역과 또 다른 하나는 도매시장 활성화를 위한 영역이다. 각각의 영역은 다음과 같은 기대 효과를 가지고 추진된다.

---

8 농안법 제31조와 관련 시행규칙을 통하여 도매 법인과 중도매인의 영업 행위를 제한하고 있다. 일본은 제3자 판매의 원식적 금시와 중도매인 직집 집하의 원식직 금지를 규정하고 있는 도매시장법을 2018년에 개정하여 2020년 6월부터 시행하고 있다.

그림 6-8 공영 도매시장 정보화 영역 및 기대 효과

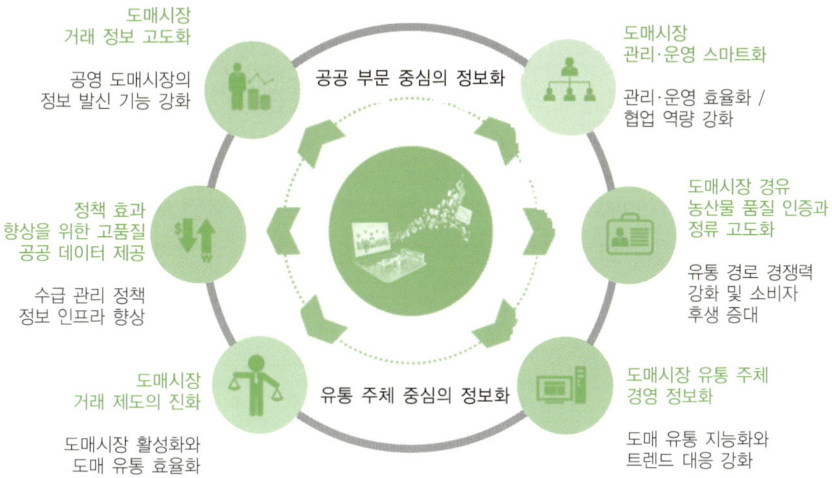

자료: 성형주(2017).

① 도매시장 거래 정보 고도화에 의한 도매시장의 정보 발신 기능 강화

표준 코드 미반영 및 도매 법인별 품목 코드 불일치와 수집 단계의 전송 오류 발생 등의 문제가 지속적으로 나타나고 있는 도매시장의 공공 데이터 품질 개선 및 표준화를 통한 거래 정보의 품질 고도화를 기대할 수 있다.

② 고품질의 공공 데이터 제공을 통한 수급 정책 정보 인프라 향상

전국 도매시장의 유통 현황을 실시간으로 파악할 수 있는 고품질의 공공 데이터 확보와 정보 사용자의 접근성 향상을 기대할 수 있다.

③ 도매시장의 관리·운영 스마트화

현재 관행적인 오프라인 공문 형식으로 처리되고 있는 도매시장 유관 기

14. 스티브 잡스 프레젠테이션의 비밀

애플의 최고 경영자(CEO)인 잡스(Steve Jobs)는 '비즈니스 프레젠테이션의 달인'으로 꼽힌다. 사람들은 오로지 잡스의 프레젠테이션을 보려고 신제품 발표회 전날 밤부터 길게 줄을 서서 기다린다. 유튜브에 게시된 클립 중 잡스에 대한 내용이 무려 2만여 건에 이른다. MS의 CEO인 발머(Steve Ballmer)의 클립이 940건인 것과는 대조적이다. 잡스는 재능과 카리스마로 자기 아이디어를 판매하는 매력적인 선동가다.

철저하고 조리 있으면서 감동과 강력한 호소력, 뛰어난 성과까지 담보하는 잡스만의 프레젠테이션 비결은 무엇일까.

첫째, 청중이 지루해할 틈을 주지 말라.

제품 특징이나 장점만 말하는 것은 누구나 할 수 있다. 잡스는 무대에서 청중에게 빠져들 수밖에 없는 스토리를 만든다. 잡스는 무대에 함께 할 수 있는 사람이 누구인지, 무대에서 동원할 제품들이 무엇인지 살핀다. 또 제품을 실제로 보여 줄 수 있는 비디오 클립과 기타 다양한 시각적 소품을 동원하기까지 한다. 이는 극적 효과와 흥미를 더한다.

특히 일반적으로 사람들이 집중할 수 있는 시간은 10분 정도에 불과하다. 따라서 잡스는 모든 프레젠테이션에서 10분마다 각기 다른 요소를 소개한다. 그는 이러한 '10분의 법칙'을 지키기 위해 프레젠테이션이 길어지면 제품 시연이나 연사 초청, 비디오 클립 등으로 내용을 소개하며 속도를 조절한다.

청중들은 즐거움과 동시에 정보를 원한다. 특히 그들은 '프레젠테이션에 관심을 가져야 하는 이유'를 알고 싶어한다. 잡스는 '이것이 의미하는 바는…'이라고 말하면서 조심스럽게 결론을 도출한다. 프레젠테이션이 설득력을 가지려면 이를 설명할 수 있어야 한다. 특히 이 과정에서 전문 용어는 버리고 쉽게 설명하는 것이 중요하다.

둘째, 트위터처럼 짧고 쉬우면서 강한 문구를 동원하라.

잡스는 140자 미만의 글자를 사용하는 트위터 게시물과 딱 들어맞는 헤드라인 작성에 탁월하다. 그는 프레젠테이션에서 언론에 보도되었으면 하는 헤드라인을 구상한다. 최근 몇 가지 예를 살펴보자.

"세상에서 가장 얇은 노트북"(The world's thinest notebook)
"주머니 속의 1,000곡"(One thousand song in your pocket)
"두 배의 속도 절반의 가격"(Twice as fast at half the price)
"세계 최고의 친환경 노트북"(The Industry's Greenest notebooks)

또 그는 재미있고 일상적인 단어를 선택한다. 예를 들어, 잡스가 애플의 새로운 운영체계(OS)와 관련된 질문을 받았을 때 이렇게 대답하였다. "모니터 아래에 버튼을 달아놓았기 때문에 보기에도 좋고 핥아먹고 싶을 겁니다." 또 그는 프레젠테이션에서 아이폰 3G를

"반응 속도가 빨라졌다"고 말한 게 아니라 "놀랍도록 민첩하다"고 하였다.

셋째, 간결한 슬라이드로 청중의 시각을 매료시켜라.

잡스는 프레젠테이션을 무미건조한 '발표'로 채우지 않는다. 그는 프레젠테이션을 마치 영화처럼 시각적으로 사람을 매료시키는 것으로 바꾼다. 이를 위해 잡스는 간단하면서도 청중을 빨아들일 수 있는 시각적인 자료를 만든다. 2008년 '아이폰 3G'(IPhone 3G)를 소개할 때 잡스는 겨우 슬라이드 11장만을 사용했을 뿐이다. 그중 9장은 휴대전화 사진이거나 새로운 기기의 특정 부분을 크게 확대한 사진이었다. 나머지 2장에는 'iPhone 3G'라는 글씨 외에는 아무것도 없었다. 특징만 나열한 문구도 없었다. 프레젠테이션 자료는 간결해야 파워가 있고 우아하다는 걸 보여 준 걸작이었다.

잡스는 프레젠테이션을 할 때 숫자를 보기 좋게 꾸며 청중들에게 의미를 부여하는 데도 매우 능숙하다. 예를 들어, 그는 이렇게 말한다. "우리는 지금까지 아이폰을 400만 대 판매하였습니다. 400만을 200일로 나누면 평균적으로 매일 2만 대의 아이폰을 판매한 셈입니다."

넷째, 결정적인 순간을 만들어라.

잡스의 프레젠테이션의 특징 중 하나는 "우와~!"하고 탄성이 쏟아지는 결정적 순간을 만든다는 것이다. 2008년 1월의 프레젠테이션에서 잡스는 무심하게 연단 위로 올라가 황색 종이봉투를 집어들었다. 그런 다음 봉투를 열고 자신이 소개하고자 하는 노트북을 꺼냈다. 세상에서 가장 얇은 노트북인 '맥북 에어'(Macbook Air)였다. 즉시 청중들로부터 박수갈채가 쏟아져 나왔다. 다음 날 주요 일간지 및 잡지에는 잡스가 봉투에서 노트북을 꺼내는 사진이 실렸다.

자료: Carmine Gallo(2009).

관들의 분산된 행정 업무를 one stop service로 통합 전산화함으로써 관리·운영 효율화와 관련 기관들의 협업 역량 강화를 기대할 수 있다.

④ 도매시장 경유 농산물 품질 인증 및 정류(情流) 고도화를 통해서 도매시장의 경쟁력 강화 및 소비자 후생 증대를 기대

⑤ 도매시장 거래 제도의 진화를 통한 시장 활성화 및 도매 유통 효율화

예약 거래, 원격 경매, 이미지 경매 등 발전된 거래 방식을 통합적으로 제

공하는 통합 거래 시스템의 도입과 확산을 통하여 도매 유통 활성화를 기대할 수 있다.

⑥ 도매시장 유통 주체의 경영 정보화 기반 구축으로 도매시장의 전후방 정류 체계 구축

도매 법인과 중도매인 등 시장 내 유통 주체의 경영 정보화를 견인하고 동일한 코드 체계 적용으로 유통 코드 표준화를 통하여 도매시장의 전후방 정류 체계 구축을 기대할 수 있다.

참고문헌

김동환, 「유통 환경의 변화와 새정부의 농산물유통 정책」, 『농정연구』 25, 2008 봄호.

김연중 외, 「4차 산업혁명에 대응한 스마트 농업 발전 방안」, 『한국농촌경제연구원』, 2017.

농림축산식품부, 『농림수산식품 주요 통계』, 2019.

농촌경제연구원, 「농업전망 2019」, 2019.

농촌진흥청, 「농업에서 발상의 전환으로 성공한 사례들」, 『농업 경영 비즈니스 시리즈』 23, 기술경영과, 2009.

매일경제 지식포럼 사무국, 『포스트크라이시스 & 빅모멘텀』, 매일경제신문사, 2010.

박광호, 「스마트 AI 농업」, 『한국농수산대학』, 2019.

박봉권 · 신헌철, 『2010 다보스리포트, New Normal』, 매일경제신문사, 2010.

성주인 외, 「주민 삶의 질 향상, 돌아오는 농촌만들기」, 『농업전망 2020』, 농촌경제연구원, 2020.

성진근, 『농업과 환경, 지속적 발전의 과제』, 농민신문사, 1993.

______, 「한국농업 해외협력진출의 전략과 과제」, 『2010 농식품생명과학심포지엄 자료집』, 2010.

______, 『새농업경제학– 농업의 가치와 영역 확장』, 제2판, 도서출판 해남, 2014.

성진근 외, 『강한농업으로의 길』, 농민신문사, 2009.

성형주, 「ICT 융합을 통한 농식품 유통 고도화」, 『농업전망 2017』, 한국농촌경제연구원, 2017.

______, 「4차 산업혁명과 한국 농식품 유통부분 대응방향」, 『농업·농촌 분야 4차 산업혁명기술 적용 현황과 확대방안』, 한국농촌경제연구원, 2018.

______, 「포스트 코로나시대 농식품유통환경의 변화와 대응, ABC연구소, 2020.

이범희, 『4차 산업혁명 시대의 기술경영』, 탑북스, 2018.

이주량 외, 『스마트 농업 현장 착근을 위한 기술정책 제고방안』, 과학기술정책연구원, 2018.

이학종, 『경영혁신과 조직개발』, 법문사, 2003.

이현훈, 『코로나 이후의 새로운 세계』, 도서출판 해남, 2020.

장세진, 『글로벌 경쟁시대의 경영전략』, 박영사, 2003.

제이슨 솅커 지음, 박성현 옮김, 『코로나 이후의 세계』, 미디어숲, 2020.

Byrnes, Jonathan L. S., Island of profit in a sea of red ink, 이훈 외 역, 『레드오션전략』, 타임비즈, 2010.

Gallo, Carmine 지음, 김태훈 역, 『스티브잡스의 프레젠테이션의 비밀』, 랜덤하우스코리아, 2010.

OECD, "Multifunctionality: A framework for policy analysis," AGR/CA, 1998.

Schwab, Klaus, "The Forth Industrial Revolution: What it means, how to respond," World Economic Forum, 2016.
World Inequality Lab, *World Inequality Report*, 2018.
WTO, Tariff profile, 2011. 1(http://www.unies.com).

제3편 경영 관리와 경영 성과 분석

제7장 경영 의사결정과 경영 계획

제8장 회계를 통한 농장 경영 성과의 계측

제9장 경쟁력 향상을 위한 핵심 실천 과제

기업이 수행하고 있는 사업 중에서 40%는 적자 사업이고, 20~30%는 현상 유지를 하는 수준이며, 나머지 20~30%만 수익을 내서 손실을 만회하고 있다는 사실을 알고 있는가?

수익성 나쁜 비즈니스를 수익성 좋은 비즈니스로, 좋은 비즈니스는 보다 훌륭한 비즈니스로 전환시킬 수 있어야 한다. 이를 위해서는 무엇보다 기업의 수익성을 관리해야 한다. 내 농장 경영의 잘잘못을 경영 기록의 분석을 통해 파악할 수 있어야 한다. 그리고 새로운 경영 계획을 세우고 경영 성과를 수시로 점검해야 한다.

무엇보다도 지속적인 경쟁력 향상이 있어야 살아남는다. 경영 성과에 대한 경영 진단을 통하여 경영 개선에 나서야 한다. 필요하다면 경영 관행 자체를 통째로 바꾸는 경영 혁신도 피해서는 안 된다. 무엇부터 어떻게 고쳐나가야 내 농장의 경쟁력을 효과적으로 개선시킬 수 있을 것인가?

제 7 장 경영 의사결정과 경영 계획

1. 경영 관리의 기능
2. 경영 의사의 결정
3. 경영 계획 활동

1. 경영 관리의 기능

농업 경영자들은 눈만 뜨면 새로운 정보의 홍수에 마주치게 된다. 농산물 가격 정보, 날씨 정보, 기술 정보, 정부의 규제 정보 및 소비자의 기호 변화에 대한 정보 등이 그것이다. 이러한 정보들은 바로 농사(농업 경영)를 위한 다음과 같은 의사결정에 영향을 미친다.

- 무슨 상품을 어떻게 생산할 것이냐
- 각 생산 요소를 얼마나 많이 투입할 것이냐
- 생산을 위한 자금 조달을 어떻게 할 것이냐
- 언제, 어디로, 어떻게, 얼마나 생산물을 판매할 것이냐

새로운 정보는 현실적인 경영 의사결정뿐만 아니라 과거의 경영 전략마저 수정해야 할지를 고민하게 한다. 날씨와 정부의 정책 변화, 수입과 수출량, 환율 변동 등 거시적 요인이나 전염병의 대유행과 같은 국제적 사건 등 경영자가 통제할 수 없는 요인들도 농산물의 수요·공급에 영향을 미치게 된다.

기술 변화도 중요한 영향 요소이다. 신품종과 신농약의 개발, 4차 산업혁명적인 기술을 채택한 신기종(新機種)의 선택과 신시설의 개발, 가축 건강 증진제와 사료 첨가제의 개발 등 하루가 다르게 변화되고 있는 신기술을 외면한다면 농업 경영자는 뒤처지게 된다. 환경 규제, 노동 법규, 세제 변화 등도 경영 의사결정과 경영 전략 수립에 반드시 고려해야 한다.

농업 경영자는 많은 업무를 수행한다. 일상적인 농장 경영 업무에서부터 농장 경영 정책을 결정하기 위하여 생각하고 판단하는 일까지 상당한 시간을 투입해야 한다. 농장 경영 관리 업무는 다음과 같은 네 가지 범주로 요약할 수

있다.

계획

가장 기본적이고 중요한 기능은 계획(planning)하는 일이다. 계획이란 경영 활동의 정책이나 과정의 진행 방향을 선택하는 일이다. 경영자는 계획을 수립할 때 다음의 세 가지를 반드시 고려해야 한다.

① 경영의 목표 또는 기업 소유자의 목표에 부합되는 계획의 수립
② 목표를 달성하기 위한 자원의 양적·질적 가용 가능성 확인
③ 가용 자원의 경쟁적인 다른 목적으로의 사용 효과 확인

경영자는 자원의 모든 대체적(代替的)인 이용 가능성과 효과를 분석한 뒤에 가장 경영 목표에 부합되는 사업의 규모와 추진 방식을 결정하는 계획을 수립하되, 단기적 계획과 중장기적 계획으로 계획을 기간별로 구분하는 것이 일반적이다.

실행

계획이 일단 수립되면 집행되어야 한다. 실행(implementation & directing)에는 계획을 실현시키는 데 필요한 생산 요소와 자재를 조달하는 일에서부터 생산과 판매의 전 과정을 지시하고 감독·관리하는 일이 포함된다. 실행 과정에는 부서 간 협조, 직원의 배치, 구매와 감독 등의 업무가 포함된다.

통제

통제 기능에는 현장 결과를 점검하고(monitoring), 정보를 기록하며 실행 결

그림 7-1 경영 관리도(management flow chart)

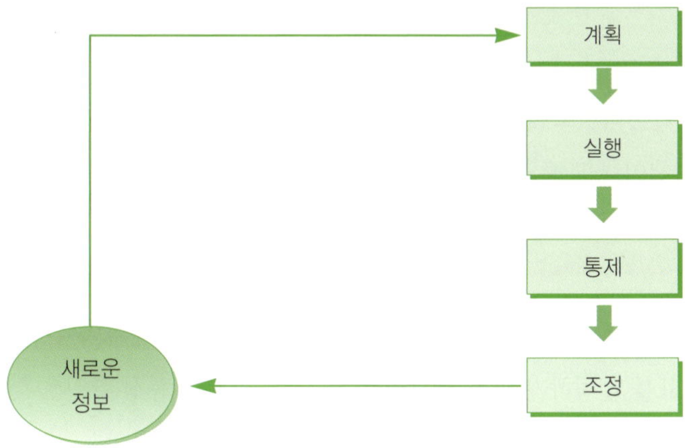

과를 표준과 비교하는 일이 포함된다. 통제(control)를 통하여 계획이 바람직한 결과로 이어지고 있는지, 아니면 조속한 조정이 필요한지를 판단하게 하는 정보를 얻는다. 통제의 결과는 미래의 개선된 계획 수립을 위한 새로운 정보로 활용된다.

조정

만약 통제 과정을 통해서 얻은 정보가 경영자의 경영 목적에 부합되지 않을 경우에는 조정(adjustment) 과정이 뒤따라야 한다. 조정 과정에는 현재 이용되고 있는 기술을 수정하거나 공정 자체의 변화마저 포함될 수 있다.

경영 관리의 네 가지 기능에 기초한 경영 관리 활동은 [그림 7-1]과 같이 이루어진다.

2. 경영 의사의 결정

1) 의사결정의 과정

무릇 의사결정 없이는 어떤 일도 이루어지지 않는다. 기업의 의사결정 과정은 다음과 같은 몇 가지 논리적이고 순차적인 단계를 거친다.

(1) 문제나 기회의 발견과 확인

농업 경영이 당면하는 대부분의 문제는 전략적인 성격이다. 예컨대, 종자의 선택이나 사료의 선택, 출하시장의 선택, 경작지의 선택 등의 문제는 경영 성과를 결정한다. 이러한 문제는 인근의 유사한 농장의 경영 실적과의 비교를 통해서 확인 가능하다. 예컨대, 어떤 농가의 고추 단수가 200kg/10a였는데 이 수확량은 다른 농가의 평균 수확량보다 50kg/10a이 낮다고 하자. 고추의 낮은 생산성을 유발하는 요인이 잘못된 종자의 선택이나 부적절한 병충해 관리 방법 등 기술적인 문제일 수도 있고, 낮은 토양 비옥도나 고추 생산에 적합하지 않는 토양 등 보다 근본적인 문제일 수도 있다.

중요한 것은 문제의 소재에 대한 정확한 발견이 의사결정을 위한 나머지 단계의 소요 시간을 단축시킬 수 있다는 것이다.

(2) 선택적인 해결 방법의 확인

두 번째 단계는 발견된 문제를 해결할 수 있는 잠재적인 해결 방법들을 찾는 것이다. 어떤 문제는 간단히 해결할 수도 있겠지만 더 많은 시간과 조사를 통하여 정보를 수집하여 해결해야 할 문제도 있을 수 있다. 인근 농장에서 수행하고 있는 경영 관행이나 관습에 대한 조사와 전문가의 충고와 토론을 통하여 선택 가능한 해결 방법에 대한 아이디어를 찾을 수도 있다.

(3) 자료와 정보의 수집

다음 단계는 해결 방법에 대한 자료와 정보 등을 수집하는 것이다. 자료와 정보는 많은 곳으로부터 얻을 수 있다. 농업 기술 센터, 대학과 연구 기관, 책자와 신문, 라디오나 TV, 농약·비료 판매 상인, 이웃 농가들로부터 많은 정보를 얻을 수 있다. 그러나 가장 유용한 정보 자료는 농업 경영자 자신의 농장 경험 자료일 수도 있다.

가장 중요한 것은 획득한 자료나 정보를 판별하는 일이다. 자료들은 여러 정보원(情報源)으로부터 수집되어 비조직화되어 있으며 적용 여건의 차이가 있어서 실제로 현장에 바로 적용하기에는 적합하지 않을 수 있다. 그러므로 수집된 자료나 정보는 조직화하고 분류되어 분석할 필요가 있다. 자료와 실증 사례를 수집하고 이를 유용한 정보로 전환시키는 업무는 경영자에게 주어진 끝없는 과제인 것이다.

(4) 선택적인 대안의 분석과 의사결정

문제 해결을 위한 최선의 해결책을 선택하는 것은 결코 쉽지도 않고 최선의 해결책 역시 항상 명백한 것도 아니다.

발견된 각각의 대안들에 대한 분석이 끝난 뒤, 가장 문제 해결의 목표에 적합한 해결책을 선정하는 것이 바람직하다. 때로는 여러 가지 대안들 중에서 명백하게 더 나은 대안을 찾지 못할 경우도 있다. 만약 이윤 극대화가 주된 목표라면 가장 큰 이윤을 증가시키는 대안이나 이윤 증가율이 높은 대안을 선택해야 한다. 그러나 이와 같은 경우에도 미래의 불확실성, 특히 미래의 생산물 판매 가격 등의 요인 때문에 대안 선정이 혼란스러울 수도 있다. 이 경우에는 기대 수입과 문제 발생의 잠재적 가능성에 대한 확률적인 고려를 통하여 해결책을 선정해야 한다.

의사결정은 결코 쉽지 않은 경영 행위이지만 농장 경영자가 마땅히 수행해야 할 과제이다. 의사결정이 쉽지 않다고 해서 마냥 미루어서는 안 된다. 많은 기회는 경영자의 의사결정 지연이나 주저 속에서 지나가 버린다는 것을 명심해야 한다.

(5) 결정된 의사의 실행

결정된 의사는 정확하게 그리고 신속하게 실행되어야 한다. 생산 자원의 조달과 재무 계획의 마련 및 작업 실행 계획이 세워지고 계획에 대한 개요가 협력사 등 관련 주체와 종업원에게 전달되는 등 조직적인 실행 체계가 갖추어져야 한다.

(6) 실행 결과에 대한 점검과 평가

경영자는 의사결정에 의한 실행 결과를 확인할 수 있어야 한다. 결과를 확인하는 시간이 오래 걸릴수록 결과는 기대 수준과 달라질 수 있다. 아무리 좋은 의사결정에 의한 실행 결과라 할지라도 나쁜 것으로 나타날 수 있다. 그러므로 훌륭한 경영자는 추진 계획을 수정하거나 변경하겠다는 안목으로 추진 상황을 점검하게 된다. 경영자는 의사결정에 의한 실행 결과를 평가하는 시스템을 구축함으로써 기대하는 결과로부터의 어떠한 일탈(逸脫)도 빠르게 수정할 수 있다. 바로 이것이 경영 관리의 통제 기능인 것이다.

손익계산서는 의사결정에 대한 경제적 성과를 종합한 것이다. 단위당 수확량 자료는 작물 생산이나 축산 경영의 성과를 나타낸다. 실행 결과에 대한 주의 깊은 관찰 자료는 당초의 계획을 수정하는 데 유용한 정보를 제공할 뿐만

생각의 폭과 통찰력을 키우자

15. 빨강과 파랑으로 구성된 명쾌한 '수익 지형도' 그리기

수익 지도(profit map)는 비즈니스에 돌처럼 박혀 있는 '비수익성 요소'를 밝혀내고, 그것을 개선할 방안을 도출하는 중요한 분석 도구이다.

고객, 제품, 서비스, 거래의 각 요소들을 수익성 여부에 따라 분류하고 평가함으로써 어떤 핵심 수익 레버를 순차적으로 활용할지 우선순위와 접근 방식을 정하고, 그것을 통해 실행력 높은 액션 플랜을 수립할 수 있다.

이 프로세스는 다섯 단계를 거친다.

1) 수익 맵핑 1단계: 수익성 데이터베이스 수집

먼저 수익성 데이터베이스를 구성하라. 여기에는 두 가지가 필요하다. 하나는 대표적인 거래 내역(제품명, 제품 번호, 가격 등의 주문 내역)이고, 또 하나는 해당 거래에 들어간 비용이다. 쉽게 말하면 거래건별로 손익계산서를 만드는 것이다. 이렇게 하고 나면 아주 상세하고 효과적인 분석을 할 수 있다.

이제 뭉뚱그려진 수익성이 아니라 고객·제품별로 수익성을 도출할 수 있게 된다. 고객별로 특정 제품의 수익성이 다른 고객에 비해 높은지 낮은지도 알 수 있다. 중요한 것은 이를 통해 고객과 제품의 구성을 바꿨을 때 어떤 영향이 있을지 쉽게 예측할 수 있고, 목표를 높이 책정했을 때 비용이 어떻게 변할지도 파악할 수 있다는 장점이다.

데이터베이스를 만들기 위해 3~4개월 정도의 표본 기간을 설정한 후 컴퓨터(엑셀)에 데이터를 입력한다. 각 거래 내역에는 고객과 제품에 대한 정보뿐만 아니라 해당 고객에게 팔린 해당 제품의 매출과 비용, 거래를 통한 총이익이 포함되어야 한다. 이 데이터베이스를 이용하면 고객과 제품의 구성을 바꿨을 때, 운영과 영업 프로세스상의 특정 요소에 변화를 가했을 때 비용이 어떻게 변하는지 쉽게 예측할 수 있다. 전자는 수익성 높은 제품과 시장을 짚어 주고, 후자는 '불량' 고객을 '우량' 고객으로 바꾸기 위해 어떤 비즈니스 모델을 변경해야 하는지와 그 효과를 알려 준다.

2) 수익 맵핑 2단계: 핵심 고객에 대한 모델링

두 번째 단계에서는 대표성을 띠는 몇몇 고객과 제품을 선정한다. 각각의 거래 내역을 데이터베이스로 수집함으로써 수익성에 대한 개요를 파악한다. 이제 핵심 시장에서 비중이 큰 고객과 작은 고객을 선별하고, 주요 제품군 중에서 순환이 빠른 상품과 느린 상품을 구분할 수 있을 것이다. 이상적이라면 면밀히 조사해야 할 6~12개 정도의 고객, 제품이 추려질 것이다.

이제 각각의 고객에 대해 제품별로 매출, 이익률, 비용 등 수익 요인을 더욱 체계적으로 검토한다. 그리고 주문 주기, 판매 절차, 서비스 주기 등의 요소를 변화시키는 이전과 다른 비즈니스 모델을 시도해 본다. 시장별 가격, 가격 적용 방식 등 가격 정책도 살펴본다. 제품 구성을 변경하거나 대체품 그룹을 개발하는 등 수익을 높이기 위해 가치 있는 도구가 무엇이 있는지도 살펴본다.

이 과정을 통해서 '수익 레버'를 찾을 수 있게 된다. 그것을 당기면 아주 큰 레버리지(지렛대) 효과를 볼 수 있다. 효과적인 수익 레버를 찾으면 그것이 정말 보편적인 방편인지 검증하기 위해 다른 몇몇의 유사한 고객 데이터를 통해 점검해 볼 수 있다.

3) 수익 맵핑 3단계: 전체 비즈니스에의 적용

이제 세부적인 분석에서 빠져 나와 전체 비즈니스 관점에서 다시 한 번 살펴보라. 전 단계에서 대표적인 고객과 제품을 모델로 삼았기 때문에 이제 그를 통해 발견한 것을 비즈니스 전체에 적용하여 생각해 볼 필요가 있다. 모델링에서 효과가 확인된 변화를 실행했을 때, 수익이나 손실이 어디에서 오며 이것이 전체 수익에 어떤 영향을 미칠지 알게 해 준다.

변화에 필요한 장애 요소나 시기 등을 요인에 포함시키면 액션 플랜의 필수 요소를 얻게 된다.

4) 수익 맵핑 4단계: 액션 플랜 수립

이제 비교적 신속히 조치를 취할 수 있고 대가를 확실히 얻을 수 있는 몇 개의 액션 플랜을 수립할 단계다. 이것을 '노력 대비 전망 비율'(view to effort ratio)이라고 표현한다.

최우선적으로 수익이 높은 비즈니스 부문을 지킬 수 있도록 신속히 움직여야 한다. 자원을 바로 그 금광에 우선적으로 집중시켜야 한다. 그런 다음 여유가 생기면 현상유지적 비즈니스의 수익성을 높이는 프로세스를 시작한다.

그럼 분석 결과 밝혀진 수익성이 전혀 없는 고객들은 어떻게 할 것인가?

한 유력한 서비스 회사의 CEO는 이렇게 명쾌히 정리해 주었다. "거래를 끊기 전에 더 높은 가격을 지불하거나 방법을 바꿀 기회를 줍니다. 우리가 바로 그렇게 했죠. 그들이 수익을 갉아먹고 있다는 것을 분석을 통해 알게 되었고, 손실이 나는 영역이 명확해졌습니다. 어디에 메스를 대야 할지가 분명해진거죠. 핵심적인 문제는 가격 자체가 아니라 주문 패턴과 주문량, 배송 조건 등이었죠. 우리는 고객들에게 솔직하게 말했습니다. "이렇게 해 주시지 않으면 우리는 더 이상 서비스를 할 수 없습니다." 다행히도 고객들은 변화에 동의했고 우리는 6개월 만에 비약적인 수익성 향상을 이루었습니다."

5) 수익 맵핑 5단계: 마지막으로 프로세스를 제도화한다

마지막으로 프로세스를 제도화한다. 분석을 6개월마다 반복하는 것이다. 일단 첫 번째 분석을 완료하고 나면 나머지는 일사천리다. 프로세스 자체가 팀워크를 형성하고 모든 관리자들로 하여금 비즈니스를 다시 조망하게 만들 수 있을 것이다.

동시에 수익 맵핑 자체를 새로운 고객의 자질 검증 프로세스에 적용할 수 있다. 수익성이 향상됨에 따라 새로운 기회는 계속해서 생겨날 것이다. 개선하면 할수록 더욱 개선할 수 있다.

자료: 이훈 외 역(2010), pp. 74~82에서 발췌·인용함.

아니라 미래의 또 다른 의사결정을 위한 기초 자료로서의 중요한 가치를 지닌다. 의사결정의 결과를 평가하는 것은 '과거의 실패로부터 배우는' 길이다.

(7) 의사결정 결과에 대한 책임 수용

의사결정 결과의 책임은 의사결정자인 경영자에게 넘겨진다. 아무리 좋은 의사결정이었다고 해도 때로는 나쁜 결과를 초래할 수도 있다. 시장과 생산의 불확실성은 날씨 또는 정책 변화, 생산 자재 공급자, 가공업자의 경영 방침 변경 등 경영자가 통제 불가능한 많은 요인 때문에 초래되기 때문이다.

경영자는 의사결정의 책임을 회피하려들지 말고 손실을 극복하기 위한 노력과 함께 장래 계획에 집중하는 자세로 신속히 전환해야 한다.

2) 농업 분야에서의 독특한 의사결정 환경

농업 분야에서는 다른 산업 분야와는 다른 독특한 특성이 존재하기 때문에 특별히 고려해야 할 의사결정 환경이 존재한다.

(1) 유기적 생산 과정과 기후 조건

경영자의 의사결정에 주어진 가장 뚜렷한 제약 조건 중 하나는 농업 생산이 생물학적이고 물리적인 자연법칙의 지배를 받는 유기적(有機的) 생산 과정이란 것이다.

경영자가 제어할 수 없는 기술적인 조건은 무수히 많다. 예컨대, 가축의 성숙 시기를 단축시킬 수 없다. 일정량 이상의 사료를 더 먹일 수도 없고 임신 시기를 단축시켜서 새끼를 더 자주 출산시킬 수도 없다. 작물의 숙기(熟期) 단축도 어렵다. 폭풍과 눈보라 등 갑작스런 기후 변화에 대응하기 위한 적절한 대응책 마련도 단기적으로 어렵다.

생산 과정에서의 예측 불가능성은 농업 분야의 독특한 경영 환경으로서 비농업 분야에서는 겪지 않아도 되는 경영 의사결정의 위험성인 것이다.

(2) 농지 공급의 고정성

대부분의 산업 분야에서는 기업은 제품의 수요 증가에 따라 더 많은 생산 요소를 공급하고 생산 시설의 가동률을 높일 수 있다. 그러나 농업 부문에서는 가장 중요한 토지 공급이 고정되어 있다는 특성이 있다. 농장 경영자는 주어진 농지의 생산성을 향상시키거나 다른 농가의 땅을 임대 또는 구매하는 행위를 통하여 생산을 늘릴 수밖에 없다.

이 경우 농지를 사고, 팔고, 임대차하는 데 따른 중요한 의사결정이 필요하다. 여기에는 농산물 가격과 자재 가격, 경기 변동 등과 연계시켜서 농지의 판매 및 구매 가격과 임대차 가격 등을 결정해야 할 추가적인 의사결정도 필요하다. 또한 일정한 재배 또는 사육 기간이 필요하기 때문에 농장의 가동률을 단기적으로 높이기도 어렵다.

(3) 소규모 가족 경영

농업은 가족노동력에 의한 소규모적인 가족농 체제로 경영되는 것이 지배적이다. 한국의 농가 평균 경지 면적은 호당 1.5ha에 불과하고 일본은 2.0ha, 그리고 규모가 상대적으로 큰 미국의 경우에도 호당 경영 규모는 67.3ha이지만 영세한 가족농의 비율은 80%를 넘는다

소규모의 가족 경영(family farming) 체제하에서는 경영주는 경영자인 동시에 근로자이므로 경영 행위를 노동과 쉽게 분리할 수 없다. 농장은 농장주의 일터이므로 경영자로서 마땅히 수행해야 할 시급한 경영 의사결정을 미루거나 농

작업의 관행에 밀려서 무시되기 일쑤이다. 뿐만 아니라 경영자의 주택과 가정 생활이 농장 내에서 행해지기 때문에 개인적인 목표와 사업적인 목표가 서로 뒤엉켜진 근로 활동을 수행하게 된다. 또한 대부분의 소농의 경우에는 구성원 간의 분업이나 농작업의 전문화 기회조차 없다. 그러므로 소규모적인 가족 경영 상태하에서는 제대로 된 경영 관리가 어렵다.

(4) 완전 경쟁적인 생산품

농업 생산은 완전 경쟁적인 산업의 예로서 흔히 거론된다. 수많은 생산자가 산업 내에 존재하고 대부분의 농산물은 서로 동질적(homogeneous)이다. 그러므로 개별 경영자는 생산품의 가격 결정에 영향을 미치지 못한다. 농산물 가격은 국가별로 또는 국제적으로 수요와 공급 요인에 의해서 결정된다. 그러므로 개별 농가들은 시장에서 결정되는 가격에 순응자(price taker)로서의 역할에 안주할 뿐이다. 일부 경영자는 틈새시장이나 지방시장에서 독점 가격의 형성을 꾀하거나 소농 협동적인 조직을 통하여 가격 결정권 등 거래 교섭력의 강화를 도모하기도 한다.

이러한 모든 요인들이 농업 분야에서의 경영자 의사결정의 독특한 환경을 조성하고 있는 것이다.

3. 경영 계획 활동

1) 계획화의 중요성과 유형

계획(plan)이란 목표를 정하고 어떻게 달성할 것인가를 밝힌 내용이다. 계획화(planning)란 목표를 달성하기 위하여 수행해야 할 과업을 결정하는 경영자의 첫 번째 관리 기능이다. 그러므로 계획화는 가장 먼저 시작하는 경영 활동으로서 기업의 성과에 중요한 영향을 미치는 경영 활동이다.

계획은 일반적으로 계획의 기간에 따라서 장기 계획(long-term planning), 중기 계획(mid-term planning), 단기 계획(short-term planning)으로 나누어진다.

장기 계획은 기업이 신규 사업에 참여하여 충분한 수익을 올릴 수 있거나 기존 사업으로부터 철수할 수 있을 만큼 충분한 기간(보통 5년 이상)을 가진 계획을 말한다. 중기 계획은 기업이 생산 시설을 확장 또는 축소하여 그 효과가 나타날 수 있는 기간(보통 1~3년)의 계획을 말한다. 단기 계획은 기업이 생산 시설의 가동률 향상 등을 통하여 생산성의 효율을 실현할 수 있는 기간(보통 1년)의 계획을 말한다.

또한 계획의 성격에 따라서 전략 계획(strategical planning), 운영 계획(operational planning), 임시 계획(contingency planning) 등으로도 나누어진다.

운영 계획은 전략 계획의 부문별 세부 추진 계획으로 주어진 과제를 효율적으로 해결하기 위한 계획이다. 생산 계획, 마케팅 계획, 자료 조달 및 운용 계획, 인력 계획, 연구 개발 계획 등 기능별 업무 계획이 여기에 속한다. 주로 기업의 중간 관리자가 주축이 되어 주어진 전략 계획의 부문별 실행 방법을 설정하기 위해서 수립되는 중기 계획의 성격을 가지고 있다.

임시 계획은 기업이 평상시에 예상하지 못한 상황에 처할 경우에 대비하여 마련하는 계획을 말한다. 기상 재해나 '구제역 발생' 등의 경우를 상정해서 마련된 행동 규칙(manual) 등이 여기에 속한다.

생각의 폭과 통찰력을 키우자

16. Prosumer로서의 가족 경영

농업의 주력 생산 주체는 가족농(family farm)이다. 자본 집약적인 동시에 대규모화된 미국에서도 가족농이 전체 농가 수에서 차지하는 비율은 80%를 넘는다. 가족은 생산 주체일 뿐만 아니라 경영체의 소비 주체이다.

따라서 생산(production)과 소비(consumer)를 합쳐서 가족농을 prosumer라고 부르기도 한다. 음식, 의류, 선물, 주거 수선 등 용도로 가족 구성원이 쓰는 현금 지출액은 비용인가, 아닌가? 엄밀한 의미에서 농산물을 생산하여 이윤을 창출하기 위한 용도로 사용되는 경비가 사업 비용이고, 농산물을 생산하여 이윤을 창출하기 위한 용도로 사용되는 경비가 사업 비용(business expenses)이다. 그러므로 가족 구성원이 개인 용도로 지출한 현금 지출액은 비용이 아니다. 그러나 가족 구성원이 지출한 현금으로 더 행복해져서 더 열심히 농장에서 일할 수 있는 분위기가 만들어진다면 기업의 복리후생비 지출과 같은 비용으로 해석될 수도 있다.

기상 재해 때문에 사업장이 운영을 정지하는 경우도 농업 부문에서는 자주 발생한다. 폭설로 비닐하우스가 주저앉았다거나, 구제역으로 가축을 파묻고 키울 가축이 없어서 노는 경우 등이 그렇다. 이 경우 농장 경영은 쉬게 되지만 가족 구성원의 식사 등 생활은 중지시킬 수 없다. 생산 활동과 소비 활동을 동시에 수행하는 가족농의 특성이 여기에 있다. 생산자(producer)와 소비자(consumer)의 역할을 동시에 수행하는 prosumer로서의 가족 경영을 대상으로 하여 합리적인 경영 관리를 실행하는 것은 쉽지 않은 일이다.

2) 계획화의 단계와 계획 수립

기업은 합리적으로 계획을 수립하기 위하여 다음의 3단계를 거치게 된다.

첫째, 기업의 경영 목표를 구체적으로 설정한다. 즉, 수익성, 시장 점유율, 매출액, 성장성 등을 일정 기간 내에 달성하기 위한 목표를 설정한다.

둘째, 설정된 목표 달성에 영향을 미치는 요인들을 확인하고 분석한다. 흔히 경쟁자들의 전략이나 고객들의 구매력과 소비 성향의 변화 등이 목표 달성에 중요한 영향을 미치는 요인으로 인식되고 있다.

셋째, 목표를 달성하기 위한 체계적인 접근 방법을 개발한다. 누가, 무엇을, 어떻게, 언제 활동하도록 하여 목표에 달성할 것인지를 계획하는 것이 포함된다.

(1) 계획 수립 기법의 발전 과정

경영학의 계획 수립 기법은 다음과 같은 발전 과정을 통하여 발전해 왔다.

제품 포트폴리오 매트릭스

1970년대 미국의 거대 기업들이 당면한 가장 큰 문제점은 경영 자원, 특히 투자 자금을 각각의 사업부에 어떻게 할당할 것인가 하는 문제였다.

이를 해결하기 위하여 가장 많이 사용되었던 분석 도구가 제품 포트폴리오 매트릭스(products portfolio matrix: PPM)였다. 그러나 장기 계획 성격의 PPM은 두 차례 오일쇼크 발생 등 세계 경제의 기복이 심해짐에 따라서 그 유용성을 의심받게 되면서 기업들은 중장기 전략 계획보다는 전략적인 분석과 사고 능력을 키워줌으로써 경쟁 우위를 창출하는 경영 전략에 더 큰 매력을 느끼게 되었다.

산업 구조 분석

장기 전략 계획에 대한 관심이 쇠퇴하면서 1980년대에는 포터(Michael Porter) 교수를 중심으로 하는 산업 구조와 경쟁 전략에 대한 분석 방법이 기업들에게 좋은 반응을 불러일으켰다.

장기 전략 계획의 대안으로 포터가 제시한 산업 구조 분석 기법은 기업이 처해 있는 외부 환경을 이해하도록 전략적 사고를 어떻게 배양할 것인가에 초점을 맞추고 있었다. 즉, 기업이 경쟁 기업에 대하여 경쟁 우위를 차지하기 위해서는 각 산업 특성에 따라서 원가 우위나 차별화 우위를 가져야 한다는 것이다. 시장 개방의 진전에 따라서 위기에 처해 있는 한국 농업도 부문별로 원가

우위나 품질·서비스의 차별화 우위 실현을 통한 경쟁 우위 확보 전략이 필요하다.

기업 내의 경영 자원

포터는 기업의 경영 전략에 도움을 주는 외부 환경을 분석하는 기법을 제시하였지만, 그러한 환경에 대해 어떻게 대응할지에 대한 구체적인 실천 방향을 제시하지는 못하였다.

1990년대 이후 기업의 경쟁 우위는 기업이 보유하고 있는 경영 자원이나 핵심 역량(core competence)에서 비롯된다는 인식이 확산되면서 경영 자원의 배분 문제가 경영 전략의 주류를 이루어 왔다.

(2) 계획과 목표 관리

목표 관리(management by objectives: MBO)는 드러커(Peter Drucker) 교수가 창안한 관리 기법으로 종업원에게 동기 부여를 하는 경영 관리 기법이다.

목표 관리 제도는 조직 전체의 목표에 따라서 단위 부서 수준의 사업 계획과 업무 목표를 구체화하고, 이를 다시 부서 내 개인 담당 업무로 분해하여 계획을 추진해 나가며, 일정 기간이 지난 뒤에 설정 목표의 달성 정도에 따라 각 개인의 실적을 평가하는 경영 관리 방식이다. 따라서 이 목표 관리 과정에는 상사와 부하 직원이 합의한 객관적 성과 표준을 기준으로 하여 업무 추진의 진척도와 목표 달성도를 측정하고 이를 점검하는 일련의 평가 절차가 수반된다.

일단 목표가 정해지면 세부적 목표를 달성할 책임은 종업원에게 주어지고 종업원은 목표 달성을 위해 필요한 모든 일을 할 수 있는 권한과 자유를 갖게 된다. 목표 설정 과정에서 관리자는 종업원과 상의하여 사업 추진의 확인과 감독 방법을 결정하고 계획 기간이 끝난 뒤에 업적 평가 기준도 설정된다. 계

17. 고어의 독특한 경영 철학

고어(W. L. Gore & Associates)사는 핵심 기술을 바탕으로 하지만 다양한 영역에서 제품 혁신을 이어 나가고 있다. 이러한 다양성 있는 제품들은 고어사의 독특한 경영 방식에 기인하기 때문에 최근 학계와 언론으로부터 각광받고 있다. 하멜(Gary Hamel)과 같은 유명 경영학자는 비즈니스 혁신이나 사업 모델 혁신보다 더 획기적인 '경영 혁신'(management innovation)에 성공한 기업으로 고어사를 꼽고 있다. 다양성이 중요시되는 미래 경영 환경에서 직원들의 능력을 극대화시켜 창의적인 혁신에 성공하고 있기 때문이다.

고어사의 독특한 경영 전략은 무엇인가?

1) 고어사의 탄생

고어사는 듀퐁에서 화학 엔지니어로 일하던 고어(Bill Gore)에 의해서 1958년 설립되었다. 고어는 듀퐁에서 테프론(Teflon)이라는 브랜드로 화학업계에 잘 알려진 합성수지, PTFE(polytetra fluoro ethylene)를 응용하는 연구를 하고 있었다. 그는 이를 절연체로 활용하여 케이블을 만드는 데 관심이 있었지만 듀퐁에서는 그의 생각을 받아들여 주지 않았다. 결국 승진을 앞두고 있던 그는 17년간 일하던 듀퐁을 떠나 자신의 집 지하실에 공장을 차리고 고어사를 창업하였다.

고어사가 지금처럼 다양한 분야로 진출할 수 있었던 것은 1969년 고어의 장남인 고어(Bob Gore)가 PTFE를 확장시키는 방법을 개발한 이후부터이다. 창업자인 아버지를 이어 1978년부터 2000년까지 CEO를 맡았던 고어는 화학공학 박사 학위를 받은 후 고어사에 입사해 제품 개발을 담당하고 있었다. 합성수지인 PTFE를 압출 성형하는 과정에서 실패를 거듭하고 난 이후 우연히 뜨거운 합성수지를 갑작스럽게 늘려보았다. 그랬더니 강도는 강하게 유지되면서 길이가 열 배 가까이 늘어난 새로운 소재가 만들어졌다. 이를 확장된 ePTFE(expanded PTFE)라고 불렀는데, 이 합성수지는 공기가 통과할 수 있는 구멍이 숭숭 뚫린 분자 구조를 지니고 있어서 땀과 같은 공기는 통과하고 비와 같은 물을 막는 독특한 특징을 지니게 되었다. 이 소재가 섬유나 불순물을 거르는 멤브레인 등 다양한 제품에 응용되면서부터 고어사의 제품 혁신에 탄력을 받게 된 것이다.

2) 고어의 경영 철학

듀퐁 시절 고어는 사람들이 조직의 위계적인 질서에 구애받지 않고 자유롭게 대화를 나누는 유일한 순간은 동료들끼리 카풀(car pool)을 할 때란 사실을 발견하였다. 비록 상사와 부하 관계라 하더라도 차에 합승해서 출퇴근할 때는 위계적인 관계를 떠나 재미있고 창의적인 대화를 하는 것이었다. 카풀을 할 때 사람들 사이에서는 새로운 에너지와 아이디어가 넘쳐났다. 다른 한편으로는 회사가 위기에 처해서 프로젝트 조직(task force team: TFT)을 가동시킬 때 권위적인 규칙과 속박에서 벗어나 생산적인 토론을 한다는 것을 발견하였다. 그래서 직급과 상하 관계를 집어던지고 모든 직원들이 자신의 역량을 충분히 펼칠 수 있는 회사를 만들고 싶어하였다.

이러한 창업자의 생각이 고어사의 철학에 녹아 있다. 고어사의 독특한 경영을 만들어낸 근본 경영 철학은 크게 네 가지로 요약될 수 있다. 인간에 대해 믿음을 갖고(belief in individual), 작은 조직에서 오히려 강한 힘이 나온다고 확신하며(power of small teams), '모두 함께'라는 정신(all in the same boat)으로 장기적 시각(long term view)으로 경영한다. 즉, 성선설(性善說)의 가치관으로 구성원의 자율성이 파괴되는 관료주의를 만들지 않기 위해서 작은 조직을 유지하는 것이다. 사람에 대한 믿음이 핵심이다.

이와 같은 경영 철학에 기초하여 고어사 직원들은 행동할 때 네 가지 원칙을 지키고 있다. 첫째, 자유(freedom)라는 원칙에 입각하여 행동한다. 직원들은 자신의 역량을 충분히 펼칠 수 있도록 자유롭게 행동할 수 있으며, 동시에 다른 동료들이 성장하고 발전할 수 있도록 도울 수 있는 자유를 지니고 있다.

둘째, 공정(fairness)에 기반한 의사결정을 한다. 이는 직원들 사이에서뿐만 아니라 협력업체나 고객 등 이해관계자들에게 모두 공정하게 대하자는 의미이다.

셋째, 무언의 약속(commitment)을 스스로 실천한다. 이 말은 직원들이 자기가 옳다고 여기는 바를 스스로 실천하도록 자기 자신을 규율해야 한다는 것을 의미한다.

넷째, 해수면(waterline)의 원칙에 따라 의사결정한다. 해수면 원칙은 고어사를 하나의 커다란 배로 비유한 개념인데, 어떠한 의사결정이 수면 아래에 구멍을 뚫는 것은 아닌지, 그래서 배 전체를 침몰시킬 가능성은 없는지에 대해서 고민해야 한다는 의미이다. 즉, 어떤 투자를 할 때 기업의 생존에 커다란 영향을 주는, 해수면 아래에 구멍을 뚫는 의사결정이 되지 않도록 리스크 관리를 하자는 것이다. 그래서 어떠한 의사결정을 하기 전에 해당 분야에서 지식과 경험이 많은 다른 동료와 충분히 토론하여 리스크를 최소화하고 있다.

3) 고어사의 제품과 사업의 진화

직원들의 자율성을 극대화하고 있기 때문에 당연히 고어사는 직원들의 아이디어에 따라 사업화된 제품이 많다. 그래서 현재 섬유, 의료, 전자, 산업재 등 4개의 사업부 체제하에서 사업을 운영하고 있지만, 제품은 훨씬 더 다양하다. 진입하고 있는 산업 분야만 해도 우주, 자동차, 화학, 컴퓨터, 통신, 에너지, 환경, 산업재, 의료, 군수, 제약, 바이오, 반도체, 섬유 등 너무나 다양한 분야에서 제품을 생산하고 있다. 사실 사람들에게는 고어텍스 섬유로 잘 알려져 있지만, 고어사는 1,000종이 넘는 수많은 제품을 생산하고 있다.

그러나 이 모든 제품들은 ePTFE라고 하는 핵심 기술에 기반하고 있다. 가령 불소중합체(fluoropolymer) 관련 기술에 집중하여 개발된 튜브는 혈관 조직 제품으로 이어졌고, 고강도의 합성섬유는 치실 같은 제품으로 확장되었으며, 멤브레인으로 개발된 합성수지가 고어텍스 제품을 낳았다. 그래서 고어사가 영위하는 산업은 회사에서 전략적인 의도를 가지고 새로운 분야에 들어간 것이 아니다. 제품이 저절로 진화하게 만들어서 오늘날 다양한 산업에 진출하게 된 것이다.

의료사업부가 탄생한 것도 한 직원이 스키장에서 의사인 친구와 리프트를 타다가 생각해 낸 아이디어에서 출발하였다. 고어텍스 섬유의 안감이 찢어진 것을 그 의사가 만져보고 느낌이 피부와 비슷하다는 이야기를 듣게 된 이후 인공 피부로 활용할 수 없는지 생각하게 된 것이다. 실험을 거듭하여 인공 피부와 혈관 조직으로 활용할 수 있게 되어 섬유사업부 다음으로 매출 규모가 큰 사업부가 탄생한 것이다.

즉, 고어사는 직원들의 자율성을 극대화하는 경영을 통해 제품과 사업도 직원들에 의해 저절로 진화하게 하고 있다.

4) 고어사의 경영 메커니즘

이러한 독특한 경영 프랙티스와 사람들의 자율성이 발휘되는 조직 문화로 인해 고어사에서는 첨단 기술과 차별화된 제품이 끊임없이 생겨나고 있다. 특히 경영 환경이 점점 더 불확실해지고 있는 상황에서는 고어사처럼 사업 포트폴리오가 다양한 것이 커다란 강점이다. 더욱이 천여 종이 넘는 제품이 세계에서 유일한 품질과 기능을 지니고 있는 차별화된 것들이 대부분이다. 수많은 직원들이 오너십을 가지고 스스로 아이디어를 내서 이를 제품화시키고 있기 때문이다. 이러한 고어사의 다양성과 차별화된 강점은 모두가 동료라는 의식에서 출발한다. 고어사의 이름은 W. L. Gore & Associates이다. 이 말은 고어와 동료들이라는 뜻이다. 회사를 만들 당시부터 사장과 직원이 아니라 동료들이 모인 조직이라는 개념이 들어간 것이다.

아무리 직원들이 자유롭게 아이디어를 낼 수 있는 분위기를 조성한다고 해도 어떤 문제나 도전에 직면했을 때마다 필요한 해결책이 쉽게 떠오르는 것은 아니다. 이때 리더가 직원들을 채근하거나 압박하면 오히려 역효과를 빚는다. 그래서 직원들이 아이디어를 자유롭게 내도록 하기 위해서는 '리더의 인내력'이 필요하다. 그래서 고어사에서는 직원들의 다양한 아이디어가 혼란스럽더라도 리더들은 그것을 관리하려고 하지 않고 결과가 나올 때까지 기다려 주고 있다.

자료: LG경제연구원(2009).

획 기간이 끝나고 나면 목표 달성의 성과를 평가하는 회의를 통하여 목표 달성 정도를 검토한다.

목표 설정은 경영자 계층에 따라서 달라진다. 최고 경영자는 기업을 이끌기 위한 경영 목표를 설정하고, 중간 관리자는 업무의 운영 목표를 설정하며, 일선 관리자는 직무와 관련된 직무 목표를 설정한다.

목표 관리(management by objectives: MBO) 기법은 세 가지 특징이 있다. 첫째,

목표 설정에 종업원이 참여한다는 점, 둘째 조직 계층 간의 목표를 통합할 수 있다는 점, 셋째 목표와 성과를 연계시켜 평가한다는 점이다.

목표 관리는 업무 수행에 자율과 공헌의 사고방식을 강조하는 기업들이 주로 채택하고 있는데, 미국의 GM, Dupont, GE 등 대기업과 일본의 후지쓰가 목표 관리 제도를 운영하고 있으며, 한국 기업 중에서는 효성, 두산, 한독약품 등이 연봉제를 실시하면서 성과 평가 방법으로 MBO를 도입하고 있다.

3) 계획과 실행

기업의 목표 설정에 있어서 가장 중요한 과제는 "우리는 어디로 가야 하는가?"와 "어떻게 그곳까지 갈 것인가?" 하는 것이다.

결국 실행을 위한 전략과 전술을 구상하고 구체적 행동 계획을 수립하는 것이다. 따라서 승자와 패자를 구분하는 것은 바로 실행 능력이다. 일반적으로 기업의 경영 전략은 계획·실행·평가의 세 단계를 거쳐서 구체화된다.

계획 단계에서는 전략적인 대안을 탐색하고 각 대안 간의 평가를 통하여 최적의 대안을 도출해 내며, 실행 단계에서는 조직 개편 등과 같은 세부 실행 계획을 세우고 책임과 권한을 명확히 하는 동시에 자원 배분을 실행한다. 평가 단계에서는 모니터링 시스템의 구축과 성과에 대한 평가를 통하여 환류(feed back)와 조정 활동을 수행한다.

그러나 기업 조직은 외부에서 제시된 전략을 그대로 따라가지 못하거나 안하는 경우가 더 많다. 인간의 기회주의적인 행동과 행동 관습, 그리고 조직 문화 등과 같이 가시적으로 파악할 수 없는 수많은 장애물이 도사리고 있기 때문이다. 이와 같은 한계를 극복하기 위해서는 계획-실행-평가로 이루어진 계획 중심 프로세스를 바꾸도록 노력할 필요가 있다. 실행 중심의 계획은 다음과

같은 원칙으로 수립하는 것이 바람직하다.[1]

① 계획을 단순하게 세우자. 복잡한 계획은 혼란만 가중시키므로 누구라도 한 눈에 파악할 수 있도록 계획을 단순화한다.

② 계획 수립에 계획을 실행할 사람을 참여시키자. 팀장, 임원이 수립한 계획은 현실성이 떨어질 수도 있다. 또한 계획 수립자가 계획 실행자에게 강요할수록 실패할 확률도 높아진다.

③ 실현 가능한 현실적인 계획을 수립하자. 의욕만 앞서는 계획은 성공하기 어렵다. 달성 가능하고 관리 가능한 수준의 계획을 세워야 한다.

④ 권한과 의무를 명확하게 하자. 모든 실행 결과를 예상하여 각 가능성에 대해서 개인이든, 팀이든 명확한 책임이 부여되어야 한다.

⑤ 유연하게 실행하자. 외부 환경은 항상 변하기 때문에 당초의 계획대로 모든 것이 실행되기는 어렵다. 따라서 실행 계획은 언제라도 수정 가능해야 한다.

4) 전략 경영

(1) 전략 결정의 요소

오늘날 기업에서 가장 널리 사용되는 용어 중의 하나는 경영 전략 또는 전략 경영(strategic management)이다. 전략(strategy)이란 군사 용어로서 그리스의 군대를 의미하는 stratos와 이끈다(lead)는 의미를 가진 -ag가 합쳐진 용어이다. 따라서 글자의 의미 그대로 승리하도록 이끄는 방법이 전략이다.

1 박봉규 외(2010), pp. 145~146.

어떤 경영체든 경영 목표를 달성하기 위한 사업 계획을 세운다. 이를 경영 전략이라고 한다면 전략 경영이란 기업이 설정한 목표를 달성하기 위하여 각종 전략을 수립하고 이를 통해서 자원을 전략적으로 배분하는 실행 로드맵이라고 할 수 있다.

전략에는 기업 전략(corporate strategies), 사업 전략(business strategies), 기능 전략(functional strategies) 등이 포함된다.

기업 전략은 기업 전체를 총괄하는 차원에서 수립하는 전략으로서 사업 영역이나 제품 종류를 결정하고, 새로운 사업 개발이나 사업 축소 등을 결정하며 자원 조달과 배분 방향을 결정하기 위한 전략이 포함된다.

사업 전략은 경쟁 전략이라고도 칭하며 사업 부서별로 또는 전략 사업 단위별(strategic business unit: SBU) 차원에서 수립하는 전략이다. 전략 사업 단위는 제품별 또는 지역별로 구분되어 독자적인 사업 목표를 가지고 활동하는 사업 부서를 의미하며 각각 다른 시장과 경쟁 구조를 갖고 있는 특성이 있다. 사업 전략의 핵심적인 관심은 경쟁 기업과 비교해서 지속적으로 경쟁 우위를 확보하고 유지하는 데 있다.

기능 전략은 생산 전략, 마케팅 전략 등 기능 부서별로 수립하는 전략을 말한다. 기능 전략의 핵심은 기능 영역의 전문성을 가장 효율적으로 적용시키는 데 있다.

전략을 수립하는 데 있어서 고려해야 할 세 가지 요소는 다음과 같다.

첫째, 기업의 외부 환경으로부터의 기회(opportunity)와 위협(threat) 요인을 파악하는 것이다. 여기에서 기업의 외부 환경에는 경쟁 기업의 전략뿐만 아니라 기업의 경영 활동에 직·간접적으로 영향을 미치는 정치적·경제적·기술적·사회적·문화적 환경 모두가 포함된다.

둘째, 기업이 보유한 능력 등 내부 여건을 고려해야 한다. 즉, 기업이 가지고 있는 재무 구조, 생산 시설과 기술 수준, 경영 능력 등 기업 내부의 능력과 한계점을 명확히 해야 한다는 것이다.

셋째, 기업의 방향을 제시하는 기업 고유의 경영 철학을 고려해야 한다. 적(기업의 외부 환경)을 알고 나(기업의 내부 여건)를 알고 난 후에 할 일은 최고 경영자의 가치관이나 비전 등을 실현할 수 있는 전략을 수립해야 한다는 것이다.

(2) 전략 수립 과정

기업 이념과 기업 목표가 구체적으로 세워져 있다는 전제조건하에서 기업의 전략을 수립하기 위한 유용한 방법은 SWOT 분석이다. SWOT(strength, weakness, opportunity, threat) 분석은 환경으로부터의 기회와 위협 요인을 파악하고, 조직 능력의 상대적 강점과 약점을 파악하기 위해서 흔히 사용된다. 외부 환경을 분석할 때에는 산업별로 성패를 결정지을 수 있는 핵심 성공 요인(key

그림 7-2 SWOT 분석을 통한 전략 결정

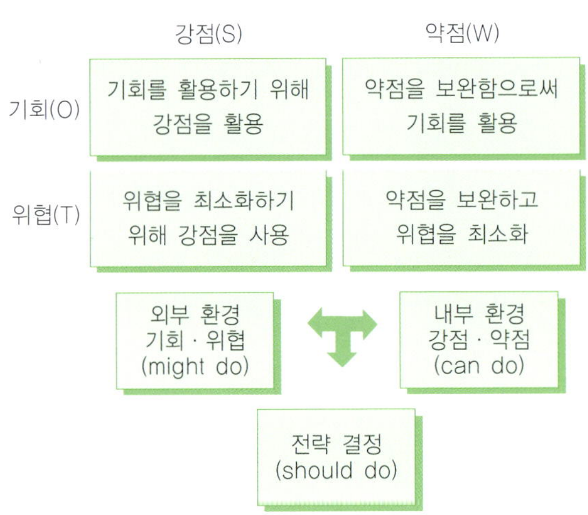

success factor)에 초점을 맞추어야 하고, 자사의 강점과 약점을 분석할 때에는 경쟁자와 비교해서 우리의 강점과 약점이 무엇인가에 초점을 맞추어야 한다.

(3) 전략 수립 모델

제품 포트폴리오 전략

제품 포트폴리오 전략(product portfolio management: PPM)은 1970년대 초반에 보스턴컨설팅그룹(BCG)에 의해서 개발되었기 때문에 BCG 매트릭스라고도 한다. 제품수명주기(product life cycle: PLC)와 경험곡선(experience curve)을 바탕으로 하여 시장 성장률과 상대적 시장 점유율의 두 차원에 의해서 개발된 2×2매트릭스 전략이다. BCG 매트릭스를 작성하는 방법은 다음과 같다.

- 시장 성장률 계산: 해당 국가의 GNP 성장률 또는 산업 전체의 연평균 성장률과 비교해서 계산한다.
- 상대적 시장 점유율 계산: 동종 산업의 경쟁 기업 중에서 가장 큰 규모의 기업과 비교되는 상대적 시장 점유율로 계산한다. 즉, 해당 전략 사업 단위(SBU)의 시장 점유율/최대 경쟁자로 계산된 시장 점유율을 이용한다.
- ○의 표시: 사업(제품)의 매출액이 자사의 총매출액에 비례한 크기로 표시한다.

BCG 매트릭스의 수직축은 시장 전체의 매력도를 측정하는 시장의 성장률이고, 수평축은 기업이 시장에서 차지하고 있는 시장 점유율이다. BCG 매트릭스는 시장 성장률과 시장 점유율이란 2개의 단순한 변수를 축으로 하여 여러 사업들을 2차원 공간에 나타내어 상호 비교가 가능하게 해 주는 기법인 것이다.

그림 7-3 제품 포트폴리오 전략 수립을 위한 BCG 매트릭스 사례

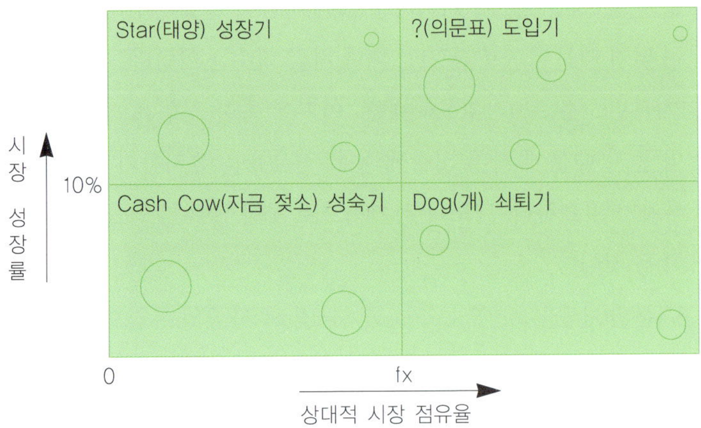

즉, 시장 성장률이 높은 경우에는 기업이 생산을 증가함으로써 높은 이윤을 얻을 수 있는 기회가 존재하며 수요가 정체된 경우에는 유휴 설비의 발생과 낮은 가동률로 기업의 수익률이 하락한다. 또한 어떤 기업의 시장 점유율이 높다는 것은 그 기업이 경쟁 우위를 갖고 있다는 것을 말해 준다.

제품 포트폴리오 전략은 제품별 전략 사업 단위(SBU)별로 제품에 대한 현재의 전략적 입장과 사업 포트폴리오에 대한 전반적인 내용 파악을 가능하게 함으로써 미래의 전략 지침이나 방향 설정에 대한 통찰력을 제공한다.

[그림 7-3]에서 나타난 각 분면에서의 특성은 다음과 같이 분석된다.

- 1/4분면(고성장-저점유, Question Mark, 의문표(?)): 1/4분면에 위치한 사업은 현재 시장 내에서의 위치가 미약하기 때문에 점유율을 높이고 생산 원가를 내려서 경쟁성을 확보하기 위해서는 많은 어려움이 있다. 그러나

시장성이 좋기 때문에 좋은 수익성을 올릴 가능성은 있다. 현재의 사업을 유지·성장시키기 위해서는 많은 자금이 필요한 반면에 시장 점유율이 낮기 때문에 조속한 기간 내에 자금 회수는 어렵다.

- 2/4분면(고성능–고점유, Star, 태양): 여기에 속한 사업은 성장률과 점유율이 높기 때문에 빠른 성장에 높은 점유율을 유지하기 위하여 더 많은 투자가 필요하다. 그러나 장기적으로 보다 많은 수입을 가져오는 사업이 될 것이다.
- 3/4분면(저성장–고점유, Cash Cow, 자금 젖소): 자금의 투입보다 자금의 창출이 더 큰 사업이다. 이 사업은 현재의 시장 점유율은 높지만 이미 제품수명주기상의 성장기를 넘어선 사업이다.
- 4/4분면(저성장–저점유, Dog, 개): 이 사업은 성장률도 낮고 점유율도 낮기 때문에 수익이 많지 않을 뿐만 아니라 앞으로의 전망도 없기 때문에 재투자도 그 가치가 없다.

제품 포트폴리오 전략은 매우 단순하면서 유용한 모형이지만 다음과 같은 한계점을 가지고 있다. 첫째, 복잡한 사업의 성격을 시장 성장률과 상대적 시장 점유율의 두 측면을 고려하여 전략을 수립하므로 실제로 적용되지 않는 경우가 많다. 둘째, 시장 점유율과 수익률은 강한 상관관계를 가지지 않는 것이 일반적이다. 낮은 점유율의 경우에도 높은 수익률을 성취할 수 있다. 셋째, 현대 산업 사회에서 단 하나의 경쟁자만 고려하는 것은 비현실적이다.

본원적 경쟁 전략

포터(M. Porter)는 경쟁 우위를 확보할 수 있는 본원적 경쟁 전략으로서 원가우위 전략(low cost strategies), 차별화 전략(differentiation strategies), 집중화 전략(focus

그림 7-4 포터의 본원적 경쟁 전략

		전략적 이점	
		고객에게 인지되는 독특함	저원가
전략적 목표	전 산업	차별화 전략	원가 우위 전략
	독점 부문	집중화 전략 (차별화에 의한)	집중화 전략 (비용 우위에 의한)

strategies) 등 세 가지 실행 가능한 전략을 제안하였다.

원가 우위 전략은 경쟁 제품에 비해서 품질은 그다지 손색이 없지만 경쟁 업체보다 가격을 낮게 책정하는 전략이다. 원가상의 우위를 확보하기 위한 구체적인 방법으로는 규모의 경제를 달성할 수 있는 설비의 건설, 경험 축적에 의한 원가 절감, 총비용에 대한 엄격한 통제, 한계 고객과의 거래 회피, R&D 투자, 서비스·광고·판매 등에서의 원가 최소화 방법 등이 제시되고 있다.

차별화 전략은 기업이 제공하는 제품이나 서비스를 경쟁 기업과 차별화시킴으로써 시장 점유율을 유지·향상시키는 전략이다. 차별화의 방법으로는 고객에 대한 서비스, 디자인, 상표 이미지, 포장 및 특수한 기능 부여 등 여러 가지가 있을 수 있다. 그러나 차별화 전략을 채택하더라도 비용을 무시해도 좋다는 뜻은 아니고, 비용 절감만이 제일의 전략적 목표는 아니라는 것이다.

집중화 전략은 특정 시장, 즉 특정 구매자 집단이나 제품 라인의 일부분, 또는 특정 지역을 집중적으로 공략하는 것이다. 비용 우위나 차별화 전략이 산업의 전반적 목표를 위한 전략임에 반하여, 집중 전략은 특정 시장에 역량을 집중시키는 전략이라고 할 수 있다.

생각의 폭과 통찰력을 키우자

18. 전략을 구성하는 세 개의 중심 기둥

전략은 '수익성 제고 정책'을 수립하는 기반이다. 전략이 건전하고 올바르면, 리더는 그를 통해 강력하고 지속적인 수익성을 이끌어 낼 수 있는 정책을 개발할 수 있다. 하지만 전략 자체에 결함이 있으면, 제아무리 최선의 계획이라 해도 실패한다.

'우리는 고객을 위해 존재한다!' 얼마나 틀에 박힌, 귀가 따갑게 들어온 표현인가? 모든 기업들이 고객을 전략의 중심에 놓고 있는 듯한 모양새이다. 그런데 막상 모두들 얼마나 자기 중심적인지 발견하면 경악을 금치 못하게 된다.

많은 기업들이 '우리는 고객의 요구를 안다'고 생각한다. 그리고 '잘 정의된 고객 니즈에 따라 프로세스를 최적화하는 것'이 비즈니스의 본질이라고 말한다. 이런 추정은 비즈니스 전략의 핵심 오류 중 하나다. 전략 개발의 출발점은 고객의 진정한 요구를 제대로 이해하고 그것을 충족시킬 혁신적인 수단을 강구함으로써 고객이 향유할 수 있는 '가치'를 만들어 내는 것이다.

고객의 요구란 '움직이는' 표적이다. 대다수 기업 전략에서 간과되는 요소이다. 고객의 '변화하는' 요구에 '전략'을 잘 조준하면 기업의 위상과 전망은 현저히 달라진다.

GE는 비행기 엔진을 제조한다. 이들은 엔진, 부품, 서비스를 제각기 판매하던 방식에서 '시간당 파워'(power by hour) 방식으로 바꿨다. 이 방식은 항공사로 하여금 비용 대비 수입을 효과적으로 관리할 수 있게 해 줌으로써 새로운 가치를 제공하였다.

고객에게 필요한 가치를 '만드는' 쪽으로 시야를 이동시킴으로써 자사의 비행기 엔진 사업부를 재정비하였고, 경쟁력은 비약적으로 높아졌다. 수익은 말할 것도 없다. 가치를 높이면, 그 가치를 포착할 기회 또한 늘어난다.

고객 혁신(customer innovation), 즉 고객의 가치를 혁신하도록 만들어 주면 높은 수익과 경쟁력으로 이어진다. 그리고 고객 혁신에 성공하려면 고객에 대한 깊은 이해와 그들의 변화를 '창조'해 내는 능력이 필요하다. 그리고 고객에 대한 지식과 신뢰를 구하려면 수많은 장벽에 부딪히게 된다. 경쟁자의 제품 혁신은 쉽사리 모방할 수 있지만 밀접히 연관된 비즈니스 프로세스를 특징으로 하는, 깊이 있고 생산적인 고객의 결속력은 흉내내기 어렵다.

고객이 '필요로 하는 것'은 고객이 '원하는 것'과 다른 경우가 많다는 점을 명심하라. 그러므로 고객과 면담을 하거나 인터넷 검색 등으로는 의미 있는 답을 얻을 수 없다.

자료: 이훈 외 역(2010), pp. 55~57에서 발췌·인용함.

전략 대안을 선택할 때 가장 유의할 점은 여러 전략들 중에서 가장 적합하다고 생각되는 하나의 전략을 충실히 수행하는 것이다. 두 가지 전략적 대안을 동시에 선택하여 수행할 수도 없겠지만 만약 기업이 충분한 여력이 없어서 그 중 어느 하나의 전략도 제대로 수행하지 못하는 어중간한 상태(stuck in the middle)가 되면 오히려 위험에 빠질 수 있다는 것이다.

블루오션 전략

블루오션(blue ocean)과 레드오션(red ocean)의 개념부터 먼저 이해할 필요가 있다. 레드오션은 오늘날 존재하는 모든 산업의 경쟁 환경을 뜻하며 이미 세상에 알려진 경쟁시장 공간이다. 레드오션에서는 산업 간의 경계선이 명확하게 그어져 있어서 기업들은 경계선 안에서 경쟁자와 치열한 경쟁을 벌이고 있으며, 시장 참가자의 수가 늘어나서 수익과 성장에 대한 기대치는 점점 낮아지는 기업 환경이다.

반면에 블루오션은 미개척 시장 공간으로서 새로운 수요 창출과 고수익을 향한 기회로 정의할 수 있다. 블루오션은 기존 산업의 경계선 바깥에서 완전히 새롭게 창출되는 경우도 있으나 대부분은 기존 산업의 확장 과정에서 만들어진다. 블루오션에서는 게임의 규칙이 아직 정해지지 않았기 때문에 경쟁과 무관한 것이 특징이다.

블루오션 전략에서는 가치 혁신(value innovation)이 매우 중요한 개념이다. 가치 혁신이란 유용성에 기반을 두고 가격·비용의 포지셔닝을 기업이 잘 조정함으로써 생겨나며, 경쟁 기반에서 널리 사용되는 가치와 비용의 상쇄(trade off) 관계를 받아들이지 않고 차별화와 비용 우위를 동시에 추구할 수 있다는 장점이 있다.

블루오션 전략의 핵심 원칙은 다음의 네 가지이다.

- 시장 경계선의 재구축: 블루오션을 창출하기 위해서는 무엇보다도 '경

쟁의 틀'을 깨고 시장 경계선을 재구축해야 한다. 기존 사고의 틀에서 벗어나서 대안이 될 만한 사업, 전략, 구매자 그룹, 보완적 제품이나 서비스, 그리고 산업이나 제품의 기능적·감성적 경향 등을 고려하는 새로운 시작과 접근이 필요하다.

- 숫자 아닌 큰 그림에 집중: 블루오션에 이르는 통로를 발견한 뒤에는 블루오션에 도달하기 위한 전략 기획 프로세스와 아이디어를 전략 캔버스(strategy canvas) 위에 작성해야 한다. 복잡한 숫자놀음과 전문 용어보다는 주요 관심사를 큰 그림 위에 그릴 수 있어야 한다.

  전략 캔버스는 다음과 같은 세 가지 역할을 담당한다. 첫째, 산업 참여자들 간의 경쟁에 영향을 미치는 요소와 미래의 가능성을 파악하게 해 준다. 둘째, 현재 경쟁자와 잠재적 경쟁자들이 전략적으로 투자하는 요소를 파악하게 해 준다. 셋째, 기업이 현재와 미래에 어떻게 투자할 것인지를 파악하게 해 준다.

- 비고객의 발견: 기회를 최대화하고 위험성을 최소화하기 위해서는 비고객을 찾아야 한다. 이를 위해서는 고객들의 차이점 발견에 초점을 맞추기보다는 구매자들이 가치를 두는 강력한 공통점에 기초를 둘 필요가 있다. 이를 통하여 기업은 기존의 고객을 뛰어넘어 새로운 고객을 발견할 수 있다. 새로운 수요 창출을 위해서는 고객보다는 비고객을, 구매자의 차이점보다는 공통점을, 세분화 추구보다는 비세분화를 먼저 생각해야 한다는 것이다.
- 정확한 접근 방법의 구축: 수익성을 창출할 수 있는 비즈니스 모델을 만들어야 한다. 이를 위해서는 아이디어를 구체화시킬 수 있는 전략적 접근 방법(sequence)이 필요하다.

  먼저 구매자의 효용성이 명확하게 밝혀지면 전략적 가격 책정이 이루어져야 한다. 구매자들의 구매 의욕을 이끌 수 있을 만한 상품값이 제대로 책정되었는지에 대한 검토가 먼저 이루어져야 한다. 다음으로는 책정된 가격에 기반하여 이익을 낼 수 있도록 목표 비용을 맞추어야 한다. 목표 비용을 맞출 수 없으면 블루오션 자체에 수익성이 없으므로 그것을 포기하거나 목표 비용이 맞춰지도록 비즈니스 모델 자체를 수정해야 한다. 마지막 단계에서는 아이디어 채택을 가로막는 장애 요소를 제거하기 위한 전략이 세워져야 한다.

생각의 폭과 통찰력을 키우자

19. 닌텐도 이야기

닌텐도는 지난 몇 년간 극심한 매출 부진과 부도설에 휩싸이면서 자존심이 땅바닥에 떨어지는 치욕의 시간을 보내고 있었다. 업계 전문가들 사이에서는 PS2 라인업으로 이미 시장과 고객을 장악하고 있는 소니 때문에 게임업계에서 닌텐도가 더 이상 성장하기는 어려울 것이라는 견해와 곧 인수 합병이 될 것이라는 소문이 지배적이었다. 닌텐도가 소니를 이기는 것은 계란으로 바위를 치는 것처럼 보였다.

한때 업계를 선도하였던 닌텐도는 이대로 죽을 수 없다는 오기가 발동하였다. 그러나 게임 시장의 지배적 선도 기업의 위상을 공고히 하고 있는 소니를 단숨에 따라잡는 것은 불가능해 보였다. 소니를 벤치마킹하여 게임 기기와 콘텐츠를 일부 개선하여 시장에 내놓았으나 반응은 신통치가 않았고, 오히려 신제품의 실패로 인하여 손실만 더 커지게 되었다.

무엇으로 이 위기를 뚫을 것인가? 강력한 일인자가 버티고 있고 회사의 제품과 서비스에 대한 신뢰도는 바닥을 치고 있는 상황에서 말이다. 주제는 "소니와 경쟁자를 어떻게 따라잡을 것인가?"이었다. 소니의 약점을 찾아내기 위하여 밤새워 수없이 많은 벤치마킹과 분석을 하였으나 그 결과는 신통치 않았다.

이때 아주 엉뚱한 아이디어가 실무진에서 개진되었다. 기존의 경쟁 방식에 대한 상궤를 벗어난 제안이 나온 것이다. 이 직원은 닌텐도가 경쟁해야 할 대상을 게임을 하지 않은 사람으로 정의하면, 새로운 시장과 새로운 서비스 라인업이 생길 수 있을 것으로 상상하였다. 소니와의 경쟁에 옭매이는 것은 결국 좁은 시장 안에서 이전투구하는 것이고, 결국 닌텐도가 만들어 내는 서비스는 소니의 그것과 별반 다르지 않는 '개선된 복제품'이라고 생각하였다.

'게임을 하지 않은 사람을 잠재 고객으로 본다'라는 생뚱맞은 발언에 닌텐도의 경영진은 승부수를 걸었다. 그들은 경쟁자를 동종 업계의 일류 기업으로 한정하는 고정 관념에

얽매여서는 안 된다는 것과, 비구매 고객을 경쟁자로 정의하는 것의 신선함과 창의성에 동의를 한 것이다. 문제는 닌텐도 게임을 포함하여 어떤 종류의 게임에도 관심을 보이지 않는 고객을 어떻게 게임 소비자로 끌어들일 것인가가 화두였다. 결국 게임을 하지 않은 사람을 게임광으로 만드는 방법은 그들이 진정으로 원하는 것을 게임으로 구현하는 것이 핵심이었다.

사람들은 왜 게임을 하지 않을까?

이 화두를 놓고 닌텐도는 또 수없이 많은 밤을 새워 토론하였다. 비구매 고객을 분석한 결과, 고객들이 게임을 외면하는 이유는 자신들의 삶과 연관성이 없는 허상의 콘텐츠에 불만을 가지고 있음을 알게 되었다. 스타크래프트는 게임을 하지 않는 30~60대의 청장년 및 노년층에는 그저 단순한 허상의 세계로 인식되었을 뿐이고 그로 인하여 게임을 소모적인 시간 낭비로 인식하고 있다는 것이다.

닌텐도는 이런 분석을 토대로 게임을 하지 않는 모든 연령층의 사람을 잠재 고객군으로 설정하고 그들에게 제안할 수 있는 최상의 가치를 고민하였다. 닌텐도는 때마침 불어닥친 웰빙의 기류를 놓치지 않았다. 게임을 통하여 웰빙을 구현하고, 운동도 하고 가족의 연대감도 도모한다는 새로운 게임의 모델을 정립하게 된다. 파괴적이고 자극적인 게임의 코드를 일거에 뒤집는 위험한 발상이었다.

그러나 닌텐도의 통찰력은 이것들을 가능하게 한 가장 중요한 요소였다. 새롭고 전혀 해 보지 않은 시도에 대하여 조직 문화는 수용적이었고, 오히려 새로운 문화 코드를 만들어 낸다는 점에서 그들은 흥분하기까지 하였다.

시대가 요구하는 새로운 흐름, 고객들의 숨겨져 있는 욕구들에 대한 깊은 성찰, 기술의 진화에 대한 사려 깊은 분석과 전망, 새로운 도전을 수용하는 조직 문화, 열정과 도전 정신들이 합쳐져 새로운 게임 'Wii 시리즈'를 만들어 낸 것이다.

누구도 생각하지 못했던 것을 생각해 내는 것이 통찰력이다. 없던 것을 만들어 내는 것이 아니라, 누구도 알아채지 못한 것을 알아내는 것이 통찰력이다. 닌텐도는 경영 부진에 따른 침울함을 역전의 계기로 삼았다. 만약 그들이 사회와 고객과 시장의 흐름을 통찰하지 못했다면, 그래서 기존 게임 사업의 고정관념 속에 박혀 있었다면, 아마 지금쯤 닌텐도는 돈 많은 투자자의 인수 합병 매물 리스트에 등재되어 있었을 것이다.

통찰력은 역사를 만들어 낸다. 통찰하기 위해서는 열린 문화와 공부하는 문화가 있어야 한다. 항상 새로운 것을 보고, 항상 다른 곳을 보는 노력과 창의성이 통찰력의 기반이다. 가족이 모여 테니스도 하고 두뇌 게임도 하고 요가도 하는 것을 게임으로 형성시킨 것은 결국 게임을 하지 않는 사람을 경쟁자로 보고 그들을 이기기 위하여, 즉 게임을 하도록 만들기 위하여 흐름과 경영과 유행과 시대 정신을 면밀하게 관찰하고 분석하고 도전적으로 대응한 닌텐도의 통찰력이 그 성공의 핵심 요소이다.

이제 그 해답은 통찰력에 달려 있다. 지금은 꿈꾸는 대로 이루어지는 신기한 세상이기 때문이다. 무엇을 꿈꾸는가에 따라 여러분의 미래가 달라질 것이다.

자료: 김영한(2009).

제 8 장 회계를 통한 농장 경영 성과의 계측

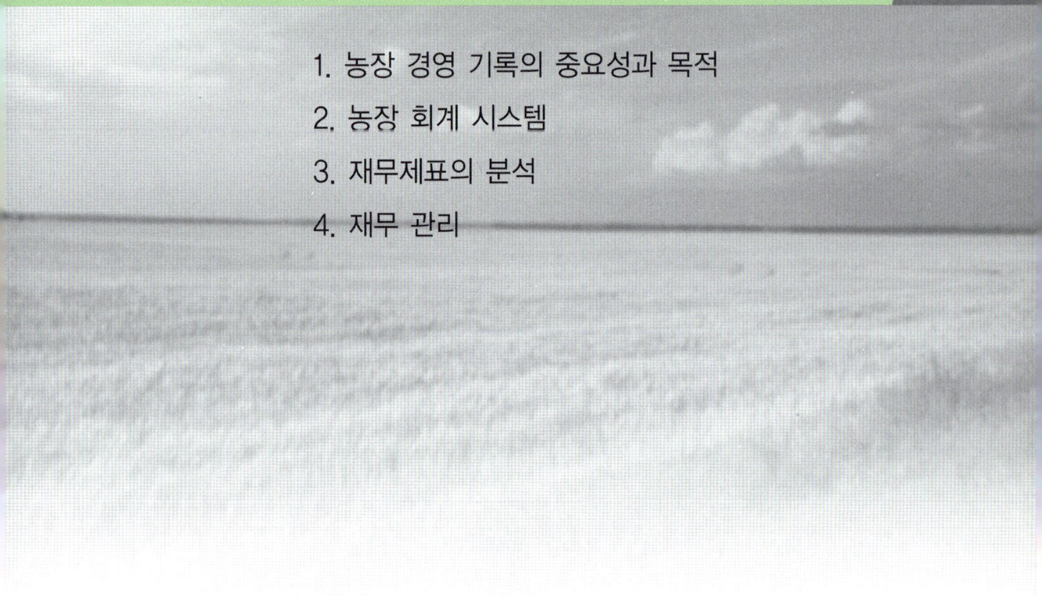

1. 농장 경영 기록의 중요성과 목적
2. 농장 회계 시스템
3. 재무제표의 분석
4. 재무 관리

1. 농장 경영 기록의 중요성과 목적

경영 기록이 없거나 빈약한 사업체는 마치 대양 가운데에서 표류하고 있는 방향타를 잃은 배와 같다. 어디로부터 와서 어디로 가고 있는지, 왜 여기까지 왔는지, 가야 할 곳까지 얼마나 걸릴지 알 수가 없기 때문이다.

경영 기록은 경영자에게 과거로부터 현재에 이르기까지의 기간 동안 행해진 경영 의사결정의 결과들을 보여 준다. 그러므로 기업이 행하고 있는 사업의 내용을 보여 줄 뿐만 아니라 과거의 의사결정을 수정하고 미래의 보다 나은 의사결정을 준비하기 위한 기초 자료로서의 역할을 수행한다. 이를 통하여 기업이 나아가야 할 방향까지도 가늠할 수 있게 한다.

그러나 대부분의 농장, 특히 가족농들은 기장(記帳) 활동에 무관심해 왔다. 농장의 경영상 비밀이 타인에게 노출되는 것이 싫어서, 용어가 어려워서, 또는 귀찮아서 경영 기록하는 일을 회피해 왔다. 그러나 경영 기록 없이는 좋은 경영도 존재할 수 없다. 다행히 컴퓨터의 발달과 보급으로 손쉬운 기장과 분석 방법도 개발되어 보급되고 있으므로 경영 기록을 갖추는 일부터 시작하는 것이 경영 혁신의 첫걸음이다.

농촌 현장에서 마주치게 되는 농민들의 하소연 중에서 하나는 "열심히 농사지어도 손에 남는 게 없다"라는 것이다. 그러나 도와줄 방법이 없다. 농가가 수행하고 있는 어떤 농사에서 얼마나 벌고 어떤 농사에서 얼마나 잃었는지, 어떤 비용이 다른 비용보다 또는 작년보다 왜 더 많이 들었는지, 왜 다른 농장보다 낮은 값을 받았는지, 왜 생산성이 낮아졌는지 하는 등의 이유를 과거의 기록을 통하여 계량적으로 분명하게 알 수 없기 때문이다.

농가의 경영 장부 작성 회피 현상은 선진 외국의 경우에도 마찬가지이다. 이를 극복하기 위해서 다양한 유인책(당근과 채찍)이 동원되고 있다.

일본에서는 주로 조세 제도를 통한 유인책을 쓰고 있다. 일본의 경우, 일정 규모 이상의 농가는 세금 납부가 의무화되어 있는데,[1] 농가가 회계 장부(청색 신고서)를 작성하여 신고하는 경우 세금 감면 등 우대 조치를 제공한다. 프랑스에서는 회계 자료 작성을 의무화하고 있으며(회계 결산 자료의 국세청 신고 의무화) 정책 자금 지원과 연계하여 회계 신고 자료 미비 시 정책 자금 지원을 중지시킨다. 독일도 회계 자료 신고를 의무화하고 있으며 농업회의소가 재무 분석을 지도해 주고 있다.

우리나라의 경우에도 농가의 경영 장부 작성을 유도하기 위해서는 당근과 채찍 정책이 필요한 것으로 생각된다.

첫째, 일정 규모 이상의 농가를 대상으로 하여 회계 신고 시에는 세금을 감면해 주되, 미신고 시 인정 과세를 적용하는 등 조세 제도에 의한 경영 장부 작성 권장 시책이 시행될 필요가 있다(이 경우에도 영세 농가와 부업 농가는 농가 반발을 최소화하기 위해서 제외하는 것이 바람직하다).

둘째, 정책 금융 지원과 연계하여 패널티 방식(장부 미작성 시 대출 제한 조치 시행)과 인센티브 방식(장부 작성 시 금리 인하 등 우대 제도 시행)을 도입할 필요가 있다.

셋째, 농가들이 경영 장부 작성에 기꺼이 참여하도록 유도하기 위해서는 농가의 주력 경영 작목에 대해서만 경영 기록을 하도록 유도할 필요가 있다. 농가가 경영하고 있는 다양한 경영 작목 중에서 농가의 주소득원인 시장 판매가 이루어지는 작목에 대해서만 경영 기록을 통한 경영 개선이 이루어질 필요가 있기 때문이다. 주력 경영 작목에 대한 농가들의 경영 개선에 대한 관심도가 높을 뿐만 아니라 전체 농가 경영 작목에 대한 세세한 경영 기록을 유지해

1 한국의 경우 작목재배업은 과세 대상에서 제외되며 축산업은 부업 규모 이상의 경우(소·젖소: 30두, 돼지: 성축 기준 500두, 닭·오리: 10,000수 이상 규모)에는 소득세를 납부해야 하고 농업 법인의 경우에는 과세 대상이다.

야 할 이유도 없다.

경영 기록을 하는 목적 또는 경영 기록의 용도는 다음과 같다.

① 경영 이윤을 계측하고 재무 상태를 평가
② 기업의 경영 분석을 위한 자료를 제공
③ 자금 대출을 얻기 위한 자료 준비
④ 기업의 수익성 계측
⑤ 신규 투자를 위한 분석 자료
⑥ 소득세 자료(납부 및 환급)
⑦ 기타 환경 규제, 보험, 부동산 가치 평가, 재고 파악, 동업자 또는 주주 보고 자료, 마케팅 계획 수립 등

2. 농장 회계 시스템

농장 회계 시스템은 생산과 판매, 투자, 재무 등 세 가지 분야로 나누어지는 농장 경영 활동의 결과를 하나의 시스템에 포함시키는 것이 바람직하다.

그림 8-1 농장 회계 시스템

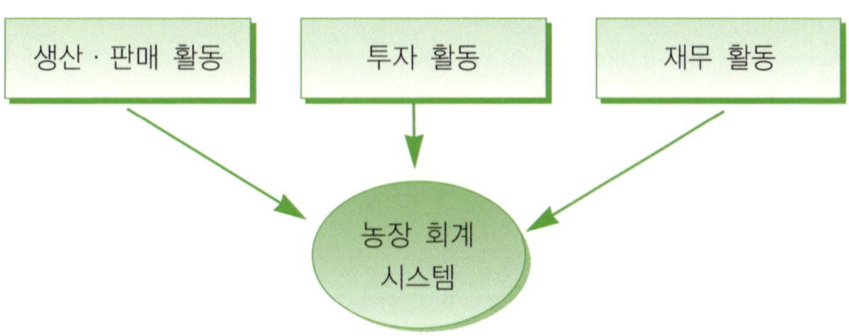

그림 8-2 회계 시스템으로 얻을 수 있는 12개 재무 보고서

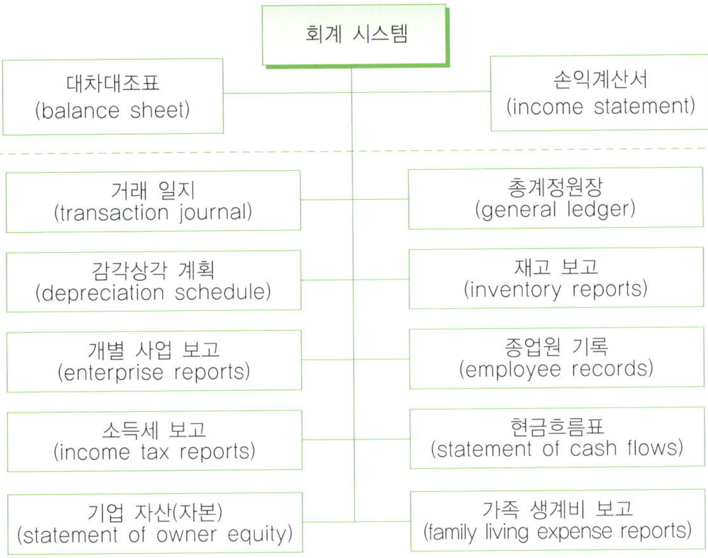

- 대차대조표: 일정 기간의 특정 시점에서 기업의 재무 상태를 설명
- 손익계산서: 순소득을 평가하여 수익과 비용을 설명
- 거래 일지: 수표 발행, 예금 계좌 번호 등 모든 재무적 거래의 발생 일자별 기록
- 총계정원장: 수익과 비용 계정 및 자산과 부채, 자본 등 대차대조표를 구성하기 위한 원장
- 감가상각 계획: 감가상각 가능한 모든 자산을 비용화하는 계획
- 재고 보고: 모든 작물과 축산물의 가격과 양의 변동을 추적하여 작성한 재고량 기록
- 개별 사업 보고: 경영체가 수행하고 있는 개별 사업에 관한 보고
- 종업원 기록: 개별 종업원의 작업 시간, 근무 일수, 급료, 소득세 등에 관한 기록
- 소득세 보고: 농장 사업 소득세의 산출과 보고 및 납부에 관한 보고
- 현금흐름표: 농장의 모든 지출과 수입의 현금 흐름 보고
- 기업자산표: 기업의 자산 상태(자본)의 변화 보고
- 가족 생계비 보고: 기업의 재무 활동 부분은 아니지만 가족의 생계비 보고서는 소득세 산출 등을 위해서 필요

어떠한 회계 시스템이라도 기본적인 재무 보고서를 생산할 수 있어야 한다. 일반적으로 회계 시스템을 통하여 얻을 수 있는 재무 보고서는 12종류인데, 이 중에서 특히 대차대조표와 손익계산서는 필수적으로 생산되어야 한다. 나머지 보고서는 종종 필요하지만 널리 이용되지 않는다.

3. 재무제표의 분석

재무제표(financial statement)란 한 기업의 경영 실적에 대한 성적표로서, 기업 활동을 통하여 화폐나 재화가 들어오고 나가는 상태와 흐름을 숫자로 나타낸 표이다. 따라서 재무제표는 기업 경영 분석의 가장 중요한 정보원이다. 재무제표 중에서 대표적인 것은 대차대조표와 손익계산서이다.

1) 대차대조표

대차대조표(balance sheet: B/S)는 일정 시점에서의 기업 자산을 '소유 자산'(owned) 또는 '빌린 자산'(owed)으로 조직적으로 나눈다. 자산의 원천은 '자기 돈'과 '남의 돈'으로 나누어지며, 자기 돈은 자산(asset) 계정에 속하고 기업이 갚아야 할 남의 돈은 모두 부채(liabty) 계정에 속한다. 부채는 단기차입금과 같이 1년 안에 갚아야 할 유동부채와 1년 후에 갚아도 되는 고정부채로 나누어진다. 이와 같이 기업 자금의 원천은 자기자본과 부채이며 이는 결국 현재 기업이 조달하고 있는 자원의 총계로서 총자산 규모와 일치하게 된다. 즉, 자산=부채+자본금의 등식이 성립한다.

일반적인 대차대조표 양식은 [표 8-1]과 같다.

표 8-1 대차대조표의 일반적 양식

(단위: 천 원)

자산		부채	
현금 자산	10,000	현금 부채	6,000
비현금 자산	40,000	비현금 부채	20,000
		총부채	26,000
		자본금	24,000
총자산	50,000	총부채	50,000

자료: 비현금 자산과 부채는 토지, 건물, 농기계와 시설 등 고정자산이 포함됨.

차변의 자산은 기업에 들어온 자금의 운용 상태를 나타내고, 대변의 부채와 자본은 기업이 어떤 방식으로 자금을 조달하였는지를 나타낸다.

기업 경영은 인적·물적·재화적 자원을 투입하여 이를 효율적으로 배분하면서 최종 생산물을 생산하는 과정이다. 기업의 투입 자원은 여러 형태로 곳곳에 흩어져 있는데, 대차대조표는 일정 시점에서 기업의 제반 재무 상태를 나타낸 표인 것이다. 대차대조표는 기업의 재무적 상태를 평가하기 위하여 사용된다. 기업의 재무 상태를 평가하기 위해서 일반적으로 사용되는 평가 기준은 다음과 같다.

(1) 유동성 비율

유동성 비율(current ratio)은 대차대조표상의 유동자산을 유동부채로 나누어 %로 표시하는데, 기업의 단기부채 지급 능력을 측정하는 데 이용된다.

즉, 유동비율 = $\frac{\text{유동자산}}{\text{유동부채}} \times 100$이다. 일반적으로 유동비율이 200% 이상이면 단기부채의 지급 능력이 높은 기업이다.

(2) 부채비율

부채비율(debt ratio)은 자기자본의 부채 총액에 대한 비율이다. 부채비율은 타인자본에 대한 안전도를 측정하는 데 이용된다. 일반적으로 100% 이하를 표준 비율로 보고, 500% 이하를 안정된 재무 구조라고 본다.

즉, $\text{부채비율} = \frac{\text{부채 총액}}{\text{자기자본}} \times 100$이다.

(3) 운전자본

운전자본(working capital)은 유동자산에서 유동부채를 뺀 잔액이다. 즉, 운전자본=유동자산−유동부채이다.

(4) 고정비율

고정비율(fixed ratio)은 조달된 자본을 고정자산에 얼마나 배분하고 있는가를 나타내는 비율이다. 고정비율의 일반적인 기준은 100%이고 고정비율이 지나치게 높다는 것은 고정자산에 대한 과대한 투자를 한 것이라고 볼 수 있다.

즉, $\text{고정비율} = \frac{\text{고정자산}}{\text{자기자본}} \times 100$이다.

(5) 매출채권 회전율

매출채권 회전율(receivables turnover)은 매출액과 외상매출액, 받을어음 등 매출채권과의 비율이다. 이 비율이 높을수록 자금의 회전이 빠르다.

즉, $\text{매출채권 회전율} = \frac{\text{매출액}}{\text{매출채권}} \times 100$이다.

2) 손익계산서

손익계산서(income statement: P/L)는 일정 회계 기간 중의 기업의 사업 성과,

표 8-2 손익계산서의 구성

총매출액(제품, 서비스의 판매량×판매 단가)의 합계
  −매출 원가(재료비+노무비+기타 경비)의 합계
=매출 총이익
  −(판매비+일반 관리비)
=영업이익
  +영업외 이익(수입이자 등)
  −영업외 비용(지급이자 등)
  −감가상각액
=경상이익
  ±특별이익, 특별손실
=세전순이익
  −세금(법인세 등)
=당기순이익

즉 수익과 비용의 결과를 종합한 표이다. 사업 성과란 쉽게 말해 얼마를 벌었고, 그 돈을 벌기 위해 얼마를 썼으며 그래서 남은 이익은 얼마인지를 나타내는 말이다. 기업의 손익 계산은 대차대조표에서 나타나는 재산의 차이로 계산할 수도 있으나 어떠한 영업 활동을 통하여 창출되었는지를 구체적으로 알기 위해서 손익계산서를 작성한다.

손익계산서는 기업의 활동별로 총수익과 총비용으로부터 산출된다. 손익계산서의 일반적인 형식은 [표 8-2]와 같다.

손익계산서를 이용하여 기업 활동 성과를 평가하는 데 이용되는 몇 가지 평가 기준은 다음과 같다.

(1) 총자본이익률

총자본이익률(ratio of net income to total asset)은 총자본에 대한 수익성을 계측하는 데 이용된다. 총투자액은 대차대조표의 총자산의 금액과 같기 때문에 흔히 투자수익률(return of investment: ROI)이라고도 한다.

즉, 총자본이익률 $= \frac{\text{순이익}}{\text{총자본}} \times 100 =$ 매출액 순이익률 × 총자본회전율이다.

이 지표는 기업의 목표를 투자수익률로 보고 이를 결정하는 재무 요인을 체계적으로 관찰·통제하기 위하여 이용된다.

(2) 자본생산성

자본생산성(productivity of capital)은 기업이 투자한 총자본이 1년 동안에 얼마만큼의 부가가치액을 산출하였는가를 나타내는 비율로 총자본투자효율이라고도 한다. 이 비율은 총자본 운영의 효율성을 나타낸다.

즉, 자본생산성 $= \frac{\text{부가가치}}{\text{총자본}}$ 이다.

4. 재무 관리

1) 자본 조달 결정

일반적으로 기업들은 필요한 자금을 금융시장이나 증권시장을 통해 주식이나 채권을 발행하여 투자자로부터 직접 자금을 조달하는 직접 금융에 의해서 자본을 조달(financing)하거나, 은행 등 금융 기관을 통한 간접 금융시장으로부터 자금 조달을 한다.

직접 금융을 통한 자본 조달 방법에는 기업의 주식(stock)을 발행하여 자금

그림 8-3 기업의 자본 조달 수단

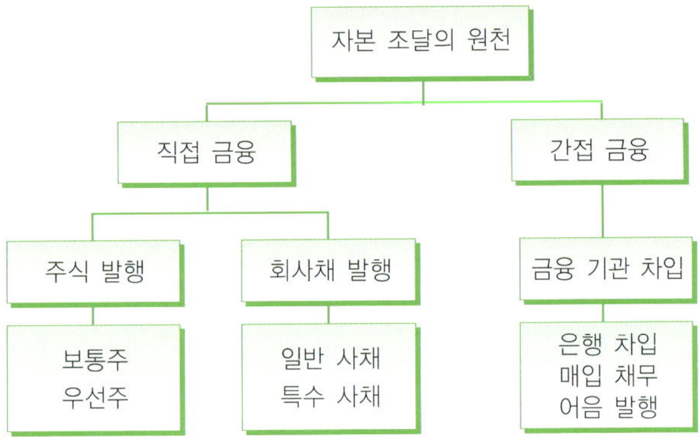

을 조달하는 방법과 회사채(corporate bond)를 발행하여 자금을 조달하는 방법이 있다. 간접 금융을 통한 자본 조달 방법으로는 은행으로부터의 차입과 매입 채무(외상매입금과 지급어음), 또는 기업 어음(commercial paper: CP)을 발행하는 방법들이 이용된다.

2) 자본 운용 결정

기업이 조달한 자금을 언제, 어디에, 얼마만큼 투자할 것인가 하는 의사결정을 하는 것이 자본 운용(capital investment) 결정이다. 기업이 현재나 미래의 사업 기회를 모색하여 투자를 하는 경우, 통상적으로 자본 예산(capital budgeting)을 수립하게 된다.

자본 예산은 다음의 각 과정을 거쳐서 수립된다.

① 투자 목적의 설정

② 투자 목적의 달성을 위한 투자 대안들의 선정
③ 각 투자 대상으로부터 기대되는 현금 흐름의 추정
④ 각 투자안의 경제적 타당성 평가
⑤ 선택된 투자안의 사후 재평가, 피드백 및 통제

자본 예산의 수립 단계 중에서 가장 중요한 과정은 각 투자 대안별로 기대되는 현금 흐름 추정과 투자안의 타당성 평가를 통해 투자안의 선택 여부를 결정하는 과정이다. 투자안의 타당성 분석 기법 중에서 주로 이용되는 것은 자본의 시간 가치를 고려한 순현가법과 내부수익률법이다.

(1) 순현가법

순현가법(net present value method: NPV)은 투자로 인하여 발생할 수 있는 모든 미래의 현금 흐름을 기대수익률로 할인하여 계산한 현재 가치로서 투자안의 경제성을 추정하는 방법이다. 즉, 투자에 따른 사업 기간 중의 현금 흐름을 현재 가치로 환산한 후 여기에다 최초 투자액을 공제하여 산출한 순이익의 현재 가치를 측정하는 것이다.

$$NPV = \sum_{t=1}^{n} \frac{CFt}{(1+R)^t} - I_0$$

여기서, CFt : t 시점의 현금 흐름
I_0: 최초 투자액
R: 할인율

순현가가 0보다 크다면 기업 가치는 증가하는 것을 의미하고, 순현가가

생각의 폭과 통찰력을 키우자

20. 부도 우려 기업 체크 포인트

부도날 가능성이 높은 기업을 찾아내려면 그 회사의 현금 흐름과 차입금 수준을 꼭 점검해야 한다. 재무제표에서 쉽게 볼 수 있는 매출액, 순이익, 부채 비율, 금융 비용 등 기본 지표는 부도 기업을 포착하는 데 별 도움이 되지 않기 때문이다.

대우경제연구소는 최근 부도 발생 또는 부도 유예 협약 적용 기업 23개사의 재무제표를 분석해 부도 발생 기업의 공통 요인을 찾아냈다.

매출액, 순이익 등 기본 지표는 대부분 양호하였다. 조사 대상 기업 중 부도 직전 연도 매출액이 전년보다 10% 이상 증가한 기업은 전체의 65%인 15개사였다. 매출액이 감소한 기업은 4개사에 불과하였다. 지표상으로 볼 때 부도 기업도 장사는 꾸준히 되는 셈이다.

부채 비율도 부도 기업 포착에는 별 도움이 안 된다. 상장사 중 부채 비율이 500% 이상인 기업은 전체의 14%, 그러나 부도 기업 중에는 절반 가까운 44%가 부채 비율 500% 이하의 안정된 재무 구조를 갖고 있었다. 순이익도 부도 발생 기업 중 18%만이 발생 직전 연도에 적자를 기록해 역시 효용도가 떨어진다.

영업 활동에 의한 현금 흐름을 주목하라

23개사 중 금강피혁을 제외한 나머지 기업 모두가 부도 발생 직전 연도에 현금 흐름이 마이너스를 기록하였다. 영업 활동을 펼쳤음에도 현금이 들어오지 않았다는 뜻이다.

24개사 평균 현금 흐름이 마이너스 7.8%로 상장 기업 평균 4%에 비해 크게 낮다. 특히 3년 전부터 현금 흐름 적자를 보였던 기업이 65%나 되었으며, 2년 전부터 적자를 보인 기업은 74%에 달한다. 돈이 안 들어와 투자와 회사 운영을 위한 자금이 부족하다면 위험 징후로 보아도 무방한 셈이다.

차입금이 매출액보다 많으면 조심하라

1년간 물건을 판 돈으로 전부 차입금을 갚고도 모자란다면 당연히 위험 수준이다. 부도 기업의 매출액 대비 차입금 비율은 부도 직전 연도에 121%나 되었다.

자료: 박봉규 외(2010), pp. 327~328에서 발췌·인용함.

가장 큰 투자 대안이 기업 가치를 가장 높이는 투자 대안이 된다.

(2) 내부수익률법(internal rate of return method: IRR)

내부 수익률이란 투자로 인하여 발생하는 현금 유입의 현재 가치와 현금 유출의 현재 가치를 일치시키는 할인율을 말한다.

$$\sum_{t=1}^{n}\frac{CFt}{(1+IRR)^{t}}-I_0=0$$

여기서, CFt: t시점의 현금 흐름

I_0: 최초 투자액

IRR : 내부 수익률

즉, 현금 유입의 현재 가치와 현금 유출의 현재 가치를 일치시켜 투자안의 순현가를 0으로 하는 할인율 IRR을 구한 후 이를 기대 수익률과 비교하여 투자 여부를 결정하는 방법이다.

산출된 내부 수익률이 기대 수익률(또는 은행 대출 금리)보다 높으면 사업의 경제성이 있다는 것이므로 여러 투자 대안 중에서 내부 수익률이 가장 높은 투자안을 선택하는 것이 기업의 가치를 크게 하는 의사결정이 된다.

제 9 장 경쟁력 향상을 위한 핵심 실천 과제

1. 생산성 향상
2. 비용 절감
3. 마케팅 능력 향상

1. 생산성 향상

지금까지 우리 사회의 여론을 주도해 온 세대는 한국전쟁을 겪으면서 먹거리의 중요성을 뼈저리게 겪어 왔던 연령층이었다. 그들은 대부분 농촌 출신으로서 농업과 농촌에 대한 잠재적인 고향 의식을 지니고 있었다. 그러나 21세기에 들어서면서 이들은 퇴장하고 먹을거리가 남아도는 시대에서 살아온 새 세대가 여론을 주도하고 있다. 이들 새 세대에게는 예전 세대와 마찬가지로 농촌에 애정을 가지고 농업에 우호적이기를 기대하기는 어렵다. 그러므로 농업 부문이 글로벌 경쟁 시대에 살아남을 수 있는 길을 자력으로 열어가야 한다.

우리는 왜 경영 혁신을 이루어야 한다고 서두르고 있는가? 그것은 어려운 환경의 변화에 적응해서 돈 잘 버는 농사를 지어야 한다는 필요성이 절실하기 때문이다. 그것도 현재의 어려움을 성공적으로 극복할 뿐만 아니라 앞으로도 계속적으로 수익성 높은 농사를 지어야 하겠다는 생각을 하고 있기 때문이다.

경영 혁신을 실현해 내지 못하면 뒤처져서 도태될 수밖에 없는 치열한 농가 간, 지역 간, 나아가서 국가 간 경쟁 시대에 처하게 되었음을 잘 인식하고 있기 때문이다. 더구나 지금 이 기회를 놓치면 한국 농업은 영원히 산업으로서 발전할 수 있는 기틀을 만들 수 없음을 잘 알고 있기 때문이다. 또한 현 상태하에서도 상위 20%의 선도 농가는 평균 농가 소득보다 훨씬 높은 수준의 소득을 실현하고 있다는 것을 잘 알기 때문이다.

[그림 9-1]에서 보는 바와 같이 상위 20%에 속하는 농가 소득은 평균 농가 소득보다 2.4배나 높았다. 농가 소득의 구성 요소별로는 농업 소득이 3.3배, 농외 소득이 2.8배 높았다.

과연 성공하는 농업 경영체는 어떤 조건을 갖추어야 할 것인가? 무엇보다도 시장의 변화, 다시 말하면 소비자의 수요 변화를 잘 읽고 그에 부응할 수 있

그림 9-1 상위 20% 농가와 평균 소득과의 격차(2019년) (단위: 천 원)

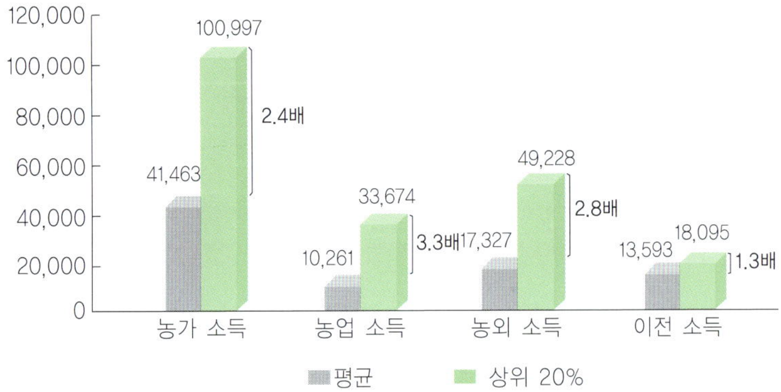

주: 이전 소득은 비경상 이전 소득을 포함함.
자료: KOSIS, 『농가경제조사』, 2020; 2019 농가경제조사 재가공.

는 상품을 생산하는 농장이 되어야 한다. 소비자가 농산물을 구입할 때 고려하는 선택 기준은 소득 증가에 따라서 크게 변화되고 있다. 식품을 구매할 때 식품 원산지나 가격보다는 품질(맛)을 훨씬 중시하는 방향으로 변하고 있는 것이다.

이러한 수요 변화에도 아랑곳없이 비료·농약을 많이 투입하여 다비다농약(多肥多農藥)적인 생산 방식으로 생산량만 늘리는 생산 체제를 고수하고 있는 농장은 시장 수요의 변화를 외면한 대가로 수요를 잃고 시장에서 퇴출될 수밖에 없을 것이다. 물론 농산물 품목과 소비자 연령층에 따라서 선택 기준은 다소 다르긴 하지만, 일반적으로 말할 때 절대빈곤 시대에는 가격이 최우선적인 기준이었지만 국민소득이 3만 달러 수준으로 향상된 오늘날에는 식품의 안전성이나 맛 등이 최우선적인 선택 기준이 되고 있기 때문이다.

그렇다면 맛이나 안전성이 우월한 고품질 농산물을 생산하는 농가들은 모두 성공할 수 있는가? 그렇지 않다. 다른 경쟁자보다 같은 생산비를 들이더라도 더 많이 생산하는, 다시 말하면 생산성이 높은 농장이 되어야 한다. 그리고 비슷한 생산성을 유지하는 농장들 중에서 제값 받고 잘 파는, 다시 말하면 상품성과 함께 거래 교섭력이 높은 농장이 되어야 한다.

생산성이 높고 상품성과 함께 거래 교섭력이 높다 하더라도 농장 경영 관리를 지속적으로 잘 하면서 경영 개선을 이루어 나가는 농장만이 궁극적으로 성공할 수 있다는 것이다.

성공적인 농업 경영을 이룩하는 필요조건은 남보다 생산성이 더 높거나, 같은 생산을 하더라도 생산비가 더 낮아야 한다. 생산성이란 투입 요소량으로 산출량(또는 산출액)을 나눈 값이다. 생산량을 토지 투입량으로 나눈 값이 단위 토지당 생산량(흔히 10a당 수량이라 불리운다)인데, 이 값의 크고 작음에 따라서 토지생산성의 높고 낮음이 결정된다.

마찬가지 방법으로 생산에 투입된 노동량, 자본량으로 생산의 크기를 나타낸 값을 각각 노동생산성, 또는 자본생산성이라 한다. 즉, 생산에 투입된 생산 요소 한 단위당 평균 생산량이 얼마나 큰가를 서로 비교하기 위한 개념이다. 생산성이 높다는 것은 같은 투입 요소를 가지고 더 많은 생산을 하고 있다는 뜻으로 생산 요소의 바탕 자체가 좋거나, 생산 요소를 적절히 결합하여 효율적으로 이용하고 있거나 하는 등의 이유가 있기 때문이다. 그러므로 생산성이 높을수록 투입 요소를 절감할 수 있기 때문에 결국 생산비가 절감되어 경쟁력 향상을 이룰 수 있다. 그러므로 생산성 향상은 성공적인 경영을 위한 필요조건인 것이다.

일반적으로 우리나라는 경작지가 좁은 반면에 인구는 많은 편이다. 이 때문에 경지를 절약해서 사용하는 대신에 노동력을 많이 사용하는 농사를 지어왔다. 따라서 우리나라는 생산에 투입된 단위 토지당 생산량인 토지생산성이 세계적으로 대단히 높은 나라에 속한다. 그러나 투입되는 단위 노동량당 생산량인 노동생산성은 낮을 수밖에 없다. 이 때문에 노동력을 절약할 수 있는 농업, 즉 생력적(省力的)인 농사 방법이 1990년 이후 정책에 의해서 권장되어 온 것이다.

생력적 농법은 주로 투입 노동력을 자본으로 바꾸는 방식에 의해 추진된다. 예컨대, 기계화 또는 자동화 농법은 기계나 장치를 자본을 들여서 구입 또는 설치한 뒤 이를 이용해서 노동력을 절약하는 농사 방법이다. 노동 절약형 농법이 권장된 까닭은 그동안의 경제성장에 따라서 농업 생산 요소의 부존 조건(賦存條件)이 크게 바뀌었기 때문이다.

30~40년 전 만해도 땅을 많이 가진 지주에게 잘 보여서 땅을 더 많이 소작(小作)하기 위해서 노력하던 때가 있었다. 농토는 제한되어 있는 터에 사람들은 농사 이외에는 달리 일거리가 없었기 때문이었다. 그러나 지금은 남의 땅을 빌려서 농사짓기를 원하는 농민들이 줄어들었기 때문에 소작료가 떨어지고 있으며, 심지어 땅을 놀리는 경우마저 생길 정도로 농업 생산 요소의 부존 조건이 바뀌게 되었다. 이에 따라서 부족한 농경지를 주어진 조건으로 하여 운영되어 왔던 우리 농업 경영 질서도 이제는 부족한 노동력을 주어진 조건으로 하는 경영 질서로 바뀌고 있는 것이다. 노동과 토지의 주어진 조건 변화가 진행되는 가운데 경제 발전에 따른 소득 성장으로 또 다른 생산 요소인 자본은 보다 풍부해지는 방향으로 여건이 변하게 되었다.

노동력이 귀해지면 노동력의 값인 임금은 오르고 자본이 흔해지면 자본값인 이자는 내리게 된다. 이러한 부존 조건의 변화 때문에 값이 비싸진 노동력을 줄이는 대신에 상대적으로 값싼 자본을 더 많이 사용하는 농법으로 변하고 있는 것이 이른바 농업의 기계화 및 장치 산업화 경향인 것이다. 이를 그림으로 설명하면 [그림 9-2]와 같다.

그림 9-2 자원 부존 여건의 변화에 따른 생력 농업의 전개

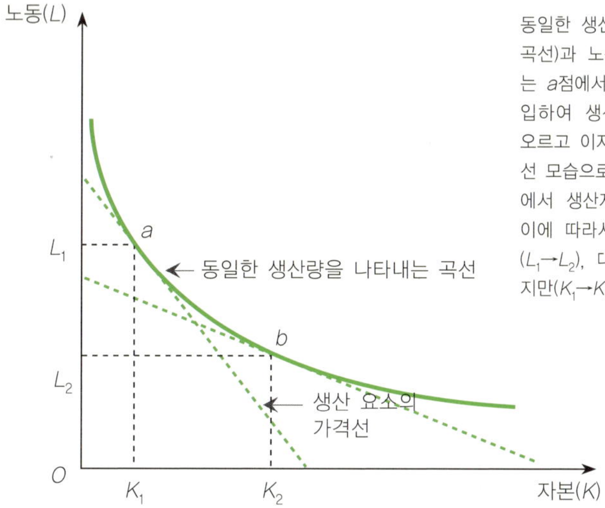

동일한 생산량을 나타내는 곡선(등생산곡선)과 노동과 자본의 가격선이 만나는 *a*점에서 노동력(L_1)과 자본(K_1)을 투입하여 생산하던 과거로부터, 임금이 오르고 이자가 떨어지면서 가격선이 점선 모습으로 변하게 되자 이번에는 *b*점에서 생산자 균형이 이루어지게 된다. 이에 따라서 노동 투입량은 줄게 되고($L_1 \rightarrow L_2$), 대신에 자본 투입은 늘게 되지만($K_1 \rightarrow K_2$), 생산량은 여전히 같다.

예컨대, IMF 금융위기 이후 자본값(이자)은 높아졌고 임금은 낮아졌다. 이러한 변화에 대응해서 자본 투입량을 줄이는 대신 노동 투입량을 늘리는 선택이 바로 생산비를 낮추는 전략인 것이다. 자본량 투입이 많은 기름 보일러를 노동량 투입이 많은 연탄 보일러로 대체하는 농가들이 늘어났던 현상이 바로 이러한 지혜를 이용하는 좋은 예이다. 또한 들녘의 논밭이 시설 농업을 위한 비닐하우스로 뒤덮이고 있는 것은 값싸진 자본으로 값비싼 토지를 대체하기 위한 토지 절약적이고 자본 집약적인 경영 전략의 선택 결과인 것이다.

최근 28년간(1990~2018) 우리나라의 농업 노동생산성(원/시간)은 4,932에서 18,003으로 연평균 4.73%씩 향상되어 3.7배나 증가하였다. 이 기간 동안에 농업 노동 집약도(시간/a)가 126.7에서 97.5로 77% 수준으로 감소한 대신에, 자본 집

약도(원/a)는 892천 원에서 6,324천 원으로 7배 정도 증가하였기 때문이다. 말하자면, 농가들은 상대적으로 값비싼 노동의 고용을 줄이는 대신에 값싸진 자본 고용량을 늘리는 선택을 해온 것이다. 그러나 자본을 많이 투입하게 됨에 따라서 자본생산성(농업 소득/농업 자본액)은 이 기간 중에 0.70에서 0.28로 줄어들게 되었다.

앞으로 시장 개방의 확대가 불가피한 현실이라 볼 때, 우리 농업의 노동생산성과 자본생산성을 보다 적극적으로 향상시킬 수 있어야 우리 농산물의 국제 경쟁력 향상을 이룩할 수 있다.

같은 양의 생산 요소를 투입하고 있는데도 불구하고 왜 생산량에서 차이가 발생하게 되는가? 다른 말로 표현하면, 같은 생산량을 생산하였는데 왜 생산비의 차이가 발생하게 되는가? 그 이유는 생산에 투입된 각 생산 요소들의 생산성이 농가마다 다르기 때문이다. 다시 말하면, 생산 요소들을 효율적으로 이용하고 있는 정도가 농가마다 다르기 때문이다. 농가마다 생산성 또는 생산비의 차이가 발생하는 이유를 크게 나누어서 설명하면 다음과 같다.

첫째, 농가마다 생산의 물리적 기반이 갖추어진 정도가 서로 다르기 때문이다. 보다 일반적으로 말하면 생산 요소의 바탕 자체가 질적으로 차이가 나기 때문이다. A, B 두 농가는 각각 3,000평의 쌀농사를 짓고 있다고 가정하자. 그런데 A농가는 모두 8필지의 논을 4개의 들판에 여기저기 떨어진 채 가지고 있는 반면, B농가는 3필지의 논을 한 개의 들판에 모아서 가지고 있다고 하자.

들판을 옮겨 다니며 경운, 이앙, 병충해 방제, 수확 등 작업을 해야 하는 A농가와 옮겨 다녀야 하는 작업이 적을 뿐만 아니라 상대적으로 큰 필지에서 농사일을 하는 B농가의 경우에는 기계(자본)나 노동 이용의 효율에서 차이가 날 수밖에 없다. 이에 따라서 B농가의 생산성은 당연히 높게 나타날 것이다. 여기에다 토지의 비옥도와 농로, 경지 정리, 용·배수 조건 등의 생산을 위한 물적 기반의 갖추어진 정도가 다르다면 생산성은 더욱 차이가 날 것이다. 그러므로 A농가가 생산성을 향상시키기 위해서는 자신이 경영하고 있는 필지를 이웃 농가와 교환·분합하는 등의 방법을 통해서 가능한 한 군데로 모으고, 경지 정리 등을 통하여 기계화 작업의 효율성을 높여 나갈 수밖에 없다.

둘째, 적절한 생산 기술을 수용하여 적용시키고 있는 정도가 다르기 때문이다. A농가는 새로운 기술을 배워 농장에 적용하기보다는 옛부터 시행하여 왔던 대로 농사 기술을 답습하고 있는 반면, B농가는 새로운 기술을 위험을 무릅쓰고 받아들여서 자신의 농장에 적용하고 있다. 오늘날의 1년은 과거의 10년에 필적할 만큼 새로운 기술이 개발되어 쏟아지고 있는데, 신기술의 수용과 적용을 위한 연구를 게을리하면 그만큼 생산성이 뒤처질 수밖에 없는 것이다.

셋째, 생산 요소를 얼마나 보유하고 있으며, 이를 어떻게 합리적으로 이용하고 있는가에 따라서 생산성은 차이가 나게 된다. 예컨대, A농가와 B농가는 똑같은 시기에 이앙기를 구입하여 보유하고 있으며, 농가당 자가 노동력도 똑같이 2명을 보유하고 있다고 하자.

A농가는 이앙기를 자신의 경영에만 사용하고 있는 반면에, B농가는 자신의 경영뿐만 아니라 이웃의 다른 농가 이앙 작업도 위탁을 맡아서 처리해 주고 있다고 하자. 이 경우 A농가는 기계의 이용도가 낮기 때문에 자본생산성이 떨어질 수밖에 없다. 더구나 B농가는 자신의 쌀농사 이외에도 틈틈이 겸업으로 한우를 사육하고 있다면 주어진 자가 노동 이용에 있어서도 훨씬 효과적이다. 말하자면, A농가에게서 이앙기 구입은 과잉 투자인 셈이다. 또한 이용하지 않아도 생계비 형태로 고정적인 유지비가 소요되는 자가 노동을 B농가는 자기 농사 일을 끝낸 뒤에 다른 생산 용도로 활용함으로써 자가 노동력을 효율적으로 이용하고 있기 때문에 노동생산성도 높은 것이다. 더구나 생력적인 시설이나 기계를 통해서 같은 작업이라도 작업 시간을 단축할 수 있는 새로운 기술을

그림 9-3 경영 규모와 생산비의 관계

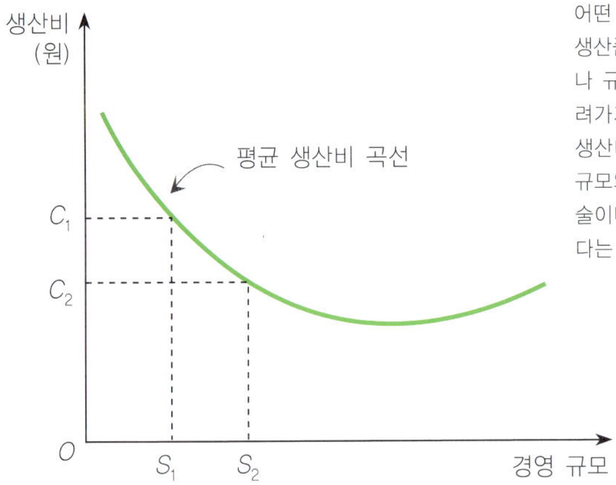

어떤 농장의 경영 규모가 작을 때(S_1) 생산품 단위당 생산비는 높다(C_1). 그러나 규모가 커지면(S_2) 평균 생산비가 내려가게 된다(C_2). 이렇게 되는 이유는 생산비를 구성하고 있는 고정 비용이 규모와 관계없이 일정하다는 점과 신기술이나 기계 이용상의 효율성이 높아진다는 점 등이 일반적으로 지적된다.

B농가가 채택하였다면 자본, 노동, 토지 등 생산성의 차이는 더욱 크게 벌어질 것이다.

넷째, 경영 규모의 차이가 있다면 생산비는 차이가 나게 된다. 일반적으로 규모가 커지면 평균 생산비는 작아지게 된다. 영농 규모가 커지더라도 고정 비용(이자, 시설 유지비, 임대료, 자가 노동 유지비 등)은 크게 변하지 않기 때문이다. 이를 경제학에서는 규모의 경제성(economy to scale)이라 하는데 [그림 9-3]에서 설명되고 있다.

다섯째, 여건의 변화에 어떻게 적응하고 있는가에 따라서 생산비의 차이가 나게 된다. 지난 40년 동안 한국은 눈부신 경제성장 실적을 거두면서 선진국 진입을 성공시켰다. 경제성장이 생산 요소시장에 미친 영향은 자본값(이자)을 내리는 대신에 노동값(임금)과 토지값(지대)은 높아진 것으로 요약할 수 있다.

이러한 환경 변화에 적응하여 기업들은 자원 결합 구조를 값싼 자원(자본)을 많이 이용하는 대신에 비싼 자원(토지, 노동)을 절약하는 방식으로 변화시키는, 즉 자본 집약적이고 토지·노동 절약적인 방식으로 변화시켜 왔다. 농업 부문에서도 값싸진 자본을 더 많이 사용하는 대신에 값비싼 노동과 토지를 덜 사용하는 자원 결합 구조의 변화가 진행되어 왔다.

사실 무역 자유화 시대에 대응하기 위한 그동안의 농정 대응 전략은 한마디로 국제 경쟁력 강화였다. 이를 실현하기 위한 여러 가지 정책 수단에서 뚜렷한 것 중의 하나는 노동을 자본으로 대체하면서 노동생산성을 향상시켜 나가는 전략이었다. 이러한 전략은 경제성장에 따른 고임금, 저이자율 추세에도 적합한 것이었다.

이에 따라 농업 경영 질서도 자본을 많이 사용하는 기계화, 장치 산업화의 방향으로 크게 변하였다. 정부의 농기계 반값 공급 정책과 유리온실 보급과 시설 재배 지원 시설 등 정책도 이에 크게 기여하였다. 이러한 여건 변화에 적절히 적응하지 못하는 농업 경영체는 생산비 상승으로 부실화되어 경쟁에서 탈락할 수밖에 없는 것이다.

그렇다면 생산성을 높이고 생산비를 낮추기 위해서 우리는 구체적으로 어떤 선택을 해야 할 것인가?

수칙 1. 최대 이윤을 실현하기 위해 적절히 생산 요소를 투입하자

일정 면적의 땅에서 더 많은 쌀을 생산하고 한 마리의 젖소에서 더 많은 우유를 생산하기를 원하는 마음은 누구나 가지고 있을 것이다. 그러나 증산을 위해서는 더 많은 생산 요소가 투입되어야 하므로 비용도 증가하게 된다. 만약 비용 증가 부분이 더 많이 생산함으로써 얻어지는 수입 증가 부분보다 크다면 소득이 감소할 수밖에 없고 따라서 이것은 분명히 잘못된 일이다. 다수확상을 받기 위해서라면 가치가 있는 일이겠지만 농장 경영자로서 평가한다면 낙제점을 면할 수 없다. 이와 같이 경영 측면에서 볼 때 생산량을 늘리는 것만이 능사가 아니다. 유능한 경영자라면 생산 요소의 투입량에 따라 수입과 비용이 어떻게 변하는가를 보고, 그중에서 소득을 가장 크게 할 수 있는 적절한 생산 요소 투입량을 찾을 수 있어야 할 것이다. 이를 위해서는 먼저 생산 요소의 투입량에 따라 생산량이 어떻게 변화되는지를 경영자는 확실히 알고 있어야 한다.

작물 생산에서 비료 투입을 두 배로 늘린다고 하여 수확량이 두 배로 증가하지는 않는다. 마찬가지로 축산에서 사료 급여를 두 배로 늘린다고 하여 가축의 체중이 두 배로 증가하지는 않는다. 일반적으로 다른 생산 요소의 투입량을 일정한 수준으로 유지할 때 어느 한 가지 생산 요소의 투입량을 증가시키면 생산량이 증가한다.

문제의 핵심은 그 증가량에 있다. 일반적으로 생산 요소의 투입이 증가할수록 생산량은 감소하는 현상이 있는데 이를 수확 체감의 법칙이라고 한다. 수확 체감의 법칙을 충분히 이해하고 있으면 생산 요소의 적절한 투입량을 찾는 것은 그다지 어려운 일은 아니다. 이제 한 단위씩 생산 요소의 투입을 증가시키면서 수입과 비용이 어떻게 변하는가를 생각해 보자.

수입은 생산이 증가하기 때문에 당연히 증가하지만, 생산 요소의 투입을 증가시킬수록 생산물의 증가량이 감소하므로 수입의 증가분 역시 감소한다. 그런데 생산 요소를 한 단위 투입하는 비용은 생산 요소의 단위당 가격과 같으므로 생산 요소의 투입량이 증가하면 이와 비례해서 투입비도 일정하게 증가하게 된다. 이 두 가지 사실을 놓고 곰곰이 생각해 보면 생산 요소의 투입을 계속 증가시켜 나가면 증가되는 수입과 증가되는 비용의 차가 점차 줄어들다가 어느 수준에서 일치하고, 그 수준을 넘어서면 비용 증가가 수입 증가를 초과하게 됨을 알 수 있다.

또한 수입 증가가 비용 증가보다 많을 때까지 생산 요소의 투입을 계속 증가시키면 소득이 증가하게 되므로, 결국에는 수입 증가 부분과 비용 증가 부분이 일치할 때 최고로 높은 소득을 얻을 수 있다는 점을 쉽게 생각해 낼 수 있다. 즉, 가장 적절한 생산 요소 투입량은 다음과 같은 조건을 만족시킬 때인 것이다.

> 생산 증가량×생산물 가격 = 생산 요소 투입 증가량×생산 요소 가격

수칙 2. 여러 가지 방법 중에서 가장 경제적인 방법을 선택하자

일당 5만 원의 노동자 10인이 하루 동안 땅 파는 작업을 한 대의 굴착기로도 할 수 있다고 가정하자. 굴착기로 작업하는 데 드는 비용이 30만 원이면 이는 기계로 하는 것이 보다 경제적이다(10인×5만 원=50만 원은 30만 원보다 많다). 한 걸음 더 나아가서 손으로 작업을 하더라도 좋은 연장을 사용하면 4인으로 일을 끝낼 수 있고, 연장값은 5만 원이라고 하자. 이제는 굴착기 작업보다 수작업이 보다 경제적이다(4인×5만 원=20만 원, 20만 원+5만 원=25만 원은 30만 원보다 적다). 생산 요소를 잘 선택하고 결합함으로써 비용을 절감할 수 있음을 예시적으로 보여 준다.

한 가지 농산물을 생산하기 위해서도 여러 가지 농작업이 필요하며, 이러한 작업을 수행하기 위해 여러 가지 생산 요소가 투입되어야 한다. 이들 생산 요소들 중에는 서로 대체하여 사용하거나 또는 서로 보완적으로 사용함으로써 생산성을 높일 수 있는 경우가 많다. 여러 가지 생산 요소들을 어떻게 선택하고 결합할 것이냐 하는 선택은 노동과 굴착기의 예에서처럼 생산 요소의 생산성과 가격에 따라 가장 경제적인 방법으로 결정되어야 한다.

여기서 서로 대체할 수 있는 두 생산 요소의 투입량 결정 방법에 대해 알아보자. 가장 효율적인 결합 조건은 앞의 설명에서 유도되며 다음과 같다.

$$\frac{\text{A요소 투입 증가에 따른 생산 증가}}{\text{A요소 투입 증가}\times\text{A요소 가격}} = \frac{\text{B요소 투입 증가에 따른 생산 증가}}{\text{B요소 투입 증가}\times\text{B요소 가격}}$$

복잡하게 보이지만 사실 이것은 상식적으로도 생각할 수 있는 문제이다. 자세히 보면 양변의 분모는 각 생산 요소의 투입을 증가시키는 데 따라 발생하는 비용을 나타낸다. 따라서 위의 식은 A생산 요소를 1원어치 투입하여 증가하는 생산량과 B생산 요소를 1원어치 투입하여 증가하는 생산량이 같게 되도록 A와 B의 생산 요소를 결합해야 가장 비용을 최소화할 수 있다는 것을 보여 준다.

수칙 3. 가용 자원을 최대로 활용할 수 있는 작부 체계를 수립하자

농장의 구석구석을 한 번 세밀히 살펴보면, 100% 활용되지 못하는 자원이 의외로 많다는 것을 알 수 있다. 이와 같이 제대로 활용되지 못하고 있는 자원을 놀리지 않고 생산에 투입하면 보다 높은 소득을 올릴 수 있음은 물론이다.

보유하고 있는 자원을 최대한 활용하기 위해 우선적으로 눈을 돌려야 할 부분은 토지, 농기계, 농업용 시설 등과 같이 짧은 기간에 늘리거나 줄이기 어려운 고정 요소이다. 왜냐하면 고정 요소는 비료, 사료, 농업 자재 등과 달리 사용하지 않더라도 비용이 고정적으로 발생하기 때문이다. 만약 이러한 생산 요소의 이용률이 낮다면 생산물의 단위당 비용을 증가시킬 뿐만 아니라 농장의 수익성마저 떨어뜨리게 된다.

다음으로 검토해야 할 것은 가족노동력이다. 가족노동력도 고정 요소이지만 직접적인 비용이 발생하지 않는다는 점에서 위에서 언급한 생산 요소와 구별된다. 그러나 생산 활동에 참여하지 않으면 소득을 올릴 수 없기 때문에 유효적절하게 활용되어야 한다. 단, 여기서 말하는 가족노동력이란 가사나 여가 선용을 뺀 일하고자 하는 노동력을 의미하고 있음을 유의할 필요가 있다.

농업 부산물도 제대로 이용하지 못하면 눈에 보이지 않는 손실이 발생한다. 가축 분뇨를 톱밥, 왕겨 등과 함께 발효시켜 유기질 비료로 생산하면 비료값도 절약할 수 있고, 토양에 뿌리면 지력을 증진시켜 고소득 작목인 유기 농산물 재배도 가능하다. 그러나 대부분의 농가에서는 이런저런 이유 때문에 가축 분뇨를 그대로 방류하여 가치 있게 이용하지 못할 뿐만 아니라 오히려 환경을 오염시킴으로써 사회적 비용을 증가시키고 있다.

고정 요소의 활용도가 낮은 이유에는 여러 가지가 있을 수 있지만 주된 이유는 농업 생산의 계절성으로 인하여 농기계나 노동력 등 중요한 생산 요소가 특정한 시기에 집중되어 사용되기 때문이다. 이러한 문제를 해결하기 위해서 여러 사람이 공동으로 소유한다든지 임대차를 이용한다든지 할 수 있으나 이러한 방법은 간혹 현실적으로 어려운 경우가 많으며, 또 모든 고정 요소에 적용할 수도 없다. 보다 나은 방법은 여러 가지 농산물을 생산하여 고정 요소의 이용률을 높이는 것인데, 이때 고정 요소가 필요한 시기가 분산되도록 작부 체계를 세우는 것이 중요하다.

경남 양산군의 한 농가를 소개해 보자. 별다른 자동화 시설 없이 부부 두 사람의 노동력만으로 3,000평의 시설 하우스 농사를 짓고 있는 이 농가는 먼저 딸기를 촉성과 반촉성으로 양분하여 심고, 딸기 수확이 끝나면 수박을 심어 노동력이 집중적으로 필요한 시기를 분산하고 있다. 작형 체계를 계획적으로 수립하여 노동력 이용을 분산하고 있는 좋은 사례라 하겠다.

수칙 4. 경영 기반을 확대하여 규모의 경제를 실현하자

정부는 우리 농업의 국제 경쟁력을 높이기 위해 호당 경지 면적을 5ha 수준으로 끌어올린다는 목표를 설정하고 있다. 경영 규모를 확대하면 생산성이 증대된다는 논리가 그 배경이 되고 있음은 물론이다. 이와 같이 규모가 확대되면 생산성이 증가하고 비용이 감소하는 현상을 규모의 경제성이라고 부른다. 농업 생산에서 규모의 경제성이 존재하는 원인으로 몇 가지를 들 수 있다.

첫째, 규모를 확대하더라도 고정 비용은 크게 변하지 않기 때문에 생산물 단위당 비용은 감소한다. 앞에서도 설명하였지만 경영비 중에는 생산량이 증가하더라도 변동하지 않는 고정 비용이 있다. 쌀농사 규모를 1정보에서 2정보로 확대하더라도 새로운 농기계를 구입하거나 농업용 시설을 두 배로 늘려 지을 필요는 없을 것이다.

둘째, 규모가 확대되면 보다 효율적으로 기계 장비와 시설을 이용할 수 있기 때문에 생산성이 증가한다. 실제 비싼 기계 장비와 시설들 중에는 경영의 효율성을 높일 수는 있지만 경영 규모가 작아서 경제성이 없어 도입되지 못하는 경우가 많다.

셋째, 규모가 확대되면 신기술 도입이나 개발에 따른 반사이익이 크기 때문에 농장의 기술 혁신이 촉진된다. 기술 정보의 수집이나 신기술의 연구 개발에는 많은 노력과 비용이 수반되며 기술 도입의 실패에 따른 위험 부담도 크다. 만약 경영 규모가 작으면 비용과 위험 부담에 비해 기술 혁신으로 얻을 수 있는 수익이 적기 때문에 기술 도입에 대한 관심이 적을 수밖에 없다.

넷째, 규모가 확대되면 농산물의 판매나 농자재의 구입 등 측면에서 대량 거래에 따른 거래 교섭력이 커지게 되어 판매 가격의 상승과 자재 구입 가격의 하락 및 거래 비용(수송과 교섭 비용 등)의 절감을 기대할 수 있다.

수칙 5. 신기술 도입에 선두주자가 되자 - 아이디어는 돈이다

1960년대의 녹색혁명은 기술 혁신을 통해 농업생산성의 획기적인 증대가 가능하다는 것을 보여 주었던 역사적 증거이다. 당시 인도에서는 다수확 품종 개발과 농약, 화학 비료를 사용하는 신농법을 적용하여 밀의 단보당 수확량을 두 배로 증가시켰다. 이제는 축산 농가에서 보편적으로 사용되고 있는 인공 수정 기술도 품종 개량뿐만 아니라 종축 사육 비용을 줄이고 임신 확률을 높임으로써 축산업의 생산성을 높이는 데 큰 기여를 하고 있다.

오늘날 농업 분야의 기술 혁신은 과학 기술의 발달과 더불어 생산 분야에도 새로운 지평을 열고 있다. 생명공학 기술의 발달과 응용은 인공 씨감자, 쌍둥이 송아지에서부터 인공 복제양이 등장하는 등 꿈에서도 상상하지 못하였던 것이 현실로 나타나고 있다. 시설 원예 분야에서 도입되고 있는 스마트 농업 기술은 단위 면적당 생산량과 노동력 1인당 생산량을 각각 27.9%와 40.4%씩 증가시킨 것으로 보고되고 있다.[1]

그러나 이와 같은 첨단 신기술만이 기술 혁신의 전부는 아니다. 축사를 경사지게 만들어 악취를 제거하고 인력을 절감하는 것이라든지, 햇빛을 직접 받지 못하는 과수의 아랫부분에 은박지를 깔아 반사 빛을 받게 하여 과실의 고른 착색과 당도를 높이는 것 등은 조그만 아이디어가 큰 성과를 거두고 있는 사례이다.

이와 같이 신기술 도입이 가져올 경영 수익은 매우 크지만 기술 도입이 실패로 끝날 가능성이 크다는 양면성이 있다. 특히, 신기술을 도입하기 위해 많은 돈을 들여 설비 투자를 하였는데 이 시도가 실패하면 막대한 경영 손실을 입을 수 있다. 따라서 신기술의 도입은 [그림 9-4]와 같이 단계별로 검토하여 추

1 김상태 외(2016).

그림 9-4 기술 도입의 단계별 검토 사항

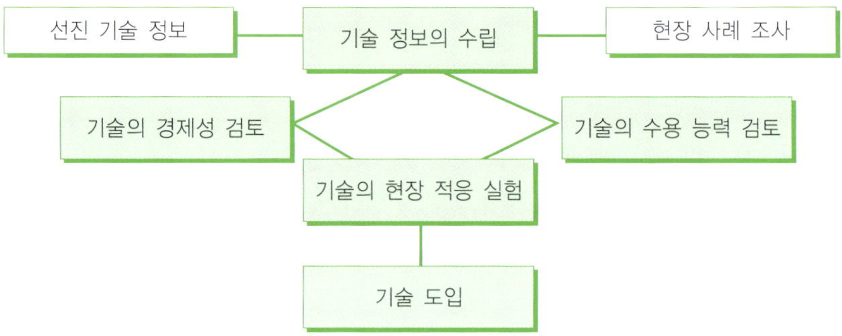

진하는 것이 바람직하다.

기술 정보의 수집 활동은 기술 혁신을 위해 가장 초보적이면서도 중요한 과정이다. 기술 정보를 통해 자체적으로 기술을 개발할 경우, 아이디어를 구체화할 수 있을 뿐만 아니라 자신이 구상하고 있는 기술이 이미 개발된 기술에 비해 어떠한 위치에 있는지도 비교할 수 있다. 선진 기술 정보는 기술 개발 기관(농촌진흥청 산하 기관이나 연구소)으로부터 얻을 수 있다. 그러나 개발된 신기술은 현장에 바로 사용하기에는 어려움이 많으므로 이를 현장에 적용하고 있는 선도 농가의 사례를 찾아서 현장 적용상의 문제와 해결책을 연구하는 것이 필요하다. 그러므로 본격적으로 기술을 농장에 도입하기 이전에 시범포나 시험구 등을 통해서 현장 적용에 따른 문제점과 효과를 사전에 점검하는 활동이 필요하다. 현장 적응 실험이 끝난 뒤에 본격적인 기술 도입을 실시하는 것이 올바른 신기술 도입 방식이다.

농장이 기술 혁신을 통해서 궁극적으로 추구하고자 하는 것은 소득을 높이는 것이다. 도입할 기술 내용이 확정되면 기술 혁신으로 얻을 수 있는 이득과 기술 도입에 수반되어 발생하는 비용을 면밀히 검토하여 경제성이 있는지 판단하여야 한다. 특히 선진지의 기술을 도입할 경우 실용화된 기술이기 때문에 경제성이 있을 것으로 미루어 짐작하고 도입을 추진하다가 큰 곤경에 처할 수도 있으므로 신중해야 한다. 왜냐하면 생산과 시장의 처한 여건이 서로 다르기 때문이다. 왜 첨단 자동화 설비를 갖춘 유리온실이 여러 성공 사례에도 불구하고 실패하는 경우가 많은지를 곰곰이 생각해 볼 필요가 있다.

2. 비용 절감

1) 왜 비용 절감인가?

농촌 현장에서 흔히 마주치게 되는 농민들의 한탄은 한마디로 "힘써 농사지었는데도 불구하고 손에 남는 게 없다"라는 것이다. 농산물 판매 가격은 수입 농산물의 천정 가격(price ceiling) 효과[2]에 의해서 제자리 걸음인 데 비해서 농자재(비료, 농약, 유류, 종자 대금 등) 가격은 해마다 치솟고 있어서 농사짓는 것이 돈이 되지 않는다는 것이다.

원론적으로 농가 소득 향상을 위해서는 농업 총수입을 높이거나 농업 경영비를 낮출 수 있어야 한다. 그러나 최근 18년간(2000~2018) 농업 소득률(경영이익/총수입의 비율)은 55.8%에서 36.1%로 하락하고 있다. 농업 총수입은 연평균 0.95%씩 늘어난 것에 비해서, 농업 경영비는 이보다 5.8배 이상 높은 연평균 5.56%씩 증가하였기 때문에 농업 소득률이 해마다 낮아지고 있는 것이다.

2 농산물시장 개방의 진전으로 국내 농산물값이 오르면 바로 해당 농산물이 수입되기 때문에 국내 가격은 수입 농산물 가격을 상한선(천정)으로 하여 형성되는 일이 더욱 잦아지고 있다.

생각의 폭과 통찰력을 키우자

21. 겨울철 유휴되는 논을 임대하여 사료포로 활용하고 있는 한우 농가

서천군 기산면 이정복 농장

겨울철 벼 수확이 끝나고 누렇게 변해 버린 들녘 가운데에 파란 새싹들이 자라고 있는 들녘이 있다. 이정복 농가의 사료 농장이다. 한우는 250여 두가 사육되고 있는데 축사는 들판 가운데 지어져 있고 축사 관리는 모두 자동화되어 관리자가 따로 없이 CCTV로 이정복 씨 집에서 원격 관리되는 것이 특징이다.

이정복 씨는 2007년부터 농장 인근의 논을 벼 수확 이후부터 모심기까지의 7개월 동안(11월 1일~5월 30일까지) ha당 90만 원으로 임대하여 청보리, 호맥 등 사료 작물을 재배하여 사료 자급 체계를 갖추기 시작하였다. 2010년 현재의 사료 작물 재배지는 150ha로 증가하였고 청예 사료 생산량은 3,840톤으로 확대되었다.

한우 사육장에서 생산되는 분뇨는 전량 이모작 논으로 투입되므로 따로 시비할 필요가 없이 청예 사료를 생산할 수 있을 뿐만 아니라 벼 수확량이나 미질도 나빠지지 않기 때문에 쌀농사를 짓는 농가들도 불만이 없다. 이에 따라서 이모작 사료포가 계속 늘고 있는 것이다.

청예 사료를 급이한 한우의 증체량은 두당 평균 34.3kg, 일당 평균 0.08kg의 증체 실적을 보였으며, 사료비는 조사료를 두당/일당 521원씩 더 급이한 대신에 농후 사료는 두당/일당 706원씩 절약할 수 있는 놀라운 경영 실적을 거둔 것이다.

이정복 농가의 2모작 청보리 등 사료 작물의 확대 재배

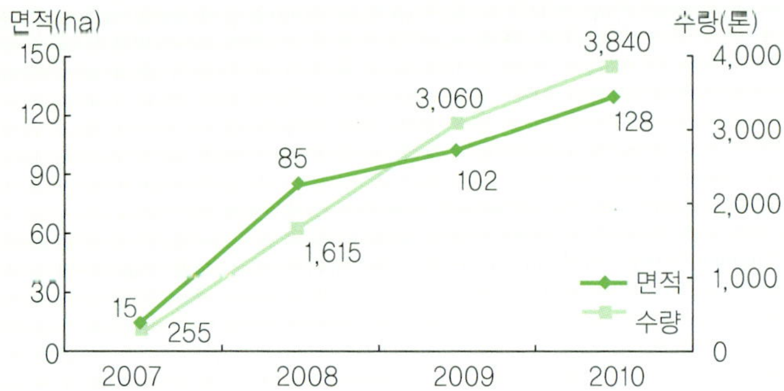

경종 농업과 축산을 유기적으로 연결시킴으로써 사료 자급률을 향상시키고 축산 분뇨를 자가 퇴비(유기질 비료)로 전환시킴으로써 자연 순환 농법 체계를 갖추고 있는 이정복 농가는 2010년도 비용 절감 우수 농가로 선정되어 농수산식품부 장관상을 수상하였다.

인가와 멀리 떨어진 들판 가운데 축사를 짓고, 넓은 축사에서 소를 과학적으로, 그리고 고용 노동력 없이 위생적으로 관리하고 있는 이정복 농가는 구제역 이후 한국 축산의 발전 방향을 제시해 주고 있는 중요한 단서를 제공하고 있다.

표 9-1 최근 10년간의 농가 소득 동향(2008~2018년)

(단위: 천 원, %)

구분	2008		2010		2012		2014		2016		2018		연평균 성장률
	금액	비율	금액	비율	금액	비율	금액	비율	금액	비율	금액	비율	
농가 소득	30,523	100.0	32,121	100.0	31,031	100.0	34,950	100.0	37,197	100.0	42,066	100.0	3.26
농업 소득	9,654	31.6	10,098	31.4	9,127	29.4	10,303	29.5	10,068	27.1	12,920	30.7	2.96
농외 소득	11,353	37.2	12,946	40.3	13,585	43.8	14,799	42.3	15,252	41.0	16,952	40.3	4.09
이전 소득1)	5,289	17.3	5,610	17.5	5,614	18.1	6,819	19.5	8,783	23.6	9,891	23.5	6.46
비경상 소득2)	4,227	13.9	3,467	10.8	2,705	8.7	3,029	8.7	3,095	8.3	2,302	5.5	−5.89

주: 1) 이전 소득은 사례금, 가족 보조금, 정부 및 타인 보조금 등으로 구성.
2) 비경상 소득은 경조 수입, 퇴직일시금 등으로 구성.
자료: 농림축산식품부(2019).

최근 10년간(2008~2018)의 농가 소득 동향을 살펴보면 농가 소득은 연평균 3.26%씩 증가해 왔다. 이 기간 동안 농업 소득은 연평균 2.96%씩 증가했지만 농외 소득은 연평균 4.09%씩, 그리고 이전 소득은 6.46%씩 농업 소득보다 훨씬 높은 성장률을 보였다. 이에 따라 농업 소득은 2007년부터 농업외 소득에 추월당하여 2018년 현재 농가 소득의 30.7% 수준으로 그 비중이 줄어들고 있다. 빠르게 진행되고 있는 농업 소득의 위축 현상에 적절히 대응하지 못한다면 농가 소득의 위축 현상은 계속될 수밖에 없다([표 9-1] 참조).

농업 소득의 위축은 농업 총수입의 정체 내지 감소와 농업 경영비의 지속적인 상승 때문에 유발되고 있다. 최근 10년간(2008~2018) 농업 총수입은 축산업의 높은 성장률(연평균 6.51%)에 힘입어 농작물 수입의 낮은 성장률(연평균 2.17%)에도 불구하고 10년간 연평균 3.30%씩 성장해 왔다. 그러나 농업 경영비는 연평균 3.5%씩 증가해 왔다. 농업 경영비 증가는 노무비(연평균 7.97%) 증가가 주도하면서 광열비 등 경비와 판매·관리비의 증가가 이끌어 왔다([표 9-2] 참조). 이에 따라 지속적으로, 그리고 빠른 속도로 증가하고 있는 농업 경영비를 절감할

표 9-2 최근 10년간 농업 총수입과 농업 경영비 동향(2008~2018년)

(단위: 천 원, %)

연도	농업 총수입				농업 경영비				
	농작물 수입	축산 수입	농업 잡수입	합계	재료비1)	노무비	경비2)	판매 및 관리비	합계
2008	19,942	5,336	586	25,843	6,283	886	7,979	1,041	16,189
2010	20,318	5,892	1,011	27,221	6,562	897	8,602	1,061	17,123
2012	21,942	5,099	548	27,589	6,727	938	9,492	1,304	18,461
2014	22,942	9,071	165	32,179	8,365	1,396	10,316	1,799	21,875
2016	21,357	9,222	699	31,279	8,137	1,314	9,963	1,798	21,211
2018	24,708	10,027	1,022	35,757	9,291	1,908	9,405	2,232	22,837
연평균 증가율	2.17	6.51	6.09	3.30	3.98	7.97	1.66	7.93	3.50

주: 1) 종묘비, 농약비, 비료비, 사료비 등.
2) 광열비, 수선비, 농구비 등.
자료: 농림축산식품부(2018).

수 있는 대책 마련이 농업 분야의 핵심 현안 과제로 떠오르고 있다.

농가 소득 향상을 위한 비용 절감은 두 가지 방향으로 접근하는 것이 바람직하다. 하나는 주어진 시장 가격을 전제로 하는 절대적인 비용 절감(cost reduction)이고, 다른 하나는 다소 비용이 추가되더라도 제품의 고부가가치화를 통한 상대적인 비용 절감이다.

예컨대, A시괴영농조합법인이 농자재 공동 구입과 선별·출하 등의 직입 공동화를 통해서 영농 비용을 5% 줄였다면 이는 절대적인 비용 절감에 해당한다. 한편, B사과농장은 유기농 재배 방법의 도입을 통해서 영농 비용은 5% 더 투입되었지만 유기농 사과의 판매 가격이 일반 사과보다 20% 정도 높게 형성되어 전체 소득이 17% 정도 향상되었다면 이는 상대적인 비용 절감에 해당한다([그림 9-5] 참조).

그림 9-5 농가 소득 향상을 위한 절대적 및 상대적 생산비 절감

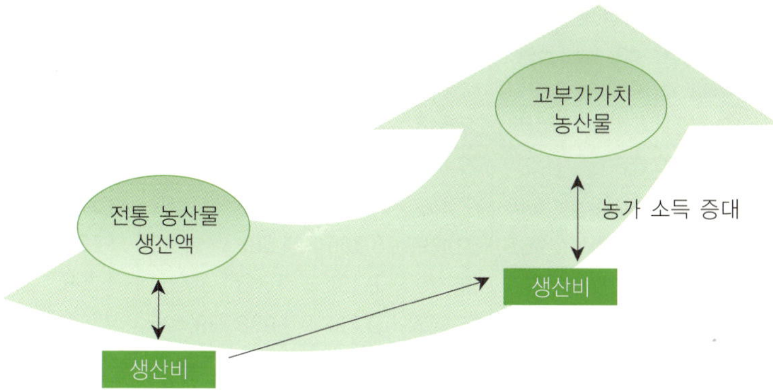

2) 비용 절감을 위한 경영 수칙

수칙 1. 경영을 규모화하자

규모 경제의 유리성(economy to scale) 이론은 널리 알려진 경제학 이론이다. 산출량 규모가 커질수록($Y_1 \rightarrow MES$) 비용은 감소($C_1 \rightarrow C^*$)하게 된다는 이론으로 경영학에서 말하는 경험곡선과 같은 모양을 가지고 있다([그림 9-6] 참조).

실제로 0.5ha 미만의 영세 규모 농가 중에서 48.2%는 소득 하위 20%(1분위)에 속하고 있는 반면에, 5ha 이상의 대농의 58.3%는 소득 상위 20%(5분위)에 속하고 있는 것으로 미루어 보면, 농가 소득 향상을 위해서는 경영의 규모화가 필수적인 선택이 되어야 함을 알 수 있다([그림 9-7] 참조).

경영의 규모화에 의해서 평균 비용이 체감하는 이유는, 첫째 분업화와 전업화에 의한 시간과 노력의 절약과 기술 도입의 용이성과 숙련도의 증가 등으로 인한 농장 운영 경비의 절감, 둘째 대규모 기계와 설비의 도입으로 인한 기

그림 9-6 경영 규모화와 비용 절감 효과

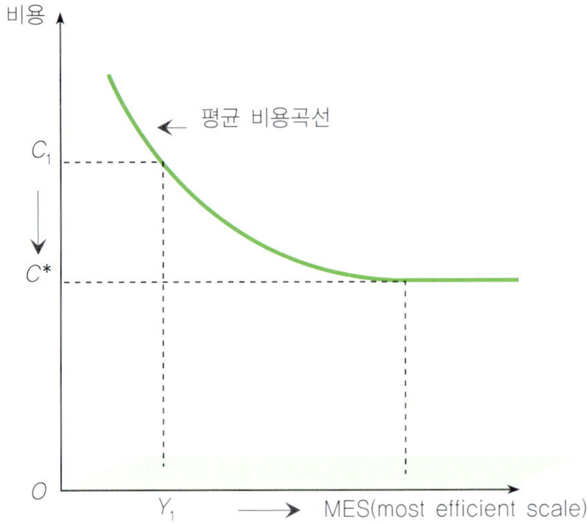

그림 9-7 소농과 대농의 소득 5분위 분포 상태

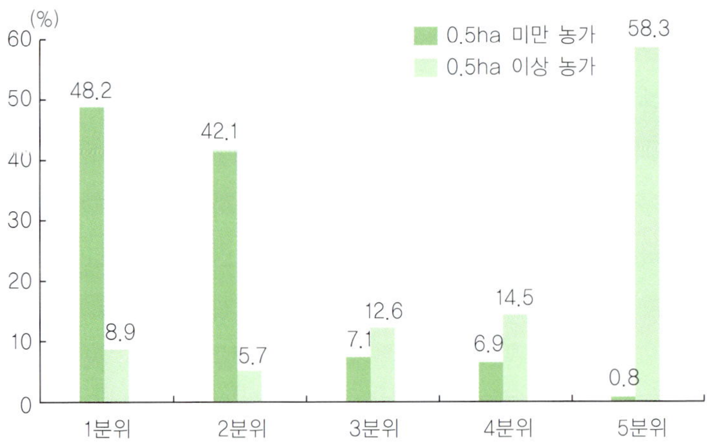

계 운영과 시설 설치의 경제성 확보를 통한 경비의 절감, 셋째 생산 요소의 대량 구입에 따른 할인 혜택 등 자재 구입 비용의 절감, 넷째 대량 생산된 농산물의 직거래 경로 확보의 용이성과 거래 교섭력의 강화로 인한 판매 단계의 상대적인 유리성 확보 등에서 발견된다.

경영의 규모화는 소유의 규모화를 통해서 손쉽게 이루어질 수 있다. 그러나 농업 분야에서 가장 중요한 생산 요소인 농지는 도시화의 영향을 받아서 농장 수익률과는 관련 없이 이미 높은 수준으로 가격이 올라 있기 때문에 소유에 의한 규모화를 기대하기는 어렵다.[3]

그러므로 집단화가 가능한 들녘별로 작업의 공동화, 기계의 공동 이용 등 생산의 규모화에서 출발하여 공동 브랜드와 공동 마케팅 등 유통의 규모화에 이르기까지 소농 협동적인 방식에 의해서 경영의 규모화를 실현하는 것이 현실적인 방법이다.

수칙 2. 생산 요소의 투입을 최적화하자

대부분의 농가들은 오래된 경험으로만 생산 요소 투입량을 결정하는 경향이 있다. 이 때문에 실제 투입 요소량은 표준 재배 관리법보다는 늘 초과하는 상태인 것이 일반적이다.

예컨대, 쌀의 경우 들녘별로 재배 방법을 표준 재배 관리법에 따라서 통일할 경우 종자, 비료, 농약 등 농자재 투입량을 줄일 수 있으며, 이로 인해 전체 농자재 비용을 15% 이상 감소시킬 수 있을 것으로 정부는 보고 있다. 비료 사용량은 평균적으로 과다 사용되고 있으며 농약은 지역 단위로 예방 위주의 공

3 예컨대, 평야지의 논값은 평당 20만 원 정도인데 10a(300평)의 논을 사기 위한 투자 자금 6,000만 원의 연간 금리 3%를 적용할 경우 180만 원이고 연간 쌀 생산액은 125만 원(500kg X 2,500원)에 불과하므로 생산의 규모화를 위한 토지 구입의 동기는 거의 발생하지 않는다.

표 9-3 10a당 벼 생산의 투입 비용 절감 기대 효과

구분	2007년산 생산비(A)	절감 후 생산비(B)	절감액 (A-B)	절감률 [(A-B)/A]	절감 방안 및 효과
종묘비	11,098	9,451	1,647	14.8	종자 사용량: 7.2→6.0kg
비료비	35,023	27,928	7,095	20.3	표준 시비량: 8.3→7.0kg
농약비	29,976	24,352	5,624	18.8	예방 위주 IPM 농법 도입
기타 재료비	11,647	9,309	2,338	20.1	20% 절감 목표
임금	94,458	57,850	36,608	38.8	특히 노동 시간 18→10시간/a
자가	83,941	50,000	33,941	40.4	공동 육모, 농기계 공동 이용
고용	10,517	7,850	2,667	25.4	적정 비배 관리

자료: 농림수산식품부(2008. 12).

동 방제를 실시한다면 방제 횟수를 줄일 수 있다. 또한 공동 구매를 통해서 대량 구매할 경우 농자재 구입 비용도 절감할 수 있다.

농림수산식품부의 자료에 의하면 '고품질 쌀 최적 경영 모델 육성' 정책을 통해서 종묘비는 14.8%, 비료비는 20.3%, 농약비는 18.8%, 기타 재료비는 20.1% 절감시킬 수 있는 것으로 되어 있다. 또한 공동 육묘장과 농작업 대행을 통하여 노동 시간을 현행의 10a당 18시간에서 10시간으로 단축시킴으로써 임금을 38.8% 절감시킬 수 있다는 것이다.

수칙 3. 선도 농가의 우수한 경영비 절감 사례를 벤치마킹하자

새로운 경영비 절감 시책이나 아이디어를 농가가 선택해서 자기 농장에 바로 적용시키기에는 어려움이 많다. 농촌진흥청이나 대학 등 연구 기관의 우수한 시험 결과가 현장에 바로 적용되지 못하는 까닭은 농장마다 여건이 다르고 경영자의 혁신 기술 수용 자세가 다르기 때문이다.

그러나 비슷한 경영 여건을 갖추고 있는 현장의 농장에서 개발되거나 이

미 실용화되고 있는 우수한 경영비 절감 사례의 경우에는 경영자의 경영 혁신 의지만 있으면 바로 도입해서 실용화할 수 있다. 그러므로 부지런히 '발품'을 팔아서 비용 절감을 실천해야 한다.

충남 천안시의 박용하 포도 시설 재배 농가는 하우스 내에 깊이 1.5m의 굴을 파고 폭 0.6m의 PE 주름관을 묻은 후 하우스 내의 공기를 강제 송풍시켜서 나오는 공기를 비닐 닥트를 통하여 하우스에 공급한 결과, 여름철에는 시설 내 온도를 3~4℃ 하강시켜서 착색도를 향상시키고, 겨울철에는 하우스 내 온도를 외기 온도보다 5℃ 이상 상승시켜서 동상해를 방지함으로써 연료비를 63%나 절감시켜 농가 소득을 이전보다 132%(548만 원→723만 원) 증대시키는 효과를 얻었다. 이러한 비용 절감의 현저한 업적을 인정받아서 2010년 12월 농림수산식품부 장관상을 수상한 바 있다.

'벤치마킹'이란 '목표'를 정해 두고 그 목표에 도달하기 위하여 잘하는 농가가 하는 방법을 '베껴서' '따라하는' 것이다. 우리의 최종 목표가 '국제 경쟁

그림 9-8 비용 절감의 목표 단계별 접근 방법

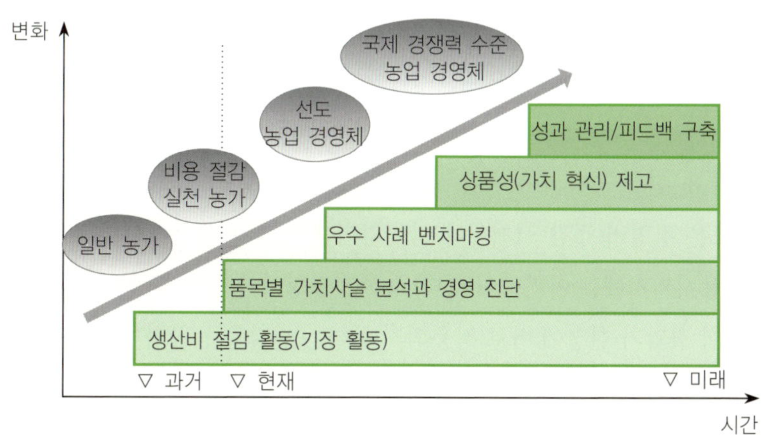

력 확보'에 있다면, 한꺼번에 국제 경쟁력 수준에 도달하기보다는 '잘 하는 이웃 농가'의 수준을 목표로 하여 벤치마킹을 한 후 다음 단계에는 '지역의 최고 농가' 그리고 '전국의 최고 농가' 순으로 목표를 순차적으로 높여서 따라하는 '벤치마킹'을 생활화하는 경영 혁신의 자세가 필요하다([그림 9-8] 참조).

생각의 폭과 통찰력을 키우자

22. 땅 속에서 발견한 보물덩어리 에너지

경북 영천 화산면 효정농장의 주인 정낙목 대표는 1,485m²(450평)와 1,980m²(600평) 규모의 시설 하우스에서 오이와 토마토를 병행하여 재배하고 있다. 정 대표는 벼농사, 약초재배 등 다양한 품목으로 10여 년간 농업에 종사하였다. 그러다 마을의 젊은 사람들끼리 뭔가 해 보자라는 의논 끝에 시설 채소를 해서 법인체를 구성하자는 계획을 세우게 되었다. 그러나 시설 채소로 전환하기 위해 선택한 오이 농사가 실패로 끝이 났다. 마을 젊은 농부들이 시설 채소에 매달리면서 부부끼리 농사를 짓게 되었고 그러다보니 수확철에 일손이 부족해 오이 수확을 제대로 할 수 없었던 것이다. 다시 의논 끝에 오이보다는 일손이 덜 들어가는 토마토로 품목을 전환하기 시작하였다.

토마토로 품목 전환을 하고 첫 번째의 실패를 거울삼아 좀더 노력한 덕에 마을에서 농사가 잘 되었나는 호평을 받았다. 정 대표는 섬섬 복심이 생기기 시작하였다. 시설 하우스에 투자를 해서 현대식 하우스로 바꾸어 더 많은 소득을 창출하고 싶어 그동안 모았던 돈의 대부분을 시설 투자 비용으로 사용하였다. 하지만 엄청나게 소모되는 난방비 때문에 겨울철 하우스를 활용할 수 없게 되었고 결국 투자비 회수는 물론 생활마저도 어렵게 되어만 갔다. 2006년 7월 그에게 다시 한 번 도약할 수 있는 기회가 찾아간다.

"평소 배관 쪽에 관심히 많아 친하게 지내던 친구가 있었어요. 그 친구가 그쪽 관련 일을 했거든요. 어느 날 집으로 와서는 지열 냉·난방 시스템이란 걸 회사에서 개발했는데 이를 시범적으로 도입할 농가를 찾고 있다고 하더라고요. 기름 대신 땅의 열을 이용한다나. 그래서 뭐 해 보라고 했죠."

정낙목 대표가 도입한 지열 냉·난방 시스템은 건양대학교와 (주)공간코리아가 공동 개발한 시스템으로 지하수를 이용, 지열을 회수하여 히터를 가동하여 기존의 에너지 소모량을 70% 정도 절감시킬 수 있는 혁신적인 기술이다. 이 지열 냉·난방 시스템은 농촌진흥청에서 추천하는 '실용적 농업 에너지 절감 기술 10선'에 가장 처음으로 소개되고 있으며, 에너지관리공단에서 '신재생 에너지' 분야로 농가에 지원하는 사업을 실시하고 있을 정도로 최근 가장 주목받고 있는 에너지 절감 기술이다.

지열 에너지를 이용한 냉·난방 시스템은 계절과 상관없이 항상 10도 내외로 유지되는

지하의 온도를 계절에 따라 냉·난방 에너지로 활용하는 시스템으로 지하에 파이프를 묻고 지하수를 순환시켜 열을 회수하는 시스템이다. 이때 필요한 에너지는 지하수를 순환하는 데 필요한 펌프에 사용되는 전기료 정도로 매우 낮은 유지비가 장점이다.

현재 정부는 일반 건축물에 이 설비를 설치할 경우 설치비의 50%를 지원하며, 시설 하우스 등 농업용의 경우는 지방비까지 포함하여 80%까지 지원받을 수 있다.

정낙목 대표의 토마토 농장은 1,485m²와 1,980m²의 하우스로 나누어져 있는데, 1차적으로 1,980m²의 하우스에 지열 냉·난방 시스템을 구축하였다. 설치비는 약 1억 원으로 정부 보조금 80%(국비 50%, 지방비 30%)를 지원받고 나머지 20%인 2,000만 원은 자부담으로 설치하였다.

일반 경유 보일러를 사용하던 정낙목 대표는 지열 냉·난방 시스템 도입 이후 약 60% 이상의 난방비 절감을 이룰 수 있었다. 도입 전 유류비는 연간 1,200만 원(리터당 400원)이었으나, 2007년 전기비로 지출한 난방 비용은 겨우 400만 원 수준이었다.

시스템 도입 결정 시 그가 산출한 투자 회수 기간은 추가 재배로 인한 수익 증대를 감안하면 약 2년이 되었다. 하지만 최근 유가 급등으로 인하여 설비 투자의 효과는 획기적으로 증대될 것으로 예상하고 있다. 올해의 유류비는 무려 2,400만 원(리터당 800원) 수준이므로 올 한 해 그가 절감할 수 있는 생산 원가는 무려 2,000만 원에 달한다.

"이 설비가 아니었으면 농사 포기했을 겁니다. 연료비 절감도 되고 기름 보일러를 쓰지 않으니까 농사도 친환경적으로 지을 수 있어 좋아요."

기존 경유 보일러는 외부 기온 변화에 따라 수동으로 가동해야 했기 때문에 갑작스러운 한파나 이상기온으로 인한 피해가 발생하는 경우 제때에 적용하기가 어려웠다. 하지만 새로 도입된 시스템은 자동 온도 조절 설정을 할 수 있어 시간대별 외부 기온 변화에 따라 자동으로 하우스 내부 온도가 유지되고 있다. 이처럼 지열 냉·난방 시스템은 온도 조절과 관련한 모든 기능이 자동화되어 있어 보다 손쉬운 경작이 가능하다. 물론 정전에 대한 위험 요인이 존재하나 혹시 모를 경우를 대비해 농가에서 UPS(무정전 전원 장치)를 설치하게 되면 그 단점도 없어지게 된다.

또한 정 대표의 경우 타작목에 비해 비교적 일손이 덜 가는 토마토를 재배하고 있기 때문에 부부가 1,980m² 이상의 시설 하우스를 재배하는 데 전혀 무리가 없다.

자료: 농림수산식품부(2009a), pp. 49~57에서 발췌·인용함.

3. 마케팅 능력 향상

1) 제값 받고 잘 파는 것도 경쟁력이다

로마에 들렀을 때 화사하게 보이는 이탈리아제 넥타이 하나를 골라서 45달러를 주고 샀다. 고마운 분께 선물하기 위해서였다. 그리고 파리에 왔는데 비슷한 넥타이가 25달러였다. 억울한 생각이 들어서 프랑스제 넥타이를 하나 더 샀다. 집에 와서 선물꾸러미를 풀던 집사람에게 저간의 사정을 설명했는데 며칠 뒤 비슷한 넥타이 하나를 남대문시장에서 8,000원 주고 사왔다고 내놓는다. 비슷한 넥타이 세 개를 앞에 두고 곰곰이 생각해 보았다. 비슷한 품질의 천과 비슷한 디자인으로 만든 넥타이 세 개 값이 서로 현저한 차이가 난다. 왜 나는 비싼 넥타이를 주저하지 않고 샀는가. 그것은 명성 탓이다. 명성을 유지해 온 품질 탓이다.

그렇다. 우리에게도 길은 있다. 인건비가 비싸고 땅값이 비싸며, 이자가 비싸기 때문에 생산비가 높을 수밖에 없다면 비싼 생산비를 들여서 보다 높은 값을 받을 수 있는 고품질의 상품을 만들면 되는 것이다. 그래서 높은 값으로 판매하여 더 많은 부가가치를 창출하면 되는 것이다.

우리 농업의 국세 경쟁력 향상은 우리 시대에 주어진 지상 과제 중의 하나이다. 그러나 규모화를 통한 생산비 절감으로 가격 경쟁력을 향상시켜 나가는 데는 분명 한계가 있다.

그러나 현재의 소농 규모하에서도 보다 높은 품질의 농산물을 생산하여 보다 유리한 시장 출하 조건을 갖추고, 보다 높은 값을 받아 남부럽지 않은 고소득을 올리고 있는 농가도 주변에서 흔히 볼 수 있다. 그들도 분명히 높은 생산비를 들여서 농산물을 생산하는 것은 마찬가지일 것이다. 그런데도 불구하고 그들은 상품화 과정에서 보다 높은 값을 받을 수 있는 전략을 선택함으로써 이러한 악조건을 극복하고 있는 농가들이다.

사실, 자가 소비(自家消費)를 목적으로 하여 농산물을 생산하던 시대에서 상품 생산을 목적으로 하는 시대로 우리의 농업 생산 질서가 바뀌게 된 것은 최근의 일이다. 이러한 변화가 진행되고 있는 과정에서 농산물시장이 개방되고 국내 유통시장마저 전면 개방되는 유통상의 일대 혁명이 일어나더니, 코로나 사태로 비대면 온라인 거래가 생활화되는 시대가 열리고 있다. 급변하고 있는 이러한 유통 환경의 변화에 성공적으로 적응해 나가기 위해서는 생산된 농산물을 '제값 받고 잘 파는' 전략이 뒷받침되어야 한다. 아무리 생산비 절감에 성공했더라도 농산물을 제대로 잘 팔지 못한다면 성공적인 농가가 될 수 없기 때문이다.

그러므로 '농산물을 제값 받고 잘 파는 기술' 이것이 농장의 성공적인 경영을 위한 충분 조건이며, 우리 농업의 제2의 경쟁력 향상 수단인 것이다.

값싼 해외 농산물과의 경쟁에서 이기기 위해서는 생산비를 낮추어 가는 가격 경쟁력 향상 전략과 함께 품질과 서비스 차별화를 통한 또 다른 경쟁력 향상 전략이 요구되고 있는데, 이를 흔히 비가격적 경쟁력 또는 가치 경쟁력이라 부르고 있다. 가치 경쟁력은 소득 증가에 따라서 분출되고 있는 다양한 소비자의 기호를 전제로 하기 때문에 양보다는 질을, 획일적인 것보다는 다양성을 더 중시한다. 이러한 측면에서 최근 우리 국민들의 다양한 기호 변화 현상을 잘 분석하여 적응하면 농산물의 가치 경쟁력을 높일 수 있는 가능성 내지 여건이 성숙되고 있음을 알 수 있다.

첫째, 국민소득의 증가에 따라서 소비자의 선호가 다양해졌을 뿐만 아니라 고품질 농산물에 대한 수요가 특히 현저하게 증가하고 있다.

둘째, 농산물 생산과 관련된 여러 가지 기술과 자재 산업이 획기적으로 발

23. 양파 유통의 혁신과 수직 계열화 시스템 개발

김대성 영농조합법인 신미네유통사업단 대표는 현재 농림부 채소수출협의회 회장을 맡고 있는데, '컨테이너 재활용 저온 저장법, 큐어링 시스템 개발 등 양파 유통의 창의적 혁신을 선도'한 공로로 제19회 대산농촌문화상을 수상하게 되었다.

김대성 대표는 1980년 신미통상을 설립한 이후 그동안 채소와 과일류 등 우리 농산물을 동남아 등에 수출한 경험을 바탕으로 1994년 영농조합법인 신미네유통사업단의 조직을 확대하여 새로운 양파의 수집·저장·선별·유통 방법을 도입해 물류비를 획기적으로 낮추고 엄격한 품질 관리를 통해 양파 산업의 경쟁력 확보에 크게 기여하였다.

김대성 대표가 개발한 '큐어링 시스템'은 국내에서 유일하게 양파 표피층만 건조시키는 기술로 외부로부터 병원균 침입을 방지하고 표피만 건조되는 반면, 신선도는 그대로 보존함으로써 상품성 및 저장성을 크게 높였다. 이를 통하여 양파 장기 저장의 가장 큰 문제점인 저장 기간 중의 부패와 감모율을 일반 시설의 1/3 수준에 불과한 7%로 대폭 감축하는 데 성공하였다.

또한 수확한 양파를 20kg 그물망 대신 600kg '벌크콘 백'에 담아 산지 유통 센터로 운송하는 방식으로 전환함으로써 기존 그물망에 담는 인력과 그물망 구입비를 절감하고, 상·하차 과정에서 발생하는 상품 손상을 막는 한편, 바닥에 환기가 가능하도록 통로와 송풍기를 설치한 20t 용량의 수출용 컨테이너에 담아, 예건하여 컨테이너 상태로 저온 저장하는 '컨테이너 재활용 저온 저장법'을 개발해, 기존 유통 시스템 대비 유통 비용을 톤당 12만 7,000원(34.9%) 절감하였다.

뿐만 아니라 자동 기계 선별·포장 시스템을 통해 공산품처럼 균일하게 품질 관리된 양파를 연중 안정적으로 공급해, 2009년 기준 1만 4,000t의 양파를 저장·유통함으로써 단일 유통 사업단 처리 물량으로 국내 최대 물량을 취급하는 등 국내 양파 유통에 선도적 역할을 수행하였다.

특히 농가와 양파 계약 재배를 통한 수직 계열화 벤치마킹 모델 구축을 통해 "농가와의 약속은 우리가 먼저 지킨다. 농가와의 협상에서 우리가 양보하면 된다"는 대원칙을 세워 생산 시기 이전에 품질을 규격화하고 농가와의 계약 이행을 담보하기 위해 고품질 우량 종자를 구입해 농가에 공급하고 영농 지도 팀을 두어 육묘 단계부터 비배 관리 기술을 지도하고 영농선급금을 무이자로 지원, 농가의 영농 부담을 덜어 주는 노력을 쏟았다.

김대성 대표는 농협 주요 산지 수매가를 조사한 후 농가 대의원 회의를 통해 결정하는 양파 수매 가격을 다른 지역보다 비싸게 책정해 계약 재배가 농가에 실질적인 이익이 되게 하고, 고품질 생산 수준에 도달한 농가는 OK 농가로 지정해 수매 가격을 일반 농가보다 높게 차별화해 농가의 생산 기술 향상을 유도하였다.

그리고 수확기에는 영농 작업단을 조직해 수확과 운송까지 담당함으로써 농번기 농가 일손을 줄여 주고 고령화 농가에게는 수확·포장·운송의 편리성을 제공하는 등 다양한 대

농가 서비스 제공으로 사업단과 농가와의 신뢰를 쌓았다.

양파 계약 재배 방식이 농가의 소득 향상에 실질적 도움이 됨에 따라 계약 이행률이 100%에 이르러 양파 생산·유통의 모범적인 수직 계열화 모델이 된 것이다.

자료: 문경인터넷뉴스(2010. 10. 23).

달되어 다양한 농산물의 생산이 가능하게 되었다. 특히 농산물 가공 기술의 발달로 품질 향상은 물론 저장·포장 용기의 개선 등이 이루어지고 있어서 농산물의 고품위 유지를 가능하게 하고 있다.

셋째, 농가들의 의식 개선이 이루어짐으로써 품질의 차별화 또는 상표의 차별화를 위한 브랜드화 등을 통하여 판로 확보와 시장 점유율 확보를 위한 농가 간, 지역 간의 협동적 판매 촉진 사업이 강화되고 있다.

이러한 여건의 변화를 잘 활용하여 생산된 농산물을 제값 받고 잘 팔 수 있는 전략을 구체적으로 어떻게 세워야 할 것인가?

2) 잘 팔기 위한 경영 수칙

수칙 1. 차별화와 브랜드화로 경쟁에서 우위를 차지하자

생산자가 시장에 출하하고 있는 상품의 특성 중에서 어떠한 형태로든 다른 상품에 비해 좋은 점을 뚜렷이하여 소비자에게 부각시키려는 행위를 차별화 전략이라고 한다. 차별화의 전략으로는 품질 차별화에서부터 가격 차별화, 서비스 차별화, 포장 디자인의 차별화, 그리고 광고 선전을 통한 홍보의 차별화에 이르기까지 다양한 방법이 있다.

품질에 의한 차별화는 가장 많이 이루어지고 있는 차별화 전략이라고 할 수 있다. 전통적인 방법은 맛에 의한 차별화인데, 과거에는 주로 지역 특산품이 대상이 되었으나 최근 들어 농가 단위의 특정 생산품에 대한 차별화 시도도 이루어지고 있다. 건강에 대한 관심이 높아지면서 흑미, 디에이치엘(DHL) 돼지고기, 인삼 한우, 유정란, 작두콩 청국장과 같은 특별한 기능성이나 무공해 농산물과 같이 식품의 안전성이나 기능성으로 차별화하는 경향도 두드러지게 나타나고 있다.

품질에 의한 차별화가 성공하기 위해서는 다음 세 가지 요건이 갖추어져야 한다. 첫째, 경쟁자보다 나은 품질을 생산할 수 있어야 한다. 둘째, 소비자가 품질 차이를 인식할 수 있어야 한다. 셋째, 소비자가 품질 차이에 대해서 지불하고자 하는 프리미엄이 품질 향상에 따르는 비용보다 높아야 한다.

가격 차별화는 보통 남들보다 가격을 싸게 하여 판매하는 것을 말한다. 가격을 낮추면 수익성이 떨어지기 때문에 경쟁자보다 생산비가 낮다든지 직거래를 통해 유통 마진을 줄일 수 있다든지 하는 특별한 상황이 아니면 실행에 옮기기 힘들다. 이와는 반대로 소비자 심리를 이용하여 높은 가격을 매김으로써 품질이 좋다는 인식을 심어 주는 마크업(mark-up) 전략도 있다.

차별화를 하면서 어느 한 가지의 전략만을 반드시 고집할 필요는 없다. 오히려 능력이 닿는다면 여러 가지 전략을 동시에 혼합하여 사용하는 것이 효과적일 경우가 많다. 그러나 여러 가지 전략을 동시에 사용하면 수반되는 비용도 증가하기 때문에 가장 효과적인 전략부터 시작하여 소비자의 반응에 따라 단계적으로 확대시켜 나가는 것이 바람직하다.

자기 상품을 다른 상품과 구분하고, 상품의 고유한 특성을 소비자에게 인식시키기 위해서 상표를 만들어 붙이는 것을 브랜드화라고 한다. 고객으로 하여금 경쟁자의 상품과 어떤 형태로든 구별시켜야 하는 품질 차별화에 브랜드화는 거의 필수적이라고 할 수 있다. 브랜드화에도 여러 가지 방법이 있다.

첫째, 개인적인 브랜드를 사용하는 방법이다. 이 방법은 유기 농산물 생산자들로부터 출발하였다. 경영 규모가 확대되면서 일부 축산물과 과실에도 시도되고 있으나 판매 물량이 적기 때문에 큰 효과를 거두지 못하고 있다. 브랜드화의 이점을 충분히 살리기 위해서, 특히 쌀의 경우에는 여러 농가가 공동으로 참여하는 대형 브랜드(또는 광역 브랜드)가 모색되고 있다. 둘째, 지역명을 상표화하는 방법으로서 지역 특산품이 소비자에게 잘 알려져 있는 경우 매우 효과적인 방법이 될 수 있다. 대부분 지역 협동조합의 이름으로 공동 판매하는 경우를 흔히 볼 수 있다. 셋째, 국가가 인증하는 품질 마크를 상표에 표기하는 방법으로 지역 특산품 표시, 원산지 표시가 있으며, 가공식품은 전통 식품 로고, 식품 KS가 있다.

수칙 2. 직거래를 통해 절감되는 유통 마진을 소득화하자

우리나라에서의 농산물 직거래는 유기 농산물 생산자 조직으로부터 시작하였으나 1980년대 중반에 배추, 무 파동을 비롯한 농산물 유통의 문제점이 불거져 나오면서 일반 농산물에까지 확대되기 시작하였다. 직거래의 가장 큰 장점은 유통 마진을 줄일 수 있기 때문에 높은 가격으로 판매할 수 있다는 점뿐만 아니라, 여건의 변화에도 불구하고 가격과 판매의 안정성을 기할 수 있다는 장점도 있다. 또한 비대면 온라인 거래가 새로운 유통 트렌드로 자리잡게 되면서 농장에서 소비자에게 직접 공급하는 온라인 거래 방식(from farmer to consumer)에 동참하는 농가도 늘어나고 있다.

직거래의 유형에는 여러 가지가 있으며 구분하는 방법도 다양하나, 우선 누가 하느냐에 따라 개별 생산자 또는 생산자 단체의 직거래로 크게 구분할 수 있다. 또 누구에게 직접 판매하느냐에 따라 일반 소비자, 대량 소비처, 민간 유통업체로 나눌 수 있다. 대량 소비처란 대형 음식점 및 가공업체와 단체 급식을 하는 병원, 군부대, 학교, 회사 등을 말한다. 한편, 일반 소비자를 대상으로 하는 직거래는 농장, 관광지, 고속도로 휴게소 및 공항 터미널의 직판장, 우편 판매, 전자 판매, 택배, 방문 판매 등 여러 가지 방법이 있다. 최근에는 도시의 대형 유통업체와의 계약에 의한 직거래도 크게 늘어 가고 있다. 농산물 직거래는 지속적인 고객 관리를 통해 수요를 안정적으로 확보할 수 있고 통신과 수송망이 발달되면서 시장 확대가 예상되기 때문에 중요성이 점차 커지고 있다.

직거래에 성공하기 위해서는 어떻게 하면 고객을 끌어들이느냐와 일단 고객이 된 소비자를 어떻게 하면 고정 고객으로 유지하느냐의 두 가지 문제로 귀착된다. 고객 유치 단계에서는 우선 소비자의 관심을 유발하여야 하고, 그 다음에 소비자가 만족할 만한 조건을 제시하여야 한다. 아무런 연고가 없을 경우 소비자에게 접근하는 것도 쉽지 않기 때문에 소비자의 관심을 유발하는 것은 매우 어렵다. 그러나 전략을 잘 짜고 적극성을 갖는다면 불가능한 일만은 아니다.

첫째, 가급적이면 일정 지역 내의 소비자를 집중적으로 공략하여 그 지역을 석권하는 것이 좋나. 이와 같은 지역 석권 전략은 판촉 활동을 한 곳에서 하기 때문에 시장 개척 비용이 적게 들고 시너지 효과를 불러일으킬 수 있다. 뿐만 아니라 소비자가 여러 곳에 거주하는 경우에 비해 유통 비용이 대폭 절감되고 비슷한 소득 계층이 살기 때문에 제품의 특성이나 가격 등 판매 전략을 단순화할 수 있는 등 여러 가지 측면에서 유리하다.

둘째, 공략 목표로 정한 지역에서 주민들의 여론을 주도하고 있는 오피니언 리더들을 대상으로 시작하는 것이 좋다. 대개 아파트 단지의 부녀회나 통반장이 이러한 사람들이다. 이때 막무가내로 협조를 구하기보다는 잘 설득시켜야 한다. 예를 들어, 어떻게 농사를 짓기 때문에 품질이 좋다는 것을 자세히 설명하는 것이다. 지역의 어려운 실정을 이야기하고 감정에 호소하는 것도 한 방법이 될 수 있다.

셋째, 지역 주민들의 공동 생활에 참여하여 지역의 일원이라는 생각을 가지도록 지역 밀착 전략을 추진하는 것이 바람직하다. 자연스럽게 주민의 소비 활동 속으로 들어서기 위해서는 우선 외부 사람이라는 생각이 들지 않도록 하는 것이 중요하다. 즉, 항상 접하는 슈퍼마켓 주인 같은 인상을 심어 주는 것이다. 이를 위해 반상회나 경로잔치 등 지역 주민들의 공동 행사에 적극적으로 참여하는 것도 좋은 방안이다.

수칙 3. 시장 정보 수집과 분석을 철저히 해 정보를 현금화하자

지금은 정보화 시대이다. 과거와는 달리 최신의 정보가 매일 홍수처럼 쏟아진다. 눈앞의 정보를 유효적절하게 이용하는 사람은 큰 돈을 벌고 시장 정보에 어두운 사람은 큰 손실을 볼 수 있다.

시장 정보가 왜 중요한가는 다음 세 가지 점에서 잘 드러난다.

첫째, 가격이 가장 좋은 시장으로 물건을 판매할 수 있게 된다. 시장은 시간과 공간에 의해 나누어지며 이렇게 분할된 시장 간에는 가격차가 존재한다. 짧게는 새벽과 저녁, 오늘과 내일에서 길게는 주간 및 월간의 가격이 서로 다르다. 산지와 소비지 가격은 물론이고 같은 소비지라도 서울과 대전, 대전과 부산 시장의 가격 간에 엄연한 차이가 있다. 상품은 가격이 낮은 장소나 시간에서부터 높은 장소나 시간으로 자연스럽게 움직이게 되어 있다. 이것은 사람들이 이익을 찾아서 행동하기 때문이다. 예컨대, B지역의 가격이 A지역의 가격에 수송비를 더한 것보다 많다면 상품은 A지역에서 B지역으로 움직이게 될 것이다. 또한 B시점의 가격이 A시점의 가격에 저장 비용을 더한 것보다 많다면 상품은 저장되었다가 B시점에 팔릴 것이다. 그러나 실제로는 그렇지 못하다. 사람들이 갖고 있는 정보가 완전하지 못한 경우가 많기 때문에 실제로 발생하는 상황은 다르기 때문이다. 즉, 분할된 시장 간에는 수송 또는 저장으로 인한 정상적인 가격차 이상의 가격차가 항상 존재하게 된다.

둘째, 소비자 기호를 정확하게 파악함으로써 효과적인 판매 전략을 세울 수 있게 된다. 동일한 제품인데도 서울 압구정동의 고급 백화점에서는 높은 가격에도 잘 팔리는 반면에 지방의 작은 백화점에서는 낮은 가격으로도 잘 안 팔리는 경우가 허다하다. 이것은 백화점을 이용하는 소비자의 특성이 다르기 때문이다. 그래서 압구정동 백화점은 고급 제품의 고가 판매 전략이, 그리고 지방의 군소 백화점은 중저가(中低價) 판매 전략이 효과가 있는 것이다.

셋째, 시장의 흐름을 재빨리 파악하여 적절한 대비책을 세울 수 있게 된다. 시장 개방과 더불어 수입 농산물의 유통과 수급 구조가 급격하게 변화되고 있다. 선진국의 사례로 볼 때 앞으로의 농산물 유통은 도매시장 중심 체제에서 대형 소매 유통업체 중심으로 변화될 것이다. 이들 대형 유통업체들은 생산자와의 직거래에 적극적으로 나설 것이며, 상대적으로 경쟁력이 떨어지는 재래식 시장이나 동네 슈퍼마켓의 기능은 쇠퇴하게 될 것이다. 따라서 생산자는 직거래 활성화에 대비해서 남보다 앞선 품질과 기술력 및 정보력을 갖도록 대비해야 한다.

이와 같이 시장 정보는 돈과 직결된다. 그러나 잘 이용하지 못한다면 현금으로 만들 수 없다. 시장 정보를 유용하게 사용하기 위해서는 우선 가치 있는 정보를 찾고, 그 정보를 정확히 분석하며, 분석된 결과를 바탕으로 합리적인 대응 전략을 세울 수 있어야 한다. 한편, 시장 정보의 수집은 정보의 공급원과 이에 접근하는 방법을 알아야 하고 접근하는 수단을 따로 마련해야 한다.

수칙 4. 상품성 제고와 가공으로 부가가치를 높여 판매하자

농산물의 상품성을 높인다 함은 좋은 값으로 잘 팔릴 수 있는 상품을 만들어 낸다는 것이다. 상품성을 높이기 위해서는 좋은 품질의 상품을 생산해야 하

생각의 폭과 통찰력을 키우자

24. 21세기 신소비자

지구 인구는 2030년이 되면 83억 명으로 늘어난다. 또 2030년까지 개도국에서 20억 명의 새로운 소비자들이 글로벌 경제로 편입될 전망이다. 글로벌 소비시장이 재편되는 구조적 변화가 발생하고 있는 셈이다.

인구 증가와 중산층 기반 확대는 기업에게 새로운 기회다. 동시에 더 까다롭고 영리해진 소비자들의 새로운 상품과 서비스에 대한 요구는 기업들에게 또 다른 압박으로 다가온다. 신소비자들의 요구에 귀를 기울이지 않는 기업 경영진과 정부 관리들은 시장에서 쫓겨나는 상황에 직면하게 될 것이다.

기술 진보로 게임의 법칙도 달라지고 있다. 제품 변혁의 속도도 빨라지고 있다. 지난 50년간에 걸쳐 이룩하였던 것도 이제는 5년 만에 달성할 수 있다. 과거에 100달러에 팔렸던 제품이 이제는 5달러에 팔린다.

정보통신 기술로 무장한 신소비자들의 인내심은 갈수록 줄어들고 있고 무소불위의 힘을 발휘 중이다. 신소비자들의 등장으로 제품 비용은 떨어지고 질은 개선되고 있다.

신소비자를 하나의 타입 혹은 카테고리로 분류하는 것은 실수다. 상품·서비스 시장에 따라 수백만 개로 분류할 수 있는 차별화된 신소비자들이 존재한다. 어떤 소비자들은 상품 라벨이 중국산이라는 것에 신경쓰지 않는다. 또 다른 신소비자들은 국내산을 선호하지만 향수와 같은 사치품의 경우 프랑스산을 선호한다.

글로벌 소비자 중 여성층의 소비력은 지속적으로 확대되고 있다. 이처럼 다양한 형태의 신소비자들의 기호에 맞는 맞춤형 제품을 만드는 것이 기업들에게 하나의 도전 과제가 되고 있다.

또 신소비자들은 기업과 제품의 지속 가능성을 요구하고 있다. 상품이 어디에서 생산되고 어떻게 만들어지고 탄소 방출량은 어느 정도인지 그리고 제품 제조 과정에서 어떤 노동력을 필요로 하고 있는지에 대한 관심이 커지고 있다. 이것들은 모두 지속 가능성과 직접적으로 연결되는 것이다. 법적·정치적 규제가 요구하는 것 이상으로 기업이 어떻게 시장에서 행동하느냐에 따라 특정 기업 제품을 구매하거나 구매하지 않으려 할 것이다.

이미 미국 노동 인구의 절반이 여성이다. 미국과 유럽에서 대학교 학위를 받는 졸업생의 60%는 여성이다. 휴대폰과 같은 통신 장비 발달로 개도국에서는 수백만 명의 여성들이 근로자로서, 그리고 기업인으로서 제도권 시장으로 속속 진입하고 있다.

여성 대상 마케팅과 관련, 여성을 하나의 여성 소비자로 파악하기보다는 개별적으로 접근하는 것이 필요하다. 이것은 광고 채널 다양화와 대중시장의 세분화와 같은 최근 마케팅 트렌드와 부합하는 것이다. 확대되는 여성 구매력은, 특히 개도국에서 커다란 경제·사회적 변화를 초래할 것이다. 글로벌 마케팅 전문가들에 따르면 이미 여성이 직·간접적으로 전체 소비시장의 80%를 통제한다. 이 같은 수치는 더 높아질 것이다. 앞으로 5년 내에 여성 고용률이 20% 이상 증가할 것이기 때문이다. 구매력이 증가함에 따라 여성들은 단순히 경제적인 것뿐만 아니라 다른 가사 결정권에 있어서도 영향력을 키우고 있다. 이론적으로 가정 경제권에 여성의 입김이 세지면 아이들 건강과 교육에 더 많은 돈을 쓴다는 보고서도 있다.

자료: 박봉건·신헌철(2010), pp. 165~168에서 발췌·인용함.

겠지만, 생산된 농산물을 잘 처리하여 가격을 높게 받는 것도 중요하다.

여기에서는 생산 이후 단계에서 상품성을 높이는 방법을 생각해 보자. 수확 후 농산물의 상품성 제고를 위해서는 규격화를 하거나 포장을 잘하여 소비자에게 상품의 가치를 높게 평가받고 유통업자로부터 정당한 가격을 받는 것 정도로만 지금까지는 인식해 온 것이 사실이었다. 그러나 보다 넓은 의미에서 보면 농산물에 새로운 서비스를 부가하여 소비자의 만족을 높일 수 있다면 이러한 노력 역시 적극적으로 상품성을 높이는 수단인 것이다. 예를 들어, 과실의 신선도를 잘 유지한다든가, 요리하기 편리하게 야채를 잘 다듬고 세척한다든지 하는 것 등이 이에 속한다.

농산물을 출하할 때 철저한 등급화를 이루어 등급별로 균일한 상품을 출하하는 것을 원칙으로 삼아야 한다. 낮은 등급의 상품을 이른바 '속박이'로 출하하면 일시적으로 이익을 볼 수도 있겠지만 고객에 대한 신용은 그게 떨어져서 장기적으로 손해를 보게 된다는 사실을 인식해야 한다. 현재로서는 산지 등급화 여건이 제대로 갖추어지지 않았으며, 주산단지 형성이 제대로 안 되어 있고, 선별 기술이 낙후되어 거의 숙련된 노동력에 의존하고 있는 등 체계적인 준비가 덜 되어 있는 상태이므로 표준화 및 등급화를 착실하게 갖추는 노력이 필요하다.

포장은 유통 과정에서 내용물을 보호하고 운송이나 저장 과정에서 취급을 용이하게 해 준다. 이와 같은 기본적인 기능 외에도 상표의 부착을 통해 차별화를 기할 수 있으며, 깔끔하고 편리하게 포장된 상품은 소비자의 구매 의욕을 높인다는 점에서도 중요하다.

포장하는 방법은 소재, 기술, 크기에 따라 달라진다. 농산물에 주로 사용되고 있는 포장 소재는 합성수지 포대, 골판지, 그물망이며, 포장 기술은 깐 밤과 같이 일부 품목에 진공 포장을 하고 있으나 대부분 별다른 기술을 사용하고 있지 않다. 포장 크기는 정부에서 정한 '표준 출하 규격'이 있으나 잘 지켜지지 않고 생산자나 용도에 따라 다양하다.

소비자 구매 단위를 기준으로 볼 때 소포장보다는 대포장이 많은 편이다. 현재 농산물이 주로 출하되는 곳이 도매시장이나 슈퍼마켓 등 유통업자이고, 이곳에서는 포장을 풀어 다시 포장하거나 낱개로 소비자에게 팔기 때문에 지금의 포장 방법이 큰 문제는 되지 않는다. 그러나 앞으로 산지 등급화·규격화가 확대되고 소비자 직거래가 활성화되면, 특히 비대면 온라인 거래가 활성화될수록 산지에서 포장된 상태로 소비자에게 바로 판매되는 비율이 높아지게 될 것이다.

핵가족화와 독신 생활자의 증가 추세에 따라서 소비자가 원하는 소포장의 중요성이 더욱 커질 것이다. 앞으로 선도 유지를 위한 신소재 개발, 진공 포장, 가스 충전 포장 등 적절한 포장 기술과 방법이 개발될 필요가 있다. 더구나 소비자가 작은 포장 규격을 원하는 추세이므로 이에 맞추어 상품을 포장하는 것도 새로운 수요를 개발하는 방법이 될 것이다.

농산물 가공을 통한 부가가치 창출도 매우 중요한 전략이다. 가공이란 상품 자체에 새로운 기능을 부과하기 위한 것과 상품 가치가 낮은 것을 새로운 형태로 전환하여 가치를 높이는 기능을 일컫는데, 포도를 이용하여 만든 포도주는 포도에 새로운 기능을 부과하는 예이고, 누룽지는 쌀을 새로운 식품 형태로 전환하는 것의 예이다.

농산물은 자연조건의 변화에 대해서 의존성이 높으므로 대체적으로 생산시기는 일정한 반면 수요는 연중 계속되는 특성이 있다. 따라서 집중 출하기에는 가격이 지나치게 떨어지고, 단경기(端境期)에는 가격이 오르는 현상이 불가피하다. 그러므로 홍수 출하기 때 싼값에 억지로 시장에 출하하기보다는 가공상품을 개발하는 것이 가격 안정뿐만 아니라 새로운 소득 창출 수단으로 대단히 중요하다. 그러나 가공 산업은 일정한 경영 규모가 확보되어 그 사업 자체로서도 안정적으로 경영되어야 하기 때문에 원료의 확보, 시설과 장치, 수요개발 등 여러 가지 측면에서 전혀 새로운 경영적 차원에서의 접근이 필요하다.

수칙 5. 고객 우위의 서비스 정신으로 출하하자

대부분의 농가들은 자기가 생산한 농축산물을 구입해 주는 소비자들을 고마움의 대상으로 생각하지 못하는 경우가 많다. 더구나 생산된 농축산물이 여러 단계를 거쳐 최종 소비자들에게 전달되기 때문에 구체적으로 누가 자기의 최종 고객인지 모르는 경우가 많다.

생산자인 농가들에게 고객은 1차적으로 농산물의 수집상이고, 2차적으로는 중간도매상이나 소매상이며, 그리고 최종적으로는 도시의 소비자들이다. 이들 고객들은 농가들이 상품으로 공급하는 농축산물로부터 여러 형태의 서비스를 받거나 또는 농산물에다 서비스를 스스로 추가하여 다음 차례의 고객에게 제공하기도 한다. 따라서 생산자인 농가들의 고객에 대한 서비스 정도에 따라 농축산물의 판매도 크게 좌우된다.

대개의 경우 농가들 스스로는 자신이 농산물을 만들어 내고 있을 뿐이라고 생각한다. 그러나 실은 정도의 차이는 있을지라도 '만족한 고객'을 만들어 내고 있는 것이다. 모든 사업의 궁극적 목적은 이익을 창출하는 것이며, 이는 고객의 만족을 통하여 고객들을 자신이 경영하는 사업의 동반자 내지 협조자로 만드는 것부터 시작되어야 한다.

만족한 고객은 농가들이 생산한 농산물을 앞장서서 사 주고 입소문으로 홍보해 주는 한편, 경쟁자의 침입을 막아 주는 보호자나 방파제 역할까지 해 주고 있다. 또한 만족한 고객은 반드시 다시 거래하기를 희망한다. 그러므로 고객을 만족시키기 위해서 노력하는 생산자만이 단골 고객을 많이 확보하여 돈을 벌고 치열한 경쟁 시대에서 살아남을 수 있는 것이다.

어떻게 '만족하는 고객'을 만들어서 내가 생산한 농산물의 판로를 확대하고 제값을 받을 것인가?

첫째, 고객의 입장이 되어서 내가 생산하여 출하하는 농산품을 한 번 더 점검하는 것이다. 품질은 안전하며 포장은 적절한가, 운송 중에 상할 점은 없는가, 소비자가 구입하여 사용할 때 불편한 점은 없는가 하는 점 등을 출하하기 전에 다시 한 번 점검하는 태도가 생활화되어야 한다.

둘째, 고객의 기호는 끊임없이 변한다는 사실을 인식해야 한다. 어제까지 만족하였던 고객이 오늘 갑자기 불평을 시작하고 자신이 출하한 물건을 사 주지 않는다고 불만스러워해서는 안 된다. 소비자의 기호가 변함에 따라서 그에 알맞은 상품을 공급하지 못한 생산자 책임이 더 크기 때문이다. 사실 소득 수준이 높아지고 생활 습관이나 양식이 바뀌게 되면서 식생활 습관도 엄청나게 변화되었다. 배고픔을 극복하기 위해서 크고 많이만 주면 좋아하던 시절로부터 다소 가격이 비싸더라도 맛있고, 예쁘고, 먹기에 편하고, 조리에 편리한 농산물을 더 선호하는 시대로 변하고 있다. 더구나 최근에는 몸에 좋고 위생적으로 안전한 식품을 소비자들은 찾고 있다. 이러한 식생활의 변화에 적응할 수 있는 상품을 생산해서 새로운 수요를 만들이 소득화하는 일은 전적으로 생산자의 몫이다.

피자를 더 선호하고 김치를 싫어하는 요즘 세대들을 나무라지 말고, 우리

25. 경영의 생존은 가치에서 시작된다

농기업이 성공하기 위해서는 소비자에게 그들이 원하는 것, 그들이 필요로 하는 것을 주어야 한다. 소비자와 기업의 이러한 교환 관계 속에서 기업이 살아남는 일은 원가 이상의 가격을 받아야 하고 소비자는 지불한 제품 가격보다 더 큰 가치를 느껴야 한다. 즉, 생산자 입장에서 보면 상품의 원가보다는 상품의 가격이 커야 한다는 부등식(상품의 원가<상품의 가격)을 만족하여야 한다는 것이다. 소비자의 입장에서 보면 상품의 가치가 그 상품의 구입 가격보다 커야 한다는 부등식(상품의 가격<상품의 가치)을 만족하여야 한다.

결국 농기업의 생존 부등식은 상품의 원가<상품의 가격<상품의 가치라는 부등식이 성립된다. 따라서 기업이 살 길은 생존 부등식의 우단의 상품 가치를 높이고, 좌단의 원가를 낮추는 것이다. 여기에서 생존 부등식의 우단, 즉 소비자를 위해 상품의 가치를 높이는 능력은 창조성, 생존 부등식의 좌단 제품의 생산에 요하는 원가를 절감하는 능력을 생산성이라고 정의할 수 있나(윤석철, 『프린시피아 메네지멘타』).

상품의 가치보다 가격이 높게 나타나게 하는 것은 창조성을 얼마나 발휘하느냐에 달려 있다. 지금 농업에서 절실히 필요로 하는 것은 창조성이다. 가격만큼만 지불하고 그 가격 메커니즘에 의해 시장이 움직이는 경제 구조하에서 소비자는 창조성이 높을수록 가치가 높은 제품으로 인식한다.

농산업의 가치를 높일 수 있는 창조성이란 과연 무엇을 말하는가?

과거의 경영은 “많이 먹어라” 시기였기 때문에 많이만 생산하면 되었다. 왜냐하면 보릿고개가 있었고 먹을 것이 없었던 시대를 살아왔기 때문에 음식을 보면 많이 먹으라고 이야기하였다. 즉, 수요가 공급을 초과하는 시대였기 때문에 사고자 하는 사람은 많은데 먹을 거리가 없어 무조건 많이 먹으라는 것이 통하였다. 그 당시의 중요한 경영 전략은 어떻게 하면 많이 생산할 것인가이었다.

그러나 현재의 소비 패턴은 과거에 비해 많은 변화가 있다. 조금 먹더라도 제대로 된 것을 먹이고 싶어한다. 하나를 먹더라도 제대로 된 것을 먹고 싶어한다. 과거 먹을거리가 배고픔의 해결이라면, 현재는 그 차원을 넘어 건강이라는 문제로 인식하기 때문이다.

소비자의 한마디 “많이 먹어라” 시대와 “그만 먹어라” 시대의 마케팅 전략은 다르다. 과거에는 더 많이 생산하는 문제에 관심이 있었다면 지금은 아니나. 더 많이가 아니라 더 품질이 좋은 것을 만들어야 한다는 것이다. 일반적으로 가격이 높다는 것은 품질이 좋다는 것으로 인식된다. 여기에 가치의 개념을 고려해 보아야 한다.

비용을 줄이며 생산성을 높이는 것은 매우 중요하다. 이것은 어떻게 하면 더욱 적은 비용으로 생산을 하고, 더 좋은 상품을 많이 생산할 것인가에 대한 문제이다. 이 문제들은 새로운 상품을 만드는 기술 혁신을 통해 해결될 수 있다. 그러나 원가 절감을 이루는 생산성 향상은 생각만큼 쉽게 이루어지지 않는다.

그렇다면 어디에 답이 있는가? 바로 '가격<가치'의 부분을 만들어야 한다는 것이다. 예를 들어, 어떤 사람이 청국장을 2만 원에 사서 2만 1,000원의 가치를 느꼈다면 매우 만족할 것이다. 2만 원의 지불 가격은 기대의 가치인데 그것보다 실제 가치가 더 높았기 때문에 매우 만족한 것이다.

고객을 만족시킨다는 것은 어떻게 하면 1,000원의 가치를 높일 것인가에 달려 있다. 기대보다 높은 가치에서 만족이 나오기 때문이다.

그런데 2만 원에 샀는데 과거에 청국장을 샀던 경험을 통해 그것보다 만족도가 낮아 1만 9,000원의 가치를 느꼈다면 이는 불만족 요소가 될 것이다. 그래서 가치는 기대와 실제의 차이라고 말할 수 있다.

이제 가격보다 가치가 높아지는 농산물을 만들어 내야 한다. 이것이 고객을 알아야 하고 농산업에 아이디어가 접목되어야 하는 이유이다. 여기에 있는 모든 아이디어는 가치를 높이기 위한 수단이며, 제품보다는 마케팅 창의성이 필요한 이유이기도 하다.

소비자가 다른 사람으로부터 상품이 좋다는 입소문을 들었을 때 가치가 올라가고, 글을 통해 이야기를 들었을 때, 사진을 통해 정보를 보았을 때, 직접 만남을 통해 고객의 신뢰가 올라가게 된다. 이러한 접촉 수단들이 바로 가치를 높이는 수단이 된다. 또한 친환경 인증을 받는 것은 그것이 없었을 때보다 있을 때 소비자가 느끼는 가치가 올라가기 때문이며, 언론 매체에 나오는 것 역시 가치가 올라가기 때문이다. 블로그나 홈페이지를 통해 농산업의 정보를 전달하는 것 역시 정보를 알면 가치가 높아지기 때문이다. 따라서 마케팅에 필요한 아이디어의 모든 수단은 바로 가치의 문제와 직결된다.

농업에서는 가격과 가치 두 가지 모두 중요하다. 원가보다는 높은 가격을 받을 수 있는 기술 혁신이 지속되어야 한다. 기술 혁신은 토지, 노동, 자본의 생산성을 높이는 것이다. 이와 병행하여 가격보다는 높은 가치를 높일 수 있는 다양한 창조성 있는 아이디어를 가져야 한다.

자료: 윤선·전영미(2010), pp. 243~247에서 발췌·정리함.

농산물로 맛있는 빈대떡이나 부침개를 만들어 내고 김치 대신에 맵고 시지 않은 새로운 절임 채소를 생산할 수 있는 준비를 갖추는 일에 더욱 정진해야 한다.

고객에 대한 서비스 정신 없이는 제값 받고 지속적으로 잘 팔리는 농산물을 결코 만들어 낼 수 없다는 사실을 명심해야 한다.

참고문헌

김동원 외, 『농업·농촌에 대한 2010 국민의식 조사 결과』, 한국농촌경제연구원, 2010.

김동환, 『농식품 이제 마케팅으로 승부하라』, HNCOM(주), 2009.

김상태 외, 『2016년 스마트팜 성과분석』, 서울대학교 농림수산식품 교육문화정보원, 2016.

김영한, 「닌텐도 이야기」, 한국경제신문, 2009. 4.

농림수산식품부, 『주요 25품목 생산·유통분석 및 대책』, 2008.

______, 『농업·농촌위기를 극복한 성공 스토리』, 농업경영 비즈니스 시리즈 22, 농촌진흥청 기술경영과, 2009a.

______, 『농업에서 발상의 전환으로 성공한 사례들』, 농업경영 비즈니스 시리즈 23, 농촌진흥청 기술경영과, 2009b.

______, 『농림수산식품 주요 통계』, 2018.

농수축산신문, 「신지식 벤처 농수축산마케팅」, 2003. 9. 26.

문경인터넷뉴스, 2010. 10. 13.

박봉건·신헌철, 『2010 다보스리포트, New Normal』, 매일경제신문사, 2010.

박봉규 외, 『경영학의 이해』, 경영과 미래, 2010.

성진근 외, 『벤치마킹-농업경영진단과 혁신기법』, 농민신문사, 1996.

______, 『농업이 미래다』, 삼성경제연구소, 2011.

LG경제연구원, 『기업계의 이단아 Gore社』, 2009.

윤선·전영미, 『해바라기 마케팅』, 북셀프, 2010.

이훈 외 역, 『레드오션전략』, 타임비즈, 2010(Jonathan L. S. Byrnes, *Island of profit in a sea of red ink*).

KOSIS, 『농가경제조사』, 2020.

Poter, M., *On Competition*, 1998(김경묵 외 역, 『경쟁론』, 세종연구원, 2001).

제4편 경영 관리 능력의 개발

제10장 적정 생산 수준의 결정

제11장 농장 계획과 가치사슬 분석

제12장 고객 만족 경영의 실천

6천 년 전에 메소포타미아 문명권에서 발명된 '바퀴'는 인류 생활에 많은 변화를 일으켰다. 그러나 바퀴가 달린 여행용 가방(carrier)은 최근에야 개발되어 잘 팔리고 있다.
경영자는 달성해야 할 수익 목표를 설정하고 꾸준히 업무 과정을 개선해서 바람직한 경영 성과를 일구어 내야 한다. 창의성으로 새로운 기업 가치도 창출해야 한다. 성공적인 경영자는 기업 가치를 높일 수 있는 능력과 팀워크를 이끌 리더십, 그리고 캐리어를 개발할 수 있는 바퀴에 관한 지식도 갖추어야 한다.
무엇보다도 지구촌의 모든 생산과 유통 현장을 확 바꾸고 있는 4차 산업혁명적인 기술을 내 농장 경영에 체화(體化, embody)시킬 수 있어야 한다. ICT 융합을 통해서 기존의 경영 활동을 재구성하고 초연결 사회로 치닫고 있는 시장의 변화 방향에 적합한 서비스를 새로 창출할 수 있어야 한다.

제 10 장 적정 생산 수준의 결정

1. 경제 이론과 농업 생산
2. 생산 함수와 합리적인 생산 영역
3. 비용 이론과 이윤 극대화의 조건

1. 경제 이론과 농업 생산

경제 이론에 관한 지식은 농장 경영 계획과 운영에 관한 의사결정에 중요한 기여를 한다. 경제 이론(특히, 생산경제학적 이론)은 농장의 운영 계획을 수립하는 데 유용할 뿐만 아니라, 다음 단계로의 의사결정 방향을 결정하는 데 중요한 기준이 된다.

경제 이론은 이익 극대화를 실현시킬 수 있는 의사결정의 기준들로 구성된 지식 체계이다. 경제 이론은 다음과 같은 세 가지 단계를 거쳐서 농장 경영에 적용된다.

① 자원이 어떻게 결합되어 상품(판매 가능한 생산물)을 창출하는지에 대한 물리적·생물학적 자료(관찰치) 획득
② 투입된 자원과 산출된 상품의 가격 정보 획득
③ 이익 극대화 실현을 위한 적절한 경제 이론 체계의 적용을 통한 의사결정

우리는 흔히 최적(最適, optimum)이란 용어를 자주 쓴다. 최적이란 가장 수익적인(most profitable) 상태나 조건을 가리키는 말이다. 그러므로 본장의 핵심 개념은 최적의 조건 실행에 두어져 있다.

기업은 생산 요소를 고용하여 생산물을 산출하고 이 과정에서 이윤을 획득하는 경영 활동을 수행한다. 이 과정에서 최적 생산 수준과 생산 요소의 최적 투입 수준에 대한 의사결정을 수행해야만 최적의 생산 과정을 유지할 수 있다. 특히 농업은 많은 생산 요소(자원)를 생물적으로 결합하여 유용한 상품으로 생산해 내는 생물 생산 과정이다.

그림 10-1 농업 생산 과정에 연관된 투입 요소의 결합

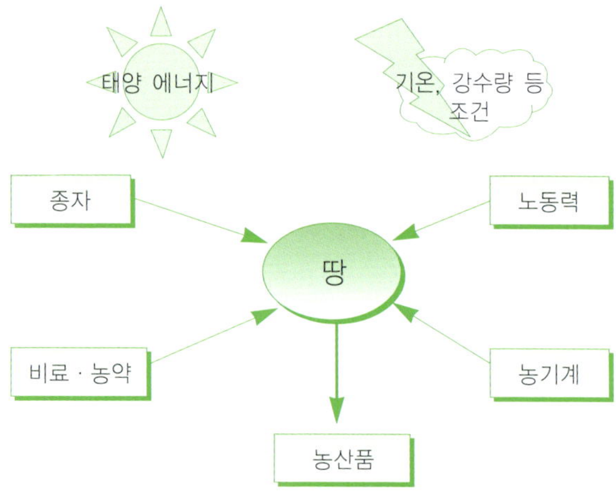

농산물을 생산하기 위한 생산 요소 중에서 희소성(稀少性)이 부족하여 경제적 가치가 없거나 태양광, 기상 조건 등 생산자가 통제 불가능한 요소(기온, 강우량 등 기상 조건)는 기술적으로는 아주 중요하지만 경제적으로는 다루지 않는다.

이러한 이유로 생산경제학에서는 희소성을 가지고 있으며 통제가 가능한 생산 요소의 투입량과 이 투입 요소에 의한 최대 산출량 또는 최적 산출량 간의 관계를 밝히는 이론 체계를 제시하고 있다.

2. 생산 함수와 합리적인 생산 영역

생산 함수는 생산의 기술적 조건을 나타낸다. 다양한 생산 요소가 결합되

어 산출되는 산출물 간의 관계인 생산 함수는 표(table)나 그림(graph) 또는 수식(mathematical equation)의 형태로 나타날 수 있다. 또한 생산 함수는 다른 표현으로 투입·산출 관계(input-output relation), 반응곡선(response curve), 수확곡선(yield curve)이라고도 불리운다.

일반적으로 생산 함수에는 다수의 가변 요소와 다수의 생산물이 동시에 관련되어 있다. 그러나 설명의 편의를 위해서 단일 생산물(Y)과 단일 가변 요소(x)를 가정할 때, 생산 함수는 다음과 같이 표시된다.

$$Y=f(x_1/x_2x_3\cdots x_n)=Total\ Physical\ Product(\text{총생산량: } TPP) \quad (10\text{-}1)$$

여기서, Y: 산출량

x_1: 가변 투입 요소의 투입량

$x_2 \cdots x_n$: 고정 투입 요소의 투입량

1) 총생산, 평균 생산, 한계 생산

식 (10-1)의 생산 함수는 기호의 단순화를 위하여 흔히 $Y=f(x)$로 표시되고 Y는 총생산(total physical product: TPP)이다.

총생산은 이를 위해 투입된 생산 요소의 단위당 투입량에 대한 산출량, 즉 평균 생산량으로 산출될 수 있다. 평균 생산량은 총생산량을 요소 투입량으로 나눈 값으로 계산된다.

$$APP=\frac{Y}{x}=\frac{\text{총생산량}}{\text{요소 투입량}} \quad (10\text{-}2)$$

$$=Average\ Physical\ Product(\text{평균 생산량: } APP)$$

생산경제학 분석에서 가장 많이 사용되는 개념은 한계(marginal, additional) 개념이다. 농업 경영자는 자원의 한 단위 추가적인 사용이 산출물 생산에 미치는 효과에 깊은 관심이 있기 때문이다. 즉, 자원의 투입량 변화가 생산의 변화량에 미치는 변화를 Δ(그리스말로 delta)로 표시하고 "ΔCorn yield"는 "The change in Corn Yield"로 표현한다. 한계 생산량은 총생산의 변화량을 투입량의 변화량으로 나눈 값으로 계산한다.

$$MPP = \frac{\Delta TPP}{\Delta input} = \frac{\Delta Y}{\Delta x} = \frac{d}{dx}f(x) \qquad (10\text{-}3)$$

=*Marginal Physical Product*(한계 생산량: *MPP*)

[표 10-1]은 표의 형태로 만든 생산 함수를 보여 주고 있다. 여기에서 질소 비료는 가변 생산 요소이고 옥수수는 생산물이다. 그리고 나머지 생산 요소는 고정량이라고 가정하고 있다.

질수 비료량이 에이커낭 1단위(25파운드)씩 증가하면 옥수수 생산량은 7단위 투입 시까지는 계속적으로 증가한다. 투입량을 한 단위씩 늘릴 때마다 옥수수 생산량은 18→32→40→47→50→52→53으로 증가하게 된다.

따라서 투입량의 증가와 관련된 옥수수 생산량이 *TPP*가 된다. *TPP*를 투입 요소 수준으로 나눈 값이 *APP*이다. 예컨대, 3단위의 질소 비료 투입량 수준에서 옥수수는 40이 더 생산되었으므로 $APP = \frac{40}{3} = 13.33$으로 계산된다.

요소 투입 수준의 변화에 따른 생산량의 변화를 나타내는 한계 생산량은 0~1구간에서는 18, 1~2구간에서는 14, 2~3구간에서는 8, 3~4구간에서는 7, 4~5구간에서는 3, 5~6구간에서는 2, 6~7구간에서는 1, 7~8구간에서는 0이고 이것이 *MPP*이다.

예컨대, 3~4구간에서 요소 투입량의 변화는 $\Delta 1$인데 생산량의 변화는 47−

표 10-1 옥수수(1에이커) 생산을 위한 질소 비료의 생산 함수

투입량 수준	질소 비료 투입량 (lbs)	옥수수 수확량 (bu)	*TPP* (bu)	*APP* (bu)	*MPP* (bu)
0	0	130	0		
1	25	148	18	18.00	18
2	50	162	32	16.00	14
3	75	170	40	13.33	8
4	100	177	47	11.75	7
5	125	180	50	10.00	3
6	150	182	52	8.67	2
7	175	183	53	7.57	1
8	200	183	53	6.62	0

자료: IOWA주립대 농학과.

$40 = \Delta 7$이므로 한계 생산량 $MPP = \frac{\Delta 7}{\Delta 1} = 7$인 것이다.

농산물 생산에서는 한계 수입 체감의 법칙이 작용한다. 어떤 작물의 고정된 재배 면적에 대한 생산 요소(종자, 비료 등)의 투입을 증가시키면 이에 따른 생산량의 증가분은 점차 줄어들게 된다는 것이다. 여기에서 얼마나 많은 생산 요소를 투입함으로써 이윤을 극대화시킬 수 있는지에 대한 의사결정이 필요하게 된다.

2) 합리적인 생산 영역의 결정

주어진 자원을 이용하여 가장 효율적인 생산을 가능하게 하는 자원 이용 조직은 무엇이냐, 그리고 생산 주체(기업이나 농가)가 이윤을 극대화하는 방법은 무엇이냐가 생산 경제 이론의 핵심 과제이다. 이를 자원·산출 관계 또는 투

입·산출 관계라고 한다.

생산은 여러 가지 투입 요소의 적절한 결합으로 이루어진다. 그러므로 일반적으로 생산 함수는 $Y=f(x_1, x_2, x_3, \cdots, x_n)$의 형태를 취하게 된다. 분석의 편의상 생산 요소 x_1만 가변 요소(variable input)이고 나머지 $x_2, x_3, \cdots, x_n$ 등은 주어진 고정 요소(fixed input)로 가정할 경우, $Y=f(x_1/x_2, x_3, \cdots, x_n)$로 표시하고 이는 $Y=f(x_1)$로 축약하여 분석에 이용한다.

하나의 생산 요소(x)를 투입하여 생산되는 하나의 생산물(Y)의 고전적인 생산 함수 $Y=3x+3x^2-0.1x^3$(J. P. Doll, Production Economics)를 이용하여 총생산량($TPP=Y$), 평균 생산량($APP=TPP/X$), 한계 생산량($MPP=\Delta Y/\Delta X$)의 관계를 그래프로

그림 10-2 생산의 3영역과 생산의 탄력성

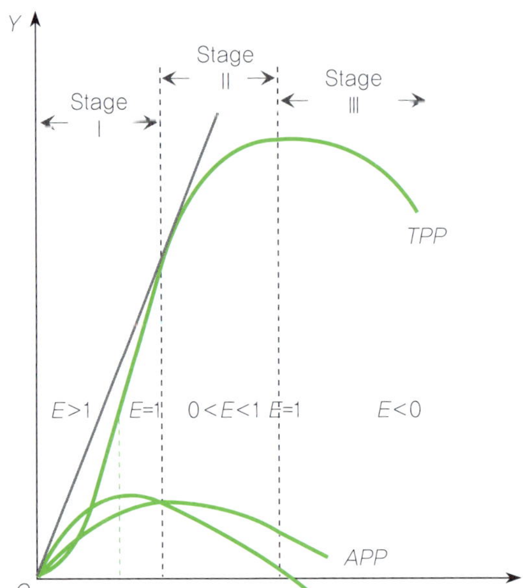

그린 것이 [그림 10-2]이다.

총산출량($Y=TPP$)은 생산 요소(X)의 투입량이 x_2에 이르기까지는 생산량이 체증하다가 x_2에서 x_0에 이르기까지는 체감하는 비율로 생산량은 증가한다. 그리고 투입량이 x_0가 되면 생산량은 극대가 되고 투입량이 x_0를 지나서 증가하면 생산량은 오히려 줄어들게 된다.

합리적인 경영자는 생산 규모를 결정할 때 한계 생산량(marginal physical product: MPP)이 평균 생산량(average physical product: APP)보다 클 때까지는 생산 요소 투입량을 늘려서 생산을 확대하는 것이 유리하고, 한계 생산량이 0이 되는 x_0을 초과해서 생산을 늘려서는 안 된다.

그러므로 합리적인 생산은 Stage II 영역 내의 어떤 점에서 이루어져야 하기 때문에 이 영역을 합리적인 생산 영역이라 한다. 이를 생산의 탄력성(elasticity of production) 크기로 표시해 보자.

생산의 탄력성은 생산의 증가율/ 투입 요소의 증가율로 정의된다. 즉,

$$E \equiv \frac{\%\text{ Change in Output}}{\%\text{ Change in Input}} \equiv \frac{dy/y}{dx/x}\, t\, \frac{dy}{dx}\ \frac{x}{y} = MPP \cdot \frac{1}{APP} = \frac{MPP}{APP}$$

[그림 10-2]에서 Stage I 에서는 $APP<MPP$이므로 $E>1$이다. Stage II 에서는 $APP>MPP=0$이므로 $1<E<0$ 이다. Stage III에서는 $MPP<0$이므로 $E<0$이다. 즉, 생산 탄력성이 $E>1$일 때는 생산을 확대해야 하고, $E<0$일 때는 생산을 중지해야 하며, $0<E<1$인 상태에서(Stage II 구간) 어떤 X의 투입 수준에 의한 생산량의 결정이 이루어지는 것이 합리적인 의사결정이다.

그러나 농업은 단기적으로 생산을 쉽게 줄이거나 늘리기가 어려운 생산의 경직성이 지배한다. IMF(국제통화기구) 체제하의 외환위기 상태하에서 양돈산업이 경험하였던 사례가 좋은 예가 된다. 원화 가치의 하락으로(환율은 800 : 1

생각의 폭과 통찰력을 키우자

26. 자본주의 가치의 위기

2008년 촉발된 글로벌 금융·경제위기는 경제적 차원의 위기일 뿐만 아니라 자본주의 가치와 윤리의 위기로 인식되고 있다. 글로벌 경제위기는 자본주의 시스템의 도덕적 결함에 대해 다시 생각하게 만들고 있다.

보이지 않는 손(시장)을 강조한 경제학자 스미스(Adam Smith)의 시장 경제 시스템은 도덕적 기반에 토대를 두고 있다. 스미스는 빈곤을 퇴치하는 해결책으로 시장 경제 시스템을 제안하였다. 그러나 시장 경제 시스템은 많은 약점을 노출하였다. 세계가 제공할 수 있는 것 이상으로 과도한 소비를 하면서 자원 부족과 환경 문제를 초래하고 있다. 또 자본주의 시스템은 빈익빈 부익부의 불균형을 조장하였다.

보이지 않는 손에 의해 시장이 최적으로 움직인다는 스미스의 시장 경제는 오직 경제 주체들이 다른 경제 주체들을 존중하고 이들의 필요를 인정해 줄 경우에만 효과적으로 작동한다. 문제는 자본주의 경제 시스템이 도덕적 나침반을 잃어버렸을 경우다.

이익 극대화(profit maximization)라는 앵글로색슨 경제 모델에 바탕을 둔 금융 기관들도 많은 지역에서 신뢰를 잃었다. 이익 극대화는 탐욕을 낳는다. 무차별적인 탐욕은 자본주의를 붕괴시킨다. 경영진의 단기적인 성과 우선주의는 바로 분기별 실적 발표와 같은 단기주의(short-terminism)에 기인한다. 이제 기업들은 장기적인 시각으로 사업을 영위해야 한다. 초점은 주주가 아니라 이해관계자(stakeholder)에게 맞춰야 한다. 그래야 건강한 자본주의가 재탄생할 수 있다.

자본주의는 지난 수십 년간 전 세계적인 빈곤 퇴치와 경제 번영에 커다란 공헌을 해 왔다. 그러나 자본주의 성지인 미국에서 발생한 글로벌 금융·경제위기 발생 후 지난 18개월간 전 세계적으로 3,400만 개의 일자리가 사라지고 1억 5,000만 명의 근로자들이 빈곤층으로 전락하였다. 글로벌 금융위기로 휴지조각이 되어 버린 미국·일본·유럽의 부실 자산 상각 규모는 4조 달러에 달한다. 역사상 최악의 자산 파괴 현상이 일어난 것이다. 자본주의에 대한 비판이 거세지고 있는 배경이다.

자본주의를 대체할 수 있는 보다 공평하고 지속 가능한 시스템이 있으면 좋으련만 문제는 자본주의만큼 글로벌 경제 번영을 가져올 수 있는 효율적인 경제 시스템이 없다는 점이다. 수급을 통한 가격 결정, 경쟁, 자유 기업은 경제 번영을 위한 가장 효과적인 시스템이다.

결국 잘못된 부분을 고쳐서 보다 신뢰를 얻을 수 있는 자본주의 체제를 만들어 가는 수밖에 없다고 다보스 포럼 참석자들은 진단하였다.

브라질 룰라 대통령은 금융 시스템의 빈약한 윤리 의식을 비판하였다. 프랑스의 사르코지 대통령은 자본주의를 구원하기 위해서는 자본주의에 도덕적인 면을 더 많이 집어넣어야 한다고 주장하였다. 글로벌 위기가 자본주의의 탐욕 때문에 발생한 측면을 간과할 수 없기 때문이다. 자본주의만큼 효율성 있는 체제가 없다는 점에서 자본주의를 폐기할 수는 없다.

어떻게든 수리를 해서 좀더 효율적이고 공평한 자본주의를 만들어야 한다. 신뢰에 생채기가 난 자본주의 체제의 신뢰를 회복하려면 자본주의에 도덕성을 집어넣어야 한다.

자료: 박봉권·신헌철(2010), pp. 129~134에서 발췌·인용함.

에서 1,600 : 1로 급상승) 수입 사료값은 치솟았으나 돼지고기 소비는 줄어들어서 고기값은 정체 내지 하락하고 있었다. 이에 따라 양돈 농가는 사료를 구입하여 돼지 사육을 계속할수록 적자는 늘어 갔다. 즉, 사료값이 올라서 적정 공급량 이하로 사료 공급량을 줄였기 때문에 추가적인 사료 투입량에 대한 생산 증가량(增體量)의 비율 *MPP*는 음(−)의 값으로 변화된 Stage III 단계에 처한 상황에서도 양돈 경영은 상당 기간 동안 크게 줄어들지 않았다.

살아 있는 생물에게 어떻게 사료 급이(給餌)를 중단하겠는가? 양돈을 생업으로 하여 영위되어 왔던 가족노동력에게 경영 수지가 악화되었다고 생계유지마저 폐지 내지 유보시킬 수가 있는가? (사실 가족노동력에 대한 보수는 생계유지가 가장 큰 부분이다.) 이러한 농부들의 행위를 비합리적이라고 매도할 수 있는가?

경제 이론은 합리적인 경제 행위를 뒷받침하는 이론이다. 그러므로 정상적인 상태에서 볼 때 경제 이론은 현실 설명력이 크다. 그러나 불합리한 경제 행위를 할 수밖에 없는 농업 생산의 특성을 이해하는 통찰력(insight)도 아울러 갖추어야 한다.

3. 비용 이론과 이윤 극대화의 조건

1) 비용과 최적 산출량

(1) 비용의 개념

비용(cost) 문제는 자원의 희소성(稀少性) 때문에 발생한다. 자원은 희소하므로 어떤 재화나 용역을 생산하기 위해서는 다른 재화나 용역의 생산을 포기해야 한다. 예컨대, 자동차 1대를 생산하기 위해서는 자전거 15대 생산에 소요되는 노동력, 철강, 자재, 에너지가 소요된다고 하자. 이때 자동차 한 대의 생산비는 자전거 15대의 생산비로 표시할 수 있다. 일반적으로 X재 한 단위를 생산하는 데 드는 기회비용(opportunity cost)은 X재 생산을 위하여 포기할 수밖에 없는 Y재의 생산량 상당액이라 규정할 수 있으며, 다른 말로 표현하면 어떤 자원을 사용함으로써 발생하는 기회비용은 이로 말미암아 희생된 다른 어떤 용도에서의 최선의 가치가 된다. 경제학에서 뜻하는 비용은 바로 이러한 기회비용을 말한다.

비용은 사적인 비용(private cost)과 사회적 비용(social cost)으로 구분하여 살필 수 있다. 사적인 비용은 개인 또는 개별 기업의 입장에서 본 비용이고, 사회적 비용은 사회 전체의 입장에서 본 비용이다.

어떤 기업의 생산 활동이 하천을 오염시키고 있다고 할 때, 하천 오염은 개별 기업에게는 대수롭지 않은 비용일 것이나 사회 전체의 입장에서는 중요한 사회적 비용을 야기시킨다. 이때 사적 비용이 사회적 비용보다 작은 관계가 성립하면 이 기업은 외부 비경제(external diseconomies)를 창출한다고 말한다. 사적 비용이 사회적 비용보다 클 경우 이 기업은 외부 경제(external economies)를 창출한다고 한다. 외부 경제나 외부 비경제 효과가 존재하지 않을 경우 사적인 비용과 사회적인 비용은 동일하며 일반적으로 비용에 대한 논의는 외부 경제가 존재하지 않을 경우를 전제로 한다.

비용은 생산 요소의 투입량을 변경하는 데 소요되는 시간을 기준으로 하여 단기(short run)와 장기(long run) 비용으로 나누어진다. 단기 비용에서는 가변 비용(variable cost)과 고정 비용(fixed cost)으로 구분되나 장기에서는 고정 비용도 모두 가변 비용으로 바뀌어진다.

(2) 최적 투입과 생산

총비용($TC=Px \cdot X$)은 고정 비용(FC)과 가변 비용(VC)의 합으로, 생산량의 증가에 따라 체감하다가 체증하는 모습이 일반적이다. 총비용을 생산량으로 나눈 값이 평균 비용($AC=\frac{TC}{Q}$)이고 총비용을 생산량으로 미분한 값이 한계 비용($MC=\frac{\Delta TC}{\Delta Q}=\frac{dTC}{dQ}$)이다. 한계 비용은 평균 비용의 최저점을 통과한다. 즉, AC가 최저점에 달할 때 $AC=MC$가 된다. 그 이유는 MC가 AC보다 작을 때는 AC를 끌어내리므로 AC 곡선은 하락하지만, MC가 AC보다 클 때는 AC를 끌어올리기 때문이다.

총이윤은 총수입에서 총비용을 제외한 값이다. 총수입은 산출량×가격으로, 총비용은 투입량×가격으로 계산된다.

총이윤 $\pi=TR-TC=Py \cdot Y-Px \cdot X$에서 생산 요소 투입량($x$)을 이윤($\pi$)에 대하여 미분한 값인 $\frac{d\pi}{dx}=Py-\frac{dy}{dx}Px=0$일 때 이윤 극대화가 실현된다. 즉, $\frac{dy}{dx}=\frac{px}{py}$ 또는 $dy \cdot Py=dx \cdot Px$일 때, 여기에서 $dy \cdot Py=MR$이고 $dx \cdot px=MC$이므로 $MR=MC$일 때 총이윤은 극대화된다. 여기에서 Px는 투입 요소 가격이고 Py는 산출물 가격이다. 즉, 이윤 극대화 조건은 다음과 같다.

$$MC=\frac{Px \cdot dx}{dx}=Py=MR$$

그림 10-3 각종 비용곡선의 도출

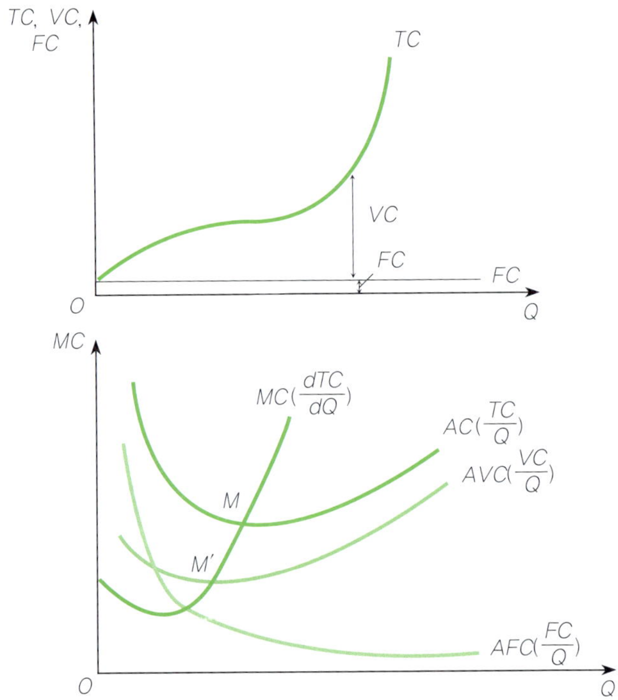

완전 경쟁하에서는 생산물 가격(Py)이 불변이므로 이는 곧 한계 비용이 되고 $MR=MC$의 관계가 성립한다. [그림 10-4]에서 OQ_0 수준의 산출량은 $MR(P_0)$과 MC가 만나는 점이고 이때 이윤이 극대화되는 최적 투입 수준이 결정되며 이때의 이윤은 □P_1P_0ba이다.

그러나 완전 경쟁 상태는 현실 세계에서 존재하지 않으므로 가장 일반적인 독점적 경쟁시장(monopolistic competition, 혹은 불완전 경쟁시장(imperfect competition))의 경우에는 [그림 10-5] 한계수입곡선(MR)은 수요곡선(D)의 안쪽(기

그림 10-4 최적 산출량 결정(완전 경쟁의 경우)

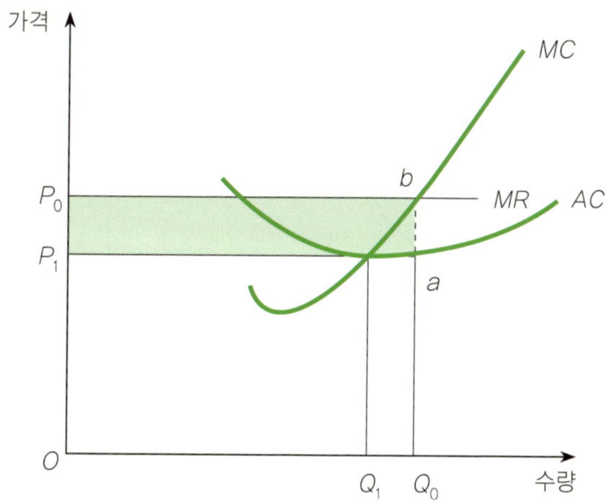

그림 10-5 최적 산출량 결정(독점적 경쟁의 경우)

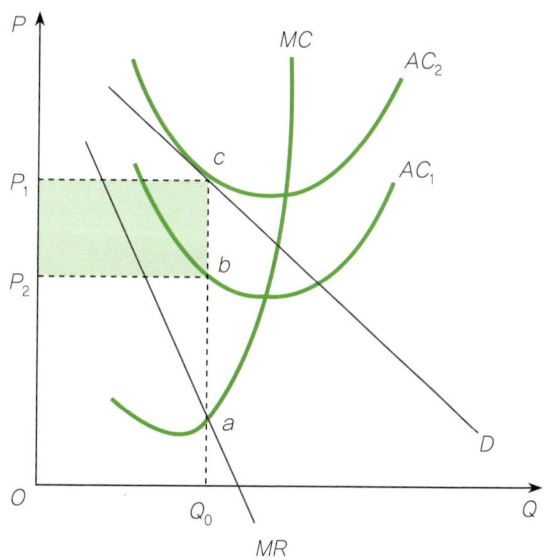

그림 10-6 단기와 장기 비용곡선

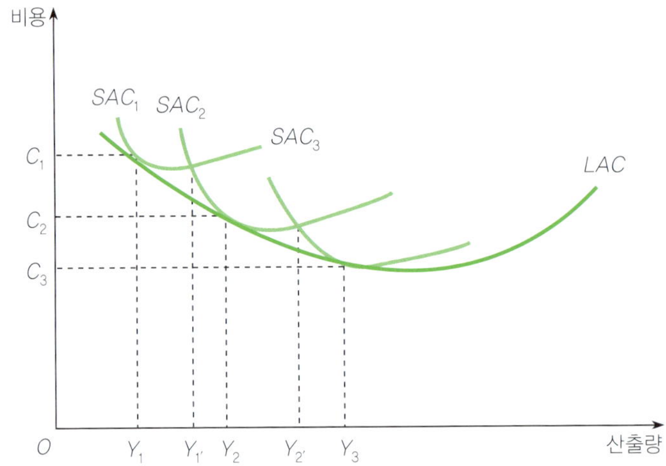

울기 2배)에 존재하므로 MR과 MC가 만나는 점 a에서 이윤 극대화가 이루어진다. 따라서 가격은 P_1에서 형성되고 독점 이윤은 □P_1cbP_2가 된다. 독점 이윤의 크기는 평균 생산비 곡선(AC)의 위치에 따라서 달라지게 된다. 만약 AC 곡선이 상향 이동하여 (생산비가 높아지면) AC_2가 되면 독점 이윤은 소멸되기 때문이다.

따라서 독점적 기업들은 장기 계획을 세우고 산출량과 시설 규모를 조정함으로써 비용 최소화와 이윤 극대화를 위하여 노력하게 된다.

일반적으로 생산 규모가 커질수록 평균 생산비는 감소한다. [그림 10-6]에서 단기 공급곡선 SAC_1에서의 생산비는 C_1이었으나, 생산 규모가 커질수록($Y_1 \rightarrow Y_2 \rightarrow Y_3$) 생산비는 하락하게 된다($C_1 \rightarrow C_2 \rightarrow C_3$). 장기 비용곡선은 수많은 단기 비용곡선들을 접하면서 감싸기 때문에 포락선(envelop curve)이라고도 불리운다.

농업 경영에서도 경영의 규모화를 통한 생산비 절감 노력이 가시화되고 있다. 일반적으로 생산 규모를 확대하여 생산량을 증대시키면 생산비는 하락하게 된다. 이를 규모의 경제(economies of scale) 효과라고 부른다.

규모의 경제 효과는 내부 경제(internal economy)와 외부 경제(external economy) 효과 때문에 발생한다. 즉, 경영 관리의 효율화, 대규모 설비의 경제성, 기계화, 신기술 도입 등 경영 내부 요인의 개선으로 일어나는 비용상의 유리성과 농자재(사료, 비료 등)의 대량 구입과 농산물의 대량 유통 등에 의해서 다른 부문에 지불되는 비용의 감소, 즉 기업 외부의 요인 때문에 일어나는 비용상의 유리성 때문에 규모가 커질수록 평균 생산비가 감소하게 된다는 것이다.

2) 생산의 이윤 극대화 조건

이론적으로 기업의 궁극적인 목표는 이윤 극대화이다. 투입된 자원으로부터 발생한 총수입(total revenue: $TR=Py \cdot Y$)과 총비용(total cost: $TC=Px_1 \cdot x_1+Px_2 \cdot x_2+\cdots+Px_n \cdot x_n$)의 차이가 이윤(profit=$\pi$)이고, 편의상 하나의 생산 요소($X$)로 하나의 생산물($Y$)을 생산한다고 가정할 경우, 이윤 함수 $\pi = TR-TC=Py \cdot Y-Px \cdot X$로 표현된다.

위의 이윤 함수를 X에 관하여 1차 미분하면 이윤 극대화 조건을 구할 수 있다. 즉, $\frac{d\pi}{dX}=Py(\frac{dY}{dX})-Px=0$이고, 이를 이항하면 $Py(\frac{dY}{dX})=Px$이며, 이는 $\frac{dY}{dX}=\frac{px}{py}$ 또는 $dY \cdot Py=dX \cdot Px$로 정리된다.

여기에서 $\frac{dY}{dX}=MPPxY$이므로 $Py(\frac{dY}{dX})=PyMPPxY$로서 한계 생산물 가치(value of marginal product: VMP)이다. 즉, $VMPxy=Px$가 생산의 이윤 극대화 조건이다.

[그림 10-7]에서 위의 조건을 설명하면, 총생산량(TPP) 곡선의 접선의 기울기 $\frac{dY}{dX}=0$인 점 X_2에서 투입이 이루어지면 생산은 극대화된다. 또한 접선의 기울기와 생산물 가격에 대한 요소 가격의 비율($\frac{dY}{dX}$)이 같아지는 점 X_1에서 투입

그림 10-7 생산의 이윤 극대화 조건

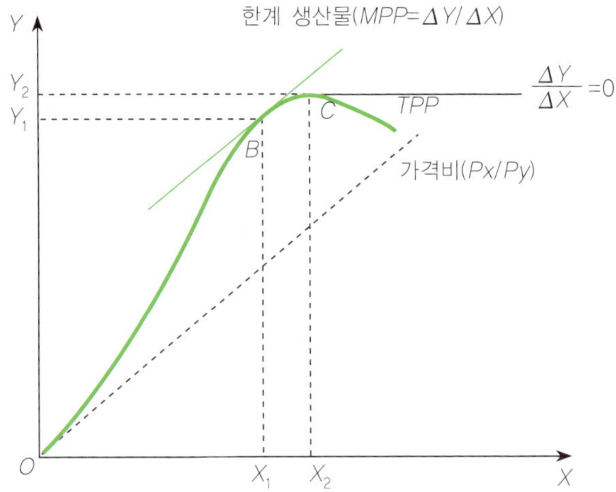

이 이루어지면 이윤 극대화가 이루어진다. [그림 10-7]에서 생산 함수(*TPP*(*Y*) 곡선의 기울기인 *MPP*($\frac{\alpha Y}{\alpha X}$)와 가격선의 기울기(*Px*/*Py*)가 같은 점 *B*에서 이윤 극대화가 달성되며, 그때의 투입 수준은 X_1, 생산량은 Y_1이 된다.

이윤 극대화 조건을 찬찬히 음미하면 대단히 상식적인 이치라는 것을 알 수 있다.

추가적인 한 단위 생산량(한계 생산량: *MPP*)에 산출물 가격을 곱한 금액(한계 생산물 가치: *VMP*: *Py*·*mpp*)이 생산 요소 투입 가격(*Px*)과 같을 때까지 생산 요소를 투입하는 것이 이윤 극대화를 실현하는 길이란 것이다. 즉, *VMP*=*Px*에서 이윤 극대화는 실현된다. 생산 요소 투입 가격이 그로 인해 생산되는 생산물의 가치보다 낮으면 더 투입하고, 높으면 생산을 중지하라는 것이다. 이를 다른 말로 해석하면, 추가적인 한 단위 생산물의 가치(*dY*·*Py*=marginal revenue=*MR*)가 추가적인 한 단위 생산 요소의 가치(*dX*·*Px*=marginal cost=*MC*)와 같을 때까지 생산 요소를 투입하라는 것이다. 즉, $dYPy=dXPx$ 또는 $MR=MC$가 이윤 극대화 조건인 것이다.

하나의 생산 요소(X)를 이용해서 생산되는 하나의 산출물(Y) 간의 이윤 극대화 조건은 여러 생산 요소($X_1, X_2, X_3, \cdots, X_n$)와 여러 산출물($Y_1, Y_2, Y_3, \cdots, Y_n$)의 관계로 확장할 수 있다. 즉,

$$VMP_1=VMP_2=VMP_3=\cdots=VMP_n=Px(1+\lambda)$$

여기에서 라그랑지안 승수(Lagrangian multiplier) λ는 총지출이 총자본량을 초과할 수 없다는 제한 조건을 의미하는 승수이다. 그러므로 자본이 제한되어 있지 않다면, $\lambda=0$의 관계는 성립한다.

경제학에서는 기업들이 장기간의 이윤 극대화를 추구한다고 가정하고 있다. 그러나 회계학은 단기 이윤 극대화를 추구한다고 가정한다. 이것이 기업의 행동 원리를 설명하는 이윤 극대화 가정(profit maximization hypothesis)이다.

이에 대하여 경영학에서는 외형(外形, 매상고) 극대화 가설을 가정한다. 현대의 기업들은 소유와 경영이 분리되어 있기 때문에 경영자(CEO)들은 최저 이윤만 확보되면 시장 점유율을 높이기 위한 매출 극대화를 추구하게 된다는 것이다.

[그림 10-8]에서 이윤 극대화를 실현하는 산출량은 총이익(TR)과 총비용(TC)의 격차가 가장 큰 Q_1을 생산할 때이고, 매출량이 가장 큰 산출량은 Q_2를 생산할 때이다. 경제 이론대로 한다면 기업들은 OQ_1만큼만 생산하면 될 것이나 현대 기업들은 주주들이 불만을 갖지 않을 정도의 배당금과 자금 조달에 지장을 주지 않을 정도의 최저 이윤만 확보된다면 매출 향상을 추구하게 되고 그것은 Q_1과 Q_2 사이의 어떤 점이 된다.

그림 10-8 이윤 극대화와 매출 극대화

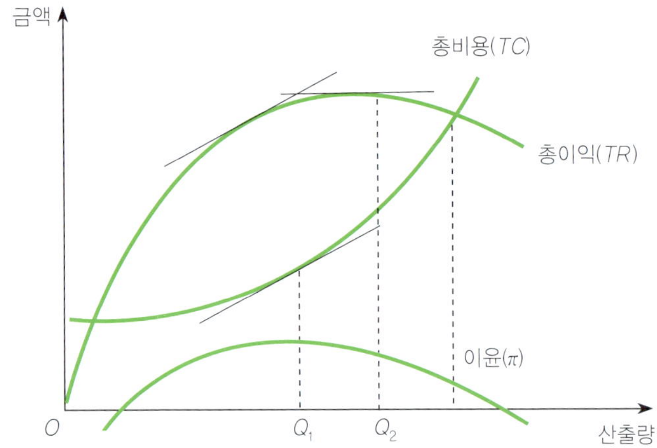

매출 향상을 추구하는 이유는 매출 향상이 부진하면 소비자의 신뢰와 판매망 확보가 어려워지고 금융 기관의 평가나 기업에 대한 사회적 인식이 나빠져서 자금 조달의 어려움 등 문제가 발생하기 때문이다.

농업 경영의 경우에 있어서도 매출 극대화가 암묵적인 경영 목표가 되고 있다. 물론 농산물 공급이 절대적으로 부족하던 시대에서는 매출 극대화가 바로 소득 극대화로 연결되어졌다. 그러나 농산물 과잉 공급 시대가 열리면서 농산물의 품질과 서비스의 차별화에 의한 시장(판로)의 확보를 위한 치열한 경쟁이 벌어지고 있다. 친환경 농업, 우수 농산물(GAP) 생산 등으로 강화되고 있는 생산자의 노력은 농산물 과잉 공급 시대에 처하여 매출 확대가 농업 경영의 중요한 목표가 되고 있음을 보여 준다.

특히 개발도상국의 소농 경영자에게는 이윤 극대화를 추구하는 것보다 매출 극대화를 추구하는 절대량주의가 어느 정도 타당하다. 이는 농업의 불확실성에 대응하려는 소농의 합리적 행동으로 볼 수도 있지만, 이윤 추구가 불가능한 현실적 조건을 반영하는 것도 분명하기 때문이다.

3) 농산물 생산비 결정 요인

농산물 생산비는 생산에 투입된 생산 요소 비용과 생산 기술에 의해서 주로 결정된다. 생산 요소 비용은 지대(토지 용역비), 임금(농업 노동 비용), 이자(농업 자본 비용)와 중간 투입재 비용(비료, 농약, 사료, 종자 등 농업 자재 투입 비용) 등으로 나눌 수 있다.[1]

(1) 토지 용역비

지대, 즉 토지 용역비는 토지 사용 대가로 지불되는 화폐 및 기타의 대가로 정의된다. 이론적으로 토지 용역비는 농지를 농사 아닌 다른 용도에 사용하여 얻을 수 있는 대가, 즉 기회비용으로 추정되는데 농지 가격과 이자율에 의해서 구해진다. 이자율은 농업 외적인 요인에 의해서 결정되고, 지대는 농지 가격에 의해서 주로 결정된다. 농지의 공급은 여러 가지 이유로 인해서 제약된다. 농지는 이동될 수 없으며, 확대 재생산이 불가능하고, 한 번 다른 용도로 전환되면 원래 상태로 되돌리기 어려운 비가역적(非可逆的)인 특성이 있다. 이 때문에 농지는 농업 진흥 지역, 준농림 지역 등으로 그 용도가 제도적으로 제한되어 있으며, 제도의 변화에 의한 조정으로 농지 공급량은 달라지게 된다.

이론적으로는 농지 가격은 농업 기대 수입이 높을수록 높아져야 한다. 그러나 실제로는 주로 비농업적인 이유로 농지 가격이 상승해 왔다. 즉, 그동안

1 부가가치를 창출하는 행위만을 생산으로 볼 때 중간재 비용은 생산비가 아니다. 그러나 생산자가 농산물의 공급 가격을 결정하는 데 고려하는 모든 비용을 생산비라 할 때, 중간재 비용도 포함시킬 수 있다.

의 경제 개발 과정에서 야기된 이른바 개발 인플레이션에 대응하기 위한 재테크(財, tech)의 수단으로, 그리고 도시의 인구 집중에 따른 도시 지역의 땅값 급상승의 영향을 받아서 토지에 대한 사회적 수요가 증가해 왔기 때문에, 농지의 용도 변경에 따른 지가 상승 기대 심리에 의해서 농지 가격도 오르게 된 것이다.

이에 따라 농지 가격은 지속적으로 상승했지만 토지 용역비는 정체 내지 하락하는 경제 이론과는 전혀 다른 행태가 일어나고 있다. 농촌 노동력이 감소하고 임금이 상승함에 따라 그리고 농업 생산 소득의 향상 전망이 불투명해짐에 따라 농사짓기를 원하는 인력이 줄어들었기 때문에 농지 경작 수요가 줄고 이에 따라서 토지 용역비도 하락하고 있다. 그러므로 토지 용역비는 농지 가격의 함수라는 경제 이론은 오늘날의 한국 농촌의 경우에 설득력이 낮다.

(2) 농업 임금

경쟁시장하에서는 임금(W)은 노동 수요(D_L)와 노동 공급(S_L)이 일치하는 점(e_0)에서 결정된다.

[그림 10-9]에서 노동 수요와 공급이 균형되는 점(e_0)에서 균형 임금(W_0)과 균형 고용량(L_0)이 결정된다. 만약 노동 공급이 감소한다면($S_{L0} \rightarrow S_{L1}$) 임금은 오르고($W_0 \rightarrow W_1$) 고용량은 줄게 된다($L_0 \rightarrow L_1$). 경제 개발 연대 동안 계속되어 온 농촌으로부터 도시로의 지역 간 인구 이동(migration)의 결과, 농촌 노동력의 양적 감소와 함께 노령화로 상징되는 질적인 저하가 지속적으로 진행되어 왔다. 따라서 농촌의 임금도 지속적으로 상승해 왔다. 이 결과 농촌에서는 질 높은 젊은 노동력을 구하기가 무척 어려워졌다. 농업 이외의 다른 일자리를 찾지 못하는 노령층 노동력은 낮은 임금 수준에서도 구할 수 있지만, 일정한 기술 수준을 요구하는 노동력은 보다 높은 임금 수준을 지불하고서라도 구하기 어렵다. 이

그림 10-9 노동 수요·공급의 균형과 임금

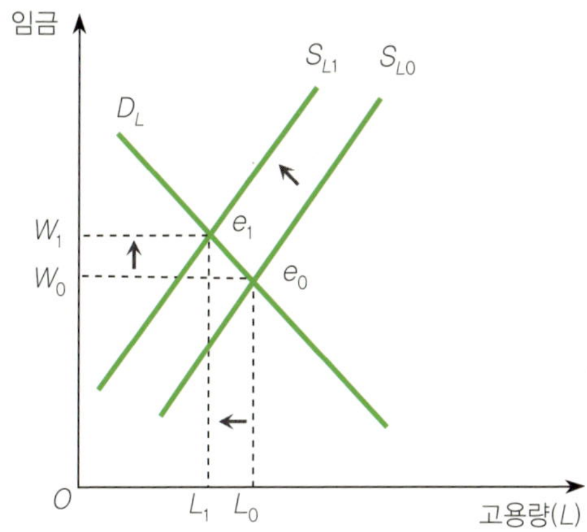

그림 10-10 농촌 노동시장의 이중적인 공급곡선

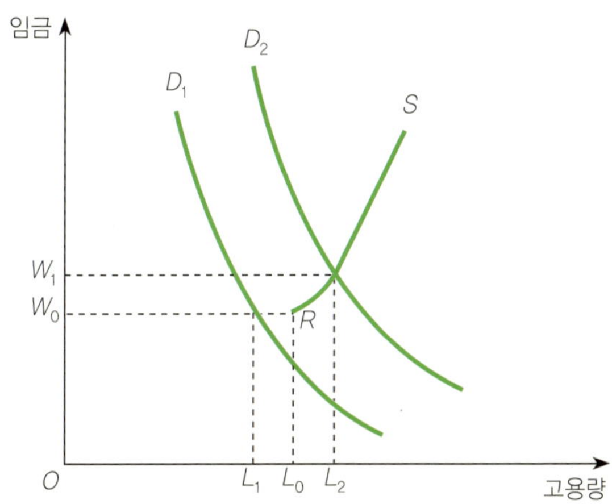

에 따라 농촌 노동시장은 이중적인 구조를 보이고 있다.

[그림 10-10]에서 노동공급곡선은 점 R에서 꺾여져 있다. OL_0만큼의 노동량

그림 10-11 요소 가격의 변화와 농업 구조 개선

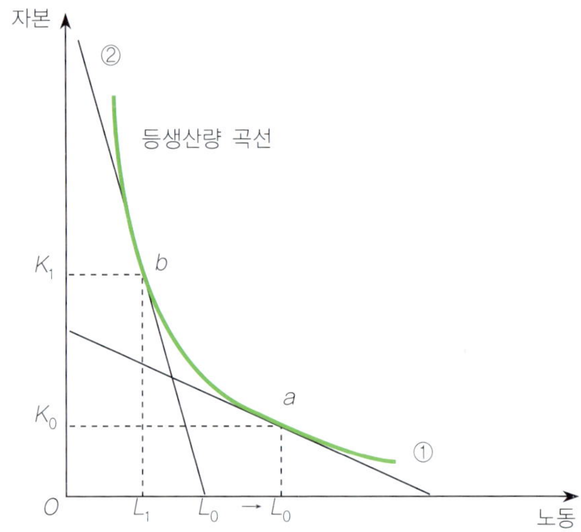

은 농촌 지역에 부존되어 있는 노령 노동력으로 일정한 임금(W_0) 수준으로 고용할 수 있으나, 계절적으로 노동 수요가 폭주하게 되고($D_1 \rightarrow D_2$) 고급 기술 인력이 필요하게 되면 임금은 급상승($W_0 \rightarrow W_1$)하는 농촌의 현실을 설명한다.

(3) 자본 용역 비용(이자)

경제가 발전함에 따라서 노동력은 귀해지고 자본은 풍부해지는 생산 요소 부존 조건의 변화가 일어나고 있다. 이에 따라 값이 비싸진 노동력 투입을 줄이는 대신에 값 싸진 자본 고용을 늘이는 방향으로의 농업 구조 개선이 진행되고 있다.

[그림 10-11]에서 자본과 노동 두 생산 요소로 생산되는 등생산량 곡선(iso quant curve)은 이자와 임금 등 두 요소의 가격비에 의해서 결정되는 등비용선(iso cost line)과 만나는 점(a)에서 균형을 이루고 있다고 하자. 이때 생산자는 노동을 L_0만큼, 그리고 자본을 K_0만큼 고용하는 점 a에서 이윤을 극대화하는 생산자 균형 상태에 도달하게 된다.

임금이 오르고 이자가 내리는 경제 여건의 변화가 진행되면서 등비용선은 ①에서 ②로 변하게 되고 이때의 균형 조건은 노동 고용량을 줄이는 대신에($L_0 \rightarrow L_1$), 자본 고용량을 늘리는($K_0 \rightarrow K_1$) 점 b에서 이루어진다. 요소 가격의 변화가 농업 생산의 자본 고용을 늘리는 방향으로 자원 결합 구조의 개선을 촉진시키고 있는 것이다.

자본 고용량이 낮을 때에는 이자가 크게 중요한 생산비의 구성 요소는 아니었으나 자본 고용량이 높아지면(자본 집약도가 높아지면) 이자의 중요성도 커지게 되는 것이다.

영농 기계화가 진전되면서 단위당 투입 노동량이 줄고 있다. 경지 면적당 영농 시간으로 계산되는 노동 집약도(시간/10a)는 1990년 126.9시간에서 2018년에는 97.5시간으로 77% 수준으로 줄고 있다. 대신에 경지 면적당 농업 자본액으로 계산되는 자본 집약도(원/10a)는 1990년의 89만 2,000원에서 2018년에는 632만 4,000원으로 7.1배나 커지고 있다. 이러한 변화는 생산 요소 가격의 변화가 농업 생산 요소 결합 방법의 변화, 즉 농업 구조 개선에 영향을 미친 결과라 할 수 있다. 시설 농업의 급증 현상도 값비싼 토지를 값싸진 자본으로 대체하는 농가들의 경제 행위라고 볼 수 있다.

(4) 생산 기술

농업 생산에 투입된 농지, 노동력, 자본재 등의 투입량에 따라 농업 생산량의 크기가 결정된다. 그러나 생산 요소 투입량만으로는 설명할 수 없는 생산량의 증가 현상은 기술 진보에 의한 것이다. 기술 진보가 일어나면 같은 양의

생각의 폭과 통찰력을 키우자

27. 초일류 특송, DP DHL의 혁신 비결은 '단순함'이다

세계에서 가장 머릿속이 복잡한 경영자를 뽑는다면 도이치포스트 디에이치엘(이하 DP DHL) 아펠(Frank Appel, 50) 회장도 단골 후보에 오를 것이다. 세계 최대의 우편·물류 기업인 이 회사는 독일 우체국(도이치포스트)이 민영화된 이후 DHL 같은 여러 물류 회사를 인수·합병하면서 탄생하였다. 그가 이끄는 직원 수는 50만 명이다. 고객은 전 세계 220여 개국, 12만 개 지역에 산다. 그 가운데는 북한도 포함된다. 나르는 물건은 셀 수 없을 지경이다.

그래서 '포스트 타워'(높이 162m·지상 41층) 40층에 있는 이 거대 기업 CEO의 방에 들어서면서 기자는 항공 관제탑 같은 분주한 분위기를 예상하였었다. 하지만 방은 조용하고 단출하였다. 세계 지도도 한 장 없었다. 몸이 푹 파묻히는 검은 대형 소파도, 비싼 그림 한 점도 없었다.

"가구가 별로 없네요."

"저는 단순한 것을 좋아합니다. 제 방도, 비즈니스도 그렇죠."

단순함이 승리한다. 아펠 회장의 경영 철학은 이렇게 요약된다. "고객이 서비스를 이용하는 데 복잡하다고 느낀다면 이미 그 서비스는 잘못되었다. 단순해야 비용을 낮출 수 있고 단순해야 믿을 수 있으며 단순해야 지속 가능하다. 무엇보다 단순해야 고객이 감동한다." 그는 인터뷰 내내 단순함(simplicity)이라는 단어를 여러 차례 말하였다.

경영 스타일도 마찬가지다. 2008년 CEO에 취임한 그는 회사의 비(非)핵심 분야를 매가하기니 징리하였다. 대표적인 사례가 미국 국내 특송 사업(일종의 택배 서비스) 포기였다. 2009년에는 자회사였던 포스트방크(Post Bank)도 도이치방크(Deutsch Bank)에 팔았다.

아펠 회장이 DP DHL의 강점이었던 국제 운송 분야에 집중하면서 나머지 사업을 정리하자 회사 안팎의 반발이 터져 나왔다.

"분명 미국이 엄청나게 큰 시장입니다. 하지만 제가 CEO가 되었을 때 그해 한 해에만 15억 달러 적자를 내고 있었습니다. 우리로서도 고통스러운 결정이었습니다. 미국에 투자한 돈만 40억 달러에 수많은 사람을 해고해야 했으니까요. 하지만 그 결정은 동시에 올바른 결정이라고 믿습니다. 미국 내 특송 업무를 철수했지만 여전히 미국을 들고나는 수출입 업무를 하고 있습니다. 그리고 미국과 아시아를 오가는 물량이 늘고 있습니다. 규모나 성장 속도 측면에서 엄청나죠."

"제때 버리는 것도 행운… 때론, 포기만이 살 길이다."

"수비수가 없는 곳으로 쳐라."

야구계에 전해지는 말처럼 아펠 회장은 회사가 잘할 수 있는 분야, 경쟁이 덜한 분야에 집중해 왔다. 예를 들어, 국내 특송 부문도 미국에서는 접었지만 인도·멕시코·러시아에서는 사업을 하고 있다. 상대적으로 경쟁이 심하지 않고 그 자체로 이익이 나는 시장들이다.

2005년 인도의 특송업체 블루다트(Blue Dart)를 인수한 뒤에는 인도 시장에서 선두를 달리고 있다. "한국에서도 국내 특송 사업을 하지 않고 있습니다. 왜냐하면 한국에는 그 분야에 강력한 업체들이 있기 때문이죠. 우체국 택배 같은 서비스 말입니다."

DP DHL은 공기업 민영화와 세계시장 진출의 대표적 성공 사례로 꼽힌다. 독일에서 편지와 소포를 배달하던 회사가 인수·합병을 통해 세계적인 기업으로 성장했기 때문이다.

▶ 그럼 앞으로 어떻게 회사를 성장시킬 생각이십니까?

"우리 회사는 그간 인수·합병을 통해 좋은 플랫폼을 만들었습니다. 시장을 주도할 위치를 갖췄죠. 이제 거기서 가치를 창출할 차례예요. 고객들에게 물 샐 틈 없는(seamless) 서비스를 제공하고, 비용을 줄이도록 돕고, 새로운 물류 서비스를 제공하는 것이죠. 저는 특히 단순함이야말로 새로운 시장이며 우리가 나가야 할 길이라고 생각합니다. 고객이 어떤 서비스를 좋아하는 이유는 가격이 싸기 때문일 수도 있고, 믿을 만하기 때문이기도 하지만 무엇보다 복잡한 과정을 단순하게 만들어 주기 때문이니까요. 아까 인터뷰를 시작하면서 제 방이 단출하다는 이야기를 하셨는데, 저는 이 단순함이야말로 비즈니스의 핵심이라고 봅니다. 사람들은 일이 단순할 때 편안함을 느낍니다. 사업이 복잡해지면 사람들은 불편해지고 거기서 불필요한 비용과 문제가 생기죠. 그런 점에서 단순함은 가격을 낮추고 신뢰도와 경쟁력을 높여 사업이 지속 가능하게 만들어 줍니다. 무엇보다 단순함은 고객을 감동시킵니다."

▶ 고객의 요구에 맞추기 위한 노력을 강조했는데, 최근 DP DHL이 이룬 성공 사례가 있다면 소개해 주시죠?

"네. 사실 수천 건의 사례가 있습니다만 우리 고객들이 구체적인 사례가 공개되는 것을 즐거워하지 않습니다. 다만 몇 가지만 예를 들겠습니다. 저희가 하는 솔루션 가운데 'above the wing'(비행기 위로)이라는 서비스가 있습니다. 주방에서 만들어진 기내식을 가장 싸고 믿을 수 있게 비행기 안까지 공급해 주는 서비스죠. 저희 운송 전문가가 그 과정을 단순하게 만들고 그를 통해 운송 비용을 낮추면서 서비스의 신뢰도를 높이는 것이죠. 브리티시 에어웨이(British Airways)가 이용하고 있습니다. 두 번째는 컨트롤 타워(control tower)라는 프로그램입니다. 부품과 자재 구매·관리를 복합적으로 관리해 주는 프로그램인데, 에어버스(Air Bus)도 도입했습니다. 사실 에어버스가 비행기를 만들 때는 엄청나게 복잡한 부품 구입·관리가 필요한데, 저희는 자재 재고를 줄이면서 정확한 시각에 부품이 도착하도록 관리합니다. 거미줄 위에 올라앉은 거미처럼 말이죠. 이 역시 복잡함을 관리해 단순하게 만드는 일이죠."

▶ 본인 리더십의 철학이 있다면?

"존경(respect)과 결과(result)의 균형입니다. 기업은 결과를 내야 합니다. 동시에 고객, 직원, 공동체를 존중하고 그들로부터 존경받아야 합니다. 리더는 매일 그 둘 사이에서 균형을 찾는 일을 해야 합니다."

균형에 대한 강조는 아펠 회장의 생활신조이기도 하다. 그는 "주말에 나와 근무를 해야만 성공할 수 있다면 나는 그 일에 적합한 사람이 아니다"고 말한다. '월화수목금금금'은 잘못되었다는 뜻이다.

자료: 조선일보(2011. 3. 5).

생산 요소를 투입하더라도 보다 많은 생산이 가능하므로 생산비도 당연히 감소하게 된다.

기술 진보는 연구 개발(research and development: R&D)의 결과로 이루어지는데, 농업은 산업의 특성상 기술 개발을 위한 시간과 자금은 많이 소요되는 반면에, 개발된 기술의 배타적인 이용이 어렵기 때문에 대부분의 기술 개발은 주로 농촌진흥청 등 정부 기관에 의해서 이루어지고 일부의 제한된 부분에서만 민간에 의한 기술 개발이 이루어진다.

제 11 장 농장 계획과 가치사슬 분석

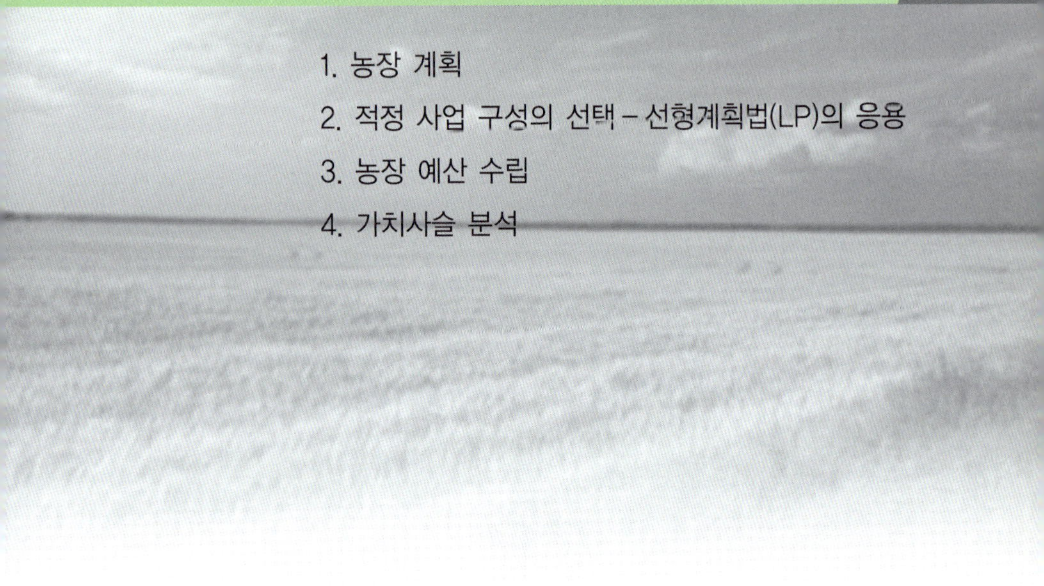

1. 농장 계획
2. 적정 사업 구성의 선택 – 선형계획법(LP)의 응용
3. 농장 예산 수립
4. 가치사슬 분석

1. 농장 계획

농장 경영 전략 계획이 수립되고 난 이후의 다음 단계는 그 계획을 수행하기 위한 전술적인 실행 계획을 수립하는 것이다.

모든 경영자는 비록 조직적으로 잘 짜여진 계획은 아닐지라도, 무엇을, 어떻게, 얼마나 생산할 것인지에 대한 어떤 형태로든지의 농장 계획(farm planning)을 갖고 있기는 하다. 그러나 분명한 것은 전체 농장 경영에 대한 조직적인 계획을 보유하고 있는 농장은 더 나은 수익 기회에 대한 접근 가능성이나 수익 극대화 이외의 다른 경영 목표에 대한 달성 가능성이 보다 높다는 것이다.

농장 계획은 현재 또는 미래의 농장 모습을 설계하는 작업이다. 농장 계획 수립 작업은 [그림 11-1]과 같은 6단계로 나누어 진행된다.

그림 11-1 농장 계획 수립의 6단계

제1단계	경영 목적 및 특정한 경영 목표 설정
제2단계	이용 가능한 생산 자원 보유량 계측
제3단계	사업 내용과 기술 계수의 확인
제4단계	조수입과 비용의 차액 추정
제5단계	사업의 결합 방법 선택
제6단계	농장 경영 예산 추정

1) 경영 목적과 특정 경영 목표의 설정

대부분의 계획 기법은 경영자가 이윤 극대화를 추구한다는 가정을 하고 있다. 그러나 이윤 극대화 목적은 경영자의 개인적인 또는 사회적인 제약 조건에 의해서 제한받게 된다. 토지의 장기적인 생산성 유지, 환경 보호, 종업원의 건강 유지, 재정 독립 상태의 유지, 여가 시간의 확보 등 이윤 극대화에 상충될 수 있는 모든 요인들이 농장 계획에 영향을 미치게 된다. 따라서 농장의 수익성에 미치는 조건과는 관계없이 어떤 계획은 제외되는가 하면, 어떤 계획은 추가되기도 하는 것이다.

경영자는 사업 자체의 목적이나 개인적인 관심에 관련된 모든 목적들을 확인하고 난 이후, 경영 실행 목표를 구체화시킬 수 있다. 이러한 실행 목표는 작물 수확량, 축산 생산량, 생산비, 순수입 등의 조건으로 명확히 제시된다.

2) 자원 보유 및 재고량 계측

다음 단계는 이용 가능한 자원 보유 및 재고량에 대한 정확한 계측이다. 보유하고 있는 이용 가능한 자원의 종류와 품질, 수량이 농장 사업의 종류와 규모를 결정하는 중요한 요인이기 때문이다.

(1) 토지 자원

토지는 농업 생산 활동에 있어서 가장 중요한 자원인 동시에 변화가 어려운 자원이다. 이용 가능한 토지 자원의 보유량은 다음과 같은 기준들을 고려하여 결정된다.

① 작물 생산, 초지, 과수원, 삼림지, 유휴지 등의 용도로 사용할 수 있는 총 가용면적
② 기온, 강우량, 작물 재배 가능 기간 등 기후 조건
③ 경사도, 토양 구조, 토심(土深) 및 토양 비옥도 등 토양 조건
④ 관개·배수 시스템 설치 규모 및 관·배수 개발과 이용 가능성 등 용수 조건
⑤ 토양 개량 필요성 및 토지 이용 제한 등 토양 보존 계획
⑥ 정부 계획 및 법적 의무와 연관된 생산성 향상의 제약 조건 및 관련 규제
⑦ 작물생산성에 영향을 미치는 질병과 잡초 문제
⑧ 농지 임대 조건 등 농지 이용 조건

이용 가능한 토지 자원 확보량이 결정되면 농장도(farm map)를 준비하는 것이 바람직하다. 농장도에는 경지 규모, 경지 배치도, 울타리, 관·배수로와 하수로 및 다른 시설물 배치도 등이 포함되어 경영 계획의 변화에 참고 자료로 활용할 수 있다.

(2) 건물

건물 자산에는 모든 건축물에 대한 상태와 크기, 용도(잠재적 용도)까지 상세하게 파악한다.

(3) 농기계

농기계는 단기에서는 고정 자본이다. 이용 가능한 농기계의 종류별 보유 대수, 크기, 용량, 사용 연수 등이 재고량에 반드시 포함되어야 한다.

(4) 자본

자본은 단기 내지 장기적인 관점에서 또 다른 제한된 경영 자원이다. 현금 등 유동 자산 또는 신용 창출을 위한 접근성이나 경영체의 신용 평가 실적 등은 농장의 규모와 사업 구성 등에 중요한 영향을 미치는 자원이다.

(5) 노동력

노동력 자원은 양적·질적인 측면에서 파악되어야 한다. 양적인 자원은 관리자, 가족노동력, 고용노동력 등으로 구분하여 월별 가용 일수와 계절별 확보 일수를 중심으로 계측한다. 질적인 자원은 특별한 기술과 훈련 정도 및 경험 등을 중심으로 계측한다.

(6) 경영자에 대한 정보

마지막 경영 자원은 기업 운영의 경영 기술 자산이다. 경영자의 나이와 경험, 경영자의 과거 경영 실적과 경영 의사결정 능력, 특별한 기술이나 약점 등이 기록되어야 한다. 경영자가 보유하고 있는 과거의 성공 또는 실패 기록은 미래 실적을 가늠할 수 있는 유용한 지표이기 때문이다.

3) 사업 내용과 기술 계수의 확인

(1) 기술 계수의 확보

기술 계수(technical coefficient)는 어떤 기업이 한 단위의 생산품을 생산하기 위해서 요구되는 자원 요구량에 대한 지표이다. 기술 계수 또는 자원 요구량은 기업의 최대 산출량을 결정하고 기업의 사업 구성 내용을 결정하는 데 중요한 고려 요인이 된다.

기술 계수는 개별 기업의 회계 단위에 맞추어서 10a당 작물 생산, 또는 1두의 가축 생산에 소요되는 토지, 노동력, 자본량 등으로 계산된다. 예컨대, 1마리의 한우 생산을 위해서는 2,000평의 초지와 10시간의 노동력, 그리고 15만 원의 운영비 등 자원의 소요량이 기술 계수이다. 이 밖에도 기계 이용 시간, 건물 이용 정도 등도 포함된다. 또한 옥수수 10a(300평)의 농사를 위해서는 10a의 농지와 2시간의 노동력, 5만 원의 운영비, 1시간의 트랙터 운영 시간이 소요되는 등의 기술 계수로 표시할 수 있다.

이러한 기술 계수는 농장의 경영 기록을 이용하여 산출된다. 신규 진입 농가의 경우에는 다른 농장의 경험 자료나 농업기술센터 등으로부터 자료를 얻을 수 있다. 부정확한 기술 계수는 농장 경영 계획을 왜곡시킬 수 있기 때문에 정확한 기술 계수는 건전한 농장 계획을 위한 필수적인 요소이다.

(2) 단위당 총수익 추정

농장 경영에는 여러 사업 부문이 포함되어 있으므로 농장 계획을 수립하기 위해서는 부문 사업별 예산 자료가 필요하다. 부문 사업별 예산 자료를 통하여 농장 계획 과정에서 요구되는 사업 단위별 총수익(gross margin)을 추정할 수 있다. 총수익은 총소득에서 가변 비용을 뺀 격차이다. 총수익은 생산을 위해 가변 비용을 지출한 이후의 상태에서 고정 비용과 이윤에 개별 사업이 기여한 정도를 나타내는 개념이다.

만약 이윤 극대화가 기업의 목표라면 순수입(net profit) 대신에 총수익 개념을 이용하는 것이 이상할지 모르지만, 단기 계획에서는 고정 비용이 선택된 농장 계획과는 관계없이 일정하기 때문에 총수익 극대화는 수익 극대화 내지 비용 최소화와 동등한 개념이 되기 때문이다.

2. 적정 사업 구성의 선택 - 선형계획법(LP)의 응용

농장에서 운영할 종목별 개별 사업의 총수익, 농장 경영에 이용 가능한 생산 자원량, 개별 사업별 필요 자원량 등의 자료가 확보되면 경영자는 농장 운영에서 가장 높은 수익을 올릴 수 있는 적정 사업 구성(enterprise combination) 방향을 선택할 수 있다. 그러나 선택해야 할 사업의 내용이 많을 뿐만 아니라 자원의 제약 조건도 여러 가지일 때, 가장 좋은 사업 구성과 자원 배분 방법을 결정하는 것은 쉽지 않다.

이러한 경우에 경영자의 의사결정을 돕기 위한 컴퓨터 프로그램이 개발되어 있다. 그중에서 가장 널리 사용되고 있는 것이 LP 소프트웨어 프로그램이다. 선형계획법(linear programming: LP)은 농장의 자원 제약 조건 속에서 최적의 사업 구성 방법을 발견하기 위하여 사용되는 수학적 기술이다.

경영자의 의사결정에 필요한 모든 정보가 알려져 있거나 획득 가능한 확실성 상태(certainty state)하에서 이윤, 비용, 산출량 등을 결정하기 위해서 사용되는 의사결정 기법이 선형계획법이다. LP의 기본적 논리를 이해하기 위하여 옥수수와 콩 등 2개의 사업과 토지, 노동력, 운영 자금 등 3개의 제약 조건만이 존재하는 간단한 농장의 경우를 예로 설명하기로 하자.

표 11-1 LP 분석을 위한 농장의 자원량과 기술 계수에 대한 정보

자원	총자원량	기술 계수(자원 요구량/10a)	
		옥수수(Y_1)	대두(Y_2)
x_1 토지(10a)	120	1	1
x_2 노동력(시간)	500	5	3
x_3 운영 자본(천 원)	30,000	200	160
단위당 총수익(천 원/10a)		120	96

그림 11-2 LP 문제의 각 생산 요소의 제약 조건

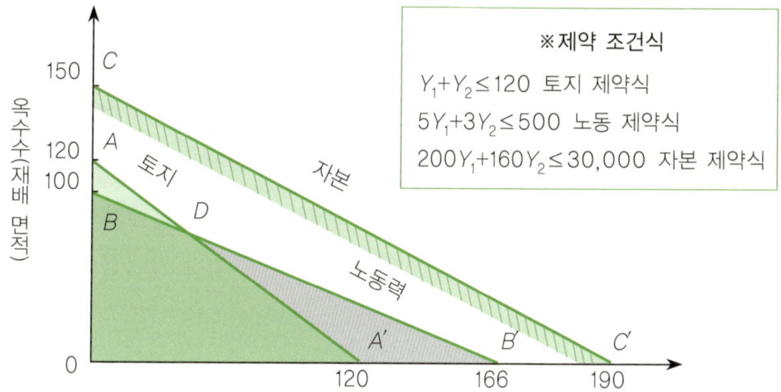

[표 11-1]에서 옥수수(Y_1)와 대두(Y_2) 생산을 위해서 이용 가능한 토지(x_1)량은 120단위이므로 어떤 경우에도 120단위 이상은 이용할 수 없다. 마찬가지로 노동력은 500시간, 운영 자금은 3,000만 원의 범위 안에서 이용해야 하는 제약 조건을 이 농장은 가지고 있다.

이 제약 조건을 수식과 그래프로 나타내면 [그림 11-2]와 같다. 여기서 토지는 옥수수와 대두 생산을 위해서 최대 120단위를 이용할 수 있다. 그리고 옥수수 생산을 위해서는 노동량을 최대 100시간(500÷5), 콩 생산을 위해서 최대 166.6시간(500÷3)을 이용할 수 있다. 운영 자금은 옥수수를 위해서는 최대 15만 원(30,000÷200), 콩 생산을 위해서는 187만 5,000원(30,000÷160)을 이용할 수 있다. 따라서 이용할 수 있는 자원의 제약 조건은 [그림 11-2]에서 각 자원선의 빗금 아래 부분으로 표시될 수 있다.

제약 조건을 중심으로 하여 [그림 11-2]를 살펴보면 옥수수나 콩 생산을 위해서 자본은 제약을 주지 않고, 단지 토지와 노동력의 이용 가능량만을 제약하고 있다. 여기에서 경영자가 선택 가능한 영역(feasible area)은 어떠한 자원의 제약 조건도 만족시킬 수 있는 □$OADA'$ 안의 어느 점일 것이다.

다음 단계는 총수익을 최대화하는 옥수수와 대두의 재배 면적을 찾는 일이다. 총수익은 $Z=120Y_1+96Y_2$로 수식화할 수 있다. 이를 LP 분석을 위한 목적식으로 표시하면, $Z=120Y_1+96Y_2$를 극대화하는 문제인 것이다.

위 식을 Y_1에 대해서 풀면 $Y_1=-\frac{96}{120}Y_2+Z$이므로, 총수익 함수 Z의 그래프상 기울기는 $-\frac{96}{120}$이다. 따라서 같은 총수익을 나타내는 등수입선(ISO profit)의 기울기 $Y_1=-\frac{96}{120}Y_2$를 가진 무수한 직선 중에서 자원의 제약 조건을 만족시키는 □$OBDA'$가 만나는 점 중에서 원점에서 가장 멀리 있는 점이 이윤 극대화를 실현하는 점(최적해)이 될 것이고, 이 점은 [그림 11-3]에서 □$OBDA'$의 꼭지점 D인 것이다.

점 D는 토지 제약식 $Y_1+Y_2\leq120$과 노동 제약식 $5Y_1+3Y_2\leq500$이 만나는 점이고, 이는 두 제약식의 연립 방적식을 풀어서 구할 수 있다. 따라서 최적해는 옥수수 70단위 면적과 대두 50단위 면적의 생산에서 결정된다. 따라서 총수익

그림 11-3 이윤 극대화를 실현하는 점

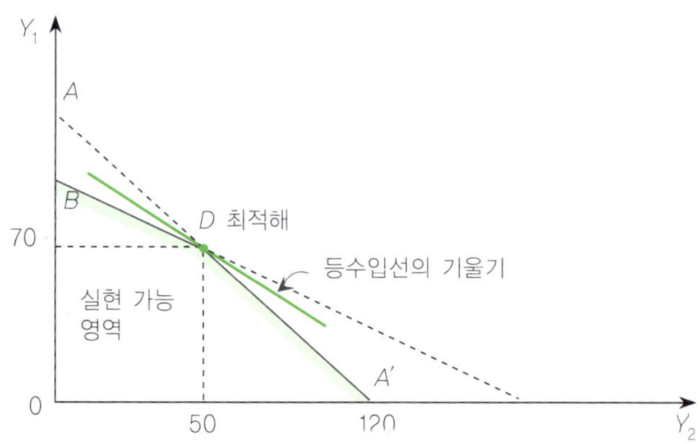

생각의 폭과 통찰력을 키우자

28. 쌀농사의 경영 혁신 방향

최근 들어 쌀의 과잉 재고 문제가 수확철만 되면 제기되는 단골 농정 이슈로 등장해 왔다. 쌀의 연말 재고가 최근 3년간(2016~2018) 지속적으로 100만 톤을 상회하고 있기 때문이다(2017년에는 189만 톤).

과연 쌀은 남아도는가?

2008년부터 2018년까지 최근 10년간 쌀 생산량이 쌀 소비량보다 많았던 해는 2009년, 2010년, 2015년, 2016년 4개 연도였다. 그런데도 쌀이 남아도는 것은 쌀의 관세화 개방의 유예 조건으로 선택한 저율 관세율(5%)에 의한 의무 수입량이 해마다 늘어나고 있었기 때문이다. 의무 수입량을 포함한 해외 수입량은 2009년의 25만 7,000톤에서 2013년에는 52만 6,000톤으로 늘어났다가, 2018년에는 39만 8,000톤으로 줄어들었다. 이에 따라서 쌀의 연말 재고는 최근 4년간 135만 톤에서 189만 톤 사이를 유지하고 있다.

최근 들어 국제 곡물 가격이 급등하고 있는데, 이는 기후 변화로 인한 생산량 감소와 중국, 인도 등 신흥 시장국의 곡물 수요 증가 등이 원인으로 앞으로도 계속될 것으로 예상되고 있다. 또한 코로나 사태로 인한 국경 봉쇄 조치의 강화 가능성도 우려되고 있다. 2018년 현재 쌀의 연말 재고량은 쌀의 연간 소비량의 30% 정도이다.

한국의 식량 안보는 주로 쌀의 높은 자급도에 의해서 유지되고 있다. 2018년 현재의 전체 곡물 자급도는 21.7%인데, 쌀(82.5%), 보리쌀(31.4%)을 제외하고는 밀(0.7%), 옥수수(0.7%), 콩(6.3%) 등으로 자급률이 대단히 낮은 수준이기 때문이다.

적정 재고량의 두 배 수준으로 육박하고 있는 쌀의 과잉 재고량 수준을 고려할 때, '논 소득 기반 다양화 사업'의 현실적인 필요성은 인정된다.

그러나 식량 자급률의 지속적인 하락 추세와 식량 안보 기능의 강화란 측면에서 쌀 산업의 경쟁력 강화를 위한 경영 혁신 문제는 매우 중요한 현안 과제이다.

무엇보다 쌀농사의 경영 혁신을 통한 생산 효율화 문제부터 풀어야 한다. 이와 동시에 벼 수확 이후 6~7개월간 유휴되고 있는 논의 이모작에 의한 사료 작물 증산 문제와 이와 관련하여 쌀농사와 축산과의 연계성 강화에 의한 순환 농업 질서의 확산 문제도 풀어야 한다.

쌀농사의 효율화를 통한 비용 절감 문제와 논의 이모작 활성화에 의한 사료 작물 증산은 농지의 효과적 활용을 통한 소득 증대와 사료의 높은 해외 의존도를 완화시키기 위해서 전략적으로 접근해야 할 필요가 있다.

2018년 현재 벼 재배 면적은 총 73만 8,000ha이고 벼 생산 농가는 전체 농가의 54.4%에 해당하는 55만 5,000호로서 호당 1.33ha의 벼농사를 짓고 있다.

영세한 규모, 특히 생계형 농업을 영위하고 있는 벼 재배 농가 전체를 대상으로 하는 쌀 산업의 경영 효율화는 그 성과를 기대하기 어렵다. 그러므로 쌀 산업의 경쟁력 향상은 50ha 이상의 집단화된 들녘 단위 경영체를 1차적인 대상으로 삼는 것이 합리적이다. 쌀의 생산뿐만 아니라 유통 부문에서도 규모 경제의 이익을 창출할 수 있도록 농업 경영의 질적, 그리고 내연적 규모 확대와 자원 이용의 효율성을 확보할 수 있기 때문이다.

2009년 현재 50ha 이상의 들녘 수는 2,832개소로서 들녘이 전체 벼 재배 면적에서 차지하는 비율은 49.3%이다. 들녘별 벼농가의 조직화와 4차 산업혁명적인 기술의 현장 적용을 위한 인프라 구축 및 농기계 임대 사업 확대 등 정책 수단이 강화·적용될 수 있는 기반 조성이 시급하게 추진되어야 한다.

인공지능 기능이 탑재된 농기계의 사용을 통해 경운, 육묘, 시비, 방제 등 생산 과정을 통합·축약시킴으로써 생산비를 절감하고, 저투입 생명 환경 농법 등 새로운 농법의 보급을 확대하여 고품질 벼를 생산·유통시키기 위한 들녘별 경영체 육성은 쌀농사의 경영 수준을 한 단계 끌어올릴 수 있는 현실적인 경영 혁신 전략이라고 할 수 있다.

들녘별 경영 체제가 확립되면 벼 수확 이후 유휴되는 논에 쉽게 사료 작물을 재배하여 축산 농가와의 계약 재배를 통하여 공급하는 한편, 축산 농가의 축산 분뇨를 유기질 비료로 농경지에 환원시키는 경종과 축산의 순환 농업을 통한 비료, 농약 저투입의 친환경 농업도 효과적인 활성화를 기대할 수 있다.

다음으로, 쌀 가공식품시장의 성장 추세에 부응하기 위한 가공 원료용 쌀 전용 재배 단지를 만들어야 한다. 수확량이 높고 다양한 가공 용도(막걸리, 기능성 화장품과 의약품, 국수 등)에 적합한 품종을 계약 재배 형식으로 대량 생산하여 안정적으로 공급할 수 있는 가공 원료용 쌀 조달 시스템을 가공업계와 정부, 그리고 농민들이 협력해서 만들어 내야 한다.

은 1,320만 원(120×70+96×50)이 된다.

LP의 그래프를 이용한 최적해 찾기는 단순한 문제를 해결하기 위한 간단한 기법으로서 LP의 기본적 논리를 이해하기 위해서 소개한 것이다.

그러나 현실 기업의 의사결정 문제는 수백, 수천 개의 변수와 제약 조건 및 목적 함수를 지닌 실로 복잡한 문제이다. 그러므로 컴퓨터를 이용하여 선형계획법을 풀 수 있는 기능이 포함된 S/W를 이용하는 것이 바람직하다.

시중에는 이러한 선형계획법 문제를 풀 수 있는 많은 패키지가 나와 있다. 이 중에는 우리가 표 계산에 많이 이용하고 있는 엑셀에도 선형계획법 문제를 풀어 주는 '해찾기'(excel solver) 기능이 있다. 엑셀의 해찾기 기능은 목표값 찾기와 비슷하지만 목표값 찾기는 특정 결과에 대응하는 하나의 과정 변수값만을 구할 수 있는 반면, 해찾기는 특정 결과 조건을 만족하는 다수의 변수값을 구할 수 있다.

3. 농장 예산 수립

1) 전체 농장 예산

계획 과정의 마지막 단계는 전체 농장 예산(whole farm budget) 수립 과정이다. 전체 농장 예산은 다음과 같은 용도로 사용된다.

① 주어진 농장 계획에 따른 소득, 비용, 이익 등의 추정
② 현금의 입출 상황(inflows and outflows) 및 농장의 재무 유동성 추정
③ 대안적인 농장 계획과의 수익성, 유동성 등의 비교
④ 현재 농장 계획의 확장 또는 변화 효과 평가
⑤ 자원(토지, 노동, 자본, 용수 등)의 필요성과 가용성 추정
⑥ 토지 소유자, 동업자, 주주, 채권자 등에 대한 농장 설명 자료의 작성

전체 농장 예산은 [그림 11-4]와 같은 과정과 구성으로 만들어진다. 전체 농장 예산에 기회비용(opportunity cost)이 포함되면 예산상의 수익은 경제적 수익이 되고, 포함되지 않았을 경우에는 회계상 수익 또는 순농장 소득(net farm income)이 된다.

그림 11-4 전체 농장 예산의 구성

2) 현금 흐름 예산

아무리 수익률이 높은 농장이라도 현금(또는 유동성) 부족 문제에 종종 직면하게 된다. 따라서 현금 부족 문제를 예상하고 이에 대처할 수 있는 계획을 사전적으로 준비하는 것은 중요한 경영 관리 활동인 것이다.

현금 흐름(cash flow) 예산은 주어진 계획 기간 동안의 예상되는 현금 수입과 현금 지출의 흐름을 종합한 것이다. 현금 흐름의 개념은 [그림 11-5]로 설명할 수 있다.

현금 흐름 예산을 수립하는 것은, 첫째 농장 운영 계획이 재무적으로 가능한 계획인가, 둘째 만약 부족하다면 언제, 얼마나 자금 차입을 해야 하는가, 셋

그림 11-5 현금 흐름의 도해

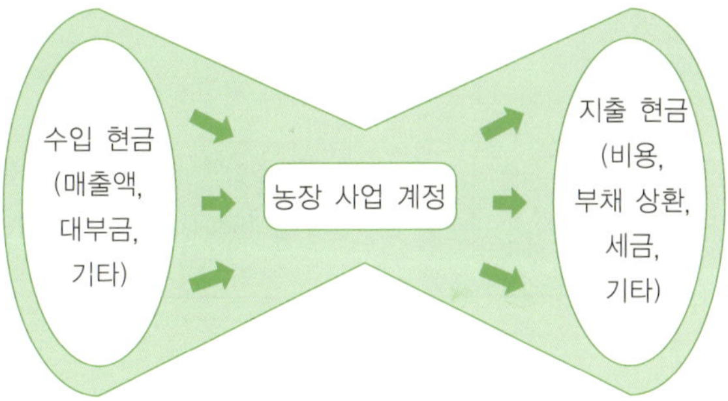

째 농장 계획 또는 대부금 상환에 필요한 현금을 창출하고 있는가라는 문제에 대한 해답을 얻기 위해서이다.

현금 흐름 예산은 농장 예산 수립과 두 가지 점에서 다르다. 첫째, 현금 흐름 예산은 수입과 지출 측면에서 현금의 입출입(cash inflows & out flows)만을 다룬다. 둘째, 현금 흐름 예산에서는 수입과 지출이 발생하는 시기(timing)가 중시된다. '언제', '무엇 때문에', '얼마나' 수입과 지출이 발생되는가를 기초로 하여 예산이 세워진다는 것이다.

현금 흐름 예산의 구조를 [표 11-2]의 사례를 통하여 이해할 수 있다.

3) 작업 과정도 작성

작업 과정도(process map)는 과업을 수행하기 위한 방법이나 과정을 알기 쉽게 요약한 지도이다. 작업 과정도는 농장 경영 활동의 종류와 이에 필요한 자재 요구량, 시설 사용량 등에 기초하여 자재와 정보의 흐름을 나타낸다.

표 11-2 축약된 현금 흐름 예산의 사례

(단위: 천 원)

항목	기간 1	기간 2
1. 기초 현금 수지	1,000	500
현금 수입(cash inflow)		
2. 농산물 매출액	2,000	12,000
3. 농장 자원 판매(토지, 기계 등)	0	5,000
4. 기타 현금 수입	0	500
5 총현금 수입	3,000	18,000
현금 지출(cash outflow)		
6 농장 운영비	3,500	1,800
7. 농장 자원 구매(토지, 기계 등)	10,000	0
8. 기타 현금 지출	500	200
9. 총현금 지출	14,000	2,000
10. 현금 수지	−11,000	16,000
11. 필요 차입 자금	11,500	0
12. 대출 자금 상환(원금+이자)	0	11,700
13. 기말 현금 수지	500	4,300
14. 미상환 대출금	11,500	0

농장 경영에서는 작물이나 축산 등 생산 과정과 단골 고객 관리 등 서비스 과정 및 대금 지불이나 정보 수집과 같은 내부 과정이 포함된다. 작업 과정도는 농장 경영자가 전체 농장 운영에 관련된 문제점과 기회 요인을 발견하는 데 대단히 유용하게 이용될 수 있다.

다음의 작업 과정도 사례([그림 11-6] 참조)는 작물(옥수수, 콩)을 생산하고 동시에 양돈 경영을 하는 미국 농가의 경우이다. 큰 상자 안에 포함된 작은 상자는 농장 경영 활동의 내용을 나타낸 것이고, 농장 경영 활동에 필요한 자원(노동력, 기계, 건물 등)은 왼쪽의 긴 상자에 표시되어 있다. 농장 경영 환경에 속하

그림 11-6 작물-축산 농장의 작업 과정도 사례

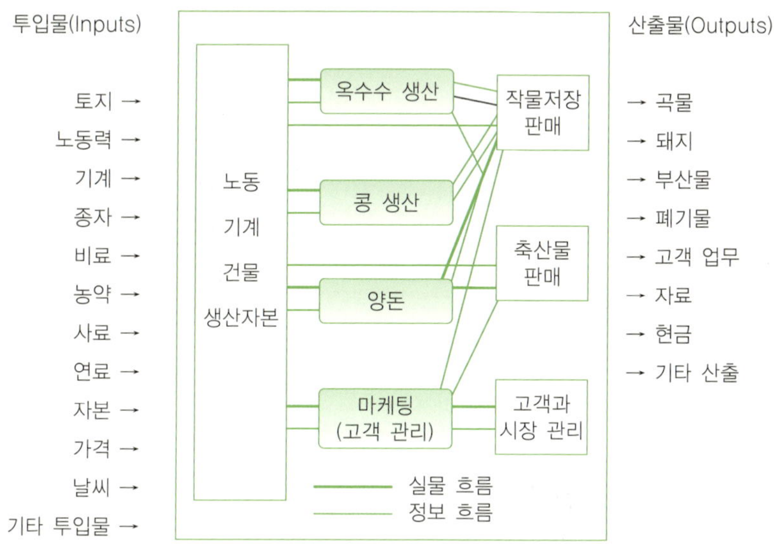

는 요인은 큰 상자 외부에 표시되는데, 투입 요소(inputs)는 왼쪽에, 그리고 산출물(outputs)은 오른쪽에 표시되어 있다.

농장 경영자가 새로운 사업의 도입을 고려할 때 작업 과정표는 유용한 분석 도구이다. 새로운 작물이나 축산물을 도입하거나, 기존의 경영 규모를 확대하고자 할 때, 경영자는 작업 과정도를 통하여 투입 자원의 양적·질적인 조달과 이용 가능성을 판단할 수 있으며 동시에 주산물과 부산물 생산량을 파악할 수 있다.

예컨대, 돼지 판매에 대한 새로운 계약을 체결하고자 할 때, 경영자는 작업 과정도를 통해서 자본과 노동력을 추가로 투입할 수 있는 여력(餘力)이 있는지, 그리고 축사는 사육과 폐기물 처리 등 측면에서 규모 확장의 여지가 있는

29. 경영자라고 하면서 책 한 권 읽지 않다니요?

"농부들도 공부해야 합니다. 변하지 않으면 살 길이 없습니다. 최소한 한 달에 책 다섯 권은 보아야 합니다."

"아니 지금까지도 잘하고 있는데 왜 그리 유난을 떠는지 모르겠어. 그렇게 공부가 좋으면 자네나 하게. 농사짓는 것도 힘들어 죽겠구먼!"

"농부가 그렇게 책을 본다고 쌀이 나와요 상추가 자라요?"

책을 읽지 않아도, 공부하지 않아도 명품 농산물을 재배하고 돈을 잘 벌 수 있다면 나 역시 그 길을 따르겠다.

취미 삼아 텃밭을 가꾸는 사람이라면 모를까 명색이 쌈 채소로 돈을 벌겠다는 사람이, 이 분야에서 최고가 되겠다고 마음먹는 사람이 어찌 책 한 권 읽지 않을 수 있겠는가?

누구나 시간에 쪼들린다. 누구나 잠잘 시간이 부족하다. 그러나 나는 그렇게 없는 시간 짜내어 공부한 덕분에 오늘날의 장안농장을 일구었다. 농부가 공부를 하면 상추가 잘 자라느냐고? 정말 잘 자란다. - 「상추CEO 중에서」

민들레영토 희망 스토리의 지승룡 대표가 처음 경영을 해야겠다고 마음먹고 가장 먼저 했던 일은 경영에 관한 책을 보는 것이었다. 3년 동안 도서관을 다니며 2,000권의 책을 읽었다. 이뿐만 아니다. 동아일보를 보는 데 2시간, 중앙일보를 보는 데 1시간, 조선일보는 30분 동안 등 3개 신문을 날마다 모두 읽었다. 이렇게 경영·경제 분야의 책과 사업을 하는 방법의 책을 읽으면서 3년이라는 준비 시간을 가지고 나서 비로소 경영을 시작할 수 있었다.

천호식품의 김영식 대표도 마찬가지였다. 인진 강화 사자발쑥을 생산 판매하기 시작하면서 제일 먼저 했던 일은 그가 만드는 물건, 그가 팔려는 물건의 전문가가 되는 것이었다. 이를 위해 먼저 초동의 국립중앙도서관을 찾아가 쑥에 관한 자료를 다 뒤져 공부하였다. 쑥에 관한 한 어떤 자리에서도 세 시간 이상 강의할 수 있을 정도의 전문 지식을 갖춘 다음에야 비로소 판매를 시작해야 한다고 생각하였다.

'기적의 사과'로 유명한 기무라 아키노리도 역시 책벌레였다. 그는 무농약에 관심을 가지면서 처음 했던 것이 바로 책읽기였다. 밭에 눈이 쌓이면, 기무라 씨는 농업 공부를 하기 시작하였다. 마을 도서관이나 서점에 가서 1년간 농사를 지으며 생긴 의문에 답을 해 줄 만한 책을 찾아 열심히 읽었다. 아이디어가 떠오르면 꼼꼼하고 상세하게 노트에 적어 나갔다. 잠자리에 들어서도 자료나 책을 읽는 습관 때문에 기무라 씨의 잠자리 주변에는 수험 공부를 하는 학생처럼 농업 관련 서적과 메모가 늘 수북히 쌓여 있었다. 그러던 중에 마을 서점에서 발견한 책에 '아무도 안하는, 농약도 비료도 전혀 안 쓰는 농업'이라고 쓰여진 것을 보고 "아! 이런 농업도 있구나 싶었어. 내가 하느냐 마느냐의 문제를 떠나 같은 농민으로서 흥미가 생기더군. 그때부터 이 책을 몇 번이나 읽었는지 몰라. 책이 닳을 때까지 읽었지. 그 책은 후쿠오카 마사노부 씨가 쓴 『자연농업』이라는 책이었어."

그는 그 책을 읽고 난 후 사과 재배를 시작하였다. 다른 과일나무는 가능할 수 있어도 결코 사과나무는 농약 없이는 불가능하다는 주위 사람들의 말에도 불구하고 과감히 도전하였다. 그리고 결국은 기적의 사과를 만들어 냈다. 곰곰히 생각해 보면 그 누구도 정말 불가능한지에 대해 자신있게 말할 수 없는 것이다. 왜냐하면 불가능하다고 말하는 사람들 대부분은 실제로 어떤 시도조차 해 보지 않아서 그 해답을 알 수 없었는데도 불구하고 불가능에 대해 말하였던 것이기 때문이다.

과연 농업 경영인들은 경영에 관한 책을 몇 권이나 읽고 있는가? 책을 읽지 않으면서 성공할 수 있다고 말하는 것은 결코 흔한 경우가 아니다. 왜냐하면 책을 읽지 않는다는 것은 아이디어를 얻을 수 있는 한 군데를 포기하는 것이라고 할 수 있다. 특히 경영에 관한 책을 읽어야 한다. 책을 통해 소비자의 변화를 읽고 시장을 읽자. 읽다 보면 경영의 새로운 모습이 보이기 시작할 것이다.

책은 낯선 사람들과의 만남이다. 나를 도전하게 만든 사람들을 만나기도 한다. 아이리버를 만들었던 김영세 대표의 디자인 경영을 알게 되고, 세계 수많은 기업을 성공시킨 세스고딘, 톰 피터스를 알게 된다. 책 한 권이면 그를 우리 집에 초청해서 그의 아이디어, 그의 마케팅 방법을 알게 된다. 놀랍게도 이 모든 것이 책 한 권이면 가능하다는 것이다. 그들은 자기가 가진 모든 것을 책에 담기 위해 노력하였고, 그 책 한 권이면 그가 말하는 많은 것을 느끼고 이해할 수 있다.

지난번 우리나라에 강의를 온 포터(Michael Eugene Porter) 교수의 강사료가 한 시간에 1억 7,000만 원이었고, 피터스(Tom Peters)는 1억 2,000만 원이었다. 많은 사람들이 그 강의에 참가하지 못하였다. 그러나 강의는 못 들었을지라도 그들을 만나는 방법이 있다. 책을 통해서이다. 그들은 한 시간의 강의에 과거의 모든 경험과 지식을 전부 합쳐서 새로운 관점에서 현재를 해석하고, 미래의 경영을 예견한다.

성공에 대한 스토리를 읽지 않고 성공을 이야기하며 성공을 꿈꿀 수 없듯이 성공하고 싶으면 성공한 사람이 써 놓은 책을 먼저 읽어 보아야 한다. 그들이 성공하면서 어떤 과정을 거쳐 왔는지를 보아야 한다.

성공한 사람들을 무시하는 사람들은 절대로 성공할 수 없다. 성공한 사람들의 책을 읽어 보면서 그들과 대화해 보자.

자료: 윤선·전영미(2010), pp. 45~49에서 발췌·인용함.

지 등을 세세한 계산 과정 이전에 전체적으로 작업 과정도를 통해서 현재의 농장 상태를 파악할 수 있다.

4. 가치사슬 분석

1) 가치사슬의 개념

가치사슬(value chain)은 포터(Michael Eugene Porter)의 *Comparative Advantage: Creating and Sustaining Superior Performance*(1985)에서 제안된 개념이다.

가치사슬 분석은 농장의 경영 개선 활동을 수행하거나 새로운 사업 참여를 위한 농장 계획 수립 과정에서 유용한 분석 도구로 이용되고 있다.

가치(value)는 원가 절감과 시장 변화에 따른 대응 능력에 의해서 생성된다. 같은 성과를 내더라도 비용이 최소로 투입되면 효율성 실현에 의해서 가치가 증가되었다고 볼 수 있다. 또한 수요자의 만족도가 그의 지불 비용보다 크다면 소비자 욕구(needs)에 대한 빠른 대응으로 가치가 증대되었다고 볼 수 있다. 따라서 가치사슬 분석은 기업의 활동에서 부가가치가 생성되는 일련의 활동, 즉 비용 최소화나 수요자의 편익 증대를 통하여 가치의 증대를 실현시키는 경영 활동의 내용을 분석하는 일이다.

가치사슬 활동은 부가가치 창출과 관련된 모든 기업 활동과 그 활동들의 연계성을 보여 주는 것으로 크게 주요 활동(primary activities)과 지원 활동(support activities)으로 구분된다. 주요 활동이란 제품의 생산, 운송, 마케팅, 판매, 물류, 서비스 같은 부가가치의 직접 창출 활동을 말하며, 지원 활동이란 생산 기반 시설, 기술 개발, 연구, 교육, 조직화 등 주요 기업 활동을 지원하는 부가가치의 간접 창출 활동을 뜻한다.

가치사슬을 생산과 유통 부문으로 구분하여 공급 사슬(supply chain)과 분배 사슬(distribution chain)로 나누기도 한다. 공급 사슬은 제품을 생산하는 과정과 관련된 모든 영역의 네트워크를 뜻하며 상품의 상방 흐름(up stream)에 대한 분석

그림 11-7 가치사슬의 형성과 수직적 통합 관계

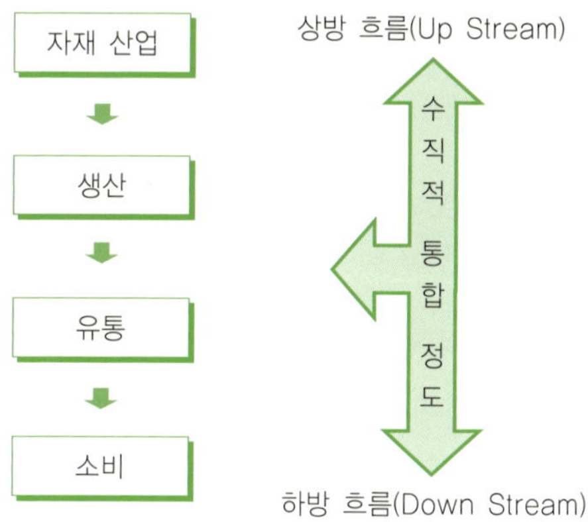

이 포함된다. 또한 제품이 생산된 이후의 과정, 즉 유통 과정(저장, 포장, 수송, 물류)에서 발생하는 판매와 수출 등 분배 사슬과 관련된 상품의 하방 흐름(down stream)에 대한 분석이 포함된다.

생산자 입장에서는 농산물을 생산하는 과정에서 부가가치를 생산하는 상방 흐름에 관심이 높고, 소비자 입장에서는 생산물과 서비스를 제공하는 하방 흐름에 관심이 높다([그림 11-7] 참조).

만약 가치사슬 간 수직적 통합의 정도가 높을 경우에는, 하방 흐름에 관련된 유통 산업 등 전방 산업 분야와 상방 흐름과 관련된 농업 자재 산업 등 후방 산업 간의 조정이나 관리가 용이하기 때문에, 시장의 변화에 대응하여 가치의 증대를 실현시키기 위한 전략의 선택이 상대적으로 쉽다. 반면에 수직적 통합의 정도가 낮을 경우에는 각 흐름에 관련된 개별 산업 부문과의 협상에 의한 시장 대응이 필요하다. 즉, 가치사슬의 수직적 통합(vertical integration) 정도에 따라서 가치 창출 방안이 달라지게 되고 가치 창출의 효과도 달라지게 된다.[1]

'(주)하림'은 종란의 수입에서부터 부화장 운영을 통한 초생추 생산, 사료 곡물 수입과 배합 사료 생산 등 후방 산업을 직영하면서, 닭을 생산(자가 생산 및 계열화를 통한 계약 생산)한 이후에 도계, 가공, 보관, 브랜드화, 홍보 등 전방 산업과의 수직적 통합 체계 구축을 통해서 계육 및 가공품을 소비자에게 공급하는 일관 체계를 갖추고 있다. 이 때문에 경영 환경 변화에 대한 대응 능력이 우월하여 국제적인 사료 파동 등 양계 산업의 위기가 발생할 때마다 경쟁력과 시장 점유율이 높아져서 회사의 성장이 빨라지는 경영 실적을 자랑하고 있다.

이와 같이 농산물의 부가가치를 높이기 위해서는 가치사슬별로 상호 조정에 의한 효율성의 실현과 단계별 활동의 유기적 연계 시스템의 확보가 필요하다.

또한 가치사슬 단계별 부가가치의 증대와 함께 수요자의 소비 트렌드를 반영한 가치사슬에 포커스를 맞춰서 접근하는 것도 필요하다. 예컨대, 웰빙 트렌드가 확산됨에 따라 안전성이 입증된 식품의 판매가 증가되고 있는 시장의 추세를 수용하여 '고품질 안전 농산물의 생산과 유통'이라는 전략적인 목표를 세우고 기업의 모든 가치사슬 활동을 여기에 초점을 맞추어서 체계적으로 관리·통제할 수 있는 일관 시스템을 구축하는 것이 필요하다.

2) 가치사슬 분석을 통한 경쟁력 향상 전략

(1) 농산물의 가치사슬 구조

농산물의 가치는 주요 활동과 지원 활동에 의해서 창출된다. 가치의 크기

1 가치사슬은 의도적인 단계적 통합이 아니라 단계별로 유기적으로 연결되는 시스템의 확보가 최종 목표이므로, 수직적 통합만이 반드시 가치 창출로 연계되는 것이 아니라 가치사슬의 각 단계 간 상호 조정(coordination & cooporation) 관계를 어떻게 만들 것인지가 핵심적인 과제이다.

는 비용 절감 등 경영 효율화 실현에 의해서, 그리고 품질의 차별화에 의한 수요자의 만족도 증가 등에 의해서 창출된다.

농산물의 가치는 먼저 공급 측면에서 생산 요소(자재) 조달에서 최종 상품 판매에 이르기까지의 주요 활동과 인프라 구축, 기술 개발 연구, 정부 정책 등 주요 활동을 지원하는 활동의 수행 과정에서 주요 활동 간의 또는 주요 활동과 지원 활동 간의 상호 조정과 유기적인 연계 체제의 효율성 정도에 의해서 이루어진다.

가치는 원가 우위 실현에 의한 통로와 제품의 차별화 실현에 의한 소비자 효용(만족도) 증가에 의한 통로 등 두 가지 통로를 거쳐서 창출되어 기업의 경쟁력에 반영된다.

농산품의 차별화는 건강 지향성(기능성), 안전성, 간편성, 다양성 등을 추구하는 소비자의 식품 소비 행태(behavior)의 변화에 대한 제품의 충족도에 의해서 그 정도가 결정된다.

(2) 농산물의 가치 향상을 위한 전략

첫째, 공정 향상(process upgrading)을 위한 전략이 필요하다.[2] 생산품의 생산 시스템을 재정비하거나 선진 기술을 도입함으로써 생산의 효율성을 도모하는 것이 공정 향상인데, 농업 부문에서는 생산과 유통의 인프라를 현대화하고 규모화하는 등의 경영 구조 개선이 이루어져야 한다.

둘째, 제품 향상(product upgrading)이 필요하다. 보다 높은 수익성을 창출하고 수요가 지속적으로 커지고 있는 제품을 개발하기 위한 전략으로, 농산품의 환경 친화성과 안전성을 제고시키는 친환경 농산물 생산을 통하여 증가하고

2 R. Kaplinsky and M. Morris(2001).

그림 11-8 농산물의 가치사슬 구조와 가치 창출

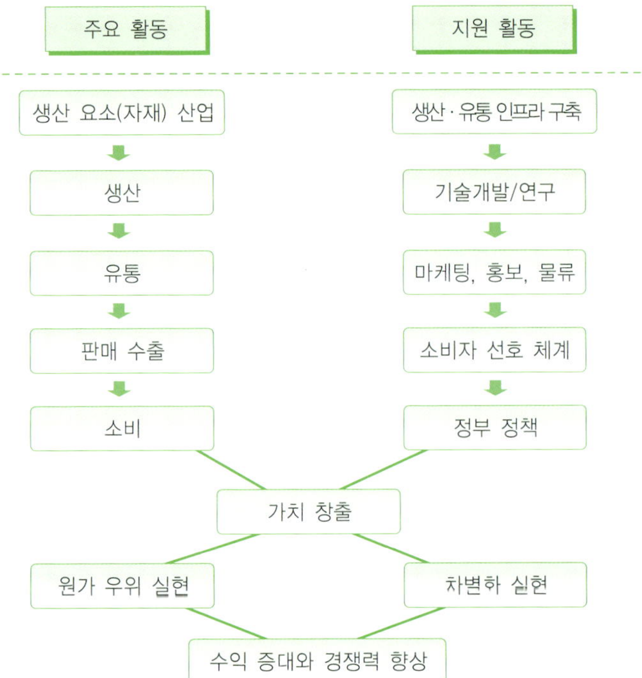

있는 시장 수요에 대응하는 경영 전략이 선택되어야 한다.

셋째, 기능 향상(functional upgrading)이 필요하다. 값싼 해외 농산물과 경쟁하여 농산품의 새로운 수요와 시장 몫을 확보하기 위해서는 농산품 자체의 건강 지향성 등 다양한 기능성의 향상뿐만 아니라 포장, 디자인 및 선진 가공 기술의 도입 등으로 편의성이 차별화된 농산품을 출시(出市)할 수 있어야 한다.

넷째, 가치사슬 향상(chain upgrading)이 필요하다. 가치사슬 각 단계 간이 상호 조정 관계를 강화시키고 경영자가 이를 통제 가능하도록 하기 위하여 수직

표 11-3 농업 부문 상호 연계성에 의한 가치 창출과 원천

항목	기존 활동	상호 연계성 강화	관련 주체
생산 상호 관련성	동일한 생산 원료 사용 (종자, 농기계)	생산 자재 공유 종자, 종묘 공동 구입	생산자 전문 조직
수출 활동의 상호 관련성	동일한 생산 품목 수출 동일한 지역의 수출	수출 창구의 단일화 계약 재배	수출 전문 조직
기술 상호 관련성	포장·가공 기술	공동 선별	생산자 및 수출 전문 조직
시장 상호 관련성	공통 구매자 공통 경로	공동 브랜드, 직거래, 대형 유통업체 공동 출하	생산자 전문 조직

자료: 김연중 외(2010).

적 통합 정도를 강화하거나, 생산자의 조직화 및 유통 공동화와 조직화 등을 통한 일관 관리 능력을 강화해야 한다.

가치사슬의 주요 활동과 지원 활동 간의 상호 관련성을 분석하여 이를 토대로 전략을 수립한다면 경쟁 우위를 향상시킬 수 있는 가능성을 더 높일 수 있다.

[표 11-3]은 포터의 경쟁 우위표를 기초로 하여 선행 연구가 재작성한 농업 부문의 가치 창출과 원천에 관한 요약이다.

(3) 가치사슬 분석의 사례

농림수산식품부에서는 2010년 6월 품목별 비용 절감 종합 대책의 일환으로 쌀·채소·특작 분야와 과수·화훼 분야 및 축산 분야의 총 25개 품목에 대한 가치사슬 분석 연구 결과를 발표하였다. 이 연구에서는 생산에서 유통·판매까지의 단계별 문제점을 정리하고 단계별 비용 절감 방향을 제시하였다.

여기에서는 사과, 낙농 산업의 가치사슬 분석 결과만을 간추려서 제시한

다. 사과(생과) 생산액은 6,977억 원이었는데, 이 중에서 수출(247억 원)을 제외한 물량은 생과로 유통되거나 가공 산업으로 판매되었다. 소비자 가격을 100으로 할 때 농가 수취 가격은 53.6%이었고, 유통 과정의 단계별 유통 비용과 유통 주체의 유통 이익은 출하 단계 13.3%, 도매 단계 10.7%, 소매 단계 22.4%로 구성되어 있었다.

특히 전체 사과 재배 농가 중에서 상위 20%에 해당하는 저비용 농가의 생산비는 하위 20%에 해당하는 고비용 농가 생산비의 56% 수준에 불과하여 노동 이용 효율적인 과원 구조와 농작업 체계화 등 임금 절약 대책이 시급한 것으로 분석되었다. 또한 저비용 농가는 비용 절감 및 단수 증가를 통하여 고비용 농가보다 약 2.5배의 순수익을 올리고 있는 것으로 분석되었다. 10a당 생산비는 경영 규모가 클수록 절감되는 것으로 나타났다(1ha 미만 100.0%(346만 5,000원), 1~2ha 81.3%, 2~3ha 71.8%, 3ha 이상 70.2%).

낙농 산업의 주생산물인 우유 생산액은 1조 6,000억 원이었는데, 수출 950억 원을 제외한 전량이 시유(市乳), 발효유, 치즈, 조제 분유 등의 가공 공장으로 판매되었다.

낙농 산업의 산업 흐름은 원유의 생산 단계→집유 및 판매 단계→제품 제조 단계→유통 및 소비 단계로 나누어지는데 2009년 현재 농가 호당 사육 규모는 66두로서 일본(2009년 65두)과 비슷하지만, 미국(2008년 139두)의 절반 수준이다. 50두 이상의 전업농이 총농가의 65%를 차지하고 있고 전업 농가에 의한 사육 두수는 전체 사육 두수의 82.2%를 차지하고 있다.

우리나라의 원유 생산비는 2009년 현재 614.1원/ℓ로 미국(375.6원/ℓ) 및 일본(606.0원/ℓ)보다는 높다. 이 때문에 원유 가격은 주요 생산국의 2배 수준으로 높다. 이에 따라서 우유를 원료로 하여 생산되는 분유, 치즈, 버터 등 유가공품의 가격은 국제 가격보다 1.5~2.0배 수준으로 높다.

그림 11-9 사과 산업의 가치사슬 분석 사례

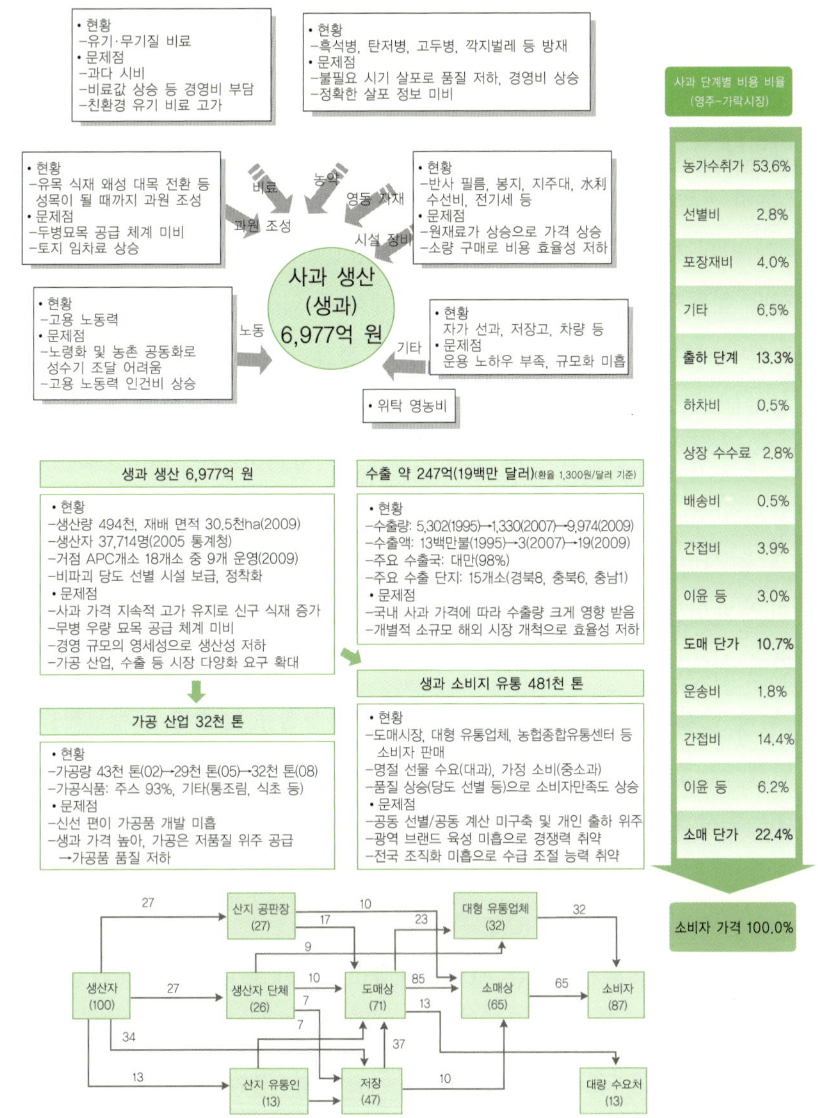

그림 11-10 낙농 산업의 가치사슬 분석 사례

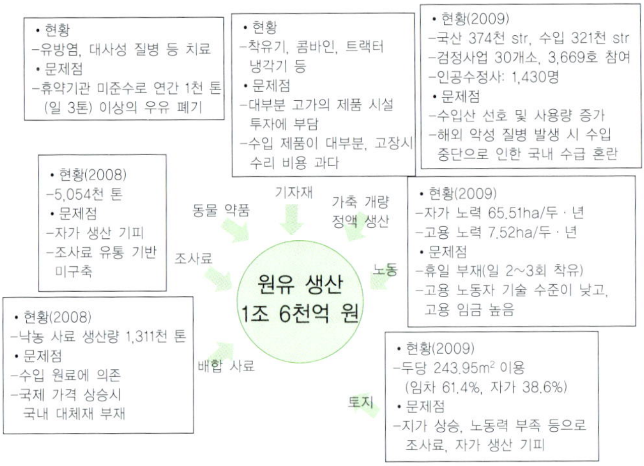

우유 생산 1조 6천억 원

• 현황(2009)
–생산량 2,110천 톤
–농가수 6,767호, 사육 두수 445천 두
–호당 66두 사육, 두당 8,913kg/년 생산
• 문제점
–높은 사료비, 영세한 규모
–초지 자원 부족으로 사료를 수입에 의존
–FTA · DDA 등 수입 개방 시 낙농 생산 기반 축소 우려

집유 · 유통 소비

• 현황(2009)
–원유 집유 주체 42개(유업체 19, 조합 23)
–유제품 판매 형태: 일반판매, 단체급식, 가정배달 등
• 문제점
–집유주체 다원화로 효율성 저하
–제품가격 대비 유통마진 과다(32.6%) (미국 27.8%, 호주 23.0%, 일본 20.4%)
–업체별 브랜드 광고비 과다

가공산업 5조 8천억 원

• 현황(2008)
–시유 1,702천 톤, 발효유 455, 치즈 25, 조제분유 16 등
–시유 2조 5천억, 발효유 1조 3천억, 치즈 5천억, 조제분유 4천억 등
• 문제점
–원료유 가격이 낙농 선진국에 비해 2~3배
–기능성 유제품 표시제한 규정이 신제품 개발 저해

수출 73백만 달러

• 현황(2009)
–물량: ('07)19천 톤→('08)22→('09)25
–금액: ('07)48백만 달러→('08)68→('09)73
• 문제점
–원료유 가격이 낙농 선진국에 비해 2~3배 높아 국산 원유를 사용한 유제품의 국제 경쟁력 열악
–탈지분유 2.0배(전지 1.5배), 치즈 2.1배

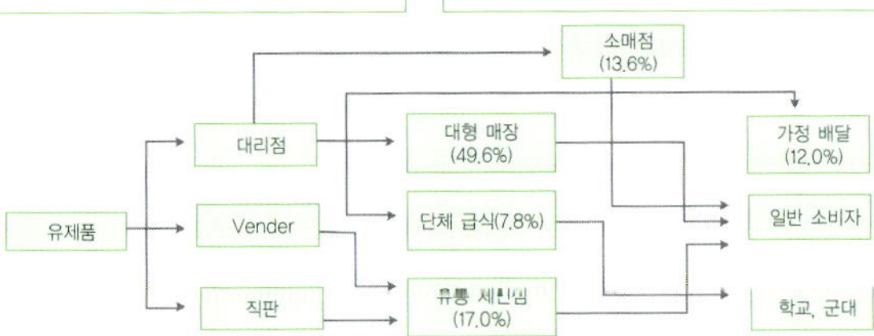

생산	사료비	18.3
	상각비	3.7
	방역치료비	0.6
	제재료비	0.3
	고용노력비	0.3
	수도광열비	0.3
	차입금 이자	0.2
	종부료	0.3
	기타	4.5
	생산비 합계	28.6
	원유기본가격	32.7
	농가수취가격	39.4
집유	집유검사비	1.9
	원유 가격	41.3
가공	제조 경비 및 이윤	26.1
	공장출고가격	67.4
유통	유통 마진	32.6
	소비자 가격	100.0

생각의 폭과 통찰력을 키우자

30. 맹자에게 배우는 경영학

요즘 경영(經營)이 화두다. 자신을 경영하고, 가정을 경영하고, 회사를 경영하고, 국가를 경영한다는 말이 낯설지 않게 들린다. 경영은 개인과 조직의 생존을 높이는 데 중요한 항목이 되어 버렸다. 경영자가 경영을 어떻게 하느냐에 따라 가정, 기업, 조직, 국가의 미래가 달라진다. 경영이란 단어는 동양 고전 중에 『맹자』(孟子)에 자세히 나온다. 맹자는 『시경』(詩經)을 인용하여 경영을 이렇게 정의한다.

문왕께서 영대라는 건물을 지을 계획을 세우셨다(經始靈臺). 계획하고 실행하셨는데(經之營之), 백성들이 자발적으로 와서 도왔다(庶民攻之). 그리하여 그 건물은 하루도 채 안 되어 완성되었다(不日成之). 계획을 세우실 때 서두르지 말라고 당부했는데(經始勿), 서민들이 자식처럼 와서 도와주었다(庶民子來)."

맹자가 이 대목에서 말하는 경영의 의미는 간단하다. 리더가 목표를 세우고(經, plan), 그 목표를 달성하고자 실행하는 것(營, execution)이 경영인데, 그 목표를 달성하는 실행 과정에서 모든 구성원들이 자발적으로(voluntary) 참여해 빠른 성과(effectiveness)를 이루어 냈다는 것이다. 참으로 정확한 경영의 정의가 아닐 수 없다. 맹자의 정의를 간단히 요약하면 경영은 결국 '자발적 참여'와 높은 '성과 달성'이 기반이 되어야 한다는 것이다.

리더는 군림하고, 강요하고, 질책해서 목표를 달성하는 사람이 아니다. 조직원들의 자발적 참여를 이끌어 내는 사람이어야 하며, 이런 자발적 참여를 이끌어 내는 과정이 경영의 본질이다. 강요에 의해서는 마음이 바뀌거나 복종하는 사람은 드물다. 자발적인 참여와 자율적인 복종이 있어야만 위대한 결과를 만들어 낼 수 있는 것이다.

맹자가 백성들의 자발적 복종과 성과 달성을 위해 제시하고 있는 경영의 화두는 '민본'(民本) 경영과 '여민'(與民) 경영이다. 민본은 조직원의 행복을 기준으로 모든 판단과 실행을 결정해야 한다는 말이다. 여민은 성과를 조직원과 함께 나눠야 한다는 것이다.

민본 경영은 조직원을 끝까지 지켜야 하며(保民), 그들을 편안하게 해 주어야 하며(安民), 그들을 위한 경영을 하며(爲民), 그들의 불행을 구제해 주는(濟民) 것을 말한다. 여민 경영은 조직원들과 함께 즐기는 행복 경영(與民同樂), 조직원과 함께 지키는 인화 경영(與民同守), 조직원들과 함께 나누는 나눔 경영(與民同食)이다.

경영자는 군림하기에 앞서서 섬기는 자이어야 한다. 강요하고 규제하는 자가 아니라 자율과 자발성을 만들어 내는 자다. 서로 소통하고 꿈을 공유할 때, 경영의 성과는 높아질 수밖에 없다. 중국 송나라 때 대표적인 불교 서적인 『벽암록』(碧巖錄)에는 병아리가 어떻게 알을 깨고 나오는지에 대한 화두 하나가 실려 있다. 일명 '줄탁동기'(口卒啄同機)라는 화두다. 알 속에서 자란 병아리는 부리로 껍질 안쪽을 쪼아 알을 깨려고 노력할 때(口卒), 밖에 있는 어미 닭이 병아리의 노력에 응답이라도 하듯 부리로 쪼아(啄) 도와준다는 의미다. 껍질을 깨고 세상으로 나오는 병아리와 새 생명의 탄생을 밖에서 돕는 어미 닭의 노력이 합쳐져야(同機) 비로소 병아리는 알을 깨고 밖으로 나올 수 있는 것이다.

경영자는 경영 성과를 만들어 내기 위해 상호 협력하는 분위기를 만들어 내는 사람이다. 나와 함께 하는 자들과 목표를 공유하는 일체감을 만들어 내야 하며, 자발적인 참여와 성과를 이끌어 내야 한다. 맹자가 말하는 자율과 행복의 경영, 이 시대에 경영을 책임진 사람들이 한번쯤은 마음에 새기며 들어야 할 화두나.

자료: 박봉규 외(2010), pp. 179~180에서 발췌·인용함.

우유 가격은 유통 단계별로 농가가 수취하는 원유 가격과 우유 공장도 가격 및 소비자 가격으로 구성된다. 우유 소비자 가격을 100으로 할 때 생산 단계에서 농가 수취 가격은 39.4%였고 유, 가공, 유통 각 단계의 가치사슬이 차지하는 비율은 각각 1.9%, 26.1%, 32.6% 등이었다.

3) 해외 농업 개발을 위한 진출 전략 수립에 응용

(1) 국제적 가치사슬(GVC) 분석의 중요성

2007~2008년의 국제 곡물 위기 이후 식량 안보에 대한 사회적 관심이 커지면서 해외 농업 개발에 대한 민·관의 협력적 투자 진출 방안들이 구체적으로 검토되기 시작하였다.

글로벌 경쟁 시대라는 시대적인 여건을 감안할 때, 해외 농업 개발은 다음과 같은 성공 요건을 갖추어야 한다.

첫째, 국제 경쟁력을 갖춘 농산물을 생산하여 수출하고 있는 지역(국가) 중에서 투자 진출 대상국을 선정함으로써 현지에서 생산된 반출 농산물의 국제 경쟁력을 확보해야 한다.

둘째, 현지 시장에서 형성되고 있는 농산물이 글로벌 가치사슬의 어떤 과정에 어떻게 참입할 것인지 전략적인 의사결정에 의한 단계적 접근 전략이 수립되어야 한다.

셋째, 한국의 비교우위적 자원(자본, 기술 등)의 추가적 투입으로 창출할 수 있는 기대 수입에 근거한 투자 주체(기업, 정부)의 사업 및 재무 타당성이 확보되어야 한다.

넷째, 진출 대상 지역(국가)의 농업 경영 환경에 대한 비교우위적 기회 요인과 위험 요인을 파악하고 이에 대한 적절한 대처 능력을 확보해야 한다.

해외 농업 진출의 성공 모델을 개발하기 위해서 국제적 가치사슬(global value chain: GVC) 분석은 가장 유용한 접근 수단이 된다. 진출하고자 하는 품목별로 진출 대상 지역의 해당 품목과 관련된 생산과 유통 서비스의 흐름 동향과 비용 및 수익성 창출의 흐름을 파악하기 위해 GVC 분석은 가장 유용한 도구이기 때문이다.

이를 통하여 진출할 수 있는 농업 분야의 구체적인 비교우위 부문을 확인할 수 있고, 나아가 벤치마킹할 수 있는 현지 기업의 전략을 분석하여 합리적인 성공 모델을 수립할 수 있기 때문이다.

(2) GVC 분석 사례

여기에서는 최근 2년간(2009~2010) 한국의 제2위 곡물 수입 대상국으로 부상하고 있는 체제 전환국 우크라이나의 곡물 생산과, 시장에 한국이 진출하기 위한 합리적인 진출 방향과 전략 모색을 위한 선행 연구[3] 결과의 사례를 소개함으로써 가치사슬 분석에 대한 이해를 높이고자 한다.

한국 기업(공기업 포함)이 우크라이나의 밀, 옥수수, 콩 시장에 가장 효과적으로, 그리고 수익적으로 접근하기 위해서는 생산/수집/저장/내륙 수송/해양

3 성진근(2010).

수송에 관련된 가치사슬의 형성 과정에서 다음과 같은 네 가지 투자 모델을 고려할 수 있다.

① Model A: 생산 단계에서부터 투자하는 경우

② Model B: 산지 Elevator 단계에서 투자하는 경우

③ Model C: 강변 Elevator 단계에서 투자하는 경우

④ Model D: 항구 Elevator 단계에서 투자하는 경우

우크라이나 곡물의 생산·유통 과정에서 형성되는 가치사슬의 어떤 단계에 참여하여 투자하는 것이 가장 비용이 효율적이고 수익적인 방법인지를 분석한 결과에 의해서 진출 분야와 투자 방향을 결정하는 것이 합리적일 것이기 때문이다.

일반적으로 기업은 단기적인 수익 창출에 관심이 높은 반면에, 정부는 곡물 확보 능력의 확대로 대표되는 장기적인 식량 안보 능력 강화에 관심이 높다. 한국의 어떤 특정 부문의 식량 공급 사슬(food chain)에 대한 투자 확대는 결국 식량 생산의 증대와 무역 확대를 통하여 식량 안보 능력 강화에 기여하게 될 것이지만, 투자 진출 주체는 기업이 될 수밖에 없으므로 장단기 투자 수익성 확보가 가장 중요한 투자 의사결정 요인이 될 것이다. 따라서 단기적인 투자의 수익성 확보와 장기적인 식량 확보 잠재력의 강화를 조화시킬 수 있는 해외 농업 투자 모형의 개발이 필요하다.

현 수준에서의 우크라이나 밀, 옥수수, 콩의 가치 단계별 비용 구성을 추정하면 다음과 같다.

밀의 가치 단계별 비용은 생산비가 51.3%, 유통 단계 비용이 44.7%이다. 그리고 유통 단계 중에서 항구 엘리베이터 비용이 25.0%, 내륙 운송이 9.9%, 산지

그림 11-11 우크라이나 농업 진출을 위한 생산·수송·교역에 관한 네 가지 유형

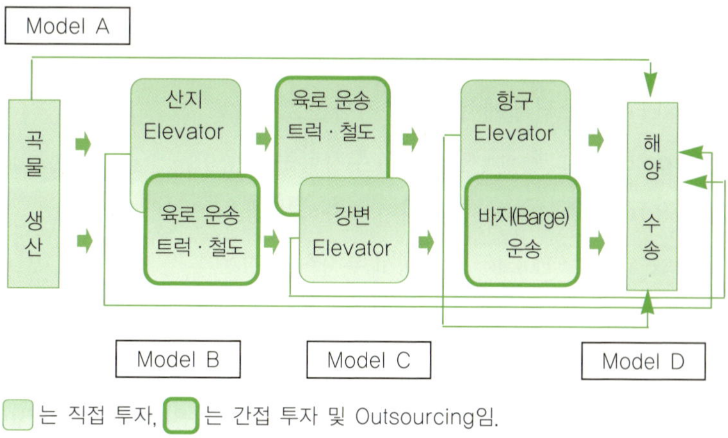

엘리베이터 비용이 9.6% 등으로 구성되어 있다.

옥수수의 가치 단계별 비용은 생산비가 51.6%, 유통 단계 비용이 48.4%이고, 유통 단계 중에서 항구 엘리베이터 비용이 27.3%, 내륙 운송 비용이 10.7%, 산지 엘리베이터 비용이 10.4% 등으로 구성되어 있다.

콩의 가치 단계별 비용은 생산비가 72.6%, 유통 단계 비용이 27.4%이고, 유통 단계 중에서 항구 엘리베이터 비용이 15.4%, 내륙 운송과 산지 엘리베이터 비용이 각각 6.1%와 5.9%로 구성되어 있다.

또한 수출 가격과 가치 단계별 차액으로 계산되는 생산물의 단위당 수익은 밀 5.2USD/ton, 옥수수 32.2USD/ton, 콩 236.1USD/ton이다.

현 수준의 가치사슬 분석 자료를 기초로 하여 현대적인 시설과 운용 기술을 보유한 한국 기업의 투자 진출로 기대되는 추가적인 가치 창출의 크기는 [표 11-4]에서 정리하고 있다.

표 11-4 우크라이나 곡물 가치사슬 단계별 수익 추정(2009년)

(단위: 달러/ton)

항목	밀			옥수수			대두		
	비용	기여도	수출 가격	비용	기여도	수출 가격	비용	기여도	수출 가격
생산 단계(생산비)	82.3	51.3	154.0	71.0	51.6	169.7	176.3	72.6	449.9
유통 단계 합계	66.5	44.7	-	66.5	48.4	-	66.5	27.4	-
-산지 엘리베이터	14.3	9.6	-	14.3	10.4	-	14.3	5.9	-
-내륙 운송[1]	14.7	9.9	-	14.7	10.7	-	14.7	6.1	-
-항구 엘리베이터	37.5	25.0	-	37.5	27.3	-	37.5	15.4	-
수출 원가	148.8	100.0	-	137.5	100.0	-	242.8	100.0	-
이윤(수출가-총비용)	5.2	-	-	32.2	-	-	207.1	-	-

주: 1) 철도 운임과 트럭 운임의 평균치임.
자료: Heinz W. Sttubenhoff(2010).

추가적인 기대 수익은, 첫째 자본과 기술 집약적인 신규 투자로 인하여 곡물 농업생산성은 최소한 현 수준의 Agroholdings[4] 정도로 상승하게 될 것으로 기대할 경우와, 둘째 곡물 유통 단계별 물류 비용은 현대적인 물류 유통 시설의 설치를 통하여 독일과 프랑스의 평균 수준 정도로 하락하게 될 것으로 기대할 경우의 두 경로를 통하여 이루어진다.

농가 평균 생산비와 Agroholdings이 현 상태하에서의 생산비(달러/ton) 격차는 밀 25.0%, 옥수수 42.2%, 콩 49.4% 수준이다. 그러나 신규 투자로 인한 생산비 절감 기대 수준은 현지 적응을 위한 시행착오를 고려하여 보수적으로 밀 20%, 옥수수와 콩 30% 수준으로 가정하였다.

4 10ha 내외의 소규모 농가를 조직화하여 10~15천ha 규모의 농장 단위로 규모화한 뒤에, 생산에서부터 가공, 유통에 이르기까지의 전 과정을 수직적으로 통합 경영하고 있는 사적 농업 지주회사임. 2009년 현재 Agroholdings는 우크라이나 농지의 대략 20%를 경영하고 있는 집단 농장 해체 이후의 새로운 대규모 농업 경영 시스템으로서 현재의 성장 추세를 계속한다면 앞으로 10년 뒤에는 우크라이나 수출 농산물 생산의 대부분을 차지하게 될 가능성도 있음.

표 11-5 한국 투자 기업의 곡물 가치 단계별 추가적인 수익 창출 기대치 추정

(단위: 달러/ton)

구분	밀			옥수수			대두		
	현재 비용	기대 비용	가치 창출	현재 비용	기대 비용	가치 창출	현재 비용	기대 비용	가치 창출
생산 단계(생산비)	82.3	65.8	16.5	71.0	49.7	21.3	176.3	123.4	52.9
유통 단계 합계	66.5	48.6	17.9	66.5	48.6	17.9	66.5	48.6	17.9
-산지 엘리베이터	14.3	11.4	2.9	14.3	11.4	2.9	14.3	11.4	2.9
-내륙 운송	14.7	14.7	-	14.7	14.7	-	14.7	14.7	-
-항구 엘리베이터	37.5	22.5	15.0	37.5	22.5	15.0	37.5	22.5	15.0
수출 원가	148.8	114.4	-	137.5	98.3	-	242.8	172.0	-
이윤(수출가-총비용)	5.2	39.6	34.4	32.2	71.4	39.2	207.1	277.9	70.8

또한 우크라이나와 유럽 국가(프랑스, 독일) 간의 항구 엘리베이터 비용은 대략 100%(2배) 수준, 그리고 산지 엘리베이터 비용은 30% 수준의 격차가 발생하고 있다. 신규 투자로 인한 유통 비용 절감 기대 수준은 보수적으로 항구 엘리베이터 비용의 40%를 절감하고 산지 엘리베이터 비용의 20%를 절감하는 것으로 가정하였으며 밀, 옥수수, 콩 등의 톤당 유통 비용은 동일한 것으로 가정하였다.

한국의 신규 투자로 인한 추가 수익 창출 기대치는 밀 34.4USD/ton, 옥수수 39.2USD/톤, 그리고 콩 70.8USD/톤으로 추정되었다. 여기에서 생산물 품질 향상으로 인한 수출 가격 인상 효과는 고려하지 않았다. 또한 생산 단계에서는 밀 16.5USD/톤, 옥수수 21.3USD/톤, 대두 52.9USD/톤의 수익 창출이 기대되고 있고, 유통 단계에서는 밀, 옥수수, 대두 모두 17.9USD/톤의 수익 창출이 기대되고 있으며, 산지 엘리베이터의 단계보다는 항구 엘리베이터 단계에서의 수익 창출 기대치가 보다 높은 것으로 분석되었다([표 11-5] 참조).

제 12 장 고객 만족 경영의 실천

1. 변화되고 있는 시장과 고객 만족 경영
2. 고객 만족, 어떻게 추구할 것인가
3. 고객 관계 관리(CRM)의 혁신

1. 변화되고 있는 시장과 고객 만족 경영

한국 농업은 현재 시장 경쟁의 한가운데로 밀려들어 왔으며 어떤 농가도 경쟁을 피할 수 없다. 경쟁의 결과는 당연히 승자와 패자로 나뉘어 나타난다. 비단 농가뿐만 아니라 부도를 내고 도산하는 기업들도 최근에 이르러 수없이 나타나고 있다. 그리고 그들의 도산 이유는 한결같이 수요 위축과 가격 하락에 따른 경영 적자가 거론된다.

그러나 이러한 변명은 전혀 옳지 않다. 왜냐하면 시장 자체가 없어졌다거나 시장에서 살아남는 기업들이 전혀 없어진 것이 아니기 때문이다. 그러므로 도산 기업은 시장에 진 것이 아니라, 고객에게 진 것이라고 말할 수 있다. 시장과 고객은 별개이기 때문이다. 아무리 불경기 속에서 시장 수요가 둔화되었다고 하더라도 고객 만족을 철저하게 추구·확보하고 있는 기업은 살아남기 때문이다. 또한 지속되는 고비용 구조 속에서도 고품질, 고부가가치 농산물을 생산하여 억대 소득을 실현하는 농가들이 우후죽순(雨後竹筍)처럼 늘어나고 있기 때문이다.

불경기에 처해서도 성장 기업과 패퇴 기업이 생기는 것은 이 때문이다. '시장'이라는 전장(戰場)에서 '고객'의 수요는 항상 변한다. 고객은 경제 사회 환경의 변화에 따라서 자신의 효용을 극대화하기 위한 선택으로 재화와 용역의 구매 행위를 항상 변화시키기 때문이다.

농산물을 원료로 하는 식료품시장에서는 어떤 변화가 일어나고 있는가?

첫째, 국민의 생활 환경 변화가 급속히 진행되고 있다. 도시화, 정보화, 생활의 24시간화, 여성의 사회 진출 활성화 등 경제성장과 소득 향상에 따른 농산물 소비자의 생활 환경이 엄청나게 빠른 속도로 바뀌고 있다. 또한 코로나 창궐에 대응하기 위한 비대면 식품 소비도 크게 늘어나고 있다. 전통적인 시각으로는 도저히 이해할 수 없는 상식과 규칙의 변화가 계속되면서 변화된 생활 환경에 효율적으로 적응하기 위해 소비자들의 농산물 구매 행태(behavior) 자체가 변하고 있는 것이다.

둘째, 먹거리(食)의 선택에서도 양보다는 맛, 안전성, 신선도 등 질(質)을 선호하는 경향이 높아지고 있으며, 대형 할인 매장을 비롯한 소비지 신물류 업태와 온라인 거래를 통한 농산물 구매량이 증가하는 등 새로운 구매 양태(pattern)의 변화가 다양하게, 그리고 급속하게 진전되고 있다. 그러므로 경쟁에서 패퇴하여 시장에서 퇴출되고 있는 기업들은 시장에서 진 것이 아니라 생활 환경의 변화에 따른 고객의 수요 변화에 적응하지 못하여 퇴출당하게 된 것이라 말하는 것이 정당할 것이다.

농가 입장에서 고객이란 상인(유통업체, 가공업체, 외식업체 등)일 수도 있고, 협동조합일 수도 있으며, 내가 생산한 농산물을 농민시장(farmers markets)에서 직접 구매하는 소비자일 수도 있다. 그러나 어떤 경우에도 최종 소비자가 존재한다. 이 최종 소비자인 고객의 성향을 정확하게 이해하지 않으면 고객 만족은 결코 실현시킬 수 없다.

미국의 많은 우량 기업들은 1980년대에 들어서면서 경영의 핵심 초점을 그동안의 '품질'에서 '고객'으로 바꾸었다. 그것은 단순히 회사 기준의 제품 생산이라는 공급자 위주의 사고로는 더 이상 다양한 고객의 욕구나 기대를 충족시킬 수 없게 되었기 때문이다. 즉, 이제는 고객의 기대와 욕구(needs)에 맞추거나 또는 그 이상의 수준을 제공하는 기업만이 생존할 수 있는 시대가 된 것이며, 이른바 생산만 하면 팔려 나가는 공급의 수요 창출 시대가 종말을 고했음을 의미한다. 그리고 이러한 인식은 비단 서비스 산업뿐만 아니라 미국의 모든 산업에 적용되는 핵심 개념으로 정착되고 있는 것이다.

고객 만족(customer satisfaction)이란 "고객이 제품 또는 서비스에 대해서 원하

31. 소비자는 스토리에 대해 높은 가격을 지불한다

스토리텔링이 뜨고 있다. 스토리텔링은 이야기(story)와 나누기(telling)의 합성어로 사건이나 사실에 관한 이야기를 단순히 나누는 것이 아니라 개인적이고 주관적인 의미에 대한 이야기 나누기를 의미한다. 마케팅에 적용되고 있는 스토리텔링은 팔아야 할 소재거리를 스토리로 꾸며 내는 것으로 마케팅 제품에 스토리를 넣어 사람들의 관심, 흥미를 유발시킨다.

스토리텔링 마케팅은 '스토리텔링+마케팅=감성 마케팅', 즉 소비자의 마음 점유율을 높이는 수단이라고 할 수 있다. 이제는 소비자들이 제품 사용 후기(감상)를 올리거나 컨슈머로 활동하면서 기업에 자신의 의견을 전달하고 있다. 네티즌이 바로 스토리텔러이며, 이들을 어떻게 활용하는지가 디지털 스토리텔링 마케팅 성공 여부를 결정지을 수 있다. 사람들에게 설득력 있게 이야기가 되지 않는 스토리는 성공할 수 없다.

'드림 소사이어티'에서 롤프 옌센이 이야기했듯이 소비자들은 달걀이 생산되는 이야기에 대해서 기꺼이 비용을 지불하기도 한다. 또한 동물 윤리, 시골풍의 낭만주의에 대해 보다 높은 비용을 지불할 용의가 있다. 덧붙여진 이야기에 대해 15~20%의 높은 가격을 지불하기 때문에 이야기는 이윤을 내는 요소라고 말할 수 있다.

최근에는 소비자에게 다가가기 위해 단순한 사실 중심의 광고 커뮤니케이션을 넘어 감성적이고 이야기 중심의 스토리텔링 마케팅 기법이 점차 널리 활용되고 있다.

이야기가 담긴 제품은 품질이나 디자인이 뛰어난 상품보다 제품에 대해 차별성을 부여하고 소비자에게 뭔가 다른 상품이나 브랜드로 인식되고 있는 것을 뜻한다. 즉, 조금 더 좋은 제품보다는 감동적인 스토리가 있는 제품에 끌리고, 제품에 이야기를 담아야만 소비자의 마음을 사로잡고 구매 욕구를 자극할 수 있다는 것이다.

상품에 스토리를 부여하는 다른 사례도 있다. 생수업체 에비앙은 세계 최초로 물을 상품화하기 위해 고유 브랜드 스토리를 개발하였다. 18세기에 한 귀족이 알프스의 작은 마을 에비앙에서 요양하면서 지하수를 마시고 병을 고친 후 물의 성분을 보니 미네랄처럼 인체에 효험이 있는 성분이 다량으로 함유되어 있었다. 이후 마을 주민들이 물을 에비앙이라는 생수로 판매하기 시작하였다. 그럼으로써 에비앙은 단순한 물이 아닌 약이라는 브랜드 스토리를 만들어 선풍적인 인기를 얻게 되었다.

농업에도 스토리가 많다. 생산하면서 하는 모든 것이 스토리가 될 수 있기 때문이다. 내가 농사를 지으면서 생각하는 것 하나하나를 글로 남겨 보자. 기쁨과 환희, 슬픔과 절망 등 진솔함이 묻어 나올 수 있도록 표현하면 된다. 그러면 그 글은 누군가에게 읽혀지고 공감을 만들게 될 것이다. 그러다보면 어느새 가족과 같은 끈끈한 정이 형성되어 있을 것이다.

경기도 화성에서 원평허브농원(www.herbsfarm.co.kr)을 운영하는 이종노 대표는 '이종노 허브 일기'를 쓰면서 고객과 감정 교류를 가능하게 하고 네티즌과 함께 할 수 있는

'꺼리'를 제공하였다. 이종노의 허브 일기가 마케팅 전략으로 중요하게 사용될 수 있었던 까닭은 오랜 세월 동안 자신의 생각을 적은 글이 홈페이지에 있기 때문이며, 또한 그 내용이 진솔하기 때문이다. 8년 동안 600건이 넘는 일기는 스토리텔링의 재료가 되었다. 무엇보다도 고객과 직접 접촉할 수 있는 홈페이지를 통해서 자기 이야기를 나누었기 때문이다. 농산물을 판매하기 이전에 생산자를 신뢰할 수 있는 계기를 만들어 제시했다는 점에서 의미가 크다. 이런 끈기 있는 성실한 모습이 고객에게 자주 찾아오게 하는 공감대를 만들 수 있었을 것이다.

일반 농산물과 친환경 농산물의 차이는 무엇인가? 친환경 농산물은 전통이라는, 옛날이라는, 식품 안전성이라는 그리고 친환경적이라는 이야기가 있다. 그런데 생산자는 이 이야기를 대중에게 적절하게 전달하지 못하고 있다. 소비자가 친환경 농산물을 왜 돈을 더 지불하고 구매해야 하는지에 대한 답을 주지 못하기 때문에 구매를 하지 않는다.

이제 농업에서 찾아야 할 것은 이야기이다. 특히 나에 대한 이야기를 찾아보자. 왜 내가 농업을 하고 있으며 농업을 하면서 어려운 점은 무엇이고, 올해 농사는 어떠했는지 등에 대한 이야기를 내가 만든 농산물과 결합시켜야 한다.

자료: 윤선·전영미(2010), pp. 114~120에서 발췌·인용함.

고 있는 바를 기대 이상으로 충족시켜서 고객을 감동시킴으로써 고객의 재구매율을 높이고 그 상품 또는 서비스에 대한 선호도가 지속되도록 하는 상태"를 말한다. 그러므로 고객 만족 경영(customer satisfaction management)은 고객이 상품이나 서비스에 들인 비용보다 이를 구입함으로써 얻게 되는 혜택이 많다고 느끼도록 유도하는 경영, 즉 고객의 만족도를 높이는 경영이라고 정의할 수 있다. 이를 위해서는 자사가 제공하는 상품, 서비스, 기업 이미지 등에 대하여 고객을 대상으로 하는 정기적·계속적 조사를 바탕으로 고객이 불만족스러워하는 점을 신속하게 개선함으로써 보다 높은 고객의 만족도를 지속적으로 실현하고, 이를 통하여 시장 변화에도 흔들리지 않는 안정적인 수익 기반을 확보해 나가려는 경영 활동을 수행하는 것이 CS(고객 만족 경영) 활동인 것이다.

2. 고객 만족, 어떻게 추구할 것인가

일반적으로 상품의 가치는 가격, 품질, 기능, 성능 등 상품 자체가 가지는 고유한 하드웨어(hardware)적인 가치와 포장 디자인, 상표명, 사용상의 편의성 등 상품 구매와 관련된 소프트웨어(software)적인 가치가 포함되어 있다.

농산물 공급이 절대적으로 부족하고 국민소득이 낮았던 시대에서는 가격과 품질 등 하드웨어적 가치만 높으면 고객은 만족할 수 있었다. 그러나 국민소득이 높아지고 농산물 공급 과잉 시대로 진입하면서 상품의 포장이나 상표, 구매와 이용의 편의성 등 상품의 본질과는 연관이 적은 가치들도 고객은 중시하게 되었다. 값싼 재래시장에서의 채소류 구매보다 값은 비싸지만 소포장으로 진열되어 있는 반가공 상태의 채소류를 백화점이나 신물류 업태에서 구매하는 고객이 늘어가는 것이 좋은 예이다.

고객의 만족도를 지속적으로 확보해 나가기 위해서는, 첫째 농업이 국민의 건강을 지키는 건강 기반 사업(infra industry for health)으로서의 위치를 굳건히 하고 있는 바탕 위에서, 우리 농산물이 건강식품을 구성하는 가장 중요한 식자재(食資材)라는 확신을 줄 수 있을 때, 고객 만족도는 높아지게 된다.

둘째, 건강은 육체적 측면과 정신적 측면으로 나눌 수 있는데 정신적인 불건강이 병의 중요한 원인으로 점차 중시되고 있다. 정신적 건강을 유지하기 위한 중요한 요소 중의 하나가 정보 교환(communication)이고, 가장 기초적이고 정기적인 정보 교환의 장(場)은 가족 간 또는 친지 간의 '식(食)의 장(場)'인 것이다. 식사할 때 식재료와 연관된 건강 정보, 요리법, 식사법 등의 화제는 서로 간의 정보 교환을 통해서 정신 건강을 향상시키게 된다. 먹거리 생산자가 생산하는 정보 발신량이 많을수록 식사의 즐거움이 높아지게 되어 정신 건강이 향상된다는 것이다. 그러므로 농산물과 관련된 건강 정보와 이야기를 많이 개발하여 상품과 함께 판매하는 것이 고객 만족도를 높이는 길이 된다.

셋째, 여태까지는 농산물을 싸게 그리고 보다 간편하게 구입할 수 있도록 하는 것이 고객의 만족도를 높이는 길이란 생각이 지배적이었다. 그러나 최근 들어 먹거리 사업의 문화 창조 및 유지적인 기능이 더욱 중시되고 있다. 사람들의 식생활 행태는 각 지역 나름대로의 풍토적·역사적·문화적인 가치가 응축된 문화유산으로서 특수한 가치성이 있다. 지역별 산물의 고유성과 특수성이 바로 문화적 가치이며 그것 때문에 '브랜드'(brand)가 형성되고 또 화제(정보)로도 된다. 예컨대, 불황기에도 해외 브랜드를 가진 고급 외식업체 가운데 성장을 계속하고 있는 기업들이 많다. 이들 기업의 대부분은 먹거리의 독자성과 문화성을 상품으로 체화시킨 '문화형 경험 가치 사업'으로서의 성격을 가지고 있는 것이다. 고급 브랜드 식품과 화제의 외식 산업체 또는 히트 농산 가공품들은 식품이 보유하고 있는 고유한 문화적 경험 가치를 상품으로 체화시키는 수단을 통하여 고객의 만족도를 높이고 있는 좋은 예이다.

우리 농산물이 값싼 해외 농산물과의 고객 만족도를 차별화시켜 나갈 수만 있다면 살아남을 수 있다. 이를 위해서는 우리 농업과 농산물이란 이미지를 국민의 건강 확보와 어떻게 연결시킬 것인가, 우리 농산물의 문화적 경험 가치를 어떻게 개발하여 상품화할 것인가 하는 전략의 수립에서부터 출발하는 것이 바람직하다.

3. 고객 관계 관리(CRM)의 혁신

1) 왜 고객 관리가 중요해지고 있는가

고객은 달라지고 있다. 그런 고객을 이해하고 만족시키고자 기업들은 많은 노력을 기울여 왔다. 그러나 이른바 '고객 만족(CS) 활동'으로 총칭되는 이러한 활동의 성과는 경영자 입장에서 보면 그다지 만족스럽지 못하였다.

고객 만족도와 서비스의 질을 평가하면 숫자상으로는 꾸준히 향상되어 왔다. 그러나 만족도는 현실적으로 높아 감에도 불구하고 기업의 매출이나 수익성은 크게 향상되지 않는다. 왜 이럴까? 고객 서비스의 방향이 잘못된 것일까? 아니면 각종 지표의 계량적인 분석 결과가 잘못된 것일까? 애초부터 '만족한다'는 고객의 목소리는 '수익성'과는 무관한 것일까?

최근까지의 CS 활동 경험에서 얻을 수 있는 교훈은 다음의 세 가지이다.[1]

첫째, 고객은 일률적이지 않으며 더구나 그 고객들을 분류하는 일이 매우 어려워졌다는 것이다. 대다수의 기업들이 CS 활동을 위해서 지금까지 해 온 고객 분류 방법은 비교적 단순한 고객 속성(연령, 성별, 지역 등)의 차이에 의한 것이었다. 이러한 분류를 기초로 하여 CS 활동의 대부분은 마케팅 캠페인(marketing campaign)을 기획하여 일률적으로 접객 지침을 만들고 점포 조성을 해 왔다. 그러나 다수를 차지하는 고객이 만족도가 높아지고 있음에도 불구하고 침묵을 지키거나 불만을 가지고 있는 고객이 여전히 많다는 현실에서 고객 만족도가 수익성과 비례하지 않는다는 사실을 깨닫게 된 것이다.

둘째, 고객 중에서는 이익을 가져다주는 고객과 이익이 되지 않는 고객이

1 권태경 외 역(1999), pp. 13~14.

있다는 것이다. 일반적으로 20 대 80의 규칙으로 알려져 있듯이 기업에게 이익을 가져다주는 고객은 이익이 되지 않는 고객보다 훨씬 적다. 그러므로 이익의 대부분을 가져다주는 소수의 우량 고객이 기업으로부터 떨어져 나가는 것을 막을 수 있는 고객 관리가 필요한 것이다.

셋째, 고객 개개인에 맞춘 일대일 마케팅을 실현하려면 기업의 능력이 고도화되어야 한다. 고객마다 차이를 두는 방식을 도입하고자 했더라도 고객의 차별화라는 비난 속에서 고전하는 기업이나, 별로 이익이 되지 않는 고객을 위해서 비용 절감 차원에서 인터넷 통로를 개발하였지만 인해전술식으로 밀려드는 질문과 자료 청구 요구에 막대한 비용 증가를 감수하고 있는 기업 등이 속출하고 있기 때문이다. 고객을 이해하고 만족시켜서 자사의 영원한 고객으로 만들려고 하는 CS 활동 자체는 아무런 잘못이 없다. 달라진 것은 고객 확보 방법인 것이다.

기업과 고객 간의 관계는 역사 발전에 따라 몇 가지 단계로 진화해 왔다.

첫 번째 단계는 공급자 우위적인 배급 단계이다. 상품이 절대적으로 부족하였던 시대에서는 공급자는 고객 또는 시장을 눈여겨볼 필요가 없다.[2] '소품목 다량 생산' 단계에서의 공급자와 고객의 관계는 배급을 하고 배급을 받는 관계일 뿐이다.

두 번째 단계는 판매 단계이다. 공급 설비가 확대되고 기술이 발전하면서 공급 능력이 향상되어 수급 균형이 이루어지는 단계이다. 이 단계에서 공급자는 고객의 다양한 수요를 이해하고 이에 따른 상품과 서비스를 '다품목 소량 생산' 방식으로 공급하게 된다. 이 단계에서의 공급자와 고객의 관계는 공급자의 상품이 고객에게 선택되어 팔리는 '판매' 관계로 발전한다.

2 사회주의 국가나 일제 식민 시대하의 우리나라 정부가 이 단계에 해당하는데, 고객을 분석하기보다는 그 시간에 하나라도 더 많이 생산하여 시장에 내는 것이 합리적이었다.

그림 12-1 고객 관계의 진화

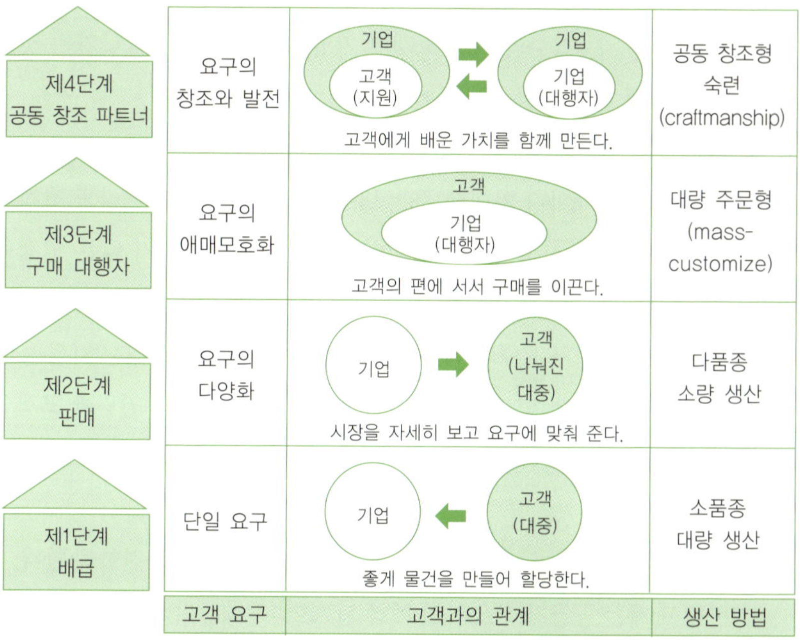

세 번째 단계는 '구매 대행자'(agent) 단계이다. 고객들의 필수적 수요 부분을 기본적으로 충족시킨 공급자는 고객별로 서로 다른 기호를 충족시키기 위해서 상품과 서비스를 점점 다양하게 하여 고객의 선택 기회를 확대시킨다. 그러나 다양한 상품과 서비스를 엄밀히 비교·분석하여 구매하는 고객은 흔치 않을 뿐만 아니라 고객의 의중을 파악하여 이를 상품과 서비스를 만들어 내는 일 자체도 고객의 '애매함'[3] 때문에 어렵다.

3 이를 고객의 '애매함' 또는 '모호함'이라 하는데, 고객들은 자신들의 요구를 겉으로 표출하지도 않을 뿐만 아니라, 그러한 고객의 욕구를 분류하는 일 자체가 성별과 연령을 초월하여 뒤죽박죽되고 나아가서 고객 자신이 요

이러한 상황에서 공급자는 '고객에 대해서'라는 개념을 뛰어넘어 '고객 편에 서서' 고객의 생각을 상품과 서비스로 전환시켜서 구매를 유도해 가는 과정으로 진입하게 된다. 이 단계에서의 생산은 고객 편에서 볼 때 대량 주문형(mass-customize)이 된다.

네 번째 단계는 고객과 기업이 서로 내부적으로 결합된 '공동 창조의 파트너' 단계이다. 기업(공급자)이 고객 편에 서서 구매 대행자 역할을 수행하는 것이 아니라 고객에게서 배운 가치를 함께 만들어서 협동적으로 수요를 창조해 나가는 '공동 창조'와 '협동 창조'의 단계로 발전한다. 예컨대, 급성장하고 있는 가정용 게임업계에서 고객은 잘 팔릴 수 있는 소프트웨어를 만들어 내는 가치 창조의 파트너일 뿐만 아니라 전국적으로 소프트웨어 수요를 확산시키는 수요 창조의 파트너 역할도 수행하는 것이다.

고객을 붙잡는 방법이 달라지고 있다. 그것은 고객과 공급자의 관계 진화로 이해된다. 고객 관계의 발전 추세와는 관계없이 여전히 '판매'라는 마케팅 패러다임에서 헤어나지 못하고 있는 기업들의 설 땅은 날로 좁아지고 있다. 특히 농산물 유통 분야는 평균적인 소비자를 대상으로 하는 대량 유통(mass-marketing)에 의한 전형적인 배급 및 판매 단계를 벗어나지 못하고 있다. 따라서 오늘날 시대의 변화가 요구하고 있는 고객 관계(customer relationship)의 재구축과 효율적인 관리를 위한 농업 경영의 리엔지니어링(reengineering)에 적극적으로 나서야 한다.

1980년대의 미국 기업이 둔화된 시장과 치열한 경쟁 속에 부활하게 된 것은 고객의 관점에서 경영 체제를 재구축한 리엔지니어링이 성공하였기 때문이었다는 역사적 사실을 타산지석으로 삼아야 한다.

구하는 일 자체를 고객 스스로도 확실하게 모르는 시장이 된다.

32. 변화의 중심에는 고객이 있다

과거 19세기에는 수요가 공급을 초과하였다. 그래서 생산하기만 하면 팔렸다. 그때는 생산 자체가 중요한 시대였다. 즉, 많이 생산하는 문제가 초미의 관심 사항이었다. 그러나 지금의 21세기에는 어떠한가? 이제는 공급이 수요를 초과하는 시대이다. 상품에서 새로운 가치를 발견하게 되었고 제품 차별화를 위해 다양한 방법을 찾고 있다. 그리고 차별화된 상품에 대한 가치를 제대로 아는 고객을 찾아야 하는 시대가 된 것이다. 기업의 성패가 상품을 인정하는 고객이 얼마나 많은가에 따라 달라지고 있다. 이제는 고객이다. 즉, 소비자라는 말보다는 경영자의 입장에서 내 고객이 얼마나 되는가를 찾아야 한다.

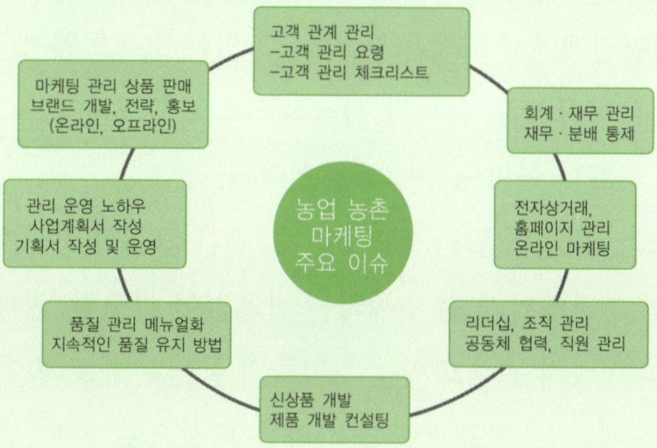

그렇기에 경영자는 유통 구조만 개선하면 된다는 추상적인 이야기가 아니라 이제는 내 상품의 가치를 얼마나 많은 사람들이 인정하고 있는가를 생각해야 한다. 왜냐하면 농산품 역시 새로운 기술 개발로 점차 쉬운 자동화 시스템으로 생산량이 많아지고 품질이 좋아지기 때문에 내 상품을 제대로 아는 사람을 찾는 것밖에는 답이 없다. 과거에는 고객이 없는 시스템만의 농산물 유통을 이야기했다면 앞으로의 농산물 유통에서는 고객을 먼저 생각해야 하고, 모든 사고와 시스템이 고객 중심적으로 변화해야 할 것이다.

과거에는 고객과 직접 만날 수 있는 장소가 바로 5일장이었다. 하지만 경제 규모의 확대와 도시화로 인해 생산 지역과 소비 지역 간의 거리가 멀어짐에 따라 이를 해결하기 위한 방안으로 도매시장이 생겨나게 되었다. 특히 소량 생산, 소량 소비하는 농산물 유통 특성상 산지나 소비 지역에 도매시장의 건립을 통해 거리 비용을 최소화하고자 하였다. 만약 도매시장이 생겨나지 않았다면 농산물을 필요로 하는 생산자와 소비자의 만남에는 엄청난 교환 비용이 발생되었을 것이다.

이러한 현상에 변화가 나타나고 있다. 정보가 소비자와 생산자를 연결하는 중요한 수단으로 자리잡으면서 거래를 위한 비용이 점차 줄어들게 되었으며, 인터넷이 생산자와 특정 고객이 만나는 장소로 자리잡아 가고 있다. 이러한 이면에는 농산물의 소비가 과거 배불리 먹는 양적인 소비에서 품질을 선호하고 안전성을 중시하는 기호적 소비 시대로 변화되는 소비자 특성이 있다.

체험 관광이나 농촌 관광은 농촌이라는 자원을 가지고 소비자, 즉 특정 고객과 직접 만나면서 이루어지는 거래 행위이다. 만나지 않으면 안 되며, 생산자와 불특정 소비자가 아니라 점차 특정 고객과의 만남이 이루어지는 산업으로 발전하고 있다.

평생 동안 열심히 농사를 해 왔지만 나를 알고 내 농산물을 찾고 있는 고객이 얼마나 되는지 잘 모르겠다는 말은 과거에는 통하였다. 왜냐하면 고객과 만날 수 있는 기회가 적었고 거리가 너무 멀었기 때문이다. 하지만 이제 점차 거리가 좁혀지고 있으며 고객의 소리가 들리는 것을 조금씩 느낄 수 있을 것이다. 지금의 변화에 고객이 있다는 것, 그 고객을 어떻게 나와 관계 있는 사람으로 만들어 낼 것인가에 대해 고민해야 한다. 몇 년 후를 바라보면서 내가 생산한 제품, 내가 속한 조직이 판매한 제품의 고객이 몇천 명이 되고 이것을 신뢰하는 사람이 입소문을 낼 때까지 조금씩 고객에 민감해졌으면 좋겠다. 먼저 이들과 관계를 맺기 위한 최소한의 수단을 시작하였으면 한다.

자료: 윤선·전영미(2010), pp. 59~62에서 발췌·인용함.

2) 고객 관계 관리의 실천

오늘날 전 세계적으로 CRM(customer relationship management)에 대한 관심과 열기는 대단하다. 오늘날처럼 상품의 질적 차별화가 쉽지 않은 상황에서 기업이 고객을 끌어들이기 위한 전략이 서비스 차별화라고 할 때, 서비스 차별화의 핵심이 바로 고객 관계 관리를 통해서 이루어지기 때문이다.

기업은 이익 극대화라는 목표를 달성하기 위해서 여러 가지 기능을 수행하는데, 그중에서도 중요한 것이 마케팅 기능이다. 지난 반세기 동안 기업의 마케팅 활동은 목표 시장을 대표하는 평균적인 소비자를 대상으로 하는 획일적인 대량 유통에 주로 의존해 왔다.

그것은 평균적 소비자가 선호하는 하나의 제품이나 서비스를 제공함으로써 규모의 경제를 통해서 기업 이익을 극대화할 수 있다고 믿었기 때문이다. 그러나 평균적인 소비자를 대상으로 하는 대량 생산과 유통으로서는 비슷한 성격의 다른 기업이 제공하는 상품/서비스와의 효과적인 차별화가 불가능해지기 때문에 기업 이익이 기대한 만큼 향상되지 않는 결과로 이어졌다. 이 때문에 대량 유통은 개별적인 고객을 대상으로 하는 '일대일 마케팅'이라는 새로운 마케팅 패러다임으로 바뀌고 있다. 이에 따라서 기업의 조직 체계도 고객 지향적으로 급속히 바뀌고 있다. 서유럽 선진국 기업의 조직 체계가 현재 상태에서는 제품/서비스 지향이 44%로 압도적이고 고객 지향은 18%에 불과하지만, 앞으로 5년 이후에는 고객 지향이 49%로 급속히 바뀔 것으로 예측하고 있다.[4]

CRM이라는 용어는 1998년부터 외국계 컨설팅업체를 중심으로 그 개념이 서서히 정착되었지만 일대일 마케팅을 수행하는 CRM에 대한 관심이 커지고 있는 것은 마케팅 환경의 다음과 같은 급격한 변화에 기업이 적응하기 위해서이다.

첫째, 소비자 욕구가 다양해졌다는 점이다. 소비자는 자신의 생활 방식(life style), 소득, 연령, 인종에 따라서 원하는 상품/서비스가 서로 다르다. 만약에 표적시장(target market)을 구성하는 소비자 욕구가 모두 동일하다면 대중 마케팅(mass marketing)이 효율적일 것이다. 소비자 욕구가 상이할수록 마케팅 활동을 고객별로 차별화하는 일대일 마케팅이 매력적일 것이다. 아마존닷컴은 600만 종이 넘는 서적을 인터넷을 통하여 제공하는 일대일 마케팅에 의존하고 있다.

둘째, 정보·통신 비용이 급격히 감소하고 있다. 일대일 마케팅을 수행하기 위해서는 고객 개개인에 대한 방대한 정보를 축적할 수 있어야 한다. 각 고

4 권태경 외 역(1999).

그림 12-2 기업 조직 체계의 진화 방향

서구의 현장 조직 체계와 5년 후의 예상되는 조직 체계

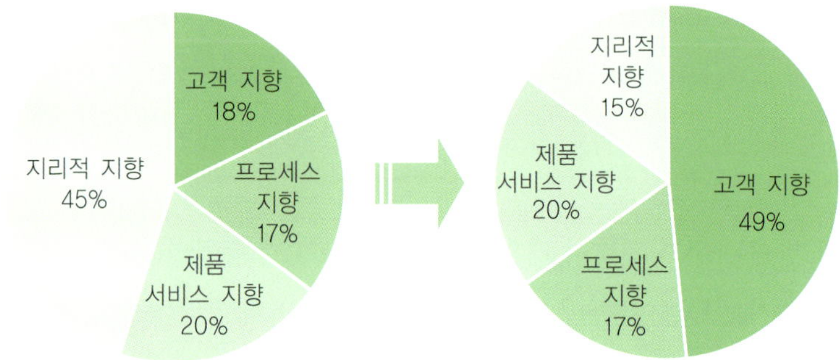

약 절반 정도의 기업이 장래에는 고객의 입장에 선 조직 체계로 되는 것을 예상

객이 어떤 제품을 선호하는지, 가격 민감도는 어떠한지, 어떤 유통 채널을 주로 이용하는지, 어떤 통신 채널을 선호하는지 등에 관한 고객 정보를 축적하였을 때, 일대일 마케팅은 그 위력을 발휘하게 되기 때문이다.

이러한 고객 관련 정보(데이터)를 수집·축적·분석하는 데 소요되는 비용이 정보·통신 사업의 급격한 발달로 빠른 속도로 감소하고 있다.

셋째, 인터넷을 이용한 새로운 통신·판매 채널의 등장으로 일대일 마케팅을 수행하는 데 소요되는 비용이 현저하게 감소하고 있다. 이러한 이유 때문에 기업이 개별 고객을 대상으로 하는 일대일 마케팅에 점차 관심을 가지게 되었고 기업 조직도 고객 지향적으로 변화되고 있는 것이다.

고객 관계를 재구축하기 위해서 엔더선 컨설팅[5]에서는 'CRM 모델'을 제시

5 엔더선 컨설팅은 '경영과 정보' 전문가들이 경영 혁신을 추진하는 세계적인 컨설팅 회사로서 1999년에 83억 달러, 2000년에 103억 달러의 매출을 달성하였으며, 전 세계 48개국에 198개의 지사에서 7만 1,300명의 컨설턴

하고 있다.

CRM 모델의 제1단계는 전략(strategy)이다. 고객을 축으로 하여 세운 전략이라는 의미에서 고객 전략(customer strategy)이라고 한다. 여태까지의 고객 전략을 재평가하고 재구축하는 일은 공급 과잉 시대에서 살아남기 위한 기업의 사활을 건 사업으로 기업의 모든 역량과 동원 가능한 외부의 지혜를 모아서 추진하는 것이 바람직하다.

제2단계는 고객 전략이 제시하는 방향으로 고객 통찰력(customer insight) 과정이 펼쳐지는 단계이다. 이 단계는 날로 변화·발전되고 있는 고객에 대한 이해와 식별을 위한 기업의 지식과 견문을 축적하는 단계인 것이다. 이를 위한 기업의 활동은 일시적으로 수행하는 일과성(一過性)의 기동 부대(task-force) 방식이 아닌 정상적으로 심화시켜 나가는 기업의 필수적인 능력 강화 작업이어야 한다. 고객 데이터베이스를 꾸준히 모으고, 거기에서 새로운 미래를 이끌어내는 것을 사명으로 하는 기능을 정상적인 기업의 활동 영역에 포함시켜야 한다는 것이다.

세 번째 단계는 업무 과정이 기업 조직 내부의 사원 개개인에 맡겨져서 수행되는 단계이다. 이 단계의 핵심은 업무를 수행하는 사람과 조직(process and people)이다. CRM 모델은 이 단계에서 고객과의 접근을 위한 세 가지 업무 프로세스인 마케팅(marketing), 세일즈(sales), 서비스(service)를 강조한다. 마케팅 활동은 표적 고객층(target customer)의 마음을 사로잡아서 기업 상품에 대한 수요를 창조한다. 세일즈 활동은 매료시킨 고객을 기업 상품의 매출로 연결시킨다. 서비스 활동은 획득한 고객을 유지하고 지속적으로 구매 욕구를 자극하여 다음의 수요를 창출시킨다.

트들이 각자의 전문 영역에서 활동하고 있다. 2000년에 Accenture(Accent on the Future, 미래 가치 창조)라는 이름으로 회사명을 바꾸었다.

그림 12-3 엔더선 컨설팅의 CRM 모델

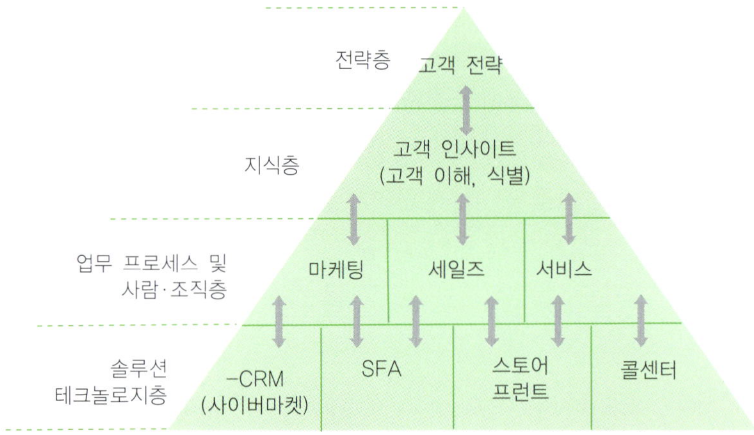

3단계에서는 제2단계(고객 인사이트)와 연결되어서 다음의 두 가지 역할을 완수해야 한다. 하나는 고객 인사이트에 기초한 수요의 창조와 획득 및 유지이며, 또 하나는 고객 인사이트에 대한 공헌과 정보의 환류(feedback) 기능이다. CRM 모델의 마지막 단계는 제3단계에 대한 정보 기술을 활용한 해결책 제공(solution technologies)이다. 이를 위한 도구(tools)로 CRM 모델에서는 사이버 마케팅(e-marketing)으로 대표되는 e-CRM, 영업력 자동화(sales force automation: SFA), 차세대 점포(store front), 우편 주문 센터(call center) 등이 제시되고 있다.

CRM 체제는 판매/고객 관리를 효과적으로 하기 위하여 기본적으로 고객을 분류하여 분류별로 관리하는 일에서부터 상품 관리, 캠페인 관리, 행정 관리, 주문·견적 등을 비롯한 서비스 관리, 매출 촉진 활동을 위한 프로모션 관리 등을 주요 기능으로 하고 있다.

고객 관계 관리는 단순히 고객 만족 운동의 연장선상에 있는 개념이 아니다. 이는 경영 환경의 구조적 변화에 기업들이 능동적으로 대처해 나가기 위한 새로운 '경영축'을 구축하는 것을 의미하며, 이 새로운 경영축으로 탈바꿈하는 것은 하루아침에 실현되는 성질의 일이 아니라, 경영 체질을 전환하는 장기적인 전략인 것이다. 현장에서 경쟁해야 하는 농장의 경영자들은 궁극적으로 CRM 기법에 의한 고객 지향적인 경영 체질로 전환할 수 있어야 비로소 시장의 승자가 될 수 있는 환경 변화에 직면하고 있는 것이다.

참고문헌

권태경 외 역, 엔더선 컨설팅, 『CRM(고객관계관리)』, 대청, 1999.

김병도 외, 『CRM을 이끄는 세계적 기업 21』, 서울대 출판부, 2001.

김연중 외, 『주요 농산물의 가치사슬 분석과 성과제고방안』, 한국농촌경제연구원, 2010.

농림수산식품부, 『축산물 비용절감종합대책』, 2010a.

______, 『과수 비용절감종합대책』, 2010b.

박봉건 · 신헌철, 『2010 다보스리포트, New Nomal』, 매일경제신문사, 2010.

박봉규 외, 『경영학의 이해』, 경영과미래, 2010.

성진근, 『농업경영혁신론』, 농민신문사, 2003.

______, 「우크라이나 해외농업진출 성공모델 개발」, 한국농촌경제연구원 용역과제, 2010.

성진근 외, 『벤치마킹 - 농업경영진단과 혁신기법』, 농민신문사, 1999.

윤선 · 전영미, 『해바라기 마케팅』, 북셀프, 2010.

조선일보, 「WeeklyBiz」, 2011.

최윤식 외, 『2020의 전쟁』, (주)지식노마드, 2010.

홍석보 외, 『전략적 경영혁신기법』, 학문사, 2003.

Baumol, W. J., *Business behavior: Value and Growth*, Englewood Cliffs, N.J.: Prentice Hall, 1967.

Dessler, Gary, *Management: Leading People and Organization in the 21st Century*, Upper Saddle River, Prentice Hall, 2002.

Doll, J. P., *Production Economics*, Columbus, Ohio: Grid Inc., 1984.

Kaplinsky, R. and M. Morris, *A Handbook for Value Chain Research*, IDRC, 2001.

Key, Ronald D., W. M. Edwards, and P. A. Duffy, *Farm Management*, 6th ed, Mcgraw Hill, 2008.

Olson, Kent D., *Farm Management, Principles and Strategies*, IOWA State Press, 2004.

Porter, M., *Comparative Advantage: Creating and Sustaining Superior Performance*, 1985.

Solomon, Michael R. and Elmora W. Stuart, *Marketing-Real People, Real Choice*, 2nd ed., Prentice Hall, 2001.

Sttubenhoff, Heinz W., *Grains and Oilseeds from Ukraine for the Republic of Korea-Strategic Choice*, Kyiv Economics, 2010.

제5편 농업 경영 혁신의 길

제13장 농업 경영 혁신을 위한 접근

제14장 농업 경영 진단과 자가 진단 기법

기원전(BC) 12세기, 그리스 장군 오디세우스는 선물로 가장한 목마를 성안으로 보냄으로써 트로이와의 10년 전쟁을 단숨에 끝냈다. 대담한 발상의 전환에 의한 전술 혁신의 결과는 '트로이의 목마'로 인구에 회자되고 있다. 혁신(革新)은 말 그대로 가죽을 바꾸어야 할 정도로 어렵다. 게다가 위험부담도 따른다. 그러나 혁신하지 않으면 한국 농업의 내일을 기약하기가 어렵다.

기술이 바뀌고, 시장이 바뀌고 정책이 바뀌는 등 경영 환경 전체가 바뀌고 있기 때문이다. 그러므로 농업 경영 혁신은 선택이 아니라 필수다.

정부의 정책 변화에만 쏠렸던 농업인의 시선과 관심을 시장과 고객의 변화로 돌려야 한다. 한꺼번에 통째로 바꾸는 것이 어렵다면 쉬운 것부터 하나씩 바꾸어 나가는 길을 선택할 수도 있다.

이 길이 바로 농업 경영 혁신을 위한 길이다.

제 13 장 농업 경영 혁신을 위한 접근

1. 경영 혁신에 나서는 자세
2. 농업 경영 혁신을 위한 벤치마킹식 접근
3. 농업 경영 혁신의 부문별 실천 전략

1. 경영 혁신에 나서는 자세

1) 스스로 경영 혁신을 수행해야 하는 이유

농업 경영 혁신을 위한 수많은 이론과 방법론들이 제시되고 있지만, 가장 중요한 것은 농장 경영자가 스스로 필요성과 함께 그 요체를 이해하고 판단해서 실천하는 끊임없는 노력의 과정이 요구된다는 점이다.

그러므로 경영 혁신이란 스스로 경영과 기술, 시장 등에 관한 일들을 잘 분석해서 그동안 수행해 왔던 경영 방식을 고쳐 나가는 일이다. 말하자면, 다른 사람에게 맡기지 못하는 자기 자신의 일인 것이다.

경영 혁신은 왜 스스로 수행해 나가야 하는가?

첫째, 급변하고 있는 시장 여건 변화에 적응하여 생산에서부터 시장 판매에 이르기까지의 모든 선택과 그에 따른 책임을 져야 할 사람은 농업 경영자 자신일 수밖에 없기 때문이다.

농업을 둘러싸고 있는 주위 환경이나 농업 내부의 사정들을 돌아보면 더욱 그렇다. 먼저 농업 자체의 기술이나 농산물시장 환경이 아주 다양해졌고 빠르게 변하고 있다. 기술만 하더라도 늘 새로운 것이 나오고 고안되고 있다. 과거 방식 그대로를 고수하면 남들보다 앞설 수 없다. 시장도 마찬가지로 변하고 있다. 쌀이 산지별로 서너 개로 분류되어 팔렸던 것은 얼마 되지 않은 일이었다. 그러나 이제 시장에서는 수백 개의 차별화된 상품으로 나눠지고 있다. 값도 천차만별로 다르다. 새로운 상품이 시장에서 계속 만들어지고 있는 것이다. 이와 같이 토질, 기후, 품종에서부터 소비자가 무엇을 좋아하고 있는지에 이르기까지 복잡하고 다양한 요소들을 어떻게 잘 조화시켜서 대응하느냐가 종합적인 경영 성과를 결정한다. 이 모든 사항들을 결정하고 실천하는 일은 그 농장 전체를 운영하는 경영자가 아니고는 제대로 할 수 있는 사람이 없다. 다른 사람이 이 일을 대신해 줄 수도, 그 결과에 대한 책임을 떠맡을 수도 없다. 다른 사람들은 자문을 해 주거나 의견을 이야기할 수 있을 뿐이다. 왜냐하면 경영 성과에 따라서 돈을 벌거나 아니면 퇴출당할 사람은 바로 농장 경영자 자신이기 때문이다.

둘째, 시장 경제에서 경영이 갖는 본질적인 속성에 비추어 경영자 스스로 경영 혁신을 수행해야 하기 때문이다. 경영이란 경영자 스스로 자기의 계획과 책임으로 생산, 판매 등 여러 활동을 실천하고, 그 결과에 의해서 수익을 얻기 위한 일련의 활동이다. 모든 경영 활동의 선택과 결정, 실천, 결과에 대한 책임도 경영자가 맡는다.

농업도 이제는 당당한 직업이고 또한 사업이다. 무엇을 어떻게 해서 수지를 맞출 것이냐 하는 전략을 잘 선택하고 방법을 찾아서 실천하는 일은 우선 그 사업을 하는 경영자들의 권리이자 책임이다.

전통적인 한국 농업은 상업적 사업(business)이라기보다는 먹고사는 자급자족형의 생업이었다. 팔기 위한 물건을 생산하는 데 주력을 쏟기보다는 먹고 쓰고 남는 것을 다른 필요한 물건들과 바꾸는 방식의 생업이었다. 물건을 사고파는 시장이 중요하지 않고, 농사를 지어서 먹고살 수 있는 땅이 중요하였다. 이에 따라서 시장 거래와 이익을 따지는 경영은 자연히 소홀하게 인식되었다.

그러나 지금은 농업도 취미로 하는 주말농장 등 시장 수익과는 별 관계없이 하는 경우를 빼고는 수지를 맞추어야 하는 사업의 한 종류인 것이다. 다만 농업이 갖고 있는 여러 가지 공익적 가치 등 공공재(公共財)를 생산하는 산업적 특성이 있기 때문에 정부가 농업에 대한 지원을 해야 한다. 그래서 정부의 역할은 매우 중요하다. 그러나 정부의 지원 그 자체가 현장의 농업 경영을 대신해 줄 수는 없다. 농업의 공익적 기능을 최대한 발현하고 정부 투자 지원의 효율을 높이고, 농업의 상대적으로 불리한 점을 보완하기 위해서라도 현장 경영의 효율화는 매우 긴요하기 때문에 정부가 농업 경영 혁신 지원에 나서는 것이다.

셋째, 끊임없는 개발과 경영 혁신을 수행해 온 자만이 성공하였다는 지난날의 살아 있는 경험이 있기 때문이다.

경제 개발 초기에 새로운 기술과 지식, 방법 등을 알리고, 시장을 열어 주며 시장을 지키는 데 정부의 역할이 결정적으로 중요하였다. 농업용수, 경지정리 등 생산 기반을 조성하고, 도로, 교통, 의료, 교육, 보험 등 농촌 생활을 위한 기초적 물적 기반은 모두 정부의 강력한 지원 속에서 갖추어졌다. 이러한 각종 정책 지원은 농사일을 편하게 했으며, 능률을 올릴 수 있게 하였고, 생활수준을 향상시키는 기반을 마련해 주었다.

정부의 다양한 정책 지원은 열의를 가지고 무엇인가를 해 보려는 농업 경영자들에게 좋은 기회가 되었다. 그러나 동일한 정책 지원의 조건하에서도 개인별로 이룩한 경영 성과는 누가, 무엇을 어떻게 하였는지에 따라서 매우 다르게 나타났다. 농업에 대한 정부의 지원은 성공적인 농업 경영에 도움이 되는 요소의 하나에 불과할 뿐 그 자체가 경영의 성공을 보장하는 충분조건은 아니었다. 중요한 것은 개별 농업 경영자의 경영 능력이 필수적으로 뒷받침되어야 한다는 것이다. 속담에도 "손바닥이 마주쳐야 소리가 난다"고 한다. 어떠한 정책적인 노력도 현장 농업 경영자의 능력 신장 없이는 성과를 얻기 어렵다.

그러므로 성패의 관건은 경영 능력의 향상인 것이다.

2) 작고 간단한 것부터 바꾸어 나가야 한다

"티끌 모아 태산"이라는 말이 있다. 적은 비용을 줄이는 일이라고 하찮게

여겨서는 안 된다. 막상 알고 보면 별로 특이하거나 기발하지 않는 작은 노력들이 모여서 수지맞는 상품으로 변화시키게 된다는 사실을 잊어서는 안 된다.

작은 것이니까 그냥 넘어가거나, 고정관념에 붙들려서 새로운 변화를 두려워해서는 안 된다. 높은 정부 의존성에서 비롯된 정책 변화에 대한 관심을 시장과 고객의 변화에 대한 관심으로 방향을 전환시켜야 한다.

과거와는 달리 이제는 새롭고 다양한 농산물을 선택할 수 있게 된 소비자들의 관심을 끌어들여서 물건을 잘 팔아야 살아남는 세계시장 속의 경쟁 시대로 진입하게 된 것이다.

경쟁력 있고 잘 팔리며 이익을 남기는 상품을 만들어서 팔아야만 하는, 격심한 시장 경쟁에서 낙후되면 살아남지 못하는 시기가 온 것이다. 이를 위해서는 그동안의 생각과 방법에 대해서 작은 것부터 큰 것까지 모두를 마치 자동차 엔진을 분해해서 재조립하듯이 다시 따져보고 생각해야 한다.

수박에 얼굴 사진을 붙이고 사과에 글자를 새기고 다양한 건강 기능성을 함유하는 등 숱하게 많은 아이디어 농산물들이 시장에 쏟아져 나오고 있다. 유기농 채소 쌈채 한 품목의 차별화된 연중 공급 체계만으로 연간 100억 매출을 달성하는 농가(상추 CEO)도 탄생하고 있다.

소비자와 시장, 다른 경쟁적인 농업 생산자들을 살피면서 현장 농업 경영자는 계속 변해야 한다. 큰 것도 중요하지만 작은 것부터 바꾸기 시작하고 사소한 일부터 고쳐 나가야 한다.

3) 고정관념에서 벗어나야 한다

옛날 그리스의 어느 신전에 실뭉치가 한 개 있었다고 한다. 누구든지 그 실뭉치를 풀어내는 사람은 영웅이 된다고 하는 전설이 전해져 왔다. 많은 현명한 사람들이 찾아와서 며칠씩 골머리를 썩여도 실마리를 찾지 못하였다. 그렇게 세월이 흐르던 어느 날 소년 알렉산더가 왔다. 자기가 풀겠다고 살펴보았다. 역시 실마리를 찾을 수 없었다. 알렉산더는 칼을 빼내어 실뭉치를 칼로 쳤다. 실뭉치는 풀렸다. 알렉산더가 비범한 인물이었음을 전하는 일화이다.

풀어낼 실마리가 없다는 것은 칼로 잘라야만 풀린다는 이야기이다. 알고 보면 상식인데 "실마리를 찾아서 풀어야 한다"는 고정관념 때문에 다른 사람들은 문제를 풀지 못하였다. 기존의 틀 속에는 아예 해답이 없는 것을 그 속에서 해답을 구하려고 맴도는 일은 헛일이 아닐 수 없다.

3층집 구조로는 5층집이나 6층집에서 할 수 있는 일을 못할 수도 있다. 그 일을 하려면 층수를 올리지 않고는 불가능한 경우가 있다. 이때는 집을 고치고 층수를 올려야만 한다. 구조를 바꾸어야 한다. 500cc 엔진과 2,000cc 엔진으로 둘 다 할 수 있는 일이 있고, 500cc 엔진으로는 불가능하고 2,000cc 엔진이 필요한 일이 있다. 이때 가지고 있는 엔진이 500cc라면 이것을 바꿔야 한다. 이렇게 현실적 구조로 해결하기 어려워서 그 구조를 바꾸어야 하는 일을 구조 개혁 내지 구조 개선이라고 한다. 농업이든 공업이든 경영 혁신을 생각하는 자세에서 이 문제는 마찬가지이다. 농사에서도 구석구석을 살펴서 비용을 줄이고 능률을 올리는 것이 매우 중요하지만, 큰 틀 자체를 새로 구성해서 더 큰 수익을 올릴 수 있는 방향에도 생각이 미쳐야 한다.

한국 농업은 다른 나라보다 임금은 높고, 경지는 부족하며, 사료 곡물에서 원유에 이르기까지 농업용 자재는 대부분 수입하고 있다. 경영 규모는 작고 국제 가격보다 높은 농산물 가격을 유지하고 있으면서도 여전히 상대 소득은 도시보다 훨씬 낮다. 이 상황에서 시장은 개방되고 외국 농업, 그것도 선진국 농업과 경쟁해야 한다.

벼농사에 김매기를 어떤 방식으로 어떤 시기에 하는 것이 좋으냐를 연구

33. 농식품 산업의 전자상거래 현황과 미래

세계시장의 전자상거래 규모는 2010년 8,200억 달러에 불과하였으나 2017년에는 29조 3,000억 달러로 해마다 20% 이상 성장하고 있고 있다. 이 중 기업 간(business to business: B2B)이 25조 5,000억 달러, 기업과 소비자 간(business to customer: B2C)이 3조 9,000억 달러를 차지한다. 소매 거래(retailing)에서 전자상거래는 2020년 세계 소매 시장 규모 26조 달러의 16.4%인 4조 3,000억 달러를 차지하고 있고 이 중 중국과 동아시아 지역이 전체 거래 규모의 62.6%를 차지하여 가장 큰 시장이다. 현재 우리나라의 전자상거래 시장 규모는 1,150억 달러로 중국, 미국, 영국, 일본에 이어 5위에 자리하고 있다. 농식품은 미국 소매 전자상거래 시장의 11.8%, 한국에서는 12.7%로 가장 큰 비중을 차지하는 품목이며, 성장을 지속하고 있다(e-Marketer.com). 성공적인 전자상거래에서는 오래전부터 고객에 대한 분석과 대응을 자동화하기 위해 기계 학습과 인공지능 방법을 활발하게 사용하여 왔다. 또한 가치사슬의 특정 단계를 도입하거나 건너뛰고, 기업 내외부의 연계 활동을 최적화하여 효율성을 높이고 경쟁력을 제고하는 적절한 사업 모델을 채택하여야 한다. 전자상거래는 수요에 맞추어(on-demand) 생산에서 배송에 이르기까지 전 과정들이 최적화되어 적시 배송(on time delivery)과 무재고(inventory free) 운영을 실현할 수 있어, 유통과 재고 비용이 높은 농식품 산업의 발전에는 더욱 중요한 역할을 하게 될 것이다. 농식품의 경우 수요 변화는 크지 않으나 생산의 불확실성이 커서 수급의 불안을 보이는 경우가 많다. 최근 미국을 포함한 농업 선진국들에서 생산에서 판매에 이르기까지 유통의 전 과정을 통합하거나 연계하는 사업 모델을 제시하며 지속 가능한 공급망을 장착하여 빠르게 성장하고 있는 기업들이 나타나고 있어, 농식품 전자상거래의 미래를 보여 주고 있다.

Amazon은 이를 위해 생산 단계에서 식물 공장 스타트업인 Plenty와 Bowry Farming의 수직 농장(vertical farm)에 투자하고, Amazon 물류 센터의 자동화 로봇 기술을 투입하여 효율성을 극대화하는 실험을 진행 중이며, 매장에서는 컴퓨터 비전, 센싱과 딥러닝 기술을 이용한 전자동 서비스를 실현한 Amazon Go를 운영하고 있다. 일본의 후지쓰(Hujitsu)는 농업 생산에서 수확, 유통, 배송에 이르는 전 과정에서 빅데이터 기반 기술을 적용하여 의사결정을 지원하는 스마트 팜 클라우드 플랫폼 아키사이(Akisai)를 구축하여 농식품 산업에 제공하고 있다. 종자 회사 몬산토는 기후 IT 벤처 Climate의 Field View 플랫폼을 9억 3,000만 달러에 인수하여 노지 생산에서 농장의 작물, 토양, 기상, 작업 등의 정보를 연계하여 농장의 작목 선택과 농장 모니터링, 파종과 수확까지 빅데이터와 인공지능에 기반한 정밀 농업을 지원하였으며, 미래 가치를 인정한 제약 회사 바이엘은 630억 달러에 몬산토를 인수하였다. 구글, 듀폰, 존디어 등 세계적인 기업들이 스마트 팜 기술에 투자하고 있으며, 이는 식품 산업의 e-Business를 확대하는 기반이 될 것이다.

우리가 살고 있는 동아시아의 농식품 전자상거래 시장은 세계의 어떤 곳보다 압도적으로 크다. 우리나라의 농식품 전자상거래는 2013년 이후 급격히 성장을 시작하여 2019년 기준 17조 1,000억 원(농식품 14조 5,000억 원, 음식 서비스 2조 6,000억 원)으로 어떤 산업보다도 규모가 크고 성장률도 60%에 이르고 있다. 하지만 농식품 전자상거래의 성공을 위해서는 올바른 사업 모델과 경영이 필수적이다. 생산에서부터 유통과 가공 및 판매에 이르기까지 농식품 산업의 전 과정을 포함하는 e-business에 대한 연구는 농식품 산업의 미래에 필수적인 일이 될 것이다.

자료: 최영찬(2020) 발췌.

하다가, 아예 제초제를 써서 김매는 작업 자체가 없어졌다. 모내기도 어린 모 기계 이앙, 직파 등으로 벼농사 작업 과정 자체가 줄어들고 있다. 미곡 종합 처리장이 생긴 후에는 수확 후 물벼로 바로 저장한 뒤, 도정하고 포장되어 대량 수요자에게 바로 납품하는 일까지 일관 작업 체계하에서 이루어지고 있다. 벼농사 이외의 채소, 과수, 축산 등에서도 마찬가지로 농작업 과정의 개혁이 끊임없이 이루어지고 있다.

기존의 좁은 2차선 도로로 교통 문제가 풀리지 않을 때는 4차선으로, 그리고 8차선으로 도로를 확장하기도 하고 아예 고속 전철이나 비행기 수송으로 바꾸듯이, 기존 시스템 자체를 바꾸자는 생각도 함께 하는 것이 경영 혁신의 길인 것이다.

4) 벤치마킹 기법을 도입하자

어떻게 경영 혁신을 수행할 것인가? 하는 과제에 대해서는 이론과 기법들이 아주 많고, 대부분의 경우 새로운 기술 체제와 연결되어 있다. 기술과 경영에 대하여 그렇게 많은 이론과 방법들이 알려져 있으면서도 왜 실제로는 잘 되지 못하는 예가 생기는가?

가장 중요한 것은 '아는 것과 실천하는 것이 따로인 경우'가 많기 때문이다. 경영 방식을 바꾸는 일은 그렇게 해서 결과가 좋을지 의심도 되고 귀찮은 측면도 있으며, 굳이 그렇게까지 해야 할 필요를 느끼지 못하는 경우도 있다.

여러 사람들이 관련된 일은 합의가 필요한데, 일을 새로 시작하자고 할 때 찬성하는 사람도 있지만 반대하는 사람도 늘 있기 마련이다. 특히 시장은 예측 불가능할 정도로 변하기 마련인데 자칫 잘못해서 책임을 뒤집어쓰기 십상이다. 누구든지 그런 위험 부담은 회피하려고 한다. 옆에서 도와주는 사람들도 입장은 마찬가지이다. 확실하게 무엇이 좋다고 권유하기를 꺼린다. 그 결과가 나쁘면 원망밖에 돌아오는 것이 없기 때문이다. 이렇게 보면 경영 혁신의 구체적인 방법론이 아주 답답하게 된다. 그러므로 실제로 경영을 하고 있는 당사자들이 자기 책임 아래 적극 팔 걷고 나서지 않으면 아무 일도 안 된다. 어찌되었든 농업 경영 혁신은 경영자가 스스로 나서지 않으면 안 된다.

(1) 잘하는 이웃의 경영을 배우자

가장 손쉬운 경영 혁신 방법은 잘하는 사람의 경영을 배우는 것이다. 직접 찾아가서 기술과 경영 방식을 습득해 오는 방법이 있다. 강의와 설명을 들을 수도 있다. 자기가 하고 있는 방식과 잘하고 있는 사람의 방식을 일일이 비교해서 서로 차이 나는 것을 찾은 뒤, 잘하고 있는 농장이 하고 있는 대로만 따라가는 방법도 있다. 이 방법을 벤치마킹(bench marking)이라고 한다. 말 그대로 해석하면 어떤 가야 할 자리(bench)를 정해 놓고(marking) 그 자리까지 올라가는 일이다. 그런데 근래에 이야기되고 있는 벤치마킹은 그 자리가 생산 목표이거나 기술 등이 아니다. 어느 분야에서 자기보다 나은 회사가 하고 있는 방식을 그대로 따라하는 것을 말한다. 통째로 베끼는 일과도 같다. 그래서 남의 노하우를 공식적으로 훔치는 일이라고도 한다.

치열한 시장 경쟁으로 인해서 선두주자가 그 자리를 지키기는 매우 어렵다. 모두가 열심히 머리를 쓰고 발로 뛰고 있기 때문이다. 농장 경영도 마찬가지이다. 한국 농업도 지난 짧은 기간 동안에 아주 큰 변화를 겪고 있다. 그 가운데서도 잘하고 있는 농장들이 여기저기에서 나타나고 있다. 멀리 가서 배우거나 긴 시간을 고민하기보다는 가까운 이웃에서 자신보다 앞서가는 농장들이 하고 있는 것을 배우는 길이 빠르다. 한 단계, 두 단계 더 잘하는 농장을 따라잡고, 그 다음은 세계 일류를 따라잡아야 한다.

수출이 대폭 줄고 경제가 음(陰)의 성장으로 바뀌는 등 코로나 사태로 인한 경제 불황이 계속되는 가운데 대기업이고 은행이고 가릴 것 없이 온통 경영 혁신 바람이 불고 있다. 조직의 군살을 빼고 경영에서 거품을 제거하지 않는다면 냉엄한 국제 경쟁 시대에서 살아남을 수 없음을 모든 경제 주체가 실감하고 있기 때문이다.

도대체 어떻게 하는 것이 경영 혁신을 실현시키는 길인가? 수십 년 동안 익혀 온 경험과 기술로 때맞춰 씨를 뿌려 가꾸고 거두어서, 판매해 온 우리네 농사 짓는 방식을 도대체 어떻게 경영 혁신을 시켜서 국제 경쟁력 있는 농사로 탈바꿈시켜 나갈 것인가? 나아가서 지난 반세기 동안 비효율적인 산업의 상징으로 천대받아 온 농업 생산 질서를 어떻게 효율적인 산업으로 일거에 변모시킬 수 있을 것인가?

우리는 입버릇처럼 손쉽게 국제 경쟁력을 말하고 경영 혁신을 주장한다. 그러나 경영 혁신을 수행해야 할 현장 농민들 입장에서는 도대체 자신이 경영하고 있는 농사일의 어떤 부분을 어떻게 개선하는 일이 경영 혁신인지, 어디서부터 손을 대야 경영 혁신이 되는 것인지를 도무지 가늠할 수 없을 정도로 막막한 지경이 아닐까? 미국식 기계 농업이 우리가 추구해야 할 경영 혁신 목표일 것인가, 아니면 네덜란드식 유리온실 농법이 우리가 추구해야 할 목표인

34. 비즈니스도 의학 분야의 '진료 스탠더드'를 벤치마킹하라

의학 분야에는 '진료 스탠더드'(standards of care)라고 불리는 가이드 원칙이 있다. 예를 들어, 수술을 앞둔 당신에게 의사는 구체적으로 어떤 절차를 거치게 될지 설명해야만 할 의무가 있다. 의사들은 이렇게 말한다.

"A가 보이면 B를 할 겁니다. C가 보이면 D를 할 겁니다."

모든 의사들은 경험과 지식 수준에 관계없이 훌륭하게 구성된 '진료 스탠더드'에 의한 최선의 진료 과정(베스트 프랙티스)을 실행한다. 이 기준은 엄밀한 연구와 경험 분석을 기반으로 만들어지며, 이 분야에 종사하는 모든 사람이 이용하고 따른다. 이는 또한 '최고의 업무 방법'에 대한 이해를 공유하게 만들어 준다. 의학 분야 최고의 연구자들과 전문가들은 이 기준을 개선하기 위해 연구하고 노력하며, 늘 어느 누구도 이 프로세스를 어기면 안 된다.

'진료 스탠더드 프로세스'의 위력은 강력하다.

이것은 해당 분야 전문가들이 과연 제대로 일처리를 했는가에 대한 체계적인 분석과 검증 도구가 되어 주며, 모든 이들이 가능한 한 베스트 프랙티스(best practice)에 가깝게 다가가도록 해 준다. 최고의 의사들이라면 능력이 있기 마련이지만, '진료 스탠더드'가 있기 때문에 그렇지 못한 의사들도 최대의 능력을 발휘하게 만든다. 결국 업계 최고의 방법론을 '기준'으로 삼고 그것을 지속적이고 신속하게 확산시키기 위해 노력하고 있는 셈이다.

예를 들어, 상내가 중요한 고객이고 처음 공략할 때는 누구나 어려워한다. 특히 경험이 부족한 영업자라면 이런 거물급에게 다가가는 것조차 꺼릴 것이다. 애써 새 고객을 공략하지 않아도 괜찮다고 생각하거나, 그런 고객을 공략하는 일은 애초부터 어려운 일이기 때문에 노력 대비 효과가 작다고 생각할 수도 있다. 하지만 언제나 기회는 아직 아무도 공략하지 않은 잠재력 높은 고객을 잡았을 때 찾아온다.

몇몇 대기업에서 이 문제를 놓고 조사할 기회가 있었다. 나온 결과는 모두 유사하였다. 각 기업에서 최고 실적을 내는 영업자들을 개별적으로 인터뷰하면 각자 수완 있는, 그러나 비교해 보면 다른 최고들과 눈에 띄게 유사한 '거래처 공략 프로세스'가 있다. 이들은 매번 어떤 접촉 방식이 가장 효과적일지 정확히 예측하고 그 결과에 대한 예상도 거의 적중한다. 거래처마다의 차이를 고려해 프로세스를 미세하게 변경하며, 그런 차이에 대처하는 방법 또한 알고 있다. 문제는 이런 최고의 방법론이 기업과 업종을 막론하고 거의 유사하다는 것이다.

하지만 B등급이나 C등급 영업자들을 만나보면, 전혀 다른 생각을 갖고 있었다. 이들은 이런 류의 프로세스 자체에 대해 극도로 알레르기 반응을 보이거나 혹은 지나치게 특정 프로세스에 안주하는 경향을 보였다. 전자 쪽은 프로세스 자체를 외면하였고 따라서 다른 이의 베스트 프랙티스를 모방하는 것에도 관심이 없었다. 후자 쪽은 어설픈 프로세스로 접근하다가 효과가 없으면 나가떨어지고는 하였다.

A등급 영업자들의 대화 방식을 보면 의사들과 화법이 비슷하다. "A가 보이면 B를 할 겁니다. C가 보이면 D를 할 겁니다." 이들은 자신만의 프로세스를 정리하고 개선하며 발전시킨다. 하지만 B등급이나 C등급 영업자에게는 자기가 해 온 베스트 프랙티스를 발견해 본 경험도, 그럴 만한 능력도 없다. 그러나 대개 기업에서 진행되는 직무 훈련은 매우 일반적인 내용에 포커스가 맞춰져 있고 최고의 방법을 배우는 것보다는 '대화 스킬'이나 '기초 매뉴얼' 수준에 머무른다. 결국 학습할 대상이 부재한 셈이다.

게다가 관리자들은 최상의 '판매 스탠더드'를 가르치고 훈련시키는 대신, 실적만을 닦달하거나 프로세스의 단편만 지도하는 오류를 저지른다. 그러니 판매 성과와 수익성은 어떤 사람이 일시적으로 존재하다 나갔느냐에 따라 들쭉날쭉할 수밖에 없다.

자료: 이훈 외 역(2010), pp. 130~133에서 발췌·인용함.

가? 이스라엘식 첨단 기술 농법이 우리가 추구해야 할 목표인가?

설령 목표가 정해졌다고 하더라도 거기에 도달할 때까지 과연 어떤 수순을 거쳐서 국제 경쟁력 있는 경영 상태로 개선해 나갈 수 있을 것인가? 도대체 내 농장의 경영은 어떤 상태이고 구체적으로 어떤 문제에 부딪혀 있는데, 이를 어떤 상태로 개선해 나가기 위하여 어떤 일부터 해내야 되는가?

이러한 농촌 현장의 입장을 무시한 행정가나 학자들의 거침없는 경영 혁신 요구나 경쟁력 향상 요구는 그래서 농업 생산자들에게 공허한 메아리로 들리는 것이 아닐까?

(2) 목표를 뚜렷이 세우고 한 단계씩 올라가자

경영 혁신이란 그렇게 거창하고 어려운 일이 아니다. 우리가 궁극적으로 도달해야 할 목표가 있다면 단숨에 이에 이를 수 없다는 사실부터 인식하는 것이 경영 혁신을 시작하는 첫걸음이다. 마치 높은 계단 위에 놓여 있는 황금을 가지기 위해서는 아무리 마음이 급하더라도 계단을 하나씩 밟아 올라갈 수밖에 없는 것과 마찬가지이다. 비록 계단 올라가는 속도는 사람에 따라서 다를

그림 13-1 벤치마킹 기법에 의한 농업 경영 혁신 전략

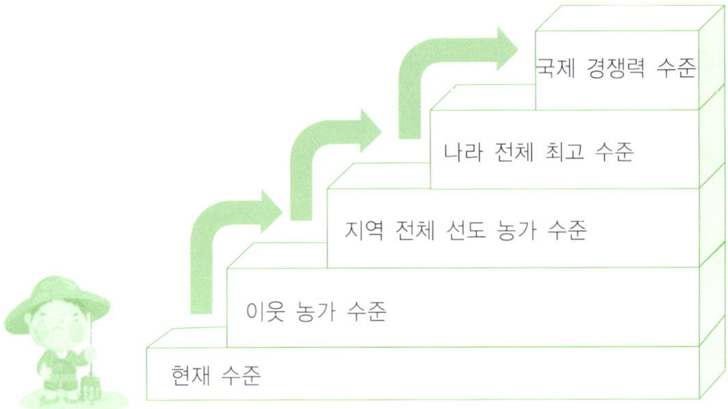

수 있겠지만 주어진 계단을 하나씩 거치지 않는다면 계단 꼭대기에 있는 황금은 그림의 떡일 뿐이다.

농업 경영 혁신의 길도 이와 마찬가지이다. 농업 경영 혁신을 실현하는 것은 자신이 도달하여야 할 경영 혁신 목표를 정해 둔 후 그때까지 밟아 올라가 달성 가능한 목표를 계단별로 잘게 쪼개어서 한 계단씩 밟아 올라가는 일을 실천하는 일이다.

그렇다면 어떤 계단이 현장 농가들이 달성 가능한 목표일 것인가? 그것은 자신과 비슷한 경영 규모나 영농 기반을 가지고 있으면서도 자신보다 수지가 맞는 농사를 짓고 있는 이웃 농가 수준이 아닐까? 아무리 마음이 급하더라도 우선적으로 해야 할 일은 이웃의 선진 농가 수준만큼이라도 시급히 자신의 경영 상태를 향상시켜 나가는 일부터 시작해야 한다. 이 정도라면 경영 혁신이란 전혀 어려운 일이 아니지 않겠는가?

일단 이웃의 선진 농가 수준만큼이라도 자신의 경영 상태가 개선되었다

면 다음에는 지역 내 또는 국내 최고 수준까지를 목표로 하여 경영 상태를 개선하는 일에 도전하는 것이다. 물론 어려운 일이겠지만 한 단계씩 실천하면서 경영 개선을 이룩해 간다면 세계 최고 수준이라도 도전해 볼 수 있을 것이고, 이러한 노력을 하는 동안에 우리의 경쟁력 수준도 어느 틈엔가 국제 수준으로 오를 것이다. 벤치마킹에 의한 경영 혁신이란 들리기에 따라서 무척 어렵고 힘든 일일 수도 있겠지만 별 게 아닌 것이다. 자신의 경영 상태를 단계별로 목표를 정하고 한 단계씩 경영을 개선해 나가자는 것이다.

그것이 벤치마킹에 의한 경영 혁신 기법이다. 우선 실현 가능한 목표부터 정하자. 그 다음에는 그 목표에 접근할 수 있는 최선의 방법을 찾자. 그래서 내 농장의 경영 상태를 최고 수준에 이를 때까지 단계적으로 향상시켜 나가면 된다. 지금부터라도 바로 실천하자. 하루가 늦으면 그만큼 따라가기 힘든 세상에서 우리는 지금 치열하게 경쟁하면서 살고 있지 않은가.

2. 농업 경영 혁신을 위한 벤치마킹적 접근

1) 경영 혁신 활동의 출발과 벤치마킹 기법

경영 혁신이란 새로운 생각(idea)과 방법(method)으로 기존의 경영을 다시 계획하고 실천하며 평가하는 것이다.

IMF 환란과 세계 경제위기를 극복하는 과정에서 가장 흔하게 들었던 말이 경영 혁신이다. 그래서 '혁신'이란 말은 무언가 신선하고 새로운 것을 추구하는 뜻인데도 불구하고 '경영 혁신'이란 용어 자체가 식상할 정도의 유행어가 되어 버렸다. 도대체 경영 혁신이란 무슨 뜻이고, 경영 혁신이 필요한 경우란 어떤 상황을 가리키는가?

'경영 혁신'이라는 단어는 경영과 혁신이라는 두 단어의 합성어이다. 우선 각각의 낱말이 지니는 본래의 의미부터 살펴보자. 경영을 어떻게 전개하는가 하는 경영 방식은 다음과 같은 제각기 다른 몇 가지의 요소로 나누어 설명되어 왔다. 일반적으로 경영 방식은 계획·조직·지령·동기부여·충원·기타 활동 등으로 구성되어 있는데, 그 공통점을 찾아보면 크게 P–D–S, 즉 사전적 활동(plan)–현장 활동(do)–사후적 활동(see)의 과정으로 정리할 수 있다. 또한 사후적 활동은 다음 경영의 사전적 활동에 대한 기초가 된다는 점에서 연결고리를 이룬다. 이러한 의미에서 경영이란 여러 가지 경영 성과를 결정하는 요소가 수평적으로 분화되어 독립적으로 기능하는 활동이 아니라, 각 요소가 시간의 흐름과 함께 동태적으로 결합된 과정이라고 볼 수 있다.

혁신이란 쉽게 말해서 '새롭게 변하는 것'을 의미한다. 유명한 경제학자인 슘페터(J. A. Schumpeter)의 말을 빌려 교과서적으로 정의하면 '이용 가능한 여러 가지 사물이나 힘의 결합 방식을 변경해서 새로운 상품의 발명, 새로운 생산 방법의 도입이나 시장 개척, 새로운 자원 개발 및 조직 개혁 등을 가져오게 하는 것'으로 흔히 신결합이라고도 한다. 그런데 슘페터는 기존 방식에서 출발해서 점진적인 변화를 통하여 새로운 방식에 도달하는 지속적인 개선에 큰 가치를 두지 않았다. 그가 주장하는 신결합은 비연속적으로만 나타날 수 있는 것으로 발전을 위한 독특한 조건을 만들어 낸다고 하면서 신결합이야말로 창조적 파괴를 통한 경제 발전의 원동력이 된다고 하였다.

이를 농업 분야와 연결시켜서 해석하자면 급변하고 있는 농업 환경의 변화에 적응하기 위해 전통적으로 유지해 오던 농업 경영의 틀을 깨고 새로운 경영의 틀을 짜서 대응해 나가자는 것이라 할 수 있다. 우리 경영 체제에 스며들어 있는 그동안의 거품을 제거하고, 과감히 기존의 틀(관행적인 경영 방식)을 깨면서 새로운 결합을 이루자는 것이다.

요컨대, 경영 혁신이란 새로운 제품이나 서비스, 새로운 생산 공정 기술, 새로운 구조나 관리 시스템, 조직 구성원을 변화시키는 새로운 계획이나 프로그램을 의도적으로 실행함으로써 기업의 중요한 부분을 본질적으로 변화시키는 것을 의미한다.

그러므로 현재 여건 변화에 적응하기 위해서 어떤 기법을 적용해서 경영 혁신을 이룩해야 하는지는 전적으로 경영자가 선택해야 할 문제이다. 때로는 예전부터 해 오던 품질 관리를 더욱 강하게 시행하는 수도 있을 것이지만, 경영 구조 자체를 다시 짜거나(리스트럭처링), 조직 정비, 기구 감축 등을 통하여 경영 관리 규모를 줄이거나(다운사이징), 지속적인 경영 개선을 위하여 단계별 목표를 설정하고 경영 개선 활동을 벌이거나(벤치마킹), 기존의 경영 활동 체계를 무시하고 백지 상태에서 새롭게 경영 활동 체계를 구성하는(리엔지니어링) 기법을 채택하는 경우도 있을 것이다.

우리나라의 농업 경영체는 아직도 그 경영 규모가 영세하다. 2018년 현재 경종 농가(耕種農家) 102만 1,000호 중에서 3ha 이상 농가 수는 7.7%에 불과한 7만 8,000호 뿐이다.

경영의 규모화가 진전되어 기업적 경영으로 발전하고 있는 축산의 경우에도 한(육)우 50두 이상을 사육하고 있는 농가는 전체 농가의 18.6% 수준인 1만 8,000호에 불과하며, 돼지 1,000두 이상을 사육하고 있는 농가는 54.8% 수준인 것이다. 총농가의 54.4%에 해당하는 55만 5,000호가 참여하고 있는 쌀농가의 호당 재배 면적은 1.33ha에 불과하다.

영세하고 생존적인 농장 경영(subsistence farm)[1]으로 최저한의 생활유지 임금

1 미국에서도 농촌을 떠나 도시 지역을 떠돌고 있는 실업자를 위하여 공장 부근에서 자경자급(自耕自給) 농장을 세우고 이들의 생활을 유지하도록 돕고 있다. 이러한 농장을 Subsistence Farm 또는 Homestead라 부른다.

(subsistence money)을 목표로 하여 경영되고 있는 우리나라의 일반적인 농업 경영체를 대상으로 하여, 기업 수준에서 행하고 있는 리스트럭처링과 같은 경영 혁신 기법을 적용하는 것은 무리한 일이다. 다만 품질 관리나 생산비 관리 등 단계적 목표를 설정하고, 이웃의 선도 경영체를 타산지석으로 삼아서 점진적으로 경영을 개선해 나가는 벤치마킹 기법은 현실적으로 적용할 만하고 기대되는 효과도 크다.

(1) 벤치마킹을 위한 활동 체계

경영 혁신을 한다는 것은 새로운 방법으로 경영을 바꾸어 나간다는 뜻이다. 경영을 계획하고 실행하며 평가해서 다시 고쳐 나가는 일련의 연속적인 활동을 통해서 경영 상태를 개선해 나가는 것이 경영 혁신이다. 이를 위해서는 변화의 결과를 파악할 수 있는 비교 기준이 필요하다. 벤치마킹이란 기업이 경영 성과의 지속적인 개선을 위해서 생산, 유통 그리고 관리 능력 등을 외부적인 비교 기준을 통해 평가해서 개선해 나가자는 경영 혁신 실천 기법을 말한다.

즉, 현재의 경영 상태와 수준을 분석·평가하여 이를 토대로 차선의 달성 가능한 목표를 설정하고, 그 목표와의 격차를 줄여 나가도록 경영 개선에 노력하면서 단계적으로 목표 수준을 향상시켜 나가는 방식인 것이다.

우리는 흔히 국제 경쟁력 향상을 이루어야 한다고 주장한다. 그러나 전통적인 소농 경영(小農經營)에 익숙해 왔던 농업 경영 방식이 일거에 국제 경쟁력을 갖춘 상태로 발전하기를 기대하기는 대단히 어렵다. 그러므로 비슷한 경영 규모나 영농 기반을 가지고 있으면서도, 높은 경쟁력으로 수지맞는 농사를 실현하고 있는 우리 이웃의 선진 농가 경영 수준만큼이라도 시급히 자신의 경영 상태를 향상시켜 나가는 것이 필요하다. 이웃의 선진 농가 경영 수준까지 자신의 경영 상태 개선을 차선적인 목표로 하여 경영을 개선하고, 이것이 이루어졌을 때 우리나라의 최고 수준, 그리고 세계적 수준까지를 목표로 하여 경영을 개선해 나가는 단계적인 경영 개선 방식이 바로 벤치마킹적 접근인 것이다.

벤치마킹을 성공적으로 도입하기 위해서는 일반적으로 3A 절차를 필수적으로 거쳐야 하는 것으로 알려져 있다. 즉, 채택(adopt)하고, 적용(adapt)하며, 발전(advance)시키는 것이 그것이다.

첫째, 채택 단계에서는 자신의 경영상 무엇을 벤치마킹해야 할 것이며, 그것을 달성할 수 있는 목표로서 어떤 선진 경영체의 기법 수준을 목표로 채택할 것인지를 결정해야 한다.

둘째, 적용 단계에서는 선진 경영체의 기술과 경영 기법과의 격차를 줄이기 위해서 어떻게 이를 실천할 것인지를 결정해야 한다. 이를 위해서는 자신과 비교될 기준이 되는 선진 경영체의 기술과 경영 수준이 정량적 또는 정성적으로 측정되어야 한다.

셋째, 발전 단계에서는 분석 결과에서 나타난 격차를 줄이기 위한 구체적인 계획을 수립하고 실행하며, 주기적으로 재조사를 실시함으로써 자신의 경영체 경영 수준을 향상시켜 나가는 것이다. 이를 위해서는 전문 기술과 경영 부문에 대해서 현장 농가의 애로를 구체적으로 상담하고 개선 방법을 조언해 줄 상담 지도(consulting) 체제가 뒷받침되어야 한다. 벤치마킹에 의한 경영 개선을 위한 단계별 활동과 지원 체계를 간추려 정리하면 [그림 13-2]와 같다.

벤치마킹 기법을 통하여 혁신을 이룩해 낸 대표적인 사례는 미국의 제록스사였다. 1970년대 세계 복사기 산업의 선두 주자였던 제록스사는 캐논사의 공격을 받아 1980년대에 들어오면서 80%나 되던 시장 점유율이 30% 정도로 급락하는 상황에 직면하였다. 이에 충격을 받은 컨스(David Kearns) 회장은 일본 캐논사를 벤치마킹 파트너로 선정하고 캐논의 디자인·가격 정책·원가 관리·제조 및 판매에 이르는 각 부분을 자사와 비교·분석해 혁신 대상을 도출하고 개

그림 13-2 벤치마킹의 단계와 지원 활동 체계

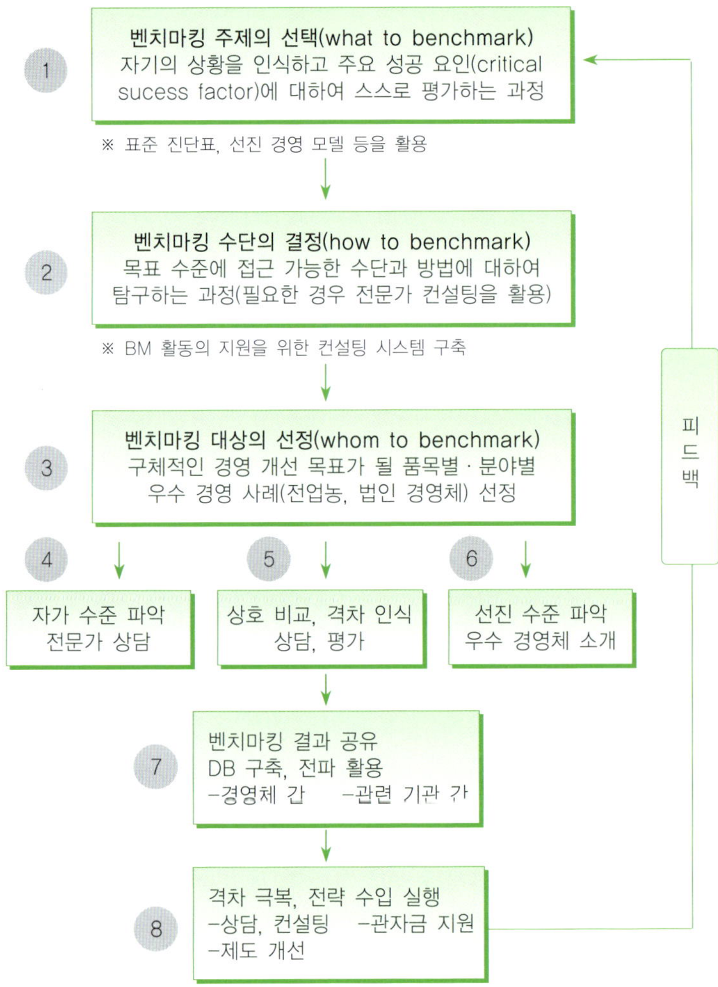

선을 추진하였다. 그 결과 90% 이상 기계 불량을 줄이고 1인당 매출액을 30% 이상 신장시키는 등 경영 개선 효과를 거두게 되었다.

(2) 벤치마킹의 목표, 종류 및 단계

벤치마킹의 목표 혹은 벤치마킹을 하는 이유는 궁극적으로 수익의 극대화이지만, 극대 수익이라는 경영 목표를 달성하기 위하여 벤치마킹을 행하는 보다 일반적인 이유는 다음의 몇 가지로 요약될 수 있다.

- 경영 목표 달성에 필요한 방법과 조치의 이해
- 보다 높은 경영 성과의 달성
- 최고 수준의 기술 혹은 활동의 인지 및 적용
- 창조적 사고의 발휘
- 경쟁력 강화
- 소비자 만족도 제고

벤치마킹의 타입 혹은 종류는 벤치마킹의 대상이 누구인가에 따라 내부적(internal) 벤치마킹, 경쟁적(competitive) 벤치마킹, 기능적(functional) 벤치마킹, 일반적(general) 벤치마킹으로 구분할 수 있다.

내부적 벤치마킹은 자신의 농장 내에서 어떤 특정한 프로세스를 다른 프로세스와 비교하는 방법이다. 경쟁적 벤치마킹은 자기 농장의 특정한 프로세스를 자신과 경쟁하는 혹은 선도 농장의 동일한 프로세스와 비교하여 선도 농장에서 행하는 최고 수준의 기술 혹은 활동을 깨닫고 배우기 위한 것이다. 기능적 벤치마킹은 어떤 특정한 프로세스를 자신의 농장이 포함된 폭넓은 산업 내의 비슷한 프로세스와 비교하여 자신의 경영 성과와의 격차를 인지하고 이해하는 방법이다. 일반적 벤치마킹은 전혀 관련 없는 산업의 어떤 특정한 프로세스를 자신의 농장과 비교하는 방법으로서 창조적 혁신(innovation)을 원할 때 사용하는 방법이다.

벤치마킹은 또한 무엇을 벤치마킹할 것인가에 따라 성과(performance) 벤치마킹과 과정(process) 벤치마킹으로 구분된다. 성과 벤치마킹은 농장의 성과를 나타내는 여러 가지의 지표를 선도 농가와 비교하는 방식이다. 성과 벤치마킹에서 사용될 수 있는 농장의 지표는 단수(10a당 생산량 산란 수, 일당 증체량), 평균 생산비, 단위 면적(마리)당 수입 등이 있다.

성과 벤치마킹을 수행할 때 얻을 수 있는 장점은 선도 농장과 자신의 농장 사이의 격차를 용이하게 인식할 수 있게 하며 또 벤치마킹을 하는 농가가 가장 우선적으로 개선해야 할 사항이 무엇인지를 파악할 수 있게 한다. 그러나 최선의 성과 혹은 선도적 성과를 얻을 수 있는 기술 혹은 활동이 무엇인지 알려 주지 않고, 약점을 어떻게 개선할 것인지에 대한 지침을 가르쳐 주지 않으면, 때로는 결과를 해석(얼마나 개선할 수 있을 것인가?)하기가 어렵다는 단점도 있다.

때로는 농업 경영체들이 경영 성과 외에도 과정이나 프로세스에 관심을 기울일 수 있다. 과정 벤치마킹은 보다 높은 효율성의 달성이나 품질 개선, 기술 혁신, 혹은 소비자 만족도 제고를 위해서 수행되는 것이 일반적이다. 과정 벤치마킹은 어떻게 그리고 얼마나 개선이 가능한가를 알려 주고, 선도 경영체와의 차이를 쉽게 알 수 있게 하는 장점이 있지만, 선도 경영체를 적절하게 설정하지 못하면 바람직한 결과를 얻지 못한다. 또한 과정 벤치마킹을 행하려고 할 때는 무엇을 벤치마크할 것인가에 대하여 분명히 할 필요가 있다. 왜냐하면 농업 경영체가 비교하고자 하는 기술 수준 혹은 활동에 따라 벤치마킹하고자 하는 선도 경영체가 결정되기 때문이다.

과정 벤치마킹에서 선도 경영체의 어떤 활동이나 기술을 벤치마크해야 할 것인가를 결정할 때에는 비용(벤치마크할 활동이나 기술이 경영체 전체의 가용 자원을 상당히 소비하는 경우), 현재의 성취도(과거에 비하여 혹은 잠재 능력에 비하여 상당히 낮은 성취도를 보일 때), 고객이나 소비자에의 접근성(소비자를 만족시키는 데 매우 중요할 경우) 등을 결정 기준으로 삼을 필요가 있다. 이 중에서 세 가지 기준을 모두 만족시킬 필요는 없고 한 가지 기준만 충족시켜도 벤치마킹을 수행할 당위성은 충분하다. 벤치마킹을 수행할 때는 어떻게 개선하고 얼마나 개선할 필요가 있는가를 깨닫기 위하여 성과 벤치마킹과 과정 벤치마킹을 병행하는 것이 필요하다.

벤치마킹 기법을 통하여 혁신을 이룩해 낸 미국의 제록스사와 텍사스 인스트루먼트사는 10단계의 과정을 거치는 벤치마킹 기법을 개발하였고, 알코아는 6단계, AT&T는 12단계의 과정을 포함하는 기법을 개발하였다. 그러나 이 모든 기법들이 앞에서 언급한 채택–적용–발전 절차의 변형이라 할 수 있다. 각 기법들에 일반적으로 포함된 주요 사항은 다음과 같다.

벤치마킹 주제의 선택

자신의 상황을 인식하고 가장 중요하면서도 잠재력이 큰 핵심 과정 혹은 절차를 인지하는 것이 매우 중요하다. 자기 농장의 경영 목표를 분명히 하고 그 목표를 달성하기 위하여 주위의 농업인, 상인, 소비자를 염두에 두면서 상호 도움이 될 수 있는 꼭 필요한 과정이 무엇인지를 결정해야 한다. 이를 위해서는 경영체의 목적, 소비자의 요구 등과 조화를 이룰 수 있는 적절한 성과 지표를 먼저 선정해야 한다. 성과를 측정할 수 있는 범주는 자산 및 자원의 효율화, 비용, 품질, 만족도, 경영 실적, 판매 실적 등을 나열할 수 있는데, 이러한 지표들은 일반적으로 비율로 표현될 수 있다.

경영체의 궁극적인 목표를 이윤 극대화에 두고 이 목표에 영향을 미치는 요인들을 수익성, 생산성, 유동성, 성장성 등으로 나누고, 중복되는 요인들을 정리한 후 비슷한 요인들을 농장 경영 성과에 큰 영향을 미치는 경영 기반의 보유 정도, 생산 요소의 결합과 이용, 생산 기술 수준, 경영 능력 및 판매 능력 등 5개의 큰 그룹으로 나누어 벤치마킹 주제를 선택하는 것이 효과적일 것이다.

벤치마킹 과정의 기획

벤치마킹의 범위, 벤치마킹 기간, 벤치마킹에 필요한 자원 등을 점검하는 일은 벤치마킹 활동에 꼭 필요하다. 상대적으로 단순한 벤치마킹은 복잡하고 깊이 있는 벤치마킹보다 시간과 자원이 덜 소요될 것이다. 그러나 상대적으로 절약되는 시간과 자원은 제품의 질을 높이거나 기술 수준을 높이거나 소비자의 만족을 높이는 것도 더디게 만들 것이다.

그러므로 벤치마킹의 범위를 앞에서 언급한 5개 범위로 나누어서 각 범위가 포함하는 점검 내용이 각각 하나의 벤치마킹이 되도록 한다. 그리고 단시간에 필요한 부분만을 선택하여 벤치마킹할 수 있도록 기획한 후 점차 벤치마킹 대상을 확대해 가는 것이 효과적일 것이다.

자기 경영체의 생산과 유통 과정상의 문제 이해

최선의 경영체 혹은 선도 경영체의 활동이나 기술 수준을 파악하기에 앞서 생산과 유통 과정에서 자신의 경영체가 어떤 현장 문제에 부딪치고 있는가, 어떤 요인이 (긍정적으로 혹은 부정적으로) 중요한 영향을 미치는가를 미리 깨닫는 것은 매우 중요하다. 이 과정 없이는 자신이 배우려는 선도 경영체의 장점을 파악하기가 쉽지 않을 뿐만 아니라 어떤 단계를 밟아서 경영 혁신에 나서야 할 것인지를 결정하기가 쉽지 않기 때문이다.

자료의 수집

이 단계에서는 자신의 경영체가 속해 있는 산업 부문 전체뿐만 아니라 자신과 유사한 경영체의 경영 정보에 대한 광범위한 자료 수집, 관련 문헌 검색, 잠재적 선도 경영체의 최선의 활동 및 기술의 인지, 자신의 경영체에서 꼭 필요한 것을 줄 수 있는 선도 경영체의 목록 작성, 벤치마킹 점검표의 고안 및 확정 등에 관련된 사항을 구체적으로 검토할 필요가 있다.

자료의 분석

벤치마킹을 수행하려는 경영체는 선도 경영체에서 얻은 정보로부터 선도적인 경영체가 수행하고 있는 경영 및 판매 활동 혹은 기술이 어떻게 성립되고, 또 그것을 가능하게 하는 배경 및 경영체의 능력 등을 배워야 한다. 분석의 결과는 자신의 경영체와 선도 경영체에서 이루어지는 과정 혹은 절차의 격차(갭)를 인지하고 또 개선을 하기 위해 필요한 방법을 제공할 수 있어야 한다.

특정한 개선 조치의 강구 및 수행

선도 경영체를 벤치마킹함으로써 얻은 최선의 혹은 선도적인 기술과 경영 및 판매 활동을 실현시킬 수 있는 특정한 조치를 취하지 않는 한, 벤치마킹에 투입된 많은 시간과 자원이 낭비되는 것이기 때문에 개선을 위한 조치는 꼭 수행해야 벤치마킹의 목적한 바를 이룰 수 있다.

벤치마킹의 제도화

벤치마킹은 한 번 수행하고 나면 다음에는 거들떠볼 필요가 없는 일과성(一過性) 행사로 간주되어서는 안 된다. 벤치마킹이 성공적으로 수행되었다고 해서 그 결과가 영원한 해법은 아니다. 선도적 기술이나 활동은 움직이는 목표물처럼 다이나믹하고 또 최선의 활동 혹은 기술이라고 경영체가 오늘 결정한 것이라도 내일은 또 다시 개선되어야 하는데, 그것은 빠르게 변화되고 있는

35. 햇사레 복숭아 브랜드

'햇사레'란 '햇살에'를 연음한, 한글형 이름으로 경기도와 충청북도 두 개의 광역 단위 '햇사레과일조합공동사업법인'이 생산하는 복숭아 브랜드다. 농산물 연합 판매 사업 대부분이 한 지자체 내에서 여러 지역 농협이 참여하는 형태지만, 햇사레과일조합공동사업법인은 두 개의 광역 단위 연합체라는 점이 다르다. 이 연합 사업단에 참가하는 참여 농가는 고품질 복숭아를 생산함으로써 사업 물량의 규모화를 추진하였다. 햇사레 복숭아는 출범한 지 얼마 안 되었지만 기존 소비자에게 익숙한 감곡 복숭아, 장호원 복숭아라는 지역 명칭 대신 소비자에게 가장 먼저 떠오르는 브랜드가 되었다.

햇사레는 도입 초기부터 성공해 2001년에는 202억 원의 매출 실적을 올렸으며, 그 후 비약적인 성장을 거듭해 2008년에는 1만 5,000톤을 취급해 523억 원의 매출액을 기록하였다.

햇사레 복숭아의 3P 전략을 살펴보면 다음과 같다. 먼저 제품 측면에서는 엄격한 자체 검품 기준과 철저한 위생 관리를 유지한다. 소비자와 거래처가 믿을 수 있는 상품을 만들기 위해 시역 농협 APC(신지 유통 센티)도 GAP(우수 농산물 관리 제도) 시설로 인증을 받았다. 제품 선별 과정에서도 공동 선별 기준을 엄격히 적용해 출하 전 자율 검사제와 APC별 공동 검품을 통해 신뢰성을 확보하였고, APC별 에틸렌 가스 제거기 설치로 신선

햇사래 복숭아 매출액 추이

도를 유지하였다. 비파괴 당도 선별기를 통한 품질 관리, 나노 세척 설비 등 현대화된 공동 선별 시스템도 도입하였다. '햇사레'는 아울러 고품질 브랜드 이미지를 고수하기 위해 끊임없이 상품의 품질을 개선하고 있다.

2004년에는 기존 브랜드 이외에 '프리미엄 햇사레'를 출시해 프리미엄급 고품질 농산물시장에 진출하였고, 2005년에는 100% 공동 선별과 검품을 거치는 '햇사레 플러스'를 출시해 대형 매장에서 판매하고 있다.

가격 측면에서 '햇사레' 복숭아는 고가격 전략을 기본으로 하는데, 시중에서 파는 다른 지역 복숭아보다 20~30% 비싼 가격에 판매한다. 햇사레를 비싼 가격에 판매하는 것은 품질이 좋은 측면도 있지만 연합 판매 사업을 통해 창구를 일원화함으로써 유통업체에 대한 교섭력을 높인 측면도 있다. 과거 장호원이나 음성 일대의 복숭아 농가는 햇사레 연합사업을 시작하기 전까지만 해도 인지도에 비해 제값을 받지 못하였다. 4개 농협 간에 경쟁이 치열한 탓에 유통업체가 교섭력에서 우위에 있었기 때문이다. 복숭아의 대부분은 농가나 작목반에서 출하처를 결정하였기 때문에 물량 통제나 수급 조절이 불가능했다. 4개 조합이나 개별 농가, 작목반이 하던 거래처 교섭 업무를 햇사레과일조합공동사업법인으로 일원화함으로써 생산자의 교섭력이 커졌고, 대형 유통업체에서는 햇사레 브랜드의 인기와 높아진 교섭력 덕분에 다른 지역보다 높은 가격을 지불할 수밖에 없었다.

판매 촉진 측면에서 햇사레는 농산물이라는 측면을 감안해 일반적으로 기업이 하는 매스미디어를 이용한 광고보다는, 오프라인상에서의 활발한 프로모션 전략을 펼쳤다. 농협 하나로클럽 양재점에서의 건강 복숭아 대축제 행사, 농협 성남유통센터 건강 복숭아 대축제 행사, 서울대공원 직판 행사 등을 통해 가족 단위의 고객에게 복숭아 맛보기 행사를 진행하고 복숭아를 시식하고 판매할 수 있게끔 하였다. 또한 박스 디자인도 검은색 바탕에 황금색 복숭아를 올려놓은 형식을 사용해 소비자의 눈길을 사로잡았다.

유통 측면에서 햇사레는 2003년 5kg이던 복숭아 포장 규격을 팔레트 규격에 맞도록 4.5kg으로 바꾸어 물류 효율을 높였다. 아울러 유통 경로 측면에서는 대형 마트와 같은 오프라인시장뿐만 아니라, 인터넷이나 홈쇼핑 등 온라인시장에서 손쉽게 복숭아를 주문할 수 있게끔 하였다.

햇사레 복숭아 브랜드 마케팅의 성공 요인을 요약하면 다음과 같다. 먼저, 과거 작목반과 농협 단위로 분산된 브랜드를 햇사레라는 공동 브랜드로 통합하면서 막대한 물량을 유통함에 따라 브랜드 인지도가 높아졌다. 둘째, 햇사레 복숭아의 출하가 완전히 일원화되지는 않았지만 농협 경기도 지역 본부에서 조합 간 출하를 조정함으로써 수급 조절을 효과적으로 수행해 홍수 출하에 따른 가격 하락을 억제할 수 있었으며, 막대한 물량을 배경으로 시세도 조정하였다. 셋째, 브랜드명 측면에서 햇사레라는 명칭도 햇사레의 중요한 성공 요인으로 작용하였다. 햇사레라는 이름은 '새로 나온'이라는 의미의 '햇'과 '햇살'의 이중적인 의미로 풍부한 햇살을 받아 새로 나온 탐스럽게 영근 복숭아라는 뜻을 담고 있어서 소비자로 하여금 따뜻함, 신선함, 깨끗함 등의 이미지를 떠오르게 하였고 신선한 복숭아 이미지로 어필하기에 충분하였다.

이러한 성공에도 불구하고 브랜드 경영체인 햇사레과일조합공동사업법인은 아직 관내 농협과 작목반을 완전히 통제하지 못하는 문제점이 있다. 생산 관리와 출하가 통합 관리되지 못하고 개별 작목반과 조합에 맡겨져 있으며 단지 브랜드만 부착하여 출하함으로써 품질의 신뢰도가 미흡하고 출하 조절이 되지 않는 문제점도 있다. 앞으로 햇사레 브랜드가 지속적으로 성공하기 위해서는 엄격한 품질 관리 체계를 도입하고 다양한 홍보·판촉 활동이 수반되어야 한다.

자료: 김동환(2009).

현대 사회에 적응하는 일이기 때문에 지속적인 벤치마킹의 수행이 제도화되어야 한다.

(3) 벤치마킹 과정의 장애 요인

농업 경영 성과에 영향을 미치는 요인을 파악하고, 영향력이 큰 요인 혹은 영향력에 관련성이 높은 중요한 기술 수준이나 판매 활동 혹은 경영 활동을 점검하며, 개선 전략을 세워 추진해 나가는 벤치마킹은 많은 시간과 자원의 투입을 요구한다. 그러나 경영 개선 활동을 무위로 돌릴 수 있는 몇 가지 위험 요소는 늘 존재한다. 벤치마킹을 위태롭게 할 수 있는 다섯 가지 장애 요소를 열거하면 다음과 같다.

최고 경영자(CEO)의 확신 및 의사 부족

벤치마킹을 통하여 경영체의 성과 및 기술 수준 혹은 활동을 개선시키려는 명확하고 가시적이며 일관된 경영자의 의지와 개선 활동에 대한 지원이 필요하다. 일반적으로 벤치마킹이 실패하는 가장 중요한 원인으로 지적되는 것이 최고 경영자의 지원과 의사의 부족이다. 경영자의 확신이 없는 경우에는 벤치마킹 결과가 휴지화될 수도 있어 벤치마킹을 수행하거나 지원하는 사람들도 성의가 부족하게 되고, 또한 경영자도 그 결과를 확실하게 믿지 않을 것이기 때문에 벤치마킹은 백발백중 실패할 것이다.

농업 부문에서 벤치마킹을 수행할 때도 최고 경영자에게 먼저 벤치마킹을 수행해야 하는 타당한 이유를 제시함으로써 타의적이 아닌 자발적인 벤치마킹이 될 수 있도록 하여야 한다.

자기 경영체의 생산 과정 완전 이해

자신이 벤치마킹하고자 하는 과정이나 활동을 완전히 이해하지 못한다면 선도 경영체와 자신의 경영체 사이에 존재하는 격차를 분석할 수 없을 뿐만 아니라 선도 경영체에서 행하는 최선의 프로세스나 활동을 이해할 수 없게 된다. 이는 또한 선도 경영체의 경영자와 이야기를 나누는 과정에서 양자 간의 친밀함을 훨씬 높여 줄 수 있다.

과다한 벤치마킹 범위 선정

어떤 부문은 매우 복잡하고 상세한 지식을 요하기 때문에 모든 과정을 한꺼번에 벤치마킹하려는 욕심은 버려야 한다. 자기가 행한 투자 수익에 가장 큰 기여를 할 수 있는 특정 부문을 선택하여 분야를 좁히고 생산적으로 벤치마킹하는 것이 바람직하다.

필요한 시간과 자원의 미투입

벤치마킹이 성공적으로 수행되기 위해서는, 특히 경영자의 시간과 자원의 투입이 절실히 요구된다. 벤치마킹은 자료의 수집과 분석 또는 경영 개선 전략의 선택 등 모든 과정에서 많은 비용과 경영자의 시간 투입을 요구하게 되는데, 이러한 모든 투입은 당장의 경영 성과로 나타나기보다는 장래의 경영 성과로 나타나기 때문에 경영자의 관심이 약해지거나 소극적으로 변하게 될 우려가 크다. 경영자의 협조 없이는 실패할 가능성이 매우 높아진다.

미흡한 개선 조치

벤치마킹을 행하는 주된 이유는 자신의 기술 수준 혹은 판매·경영 활동을 개선시킬 최선의 과정을 인지하고, 이해하며, 개선 조치를 실시하는 것이다. 벤치마킹을 위한 벤치마킹이 되어서는 안 된다는 것이다.

이상과 같은 다섯 가지의 요인 모두가 최고 경영자의 자세 및 태도와 관련이 있지만 이 중 경영자의 확신 및 의사 부족, 필요한 시간과 자원의 미투입, 그리고 미흡한 개선 조치는 벤치마킹을 행하려는 경영자의 자세와 특히 관련이 있다. 이와는 달리 자기 경영체의 생산 과정 이해와 과다한 벤치마킹 범위의 선정은 벤치마킹 점검표의 설계와도 밀접한 관련이 있다.

2) 효과적인 경영 컨설팅 전략

(1) 농업 경영 개선 활동의 순서

벤치마킹에 의한 경영 개선 기법은 농업 경영자가 자신의 경영 상태를 지속적으로 개선해 나가기 위하여 스스로 수행하는 실천적인 활동이다. 그러므로 경영자의 확고한 경영 마인드에 입각한 경영 개선 의지가 가장 필요하다. 물론 경영 진단에 필요한 진단표를 개발한다거나, 경영 진단과 처방을 수행해 주는 적절한 상담 체제(consulting system)를 갖춘다거나 하는 문제에 대해서는 정부의 지원 역할이 필요하다. 그렇지만 어디까지나 벤치마킹을 수행해야 할 주체는 농업 경영자이다. 그들은 경영 혁신을 해 나가지 않으면 낙후·도태될 수밖에 없는 처지에 놓여 있으며, 경영 개선으로 얻게 되는 이득도 농업 경영자가 모두 차지하게 되기 때문이다. 농가가 자신의 경영 상태를 개선하기 위해서는 먼저 경영 진단을 통하여 자신의 현재 경영 상태가 전반적으로 어떠하고, 경영 요소별로 자신의 취약 부분이 어느 정도인지를 구체적으로 파악할 수 있어야 한다.

경영 진단이 이루어지고 난 이후에는 자신의 취약한 경영 부문을 체계적으로 개선·향상시켜 나갈 달성 가능한 목표를 세워야 한다. 비록 우리의 최종 목표가 국제 경쟁력이 있는 수준까지라고 할지라도 농가가 이를 단숨에 달성하도록 목표를 세울 수는 없다. 그러므로 달성 가능한 목표, 다시 말하면 벤치마킹의 현실적인 대상은 이웃하고 있는 선도 농가의 경영 수준으로 정하는 것이 현실적일 것이다. 일단 경영 개선의 목표가 세워지고 난 이후에는 그 목표를 달성하기 위한 경영 개선 활동이 이루어져야 한다.

바람직한 경영 개선 활동 순서는 다음과 같다.

① 경영 진단 결과를 바탕으로 하여 벤치마킹 대상이 되는 선도 농가에 비해서 자신의 취약 부분이 구체적으로 어떤 장애 요인에 대하여 어느 정도인지를 발견한다.
② 발견된 장애 요인 중에서 교정해야 할 부분의 우선순위를 결정한다. 즉, 어떤 부분을 먼저 또는 동시적으로 교정할 것이지 결정한다. 우선순위는 장애를 교정하기 위한 교정 비용과 장애를 교정함으로써 증가할 것으로 기대되는 소득과의 격차가 큰 부분, 말하자면 경영 개선의 이득이 큰 부분 그리고 장애 교정 작업이 손쉬운 부분부터 우선순위를 높게 두는 것이 바람직하다.
③ 장애 요인을 교정한 후에 소득이 예상만큼 실제로 증가하였는지를 평

가·분석하고, 만약 소득 증가가 예상에 못 미친다면 진단표에 의해서 그 원인을 다시 분석한 후 미비한 점을 다시 교정한다.

④ 만족할 정도로 경영 개선의 결과가 나올 때까지 ①~③의 과정을 반복한다. 만약 목표로 했던 선도 농가의 수준에 도달하였다고 판단되면, 한 단계 더 앞서 있는 새로운 목표 경영체를 벤치마킹 대상으로 설정하여 ①~④의 과정을 반복한다.

경영 개선 활동은 경영자 스스로의 능력으로 이루어지는 것이 바람직하지만, 부문별로는 유능한 상담자(consultant)의 도움이 필요하다.

왜냐하면 농업 경영의 성과는 그 성과를 결정하는 수많은 요인들이 있고, 각 요인은 경영자의 노력으로 간단히 개선될 문제도 있겠지만, 그 분야 전문가의 도움을 얻지 않고서는 쉽게 개선되지 않는 기술적이고 전문적인 문제도 있을 것이기 때문이다. 여기에서 효과적인 경영 컨설팅 체제가 필요한 것이다. 상담자는 경영 개선의 대상에 따라서 이웃의 선도 농가일 수도 있고 농촌지도소나 농협의 전문가 또는 대학의 전문가나 연구자일 수도 있을 것이다. 또한 각 분야 전문가 집단의 합의에 의한 경영 상담이 필요한 때도 있을 것이다.

그러나 다양한 농업 경영체가 직면하고 있는 경영 각 부문의 모든 개선 과제를 효과적으로 발굴해서 이를 개선하도록 조언하고 지도할 수 있는 전문가는 현실적으로 존재하지도 않으며, 존재한다고 할지라도 현장 농업 경영체가 이를 고용하는 것은 어려운 일이다. 그러므로 농업 경영 각 부문에 대한 구체적인 경영 개선 과제가 자력으로 또는 값싼 비용으로 분석될 수 있어야 하고, 이를 개선할 수 있는 각 분야의 상담자 집단에 의한 유기적인 협조 체제가 이루어지지 않으면 경영 컨설팅 효과를 기대하기 어려운 것이 사실이다.

(2) 농업 경영 컨설팅을 활성화하기 위한 조건

시장 경쟁 속에서 당당히 승리할 수 있는 농업 경영체를 만들기 위한 수단으로서의 경영 컨설팅의 필요성은 아무리 강조해도 지나침이 없을 것이다. 세계의 일류 기업들도 오늘의 성공이 있기까지에는 외부 전문가 집단(pool)으로부터 각 전문 분야에 대한 경영 컨설팅의 도움을 끊임없이 받았으며, 오늘날의 한국에서도 경영 위기를 극복하기 위해 일류 기업은 물론이고, 정부 부처마다 막대한 비용을 무릅쓰고 각 분야의 전문가 집단으로부터 경영 컨설팅 서비스를 받고 있기 때문이다.

그러나 농업 경영 컨설팅의 막중한 필요성에도 그 시장은 거의 성립되거나 존재하지 않는다. 그 이유는 무엇일까?

첫째, 경영 컨설팅 시장의 수요가 현재화(顯在化)되고 있지 않기 때문이다. 농업 경영 종목은 대단히 다양하다. 또한 종목별로 기술 내용이나 자재 구입, 생산물 판매 내용도 제각기 다르다. 이에 따라서 경영 각 부문마다 농촌 현장에서 일어나고 있는 애로 요인도 대단히 다양하다. 비용을 무릅쓰고 경영 컨설팅 서비스를 받고자 하는 농장의 경우에도 현장에서 일어나는 다양한 경영상의 문제 중에서 어떤 부분에 대하여 컨설팅 서비스를 받아야 할지, 그리고 서비스를 받은 이후 그 성과가 경영 개선의 결과, 다시 말하면 소득의 증가로 이어질 수 있을지에 대해서 확신을 하는 경영자가 없기 때문이다.

일반적으로 농촌 현장에 가서 "무엇을 도와드릴까요?"라고 물어보라. 아마 거의 대부분의 농장주들은 자금 부족을 호소할 것이다. 그러나 농사 현장을 들여다보면 기계는 녹슬어 있고, 땅은 산성화되어 있으며, 경험에 의존해서 대충대충 생산한 농산물을 산지 수집상에게 밭떼기로 판매하고 있음을 금방 알아낼 수 있다.

자금 부족을 해결해 주기 위해서 농협 융자를 알선해 준다고 이 농장이 경쟁력 있는 경영체로 바로 개선될 것이라고 믿을 사람이 몇이나 되겠는가? 이 농장의 돈 흐름을 바로잡아 주기 위하여 장부를 해 주고 회계를 바로잡아 주는 컨설팅 서비스를 수행했다고 해서 농장의 경영이 드러나게 개선되고 소득이 향상되겠는가? 그럼에도 불구하고 농장 경영자는 "경영체가 당면하고 있는 문제는 단지 자금 문제일 뿐"이라고 강변하고 있는 것이 농업 현실인 것이다. 이 때문에 문제 투성이의 농업 경영체가 가지고 있는 경영 컨설팅에 대한 잠재적 수요의 크기에도 불구하고 그 수요는 현실적인 시장 수요로 나타나지 않는 것이다.

다시 말하면, 농업 경영의 어떤 구체적 분야에 대해서 어떤 비용을 지불하고 어떠한 컨설팅 서비스를 받아야 할 것인가 하는 문제가 구체적으로 드러나 있지 않다는 점, 그리고 컨설팅 서비스의 구체적 성과가 농가 소득에 어떻게 기여할 것인지가 불분명하다는 점에서 농장 경영자가 컨설팅 비용의 부담을 달가워하지 않는다는 점, 이 때문에 정부가 비용 지원을 해 준다면 소극적으로 응하겠다는 관급적(官給的) 지원 체제에 길들여진 타성이 굳어 있다는 점, 기본적으로는 경영 컨설팅을 수행할 수 있는 경영 기록이 없다는 점 등의 이유 때문에 농업 경영 컨설팅에 대한 수요가 시장에 구체적으로 나타나지 않고 있다.

둘째, 현장 농업 경영체의 경영 혁신에 실제적인 도움을 줄 수 있는 경영 상담자 집단이 구축되어 있지 않기 때문이다. 농사 현장에서 경영을 개선하기 위하여 요구되고 있는 분야는 무척 다양하다. 농업기술센터가 수행해 왔던 관행적인 농사 기술 지도 문제를 비롯하여 첨단 자동화 시설의 관리 문제에 이르기까지의 기술 문제와 농협이 수행해 왔던 금융 지도와 판매 지도 등의 문제, 그리고 자재 구입과 기계 설치, 관리 및 정보화 문제에 이르기까지 그 내용은 대단히 복잡하고 다양하다. 그리고 이러한 경영상 문제는 연중 계속적으로 발생하는 것이 아니라 농업 생산이 진행되어 최종 판매에 이르기까지 경영의 각 과정에서 수시로 다른 문제로 바뀌면서 일어난다.

예컨대, 기술 문제만 하더라도 종래의 토지 이용형 농업 질서하에서의 문제와 오늘날의 자본과 기술 이용형 농업 질서하의 문제는 전혀 달라지고 있다. 종자 갱신과 시비, 병충해 관리 등만 잘 지도하면 되었던 기술 문제는 조직 배양 등 첨단 기술 활용상의 문제와 자동화 시설 관리 등의 문제로 보다 전문화·세분화되고 있는 것이다.

개별 농업 경영체가 당면하고 있는 보다 전문적이고 구체적인 문제를 해결하기 위한 컨설팅 서비스를 특정 분야 전문가 몇 사람의 협의로 충분히 공급할 수 있을 것이라고 기대하기는 어렵다. 그렇다고 각 분야의 전문가들이 모두 모여서(상근하면서) 개별 농장의 경영 컨설팅을 수행한다면 그 비용은 누가 감당할 것인가? 그러므로 경영의 각 분야에 대한 전문가 집단을 먼저 조직해 두고 필요한 경우 이들의 컨설팅 서비스를 값싼 비용으로 쉽게 이용할 수 있는 제도(system)를 갖추는 것만이 현장 경영체가 필요로 하는 구체적인 컨설팅 서비스를 효과적으로 수행해 줄 수 있을 것이다.

현실적으로는 양돈이나 시설 원예와 같은 농업 부문에서 회계 부분이나 특정 기술 분야 및 금융 부문에 대해서만 간헐적인 컨설팅이 이루어지고 있음을 볼 수 있다. 그러나 이를 통해서 우리가 목표하는 바와 같은 국제 경쟁력을 갖춘 농업 경영체의 대량 육성을 기대할 수는 없다. 그러므로 불완전하고 불충분한 농업 경영 컨설팅 시장부터 열어야 한다. 농업 경영 컨설팅에 대한 구체적인 수요가 시장에 나타나 있지도 않고 더구나 컨설팅을 만족하게 수행해 줄 수 있는 전문가 집단의 구성을 비롯한 제도(consulting system)도 갖추어 있지 않은 상태에서 어떻게 이를 새로운 경영 혁신 질서로 정착시켜 나갈 것인가?

만약 정부가 농업 정책 사업의 효율성을 경영 컨설팅을 통해서 보장받고

자 원한다면 무엇보다 컨설팅 시장을 조성해야 한다. 이를 위해서는, 첫째 컨설팅 수요를 유발하기 위해서 경영 컨설팅의 성과와 필요성을 경영자가 확신하지 못하고 있는 초기에는 컨설팅 비용의 일부 또는 전부를 보조함으로써 컨설팅 비용 자체를 낮추어 주는 제도상의 지원을 마련해야 한다. 이를 위한 재원은 정책 사업 자금의 일부를 사용하도록 의무화하는 등의 방법이 있을 것이다. 또한 각종 정책 투·융자 사업의 추진과 평가를 경영 컨설팅과 연계시키는 장치를 통해서라도 시장을 열어야 한다.

둘째, 전국에 산재해 있는 각 분야 전문가를 풀(pool)제로 등록시켜서 이들을 필요할 때마다 현장 애로 해결에 적절한 비용 조건하에 투입할 수 있는 광역 전문 컨설턴트망을 구축, 이들이 보유하고 있는 노하우(know-how)를 현장의 수요와 연결시킬 수 있는 제도를 적극 확립해야 한다.

셋째, 지속적인 경영 혁신 교육이 시행되어야 한다. 미국의 3대 자동차 회사로 군림해 오던 크라이슬러사가 사업 부진으로 경쟁에서 뒤처져서 부도 위기로 몰리자, 아이아코카(L. A. Iacocca)라는 전문 경영자를 영입함으로써 경영 혁신에 성공하여 다시 번영의 길로 들어서게 되었다는 일화를 보더라도, 경영자의 능력이 얼마나 중요한지 짐작할 수 있다. 오늘날 우리 농업의 경영 수준을 높이기 위해서는 무엇보다도 유능한 경영자의 존재가 절실함은 두 말할 필요가 없다.

우리나라의 일반적인 소농 경영 상태하에서는 경영 혁신을 통해 생산성이 몇 % 향상된다고 하더라도 생산성 향상의 몫이 그다지 크지 않기 때문에 경영 효율을 높이자는 동기 자체가 약할 뿐만 아니라, 심지어 성가신 일쯤으로 해석될 수밖에 없다. 이 때문에 우리 농업 경영자의 경영 마인드는 일반적으로 취약하다. 이들에게 경영 혁신을 위한 동기를 부여하고 경영 혁신 전략에 대한 이해를 높이기 위해서는 단기간에 걸친(1~3개월) 집중 교육과 함께 경영 혁신 전략에 대한 수시 교육 제도가 확립되어야 한다.

이 교육은 경영자뿐만 아니라 경영체에 참여한 구성원마저도 대상으로 해야 한다. 이를 통해서 도전 의지가 있는 유능한 농업 경영자를 다수 확보하는 일이 우리 농업 경영 혁신의 새로운 출발점인 것이다. 경영 혁신의 필요성과 중요성을 농가들이 스스로 깨닫기를 기다릴 시간이 우리에게는 충분히 주어져 있지 않다. 그러므로 교육을 통해서 적극적으로 알려야 한다.

넷째, 경영 컨설팅의 필요성은 인정하지만 참여는 기피하려고 하는 농가들의 속내를 헤아려야 한다. 농가들은 자기 농장만의 독특한 기술상의 노하우나 재정 상태가 공개되는 것을 꺼리고 있을지도 모른다. 다른 사람은 가만 있는데 왜 내가 유별나게 나서야 하는지 눈치만 보고 있는지도 모른다. 그러므로 컨설팅 자료의 비밀 보장을 약속해 주어야 한다. 가능하면 지역 내의 그룹이나 조합을 통한 집단 계약제를 추진함으로써 농가들의 동류의식(同類意識)을 유발하는 것도 초기 활성화 전략이 될 것이다.

다섯째, 광역 컨설팅 그룹에 포함되어야 할 전문가들은 지방의 농대 교수, 영농기술센터의 연구자, 농협의 금융 전문가, 분야별 선도 농가, 상인을 포함한 유통 전문가, 그리고 기타 민간 전문가들로 다양하게 구성되어 현장에서 요구되는 다양하고 구체적인 문제를 빠짐없이 취급할 수 있도록 함으로써 농가에게 실질적인 도움을 줄 수 있어야 한다.

3) 경영 컨설팅에 포함되어야 할 내용

(1) 기업의 안정성, 건전성

일반적으로 말하자면 기업의 경영 수준 정도에 따라서 경영 컨설팅 분야는 달라진다. 또한 경영 컨설팅 수요자의 필요에 따라서 경영 컨설팅 내용도

36. 상추 아파트로 부자되다

비용 절감, 품질에 신용까지 높인 전기 온풍 난방 시스템

아파트 베란다를 이용해 상추며 방울토마토를 키워 먹는 주부들이 늘고 있다. 먹을거리에 대한 불안감 해소와 함께 아이들의 자연 학습 효과가 높기 때문이다.

도시 소비자들이 아파트에서 상추를 길러 먹는다면 농촌에서 상추를 키우는 농업인들은 어떻게 해야 할까? 베란다를 만들어 팔아야 하나? 그건 아니다.

"보통 사용하는 하우스는 공간 활용도가 너무 낮더라고요, 빈 공간을 어떻게 활용해 볼 방법이 없나 생각하게 됐죠. 그게 아마 1990년 초반일 거예요."

그런 생각들을 정리해 농업에 도움이 될 만한 자재를 개발·보급했는데 아주 인기가 좋았다고 한다. 그러면서 차츰 농업에 할애하는 시간이 많아지면서 벼농사와 과수 농사를 전문으로 하는 농업인이 되었다.

전자동으로 운영되는 상추 아파트의 탄생

2003년 임선호 씨의 농자재 발명의 결정체가 탄생된다. 바로 1993년부터 연구와 실험을 거듭하던 비닐하우스의 위 공간을 활용한 방법에 대한 해답이다.

"처음 생각하고 연구할 당시에는 제가 시설 채소를 안해서 실험하고 적용하는 데 많은 애로점이 있었어요. 그런데 2000년부터 본격적인 시설 채소로 전환하면서는 틈만 나면 연구하고 실험하게 됐죠. 그러니까 결과가 빨리빨리 나오더라고요. 그게 바로 양액 재배 포트와 양액 재배 장치입니다."

이 두 장치는 사각형의 작은 플라스틱 포트 한 쪽에 구멍을 낸 뒤 이 곳에 상추 모종을 심고 포트를 10여 개 겹쳐 위로 쌓는 방식으로 작은 면적에서도 많은 양의 작물을 재배할 수 있으며 벌레의 피해가 없다는 장점을 가지고 있다.

또한 흙 대신 화강암을 곱게 자른 다음 2만 5,000도 이상으로 가열하여 돌의 부피를 늘린 후에 사용한다. 여기에 자동 물 공급 시스템을 설치해 노동력을 크게 절감시켰고, 재배 용기를 360도 회전하면서 햇볕을 고루 쬘 수 있어 고품질의 상추를 재배할 수 있었다.

이 기구를 사용할 경우 난방비와 관리비를 생산량에 비해 크게 줄일 수 있는 이점도 있다. 아울러 모든 시설이 전자동화가 되어 있어 모종을 파종하거나 수확을 하는 경우를 제외하고는 일손이 많이 필요 없는 이점까지 가지고 있어 항상 앉아서 힘들게 일해야 하는 상추 재배의 단점을 보완한 획기적인 발명품으로 평가받았다.

2000년 시설 하우스 시작 당시 500m² 하우스 하나였던 그의 농장은 이 장치를 위해 5억 원을 투자하여, 500m²의 전자동 시설 하우스를 건립할 수 있게 되었다. 그 전자동 시설 하우스에는 상추와 치커리를 포함하여 20만 포기를 식재하고 연간 12번의 수확을 이루어 내어 24억 원이라는 경이적인 매출을 기록하였다. 물론 투자 비용 5억 원은 5년 만에 회수할 수 있었다.

"우리 농장에서 생산되는 상추는 4kg에 약 4,000원 정도로 다른 농가에 비해 훨씬 비싸게 팔리고 있어요. 그러나 일단 먹어 보면 맛이 다르다는 것을 알기 때문에 반응이 매우 좋습니다."

농장의 시설을 자동화로 갖추며 그는 You-氣 농장이라는 명칭을 사용해 농산물 출하에도 사용하고 있다. You-氣 농장은 "당신의 건강을 책임지는 깨끗한 농산물을 제공"하겠다는 의미를 담고 있다.

앞으로 임 대표는 외국으로 눈을 돌려 시설에 대한 수출을 추진할 방침이며 국내에서는 작물을 재배할 수 있는 시설이 모두 갖춰진 만큼 상추와 치커리 같은 쌈채소뿐만 아니라 고부가가치를 창출할 수 있는 다양한 작물에 대해 연구할 예정이다.

"중간상인이나 소비자가 가격을 결정하는 것은 옳지 않다고 봅니다. 농민들이 원가 계산을 해서 스스로 가격 결정을 하는 시대가 되어야 합니다. 또한 앞으로 우리 농촌은 친환경 농업, 첨단 농업, 관광 농업, 공장형 농업으로 지역 특화, 권역화를 이뤄야 한다고 생각합니다. 나는 이 중 공장형 농업을 지역 특화 사업으로 발전시켜 세계적으로 경쟁력을 가진 농촌을 건설하는 데 노력할 겁니다."

농촌이 아무리 어렵고 힘들다고는 하지만 아직까지는 농업에 희망이 존재한다. 가장 발전하지 않은 곳이 농촌이고 근본이 되는 산업 또한 농업이기에 농업에 혼을 실어 농사에 전념한다면 분명 전망이 있는 사업이 될 수 있을 것이다.

자료: 농림수산식품부(2009), pp. 144~153에서 발췌·인용함.

달라진다. 관행적으로 기업의 경영 컨설팅 분야는 회계 분야, 특히 기업의 안정성이나 건전성 분석 분야에 집중되어 왔다. IMF 위기 이후 우리나라에서도 기업의 인수·합병(M&A)이 활발히 진행되어 왔다. 다른 기업을 인수·합병하려는 기업이나 인수·합병당할 처지의 기업 또는 이를 주도하고 있는 채권 은행단 모두의 관심은 기업의 안정성 내지 건전성에 집중된다. 이를 위해서 일반적으로 사용되는 분석 기준은 다음과 같은 5개 지표이다.

$$\text{수 익 성} = \frac{\text{매출액}}{\text{매출 원가}} : \text{매출원가율의 역(逆)}$$

$$\text{지불 능력} = \frac{\text{유동 자산}}{\text{부채}} : \text{유동성}$$

$$\text{활 동 성} = \frac{\text{매출액}}{\text{총자산}} : \text{유동성}$$

$$\text{지 구 력} = \frac{\text{자기 자본}}{\text{총부채}} : \text{유동성}$$

$$\text{성 장 력} = \frac{\text{자기 자본}}{\text{자기 자본} - \text{당기 순이익}}$$

위 각 지표의 분석 결과치가 1.0 이상 되는 기업이면 최우량 기업이고, 0.9~1.0이면 성장하고 있는 우량 기업, 0.8~0.9이면 핵심 역량을 강화할 필요가 있으며, 0.6~0.8이면 생존의 위기에 처한 기업으로 구조 개혁이 필요한 기업이다. 또한 0.6 이하의 기업은 재무 구조 분석상 부도 사태에 처한 기업이며 과감한 혁신이 필요한 기업이라 평가할 수 있다.

그러나 우리 농업 경영체의 경영 수준은 회계적 방법에 의해서 경영체의 안정성이나 건전성에 대한 경영 컨설팅 서비스를 수행해 주어도 충분할 정도의 단계는 아니다 과연 어떠한 분야가 농업 경영 컨설팅에 반드시 포함되어야 할 것인가.

(2) 건실한 성장성

대부분의 우리 농업 경영체들은 원하든, 원하지 않든 세계시장과의 경쟁에 나서고 있다. 정부의 과감한 지원과 정보의 홍수 속에서 새로운 기술을 과감히 받아들이고 시설을 확장하면서 경쟁 대열에 뛰어들고 있는 엄청난 변화의 와중에 휩싸여 있다.

이런 변화가 진행되는 과정에서 성공적인 경영체도 많지만 생산 관리, 마케팅 관리, 재무 관리에 실패하여 파산하고 있는 경영체들도 많이 발생하고 있다. 이 때문에 경영 능력도 없는 농가에 막대한 정책 지원을 수행한 방만하였던 농정에 대한 반성도 크게 일어나고 있는 것이 오늘의 현실이다. 그러므로 건실한 성장을 할 수 있도록 현장 농업 경영체를 육성하는 데 기여할 수 있는 컨설팅 서비스가 가장 긴요한 과제로 등장하고 있다.

중장기 경영 계획의 수립

자동화 시설까지 갖춘 상당히 규모가 큰 원예나 축산 농가를 방문 조사하면서 깜짝 놀라게 되는 경우가 종종 있다. 그것은 이들 농장의 대부분이 제대로 된 중장기 경영 계획을 갖추고 있지 않기 때문이다. 설계도 없이 훌륭한 건물을 지을 수 없다. 마찬가지로 경영 계획 없이는 성공적인 농사를 지을 수 없을 뿐만 아니라 건실한 성장도 기약할 수 없다. 어쩌다 중장기 경영 계획이 없이도 돈 잘 버는 농장들을 볼 때도 있지만 단지 운이 좋았기 때문이라는 생각을 지울 수 없다. 그러나 운에 의존하는 것은 도박하는 기분으로 농사짓는 것과 다를 바 없다. 경영 계획을 철저히 세우고, 수시로 계획의 진전 상태를 점검하고 보완하면서 경영에 임하지 않고는 성공하는 농업 경영을 지속적으로 이끌 수 없기 때문이다. 그러므로 금년 1년간의 농사뿐만 아니라 명년 또는 내후년 그리고 10년 후까지를 내다보는 중장기 경영 계획의 수립에 전문가의 컨설팅이 반드시 필요한 것이다.

효과적인 마케팅 전략 수립

“잘 파는 것이 반농사”라는 말이 있다. 아무리 품질 좋은 농산물을 잘 생산했다 할지라도 좋은 값에 잘 팔지 못한다면 농사는 실패한 것이나 마찬가지이다.

어떤 등급의 상품을 언제, 어떤 경로를 통하여 누구에게, 얼마나 판매할 것인가, 어떻게 상품을 차별화해서 시장 경쟁에서 계속 우위를 지켜 나갈 것인가, 어떤 판매와 홍보 전략을 강구할 것인가, 어떤 조직을 통하여 시장 거래 교섭력을 키워 갈 것인가? 이러한 모든 마케팅 전략 분야는 우리 농업 경영체에게 지나치게 생소한 분야이지만 경쟁에서 이겨 나가기 위해서는 필수적인 분야이므로 전문가의 컨설팅이 반드시 필요하다.

원가 혁신 전략 수립

전통적인 가족노동 의존적인 토지 이용형 농업에서 기술과 자본 의존형 농업으로 바뀌고 있는 것이 오늘날 농업 경영체의 변화되고 있는 모습이다. 농산물의 생산비 구성에서도 자가 보유의 노동력과 토지를 주로 사용하고 있었을 당시에는 자급비(自給費)의 비중이 높았기 때문에 원가 개념은 사실상 무의미한 것이었다. 그러나 외부에서 고용하는 생산 요소(노동력, 자본, 기술 등)의 비중이 높아질수록 비싸게 구입한 생산 요소를 어떻게 절감하고, 생산 요소의 단가를 어떻게 낮출 것인가 하는 문제는 경쟁력 수준을 결정하는 데 중요한 영향을 미치게 된다. 또한 같은 생산비를 투입하더라도 생산 효율성을 높이거나 불량품 비율을 낮추는 등의 생산성 향상 정도가 경쟁력 수준의 결정에 결정적인 영향을 미치게 되는 것이다.

그러므로 원가 혁신을 위한 경영 관리 시스템이 구축되어야 한다. 노무 관리, 자재 관리, 품질 관리, 생산 공정 관리 및 농장 기구와 조직 관리 등에 대한 관리 시스템을 농장의 특성에 알맞도록 구축하는 데 기여할 수 있는 컨설팅 서비스가 필요하다.

협동 네트워크 구축

원론적으로 경제적 약자인 농민은 협동에 의한 규모화로 시장 경쟁 과정에서의 약점을 보완해 나갈 수 있다. 종자에서부터 포장 자재에 이르기까지 수많은 농용자재(農用資材)를 구입하여 생산 활동을 수행한 뒤 산지 수집상에서부터 신물류업체에 대한 직거래 및 온라인 통신시장(cyber market)에 걸쳐서 제품을 판매해야 하는 오늘날에는 효과적인 협동 체제의 구축이야말로 성공적인 경영 혁신을 위한 지름길이다. 자재의 공동 구입, 생산 시설의 공동 이용과 관리, 공동 상표(brand)화, 공동 출하와 출하 관리, 생산·유통 정보 및 기술 정보의 공동 관리와 이용 등 농가 간 조직적인 협동이 필요한 분야는 더욱 다양해지고 있으며 필요성도 절실해지고 있다. 그러나 개별 농가의 입장에서는 어떤 분야의 어떤 경영체와 협동하는 것이 더 좋을 것이라는 정보가 없다. 그러므로 농업 경영의 효율화를 위해서 경영체 간의 협동이 필요한 각 분야에 협동 네트워크(network)를 구축하는 일에 대해서도 컨설팅 서비스가 이루어져야 한다.

이상에서 거론한 구체적인 분야 이외에도 영농 종목의 전환, 시설 확충이나 개체(改替) 등과 같은 경영 활동과 관련된 각종 의사결정에 관련하여 조언하고 상담해 주는 상담 체제가 갖추어질 필요가 있다.

충북대학교에서 운영해 왔던 지역농업협력교수단의 운영 경험에 의하면 굳이 경영 문제의 구체적이거나 특정한 분야가 아니더라도 농장 경영자들은 교수들은 만나서 이야기하고 싶어한다. 한마디로 그들은 너무 외롭기 때문이다. 교수를 비롯한 전문가들의 따뜻한 말 한마디, 격려 한마디에도 그들을 용기백배하여 다시 문제투성이인 자신의 농장으로 달려간다. 농업 경영 컨설팅 분야에 포함될 내용을 꼬집어서 단정적으로 말할 수 있는 전형적인 것은 찾기 어렵다. 단지 현장에서 발생하는 모든 문제에 대해서 사례별로 접근하여 하나씩 해결하면서 그 전형(model)을 만들어 나가야 할 첫걸음 단계에 처해 있기 때문이다.

3. 농업 경영 혁신의 부문별 실천 전략

농업 경영의 기본 요소인 3P, 즉 상품, 프로세스, 사람의 혁신을 위해서는 요소별로 세 가지의 세부적인 실천 전략의 추진이 필요하다.[2]

첫째, 상품(product) 혁신으로는 시장 지향적 상품 개발, 역발상을 통한 틈새시장 개척, 스토리 상품의 개발 등을 들 수 있고, 둘째 과정(process) 혁신은 시장 지향적인 생산과 유통 프로세스 구축, 개별 농장의 조직화에 의한 규모화, 해외시장 개척 등이 포함되며, 셋째 사람(person) 혁신은 장인 정신, 농기업 CEO 육성, 지속적인 벤치마킹과 학습 등 부문별 실천이 이루어져야 한다.

1) 상품 혁신

(1) 시장 지향적 상품 개발

경제성장과 더불어 생활 수준이 향상됨에 따라 육체적·정신적 건강의 조화를 지향하는 '웰빙'(well-being) 개념이 농식품 소비시장 트렌드를 주도하고 있다. 농산물을 생산하는 농가, 농업 경영체와 가공을 담당하는 식품업체, 유통업체 중에서 새로운 소비 트렌드를 포착하여 발빠르게 대처하는 성공 사례가 늘고 있다. 따라서 농산물의 고부가가치를 실현하고 새로운 시장을 창출하기 위해서는 현재 시장에서 일어나고 있는 변화를 정확히 파악하여 대응하는 것

2 성진근(2009), pp. 356~362.

이 필요하다.

소득의 양극화가 소비의 양극화를 초래하고 있으며 소득 계층 간 자산 격차가 더욱 확대되면서 고급 시장이 확대되는 추세이다. 특히 젊은 계층을 중심으로 한 모방 소비가 고가품 시장을 넓히면서 소득과 관계없이 고소득층의 소비를 모방하고 있다. 이미지와 미적 측면을 중시하는 소비 생활의 감성화·패션화가 진행되고 있는데, 이는 소비자들이 가격, 품질 등 기본적 속성 외에 브랜드, 디자인, 이미지 등 감성적 요소를 함께 고려하기 때문이다. 따라서 농업 경영체 및 가공·유통업체는 시장에서 일어나고 있는 소비 트렌드의 변화를 감지하여 새로운 신무기(제품)를 생산할 수 있도록 연구 개발에 전력투구를 해야 한다.

(2) 역발상을 통한 틈새시장 개척

기존의 고정관념을 과감히 버리는 발상의 전환을 통해 변화하고 있는 소비 패턴에 맞춘 새로운 시장을 창출해야 한다. 이를 위해서는 새로운 유통 채널 구축과 차별화된 판매 방법 등으로 자신만의 제품을 선호하는 고객층을 만드는 것이 중요하다. 또한 고정관념에서 벗어나 선진 농업국의 성공 사례를 벤치마킹할 필요가 있으며, 다른 나라와 비교해 상대적으로 경쟁력 있는 IT, BT 등 타 산업과의 융·복합을 통해 새로운 농산품의 개발 및 시장의 창출을 시도해야 한다. 최근 들어 역발상으로 남들이 보지 못하는 가능성을 보고 차별화된 농산물의 생산 및 가공을 통해 틈새시장을 공략하여 성공한 농업 경영체들의 성공 사례가 이를 입증하고 있다.

(3) 관광 상품의 개발

국민소득이 증가하고 주 5일 근무제 등 여가 문화가 바뀌면서 농촌 녹색

관광에 대한 도시인의 잠재적 수요가 커지고 있다. 이에 따라 콘크리트 문화에 싫증난 도시인들을 농촌의 쾌적한 공간으로 끌어들여서 관광도 즐기고 맛, 기능성 등으로 차별화된 농산물을 현장에서 구입하도록 유도하는 지역 농산물의 관광 상품화 전략이 또 다른 상품 혁신의 새로운 모델로 등장하고 있다.

농산물은 단순히 식품으로서의 기능만 수행하는 것이 아니다. 먹는 동시에 사람들을 즐겁게 하는 상품, 즉 농산물(agricultural products)과 흥겨운 놀이(entertainment)를 겸하는 상품으로 거듭났을 때 기대 밖의 소득을 농장에 가져다준다.

(4) 스토리 상품의 개발

농산물과 식품에 담겨 있는 감성과 문화와 삶의 질이라는 요소가 중요한 소비 결정 요인으로 자리잡고 있기 때문에 농산물만 파는 것이 아니라 이야기를 팔아야 하는 시대가 되었다. 농산물의 경우, 품질과 맛에 대한 판단 기준이 주관적이며, 눈에 보이지 않으므로 소비자가 상품을 선택할 때, 브랜드 인지도, 신뢰성, 안전성 정도가 중요한 요인으로 작용하고 있다. 이를 고려하여 고객에게 호소할 수 있는 브랜드 전략을 세우는 것이 급선무이다. 브랜드는 단순한 이름이 아닌 상품에 대한 얼굴이며, 상품에 대한 내력 또는 정체성이므로 브랜드에 상품에 대한 스토리를 담아내야 고객에게 진정한 만족감을 줄 수 있다. 흔히 알고 있는 외국의 명품들도 하나같이 각각의 상품에 대한 스토리가 존재한다. 상품을 만들어 낸 사람에서부터, 특수한 제조 방법, 브랜드의 발전 과정 등에 대한 이야기가 그 상품을 소비하는 고객들로부터 단순한 소비에 대한 갈증 해소 이외의 커다란 만족감을 줄 수 있다.

2) 프로세스 혁신

(1) 시장 지향적인 프로세스 구축

농산물 유통에서 상품의 부가가치가 생성되는 흐름을 의미하는 가치사슬(value chain)이 변화되고 있다. 농산물의 구매 결정 요인이 가격 요인 이외에도 건강·기능·안전을 중시하는 방향으로 바뀌고 있다. 또한 비대면 소비와 대형 유통업체의 시장 점유율이 높아짐에 따라, 생산자 중심의 생산에서 소비자 중심의 생산으로 힘의 균형이 이동하고 있다. 이에 따라 농업 경영 주체들이 소득을 높이고 경쟁력을 향상시키기 위해서는 생산에서 판매에 이르기까지 철저히 시장 지향적인 관점에서 단계별로 차별화하는 전략이 필요하다. 소비자들의 기호 및 트렌드를 생산 단계에 반영하여 신제품을 개발하고, 새로운 저장 기술과 포장 기술을 개발하여 신선도를 향상시키고, 효율적이고 효과적인 유통 경로를 통해 소비자에게 우수한 품질의 상품을 전달해야 한다. 즉, 저장·가공·유통 과정을 연계하여 새로운 부가가치를 창출해 냄으로써 근본적인 경쟁력 향상을 유도해야 한다는 것이다.

(2) 개별 농장의 조직화

개별 농가의 경우 농산물 생산 기술은 뛰어날지 모르나, 생산된 농산물의 가공·유통·판매에서는 한계가 있기 때문에 개별 농가를 기반으로 하되 이를 보완할 수 있는 품목별·산업별 전문 조직의 육성에 의한 경영의 규모화가 필요하다. 농업 경영체의 대부분이 가족·개별 농가로 규모화가 진행되고 있지만, 개방화 시대에서 기존의 농업 경영체로만으로는 급변하는 대내외 환경에서 경쟁력을 유지하기가 어렵다. 개별보다는 품목별로 연합하여 규모의 경제와 범위의 경제를 달성하여 시장 교섭력을 강화하고 상품 개발 및 디자인, 고객 관리 등에서 우위를 확보하는 것이 필요하다.

현재 유통을 담당하는 지역 단위의 산지 유통 조직이 활발히 운영되고 있으며, 대표적인 조직 형태로는 영농조합법인과 농업회사법인이 설립되어 운영되고 있다. 농업 생산력 측면에서 기계화·자동화가 쉽게 도입될 수 있으므로 생산비 절감, 대량 생산, 품질 균일화가 가능해지고, 품종 개량 및 가공 기술의 개발과 연구를 통해 경쟁력 확보가 가능하다. 대량으로 농산물의 생산·가공이 가능해짐에 따라 유통 채널을 효율적으로 개선할 수 있고, 대형 유통업체와의 교섭력이 강화될 수 있으며 농업 경영체로의 영속성에도 유리하고 새로운 전문 인력의 영입이 수월해져 후계자 선정 문제의 어려움을 해소할 수 있다.

3) 사람의 혁신

(1) 장인정신

1980년대에 들어서면서 선진국에서는 시장의 주도권이 판매자(혹은 생산자)에서 소비자(고객)로 서서히 이동하기 시작하였다. 소비자들은 더 이상 다른 소비자들과 똑같은 취급을 받기 거부하게 되었고, 자신의 취향에 맞는 제품을 가장 편리한 시간과 장소, 가장 유리한 인도 조건으로 구매할 수 있도록 판매자에게 요구하기 시작하였다. 또한 최근 국제적 트렌드로 자리잡은 웰빙 열풍에서 보듯이 소비자 계층이 나눠지면서 가격이 비싸더라도 품질 좋은 농산물을 선호하는 소비자들이 증가하는 추세로 변하고 있다. 예컨대, 일본의 고급 쌀인 '고시히카리'는 중국 쌀에 비해 10배 이상 비싸지만 대만의 고소득 계층에서 선풍적인 인기를 얻고 있듯이 우리나라도 향후 고가격·고품질 농산물의 소비 계층은 더욱 확대될 전망이다.

이러한 고품질 농산품에는 고객을 감동시키는 무엇인가가 있으며, 단순한 먹을거리라는 개념에서 벗어나 만드는 사람의 혼과 제품에 담겨져 있어야 한다. 즉, 소비자가 구입하는 농산품에서 완벽을 추구하는 농업인의 장인 정신을 느낄 수 있게 해야 하며, 이를 위해서는 농업 경영자가 소비자의 행복을 최우선으로 고려하는 확고한 철학을 갖는 것이 무엇보다 중요하다.

(2) 농기업 CEO의 육성

현대 농업 경영체에서 의사결정을 담당하는 농업 경영자는 일반 기업의 CEO와 동일하다. 따라서 농업 경영자들이 경영 활동을 함에 있어 CEO적인 경영 마인드와 기업가 정신은 필수적인 요소이다. 농업을 어떻게 경영하느냐에 따라 성과는 같은 조건에서도 큰 차이가 나며 철저한 비즈니스 마인드로 무장한 농업 경영인이 성공할 수 있는 시대가 도래하였다.

농업인의 경영 능력과 경영 마인드에 따라 농가의 경쟁력이 달라지고 있으며, 비즈니스 감각을 지닌 능력 있는 농업인의 육성이 필요하다. 향후 기술 혁신 노력과 경영 능력이 있는 농업 CEO만이 글로벌 경쟁 시대에서 살아남을 수 있다.

(3) 지속적인 벤치마킹과 학습

농업 경영체를 운영하는 농업 경영자는 변화무쌍한 대내외 환경의 트렌드에 적응하려면 지속적인 벤치마킹과 학습이 필요하다. 가속화되는 개방화 흐름에 농업도 '국경 없는 무한 경쟁 시대'로 진입하고 있다. 치열한 국제 경쟁에서 살아남기 위해서는 끊임없이 국내외 성공 사례의 벤치마킹에 의한 경영 혁신이 필요하다. 소비자 주권이 강화되고 시장 변화가 격심하기 때문에 남보다 빨리 새로운 아이디어와 기술을 통해 소비자 기호에 맞는 새로운 물건(상품)

생각의 폭과 통찰력을 키우자

37. 새로운 미래를 여는 지혜와 용기

대기근, 전쟁, 혁명, 공황 등 수만 년 인류 역사에서 위기는 수도 없이 반복되었고 그때마다 인류는 오뚝이처럼 다시 일어섰다. 물론 위기가 저절로 극복된 것은 아니었다. 수많은 사람들의 목숨이나 재산 등 엄청난 희생이 따랐고 국가나 민족, 그리고 기업들이 존망의 기로에 서서 큰 대가를 치르기도 하였다. 그러나 위기를 극복한 가장 큰 힘의 원천은 구시대의 낡은 패러다임과 규칙을 과감히 타파하고 새시대의 질서를 만들어 낸 사람들의 빛나는 지혜와 용기였다. 그 지혜와 용기의 원천은 위기를 있는 그대로 똑바로 바라보고 정면으로 돌파하려는 의지를 오롯이 세우는 일에서 찾을 수 있다.

위기는 위험과 기회를 동시에 품고 있는 양날의 칼이다. 기존의 모든 것을 허물어 버릴 만큼 위협적이지만, 역설적으로 위기는 사람들을 긴장하게 하고 새로운 모색을 감행할 용기를 부여한다. 세상이 어떻게 달라질 것인지 생각하고 나아가 세상을 어떻게 변화시켜 갈 것인지를 고민하는 지혜를 주기도 한다. 지금 이 순간, 위기 너머의 새로운 세상을 꿈꾸고 실천에 나설 지혜와 용기를 갖고 있다면, 바로 당신이 미래 세상의 참된 주인공이다. 태평양 끄트머리의 작고 척박한 나라에서 지금까지 우리가 만들어 온 생존과 성장의 기적은 분명히, 아직도 현재 진행형이다.

자료: LG경제연구원(2011), pp. 10~11에서 발췌·인용함.

을 개발하는 것이 경쟁력을 확보할 수 있는 길이기 때문이다.

농업 경영 CEO들은 농업 환경이 시장 경제라는 큰 틀 속에서 변화하고 있음을 인식하고 각자의 분야에서 전문성과 경쟁력 확보에 주력할 필요가 있다. 최근 새로움을 추구하고 학습을 통해 고정관념을 극복하고 성공한 농업 경영인과 새롭게 농업 경영에 뛰어드는 사람들이 증가하는 추세이다. 농기업 CEO들도 단순히 생산에 그치지 않고 유통과 판매까지 책임져야 하는 시대가 도래하였기 때문에, 농업 경영자로서 사업 계획을 수립하고 제품에 디자인을 가미할 수 있는 새로운 경영 마인드가 필요하다. 또한 농업의 잠재력을 기반으로 새로운 사업 및 상품 창출의 기회를 발견해야 한다. 식품, 제약, 유통, 관광, 레저 등 관련 산업은 물론이고, 예술·문화 분야와의 연계 방안을 모색하고 어떠한 유형이든 나름대로의 가치를 부여하여 아이디어를 찾고 이를 상품화하는 노력이 절실히 요구되고 있다.

이를 위해서는 선도적인 국내외 경영체에 대한 지속적인 벤치마킹과 다양한 교육 기회에 적극적으로 참여하여 꾸준히 학습하는 자세가 뒷받침되어야 한다.

제 14 장 농업 경영 진단과 자가 진단 기법

1. 농장 경영 성과에 영향을 미치는 요인 - 이론적 검토
2. 경영 진단의 실천과 요령
3. 자가 진단 기법

1. 농장 경영 성과에 영향을 미치는 요인 - 이론적 검토

같은 지역에 살면서 서로 비슷하거나 동일한 종목의 농사를 짓고 있는 여러 농가들이 옹기종기 모여 살고 있는 것이 우리네 농촌의 모습이다. 그러나 이 중에서도 농사를 잘 지어서 높은 소득을 올리고 있는 농가도 있고 그렇지 못한 농가도 있다. 왜 이러한 차이가 발생하게 되는가?

A와 B의 두 농가가 같은 지역에서 같은 종목의 농사를 짓고 있는데도 불구하고 상당한 소득상의 격차가 발생하고 있는 것은 일반적으로 다음과 같은 이유로 나누어서 설명할 수 있다.

첫째, 영농 규모 차이 등 부존 자원의 차이가 있기 때문일 것이다. 같은 종목을 가지고 1,000평의 농사를 짓고 있는 농가와 3,000평의 농사를 짓고 있는 농가 간의 소득 규모 차이는 불가피하기 때문이다.

둘째, 같은 규모의 농사를 짓고 있다고 하더라도 지력(地力)의 차이나 용·배수, 경지 정리 등 생산 기반이 농사짓기에 편하고 효율적으로 구비되어 있는 정도에 따라서 생산비의 차이가 나타나게 된다.

셋째, 같은 규모와 같은 생산 기반을 갖추었다고 하더라도 농사 기술의 차이나, 인력·비료·농기계 등 생산 요소의 적절한 보유나 이용 정도의 차이 때문에 생산성·품질 수준의 차이가 있기 때문일 것이다.

넷째, 같은 생산성과 생산비로 같은 영농 규모하에서 생산을 하고 있다고 하더라도 생산된 농산물을 농가가 어떤 값을 받고 어떻게 팔고 있느냐에 따라서 소득은 차이가 날 수 있다. 즉, 포장, 운송, 보관, 선별과 등급화, 상표화 등 농산물 유통 기술 및 농가의 정보 이용에 의한 시장거래력(bargaining power)의 정도에 따라서 농가 소득은 차이가 나게 되어 있다.

다섯째, 위의 모든 조건이 같다고 하더라도 경영 계획을 잘 세워서 이를 실천하는 동안에 생산과 유통 과정상의 모든 문제점을 기록에 의해서 점검하고 꾸준히 개선해 나가는 농가와 그렇지 못한 농가 사이에 소득의 차이가 벌어지게 됨은 어쩔 수 없는 현상이다.

이러한 여러 가지 조건들의 차이 때문에 농가 간에, 그리고 지역 간에 나아가서 국가 간에 농산물 생산성과 생산비의 차이 및 소득의 차이가 발생하게 되는 것이다.

농업 경영은 그 자체가 살아 있는 유기체이기 때문에 경영 요소 간, 경영 성과 간의 상호 관계를 명확히 구분하고 계측하는 것은 힘들고 어려운 일이다. 그러므로 농업 경영 분석에서 농장의 모든 것을 파악, 분석할 필요는 없다. 단지 농장의 경영 개선을 위한 사항을 뒷받침하면서 지나치게 복잡하지 않는 선에서 만족할 수밖에 없다. 특히 복잡한 상호 관계에 빠져들지 않으려면 생산성, 수익성, 유동성 등과 같은 중간 목표를 중심으로 체계화함으로써 파악해야 할 경영 활동의 종류와 범위를 가능한 한 몇 가지로 한정하는 것이 필요하다.

농장의 궁극적인 경영 목표는 농장으로서 존립과 발전을 담보해 줄 수 있는 수익성 실현에 있으며, 지속적인 수익성은 성장성 등의 중간 목표에 의해 뒷받침된다. 그러므로 농장의 수익성은 가장 중요한 벤치마킹의 지표가 된다.

1) 농장 수입에 영향을 미치는 요소

농장의 수익성은 농업 수입과 농업 지출에 의하여 영향을 받는다.

농업 수입은 [그림 14-1]에서와 같이 농산물 생산에 의한 수입(자가 생산 농업 수입)에 의해서 가장 크게 좌우되지만 농장에 따라서는 그 밖의 농업 활동에 의한 수입에 의해서도 영향을 받는다. 자가 생산 농업 수입 이외의 농업 활동에 의한 수입은 영농 자산의 임대 수입, 다른 농장의 농작업에 참여함으로써 얻

그림 14-1 농업 수입에 영향을 미치는 요소

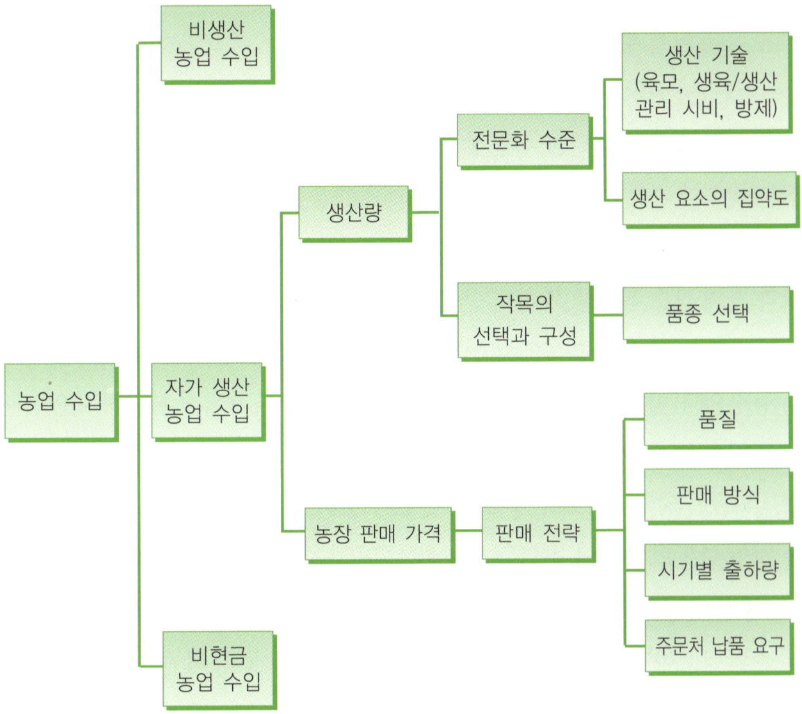

어지는 임금(농업 임금) 및 수탁 작업 수입, 다른 농장의 농산물을 판매 혹은 취급하여 얻어지는 수입과 같은 비생산 농업 수입과, 농산물의 자가 소비나 선물용 소비와 같이 현금 수입으로 이어지지 못하는 비현금 농업 수입으로 나눌 수 있다. 그러나 비생산 농업 수입과 비현금 농업 수입은 경영 실적 개선을 위한 벤치마킹 대상이 아니다.

농장의 농업 경영 성과에 가장 큰 영향을 미치는 자가 생산 농업 수입은 농산물에 의한 수입(작목별 수입)에 의해서 좌우되지만, 그 농장의 수직적 전문화의 수준과 작목 선택 및 작목의 구성에 의해서도 적지 않은 영향을 받는다. 수직적 전문화는 수평적 전문화라고 할 수 있는 작목별 전문화와는 달리 농작물이나 가축의 생육 단계별 전문화를 말하는 것으로, 이러한 수준이 높을수록 영농 자원 이용의 효율이 높고 수익성도 상대적으로 높다는 것이 지금까지의 경험이다. 작목에 따라서 차이가 있기는 하지만 농작물의 파종 및 육묘 단계를 생략하고 모종을 구입한다거나, 아예 모종만을 생산한다거나, 혹은 번식이나 육성을 생략하고 초임의 젖소를 구입하여 짧은 기간 내에 착유를 하는 등의 수직적 전문화는 노동력의 시기별 안배, 영농 시설의 이용률 증대 등의 이점이 있어서 농장의 수익성 제고에 보탬이 된다. 자가 생산 농업 수입에 가장 큰 영향을 미치는 농산물 수입, 즉 작목별 수입은 생산량과 농장 판매 가격에 의해서 결정되며 생산량은 농장의 생산 기술과 생산 요소 집약도의 적절성 여부, 그리고 품종 선택 등에 의해서 좌우된다.

생산 기술은 육묘(교배 및 분만)에서 생육, 수확에 이르는 전 생산 과정에 행해지는 영농 작업을 통해서, 집약도는 영농 자재나 노동력, 농기계 등의 사용 적절성 여부를 통해서, 그리고 품종은 그의 선택뿐만 아니라 구성의 적합성을 통해서 생산량에 영향을 미친다.

농장의 판매 가격은 기본적으로 해당 농장의 출하시장 여건에 따라서 좌우되지만, 특품·상품·중품 등의 비율과 같은 품질, 직판(문전 매매, 포전 매매, 직배 등)·도매시장 상장·위탁 판매 등의 판매 방식, 출하 시기별 출하 물량 배분의 적절성 여부, 그리고 주문처의 납품 요구 수용 능력 등에 의해서도 상당한 영향을 받는다.

2) 농업 지출에 영향을 미치는 요소

농장의 농업 지출은 자가 농산물 생산에 대한 생산 요소의 투입 수준, 부채에 대한 이자 및 원금의 상환, 영농 투자 지출 등에 의해서 영향을 받는다. 이 중에서 가장 큰 비중을 차지하는 생산 요소의 투입 수준은 농산물 생산에 대한 노동력, 소모성 영농 자재, 내구성 영농 자재 등 생산 요소의 투입 수준에 따라 크게 좌우된다.

이론적인 생산 요소의 최적 투입 수준은 적정 집약도(optimal intensity)와 생산 함수상의 생산 요소 최적 투입 수준, 그리고 산출물과 생산 요소 간의 가격비에 의해서 결정된다.

[그림 14-2]에서 보는 바처럼 생산 요소의 최적 투입 수준은 등생산량 곡선

그림 14-2 생산 요소의 최적 투입 수준

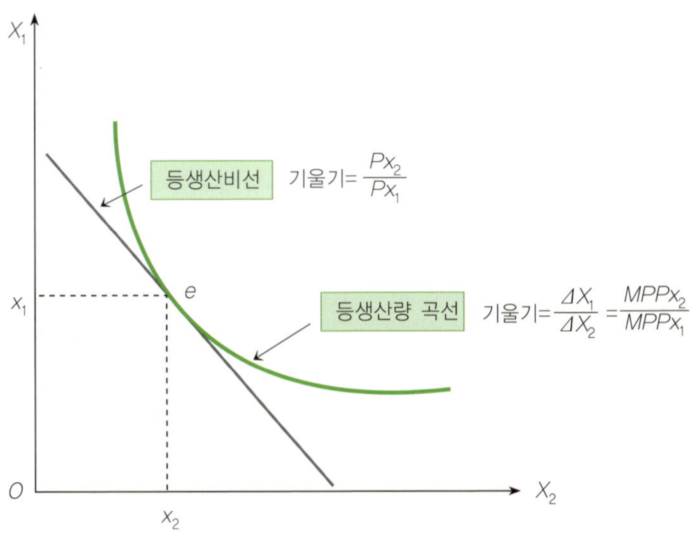

과 생산 요소 간의 가격비로 결정되는 등생산 비용선과 만나는 점 e에서 결정되며, 이때의 투입 수준은 생산 요소 X_1은 Ox_1만큼 X_2는 Ox_2만큼이다. e점에서 등생산곡선의 기울기인 생산 요소 한계대체율(marginal rate of input substitution) $MRSx_2x_1 = \frac{\Delta X_1}{\Delta X_2} = \frac{MPPx_2}{MPPx_1}$ 이고, 등생산비선 $TVC = Px_1X_1 + Px_2X_2$의 기울기는 $\frac{Px_2}{Px_1}$이므로 이들이 만나는 점 $\frac{MPPx_2}{MPPx_1} = \frac{Px_2}{Px_1}$이 최적 투입 수준이 된다. 즉, $\frac{MPPx_2}{Px_1} = \frac{MPPx_2}{Px_2}$가 생산 요소의 최적 투입 수준이 되는 것이다.

실제로는 생산 요소의 소요량(지출된 비용)과 실제 투입량 사이에는 감모 및 손실, 필지별 지력 및 토질의 차이, 기상 조건 및 위치 등에 따른 차이가 존재한다. 일반적으로 단위당 생산량이 많은 농장일수록 이론적 최적치에 가까운 투입 수준을 유지한다고 보아야 하고, 이러한 농장에서 행하는 영농 관행들이 벤치마킹의 대상이다.

생산 요소로서의 노동력은 생산성, 집약도, 배분 등을 파악할 수 있는 물량 단위(physical unit)와 수익성, 비용 등을 파악할 수 있는 금액 단위(monetary unit)로 파악해야 하고, 또한 임금이 지출되는 고용 노동력과 임금이 지불되지 않는 자가(가족) 노동력은 구분해야 한다. 투입 노동력의 이러한 구분은 농장 경영에 있어서 현실적으로 매우 중요한 의미를 갖는다. 즉, 고용 노동력의 절감은 생산비 절감으로 연결되지만, 자가(가족) 노동력의 절감은 가용 자원의 유휴화를 의미하기 때문이다.

소모성 영농 자재의 투입 수준은 농장의 생산 방식, 지리적 위치, 토질, 기술 수준 등에 따라서 차이가 있다. 또한 근래에는 지나치리만큼 다양한 영농 자재들이 공급되었다가는 없어지고 또 새로운 것들이 공급되는 등 변화의 폭이 다양하고 순환 속도가 빨라지고 있다. 값싸고 질 좋은 영농 물자를 제때에 구입하여 사용하려면 상당한 정보력과 경영 능력을 갖추어야 하는데 이는 벤치마킹의 좋은 점검 대상이다. 내구성 영농 자산(농기계, 영농 설비 등)의 투입은

그림 14-3 농업 지출에 영향을 미치는 요소

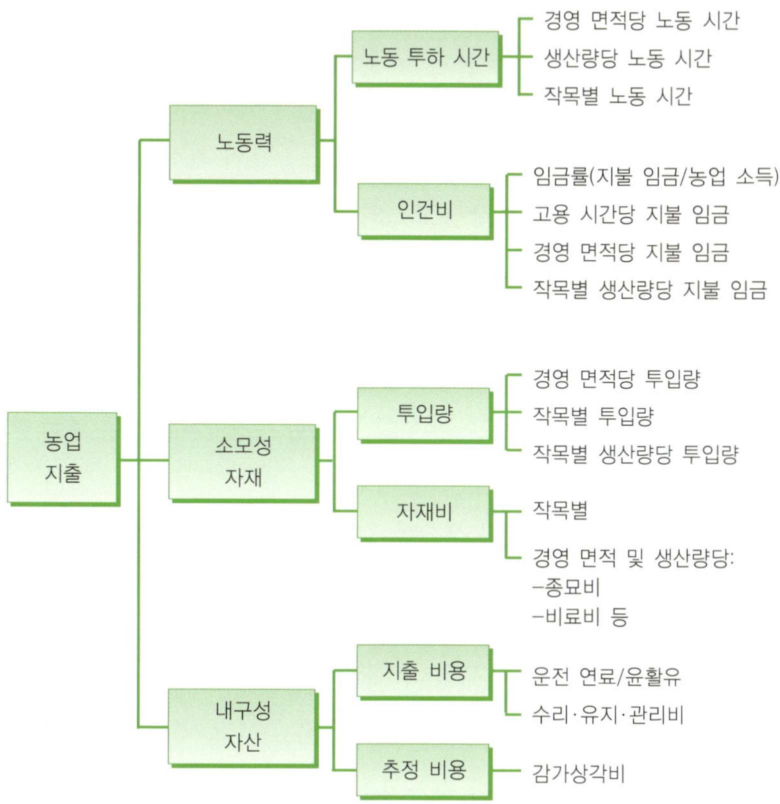

운전 및 사용을 위해서 쓰여지는 소모성 자재, 즉 운전 연료, 전력, 윤활유, 벨트나 칼날, 망 등과 같은 소모성 부품과 이의 수리 및 보수비, 차량에 대한 세금이나 보험료 등과 같은 관리·유지비와 감가상각비의 많고 적음에 따라서 영향을 받는다.

그러나 이 같은 내구성 영농 자산은 수시로 구입하여 사용하는 것이 아니라 이미 확보된 상태에서 사용되는 것으로 파악되어야 한다는 점에서 소모성 영농 자재와는 차이가 있다. 즉, 그로 인한 비용의 상당 부분이 실질적인 사용 여부와 관계없이 발생하기 때문에 내구재의 사용을 최소화하는 것이 아니라 확보 단계에서부터 적절한 규격과 수량을 초과하지 않도록 하고, 이미 확보하고 있는 기계나 시설에 대해서는 효율적 이용을 추구하는 것도 수익성에 오랫동안 큰 영향을 미치게 된다.

3) 유동성에 영향을 미치는 요소

일반적으로 유동성(liquidity)이란 새로운 분야나 업종으로의 전환이 얼마나 용이한가를 말하는 개념이다. 현금화가 용이한 자산이 많을수록 그리고 부채가 적을수록 유동성이 높고, 이러한 업종 전환은 기존의 부채를 청산할 수 있어야 한다는 관점에서 상환 능력으로 이해되기도 한다.

다만 농장의 영농 자산은 토지를 비롯한 고정 자산의 비중이 크기 때문에 농장에서의 유동성은 사업 전환보다는 유사시에 다시 일어설 수 있느냐, 혹은 부채를 일시에 청산하더라도 다시 일어설 수 있느냐라는 재기(再起)의 관점과, 농장이 농업 경영을 계속하면서 당초의 상환 약정을 지켜 나갈 수 있느냐라는 재무적 자료 흐름의 관점에서 접근하면 꼭 필요한 점검 대상이 된다.

4) 성장성에 영향을 미치는 요소

농장의 성장성은 "성장했느냐?"라는 측면(성장 여부)과 "성장할 것이냐?"라는 측면(성장 가능성)으로 나눌 수 있다.

농장이 성장하였다는 것은 결과적으로 농장의 경영 규모가 확대되었거나

생각의 폭과 통찰력을 키우자

38. "혁신… 또 혁신" 현장 움직이는 포스코의 소통

포스코는 선조들의 피의 대가로 설립된 회사다. 1965년 한일협정 때 일제 통치의 보상으로 받은 대일(對日) 청구권 자금을 투입해 만들어진 회사이기 때문이다.

1968년 겨울의 어느 새벽, 경북 포항 영일만의 허허벌판 공사 현장 사무소 앞에서 박태준 사장은 직원들을 불러 모아 "우향-웃"이라 외쳤다. 그 방향에는 막 해가 떠오르기 전 검붉은 빛이 일렁이는 바다가 있었다. 박태준은 "우리가 제철소를 짓는 일에 실패하면 역사와 국민 앞에 죄를 짓는 것이니 '우향우'를 해서 모두 저기 영일만에 몸을 던져야 한다"고 일갈하였다. '안 되면 되게 하라'는 포스코의 이른바 '우향우 정신'의 시작이었다.

2002년 포스코의 '홍콩 선언'도 그랬다. 민영화된 포스코를 이끌던 이구택 당시 회장은 전 세계에 퍼져 있는 포스코 임원들에게 "모든 임원은 홍콩으로 모이시오"라는 이메일을 보냈다. 세계 철강업계의 관심 속에서 홍콩에 모인 포스코 간부들은 "포스코의 미래는 자동차 강판에 달려 있다. 오늘부터 포스코는 범용강을 대량 생산하는 데서 벗어나 세계적인 자동차 강판 회사가 될 것을 천명한다. 첫걸음으로 2007년까지 300만t의 자동차용 강판을 판매하겠다"는 '홍콩 선언'을 발표하였다.

포스코는 당시 국내 자동차 회사에 약 100만t의 자동차 강판을 납품하는 것이 전부였다. 포스코의 '홍콩 선언'에 일본 제철업계는 "터무니 없는 희망 사항"이라고 비아냥거렸다. 일본의 반응은 후지모토 다카히로(도쿄대 교수)가 2004년 펴낸 『모노즈쿠리(제조업 세계 최강, 일본의 제조혼)』이라는 책에 잘 나타나 있다.

"포스코는 초기에 신일본제철의 프로세스를 그대로 받아들였고 일본 기술진의 조업 지도를 받았다. 그런데 어느 순간 포스코는 일반강 영련 코일이나 건설용 후판에서 놀라울 만큼 강해져 동남아에서 (일본 철강업체의) 강적이 되었다. 물론 자동차 외판용의 도금 강판 등 고급강에서는 여전히 약하다. …자동차용 도금 강판이나 산업용 전기 강판 등 완벽한 스펙을 내기 위해 일관된 품질 관리를 해야 하는 제품은 포스코처럼 제강부터 도금까지 세심하게 통합 관리하지 못하는 방식으로는 만들기 어렵다."

후지모토 교수의 이런 평가와 전망은 완전히 어긋났다. 포스코는 홍콩 선언을 2년 앞당겨 실현시켰다. 2005년 430만t의 자동차 강판을 생산했을 뿐 아니라, 영업 이익은 2002년에 비해 무려 400%가 늘어난 3조 5,000억 원을 달성하였다. 그리고 2008년 말, 일본 철강업체를 제외한 세계 모든 철강업체들에게 난공불락으로 여겨졌던 일본 국내의 도요타 자동차 생산 공장에 자동차 강판을 납품하는 데 성공하였다. 도요타자동차는 해외 공장에서는 외국 철강업체가 생산한 강판을 일부 납품받았지만, 일본 공장에서는 신일본제철 등 일본 철강사들의 제품만 고집하였다. 도요타자동차 창사 이래 유지되어 온 이런 고집을 포스코가 뚫은 것이다.

이것은 세계 철강업계의 후발 주자인 포스코가 세계 초일류 철강 기업으로 성장하기까지 포스코인(人)들의 노력을 담아 낸 현장의 결실이다. "위기일 때 혁신하고 잘 나갈 때는 죽을 각오로 혁신해야 한다"는 포스코 혁신 철학의 실현이라 할 수 있다. 예컨대, 세계 철강업계의 용광로 기술자들 사이에서는 도저히 달성할 수 없다고 여겨졌던 용광로 용적 $1m^3$당 하루 3t의 쇳물을 생산하는 출선비 3T/D.를 돌파하여 세계 신기록을 달성한 것은 포항제철소와 광양제철소가 공동 목표를 정하고 힘을 극대화하여 소통하였기 때문이다.

포스코 임직원들은 숱한 도전 과제를 달성한 비결이 소통과 의기투합이라는 사실을 보여 준다. 허남석 부사장은 광양제철소 소장 부임 이후 하루도 빠지 않고 진행한 조찬간담회를 비롯해 중식 모임과 워크숍을 통해 지속적으로 혁신을 설파하였다. 무언가를 지속한다는 것은 진심을 전달할 수 있게 한다. 그렇게 전달된 진심은 현장의 사람들에게 목표를 공유하게 하고, 자발적으로 업무 방식 혁신과 도전 과제 해결에 나서게 한다. 그런 과정은 한편의 감동적인 성공 스토리이기도 하다.

자료: 박봉규 외(2010), p. 17에서 재인용함.

기말의 여유 자금(아직 용도가 정해지지 않은 자금과 용도는 정해져 있으나 집행까지는 여유가 있는 자금)이 전기에 비해서 많아졌다는 것을 말한다. 또한 농장이 성장할 것이라는 것은 결국 상당한 투자를 했거나 감당할 수 있는 재원을 갖추었다는 것을 말한다.

따라서 농장의 성장 여부는 경영 규모 변동에 대한 분석을 통해서 가능하며, 경영 규모 변동은 경지 면적, 사육 두수, 시설 재배 면적, 생산량, 농업 소득, 농기계, 영농 장비 및 시설, 자기 자본 등의 변동에 의한다. 다만 경영 규모의 확대가 경영상 필요한 것인지의 여부나 농업 소득에 의한 것인지의 여부, 그리고 생산량 증대를 위한 것인지 아니면 생산량에 관계없는 현대화 혹은 합리화를 위한 투자에 의한 것인지 등에 따라서 성장의 질적인 평가는 달라지게 된다.

2. 경영 진단의 실천과 요령

1) 농업 경영 진단의 실천

전문적으로 농장 경영에 종사하는 의욕 있는 농업인들이 항상 제기하는 의문이 있다. 계획을 제대로 세워서 열심히 일했는데도 불구하고 왜 나의 소득은 이웃보다 낮은가, 자신의 경영 성과가 이웃 농가보다 좋지 않다면 그 이유는 어디에 있는 것일까, 농사를 잘 지었는데도 불구하고 수확해서 융자금을 갚고 나면 남는 돈이 너무 적은 이유는 무엇일까, 앞으로 내 농장의 발전 가능성이 과연 있는 것일까 하는 등이다.

이러한 의문에 대한 해답을 구하기 위한 작업이 경영 분석 또는 경영 진단인 것이다.

(1) 경영 진단의 비교 기준

농장 경영의 성과를 이웃과 비교하거나 또는 작년과 비교하는 등의 비교 기준이 먼저 세워져야 한다. 내 농장 경영의 문제점은 무엇인가? 이를 밝히기 위해서는 자신의 농장 경영 성과를 비교할 수 있는 상대적인 기준이 있어야 한다. 일반적으로 다음과 같은 세 가지 비교 기준이 경영 분석에 이용된다.

첫째, 경영 간 비교이다. 경영 간 비교란 자기의 경영을 타 농가의 경영과 같은 기간에 대하여 비교하는 것을 말한다. 경영 간 비교법은 시설 채소 단지와 같이 동일한 경영 규모, 동일한 온실 시설에서 농가들이 집단적으로 경영을 하는 단지의 경우나 또는 영농기록장을 작성하는 그룹을 만들어 상호간의 경영 성과를 비교, 개선점을 연구하는 집단 기장의 경우에 특히 유효하다. 단, 이러한 경우는 경영 조건이 비슷해야 하며, 영농기록장의 기장 양식이나 정리 방법이 비교 가능하도록 사전에 비교 방법이 통일되는 것이 전제되어야 한다. 그러한 전제가 충족되지 않은 상태에서 기계적으로 경영 간 비교를 하는 것은 아무런 의미가 없다.

둘째, 연도 간 비교이다. 이는 금년도의 경영 성과를 과거 연도의 경영 성적과 비교하는 것을 말한다. 자기의 경영과 유사한 경영체가 없어서 경영 간 비교가 곤란한 경우에는 자기 경영의 과거 성적과 금년도의 성적을 비교하는 연도 간 비교가 오히려 효과적이다. 현실적으로 경영체의 활동 성과를 표현하는 경제적인 지표에 대하여 절대적으로 몇 % 이상이 아니면 안 된다는 식의 절대평가는 어렵다. 오히려 경영체의 활동 성과가 매년의 추세 가운데서 보다 바람직한 방향으로 가고 있는가, 그렇지 못한가 하는 것이 핵심 과제인 것이다. 예를 들면, 자기 자본 비율이 30%에서 계속 머물러 있는 경영보다도 10%에서 상승하여 20%에 달한 경영이라면 후자 쪽이 장래성이 있는 경영이라고 평가할 수 있다.

셋째, 표준 비교이다. 이는 경영의 성과를 자기가 표준 모델로 삼고 있는 표준 경영의 경영 지표와 비교하는 것을 말한다. 자기의 경영 성과를 표준비교법에서 모델로 삼고 있는 표준 경영의 경영 지표와 비교하는 방법은 표준 모델의 경영 지표 자체가 정확한 것이라면 유용하다. 지역성, 경영 규모 및 생산 기술 체계를 고려한 정밀한 경영 모델이 없는 이상 반드시 정확한 평가 기준이 될 수 없는 경우가 많다. 그러나 표준 모델의 경영 성과는 본보기이고 모범이기 때문에 표준 모델과의 비교는 친숙하기 쉽고 경영 분석의 초보적인 방법으로서 널리 이용되고 있다. 컴퓨터에 의한 경영 분석에서는 표준치를 바람직한 기준 수치로 하여, 표준 모델과 자기 경영의 실적을 비교하는 방법을 자주 이용한다.

이상에서 소개한 경영 분석 방법은 특별하게 어느 하나를 선택하여 이용하기보다는 세 가지를 조합하여 활용하는 것이 바람직하다. 경영 분석의 세 가지 비교 방법 가운데에서 표준 비교가 가장 초보적인 방법이며, 경영 간 비교, 연도 간 비교의 순서로 진단의 주체성이 강화된다.

그 밖에 농장의 경영 성과를 평가하는 방법으로는 연도 초에 수립한 영농 계획과 연도 말의 경영 실적을 비교하는 방법도 있다. 농장의 영농 계획은 경영자 및 영농 참여 주체가 농장의 수지 균형을 고려하여 의사결정을 한 것이므로, 영농 계획의 달성 수준 정도에 따라 경영 성과를 평가할 수 있다. 즉, 농장의 영농 계획(목표)과 경영 실적의 비교는 농장의 궁극적인 평가라고 할 수 있으며, 가장 규범성이 높은 비교 방법이라고 할 수 있다.

(2) 경영 진단의 시작

경영 진단은 문제의 핵심이 무엇이며 그 원인은 무엇인지를 밝혀내는 작업이다. 농장 경영의 목표를 수익성 극대화 또는 농가 소득 향상에 두고 있다면 경영상의 문제는 다음의 계산식을 차분히 분석하면 밝혀낼 수 있다.

농가 소득 = 농업 조수입 − 농업 경영비

첫째, 농업 조수입이 비교 기준과 어떻게 다른지 분석해야 한다. 농업 조수입은 생산량×판매 단가로 계산되며, 생산량은 재배 면적×단위 면적당 수량으로 계산된다. 재배 면적의 변동이 없는데 조수입이 적다면 단위 면적당 수량이나 판매 단가 어느 한쪽이나 양쪽 모두에 문제가 있었다는 뜻이다. 단위 면적당 수량이 낮았다면 품종 선택, 시비 방법, 병충해 방제, 기상 조건 등 기술적인 요소들 중에서 구체적으로 어떤 문제가 있었는지를 찾아내야 한다. 판매 단가가 낮았다면 품질, 포장, 상인과의 거래 교섭력, 출하 시기 등 농산물의 유통에 영향을 주는 요인을 발견해서 개선해 나가야 한다.

둘째, 농업 경영비가 비교 기준과 어떻게 다른지를 분석해야 한다. 농업 경영비=물재비+고용 임금+토지 임차료+이자 지불액으로 계산되고, 물재비=재배 면적×단위 면적당 투입량×단가로 계산된다. 농업 경영비가 비교 기준보다 더 많이 투입되고 있다면 그 원인이 무엇인지 하나씩 찾아내야 한다.

셋째, 마지막으로 농업 소득의 변화가 농업 조수입과 농업 경영비 중 어느 요인에 의해서 얼마만큼 영향을 받고 있는지를 분석해야 한다.

이 두 요인은 한쪽만 줄어들거나 늘어나는 경우도 있고, 양쪽이 전혀 반대 방향으로 증가 또는 감소하는 경우도 있다. 만약 경영 비용이 증가했는데도 불구하고 조수입이 감소했다면 문제는 심각해진다. 위와 같은 분석 결과는 어떤 원인 때문에 발생했는지를 밝혀 내는 것이 경영 진단의 다음 순서이다.

(3) 경영 진단의 순서

농업 경영의 목표는 수익성(收益性) 추구에 있으므로 경영 진단의 가장 중요한 지표는 수익성이다. 경영 진단은 경영체(농장)가 행한 일정 기간의 경영 성과를 대상으로 하여 경영의 수익성, 생산성의 수준, 경영의 안정성 등 세 가지를 측정하는 것이다.

첫째, 경영의 수익성이란 이익을 올리는 힘이고, 그것을 알아보기 위해서는 구체적으로 수익성에 관한 지표를 검토하는 작업(수익성의 분석)이 필요하다. 가족 농업 경영에서 경영의 목표는 우선 가능한 많은 소득을 획득하는 것이므로, 앞에서 설명한 경영 성과의 평가에서 수익성의 좋고 나쁨은 경영 성과의 가장 중요한 요소가 된다. 수익성의 지표로서 무엇을 선택할 것인가는 경영체의 성격에 따라 다르다. 예를 들면, 수익성의 일반적인 지표로서 가족 농업 경영에서는 노동 보수를 선택하고 있으며, 기업적 농업 경영에서는 자본

이익률을 선택하고 있다. 또한 수익성이란 단지 소득 또는 이윤 등의 절대액 크기가 아니라, 소득이나 이윤을 얻기 위하여 투하된 노동이나 자본의 투입량에 대한 크기를 비교하는, 즉 수익률의 대소를 문제의 대상으로 하고 있다.

수익성을 결정하는 이익은 수익성과 비용의 차이이므로, 결국 수익성의 결정 요인을 해명하기 위해서는 수익 내용과 비용 내용에 대한 분석이 필요하다. 조수입에는 판매액 외에 여러 가지 수입이 포함되지만, 수익성 분석에서 무엇보다도 중요한 것은 생산물의 판매액 분석이다. 시설 채소 농산물과 같이 경영의 시장 대응(품질, 출하 장소, 출하 시기 등)에 대한 차이가 판매 가격에 크게 영향을 미치는 작목에서는 수익성의 결정 요인으로, 특히 판매액 비중이 중요하다고 할 수 있다. 한편, 비용 분석에서는 무엇보다도 경영비의 분석이 중요하다. 경영비는 수익성의 요인임과 동시에 노동생산성이나 물적 생산성이라는 생산 과정의 능률을 직접 반영하는 거울이므로 경영비의 절감은 경영 합리화의 지름길이라 할 수 있다.

생산성은 노동생산성과 토지 및 자본 생산성으로 구분한다. 이를 수식으로 나타내면 생산성 = 산출÷투입이다. 생산성을 금액으로 나타내는 경우도 있지만, 생산성이란 본래 투입, 산출의 물적 비율이다. 물적 생산성의 높고 낮음이 직접적으로 경영비나 수익성에 영향을 미치지만, 생산성이 경영비에 미치는 영향은 생산 기술(생산성) 수준의 높고 낮음과 시장 가격이라는 두 가지 요소가 반영되고 있으므로, 화폐액(금액)으로 표시한 생산성은 간접적인 생산성이라고도 한다.

경영의 안정성이란 자산, 부채, 자본 등 재무 구조의 균형을 의미하고, 수익성이나 생산성이 어떤 일정 기간의 동태적인 분석이라고 한다면, 안정성은 어느 일정 시점의 정태적인 재무 비율을 의미한다. 경영의 부채 비율이 높고, 자기 자본이 지나치게 과소하거나 혹은 고정 자산에 대한 투자가 과잉 투자가 되면, 경영의 자금 순환이 막히고 지불 능력이 저하된다. 따라서 지나친 수익성 추구가 때로는 경영의 재무 균형을 무너뜨리게 된다. 경영 규모의 확대를 위하여 투자를 적정 수준 이상으로 확대하거나, 부채에만 의존하여 투자를 지나치게 확대하는 경영은 안정성에 대한 검토가 대단히 중요하다.

경영 성과나 경영 능률의 높고 낮음을 구체적으로 파악하기 위하여 많이 쓰이는 지표들은 다음과 같다.

① 경영 성과와 경영 능률 지표

경영 성과는 농업 조수익, 농업 소득, 가족노동 보수 등으로 알아볼 수 있지만 그 능률은 다음과 같은 지표를 계산하여 확인할 수 있다.

$$\text{농업 소득률(\%)}=\frac{\text{농업 소득}}{\text{농업 조수익}}\times 100$$

$$\text{경영 비용률(\%)}=\frac{\text{농업 경영비}}{\text{농업 조수익}}\times 100\text{, 또는 생산 비율}=\frac{\text{생산비}}{\text{농업 조수익}}\times 100$$

$$\text{10a당 농업 조수익}=\frac{\text{농업 조수익}}{\text{재배 면적(a)}}\times 100$$

$$\text{10a당 농업 소득}=\frac{\text{농업 소득}}{\text{재배 면적(a)}}\times 100$$

$$\text{1인당 가족노동 보수}=\frac{\text{가족노동 보수 총액}}{\text{가족노동인 수}}$$

$$\text{1일(8시간) 가족노동 보수}=\frac{\text{가족노동 보수액}}{\text{가족노동 시간}}\times 8$$

② 생산 요소의 양과 이용 상황 지표

생산을 위하여 쓰인 토지 면적, 자본액, 노동력 기계 및 시설 등과 관련된 지표로서 다음과 같은 내용을 계산하게 된다.

토지 면적(a): 자가 소유 토지 면적+빌린 토지 면적−빌려준 토지 면적

$$\text{토지 이용률} = \frac{\text{연간 총경작 면적(a)}}{\text{토지 경영 면적(a)}} \times 100$$

투하 노동 시간 = 가족노동 시간+고용 노동 시간

고정 자본액: 건물, 농기계 등의 금액

유동 자본액: 고정 자본재 이외의 농사에 쓰인 종자, 비료, 농약, 기타 재료비의 금액

유동 자산액: 현금, 예(저)금, 생명보험 부금, 재형저축 금액, 주식, 공채, 농산물 판매 미수 금액 등

기계·시설의 이용률: 농기계의 대당 연간 이용 시간 또는 작업 면적

③ 자본 장비 지표

농업 자본 구성도를 나타내는 이 지표는 농업 고정 자본 장비율과 농기구 자본 비율로 나누어 볼 수 있다.

농업 고정 자본 장비율은 생산에 필요한 여러 가지 요소의 결합 상황을 나타내는 지표로서 농업 노동 1시간당 어느 정도의 농업 고정 자본액이 동원되었는가를 알아보는 지표이다. 계산 방법은 다음과 같다.

$$\text{농업 고정 자본 장비율} = \frac{\text{농업 고정 자본액}}{\text{농업 노동 시간}} \times 100$$

농기구 자본 비율은 농업 고정 자본 중 농작업의 능률에 관계되는 농기구가 어느 정도의 비율을 차지하고 있는가를 나타내는 것이다. 계산 방법은 다음과 같다.

$$\text{농기구 자본 비율(\%)} = \frac{\text{농기구 자본액}}{\text{농업 고정 자본액}} \times 100$$

④ 집약도 지표

일정한 경지 면적에 투하된 노동이나 자본량을 비교하는 것으로 일정한 면적에 노동이나 자본이 많이 투입된 경우를 집약적이라 하고, 적게 투입된 경우를 조방적이라고 한다. 그러므로 농사짓는 면적이 같더라도 집약도 차이에 의해서 경영 규모가 달라질 수 있다.

노동 집약도는 10a당 투입된 노동 시간으로 나타내며 계산식은 다음과 같다.

$$\text{노동 집약도} = \frac{\text{노동 시간}}{\text{경영 경지 면적(10a)}}$$

농업 고정 자본의 집약도는 10a당의 농업 고정 자본액으로 나타내며 계산식은 다음과 같다.

$$\text{농업 고정 자본의 집약도} = \frac{\text{농업 고정 자본액}}{\text{경영 경지 면적(10a)}}$$

⑤ 생산성 지표

투입한 여러 가지 요소의 효율성을 알아보려는 것으로 농업 순생산액을 기준으로 파악한다. 농업 순생산액이란 농업 조수익에서 물재비만을 뺀 것이다. 이것은 조수익에서 경영비 중 고용 노임과 토지 임차료를 제외한 비용을 뺀 것이므로 농업 생산에 의하여 얻은 부가가치액이기도 하다. 계산식은 다음과 같다.

노동생산성은 농업 노동 10시간당의 농업 순생산액으로 계산할 수 있다. 계산식은 다음과 같다.

$$노동생산성 = \frac{농업\ 순생산액}{농업\ 노동\ 시간}$$

토지생산성은 재배 면적 10a당의 순생산액으로 계산하며 계산식은 다음과 같다.

$$토지생산성 = \frac{농업\ 순생산액}{재배\ 면적(10a)}$$

고정자본생산성은 농업 고정 자본 1원당 농업 순생산액으로 계산하며 다음과 같다.

$$고정자본생산성 = \frac{농업\ 순생산액}{농업\ 고정\ 자본액}$$

기술적 지표

일반 경종 농사에 대하여는 다음 세 가지의 지표를 통하여 대강의 기술 수준을 알 수 있다.

$$10a당\ 수량(收量) = \frac{총수량}{재배\ 면적(a)} \times 10$$

$$1인당\ 재배\ 면적 = \frac{재배\ 면적(a)}{노동자\ 수}$$

$$10a당\ 경영비 = \frac{경영비}{재배\ 면적(a)} \times 10$$

위와 같은 여러 가지 계산을 통하여 해당 경영체가 갖추고 있는 생산 능력이 충분히 발휘되고 있는가, 또는 어느 부분이 제대로 기능을 하지 못하고 있는가를 찾아낸다. 이 과정에서 혹시 제대로 능력을 발휘하지 못하고 있는 부분이 발견되면 그 원인이 무엇인지를 밝혀야 한다. 이때 앞에서 설명한 여러 가지 지표들은 서로 밀접하게 관련되어 있으므로 계산 결과를 보고 어떤 판단을 내리려면 종합적인 검토가 필요하다.

경영 분석은 이와 같이 각 분야에 걸쳐서 많은 분석 지표에 대하여 비교·평가함으로써 이루어지지만, 각 지표의 평가를 종합하여 결론을 내리는 것은 아니다. 예를 들면, 노동생산성은 높지만 투자 수준은 과잉 수준이라는 등 각각을 평가하는 것도 아니다. 경영의 최종적인 평가는 수익성이므로 나머지 분석 지표는 수익성의 요인 내지 그 결과에 지나지 않으며, 수익성이 가장 중요시되어야 할 지표이다.

수익성을 정점(頂點)으로 하여 생산성으로 대표되는 경영 성과와 경영 성과에 미치는 요인을 그림으로 설명하면 [그림 14-4]와 같다. 수익성(이익)이란 판매액과 비용의 차액으로 보다 높은 판매 단가와 보다 낮은 코스트가 보다 높은 수익성을 발생시키기 때문에, 경영자는 매일매일 판매 단가를 높이고 코스트를 절감하기 위하여 노력하게 된다. 수익성에 영향을 미치는 요인은 판매액 분석과 경영비 분석을 함으로써 명확히 파악할 수 있다. 판매액은 농산물의 가격(시황)과 생산 기술, 출하 기술에 의하여 결정되고, 생산비도 생산 자재의 시장 가격과 생산 과정의 효율성에 의하여 결정된다.

농장 경영자에게 재배 기술이나 출하 기술은 경영의 내부 요인이며, 경영자의 책임 영역에 속한다. 그러나 경영의 외부 요인인 시장 가격은 경영자에 있어서는 주어진 것이므로, 시장 가격에 대하여 어떻게 대응할 것인가 하는 시장 대응 기술이 대단히 중요해진다. 경영 분석이란 수익성에 영향을 미치는

그림 14-4 경영 성과를 결정하는 요인의 연관 관계

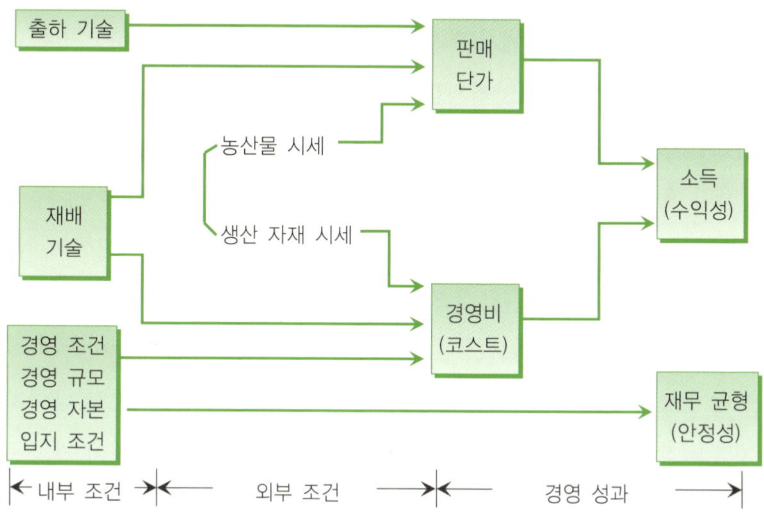

요인을 내부 요인과 외부 요인으로 구분하여 경영자의 책임 범위를 명확히 하는 것이다. 농산물이나 생산 자재의 가격 변동이 있다면, 이러한 가격 변동이 시장 조건의 행운이나 불운에 기인하는 것으로 착각하거나, 상인들의 결정에 위임되어 경영 노력이 전혀 불필요한 것처럼 오해를 하는 경영자가 있지만, 경영 성과에 영향을 미치는 외부 조건과 내부 조건을 혼동하는 일이 있어서는 안 될 것이다. 따라서 주어진 경영 환경을 개선하기 위한 경영자로서의 책임을 자각하고 주체성을 잃지 않는 것이 중요하다.

이상에서 설명한 바와 같이 경영 분석에는 수익성 분석이 가장 중요하며, 수익성에 영향을 미치는 요인을 밝히기 위하여 판매액 분석, 경영비 분석을 하고, 또한 그 원인인 재배 과정의 물적·기술적인 생산성 분석을 하는 순서가

39. '꿈꽃깡낌끈' 강소농

1980대년 말 우루과이라운드(UR)의 파고가 밀려들 때 우리는 농업이 망할지 모른다고 지레 겁을 먹었다. 영세농들은 살아남을 수 없고 미국이나 호주의 농업처럼 대규모가 되어야 경쟁이 가능하다는 예상이 지배적이었다.

다급하였던 정부는 농업 각 분야의 규모를 확대하는 정책을 강구하였다. 10년이 지난 후 확인한 바에 의하면 경작 규모나 가축 사육 마릿수가 약간 증가하기는 했지만 그 규모가 대규모 농업 국가의 그것과 비교하기 부끄러울 정도로 작았다. 토지 자원이 빈약한 우리나라에서 규모 확대는 역점을 두고 추진하기 부담스러운 정책일 수밖에 없었다.

정부의 다음 정책은 우리나라가 상대적으로 많이 보유한 자본과 인력(기술)을 활용하는 방향으로 바뀌었고, 유리온실 등 자본 투자가 많이 이루어졌지만 그래도 미진한 것이 있었다.

지난 20년 동안 우리는 열심히 노력하였고, 또 많은 것을 배우고 깨달았다. 그중의 하나가 생산도 중요하지만 이에 못지않게 중요한 것이 경영이라는 것이었다. 덕분에 다른 분야의 일을 하면서 경영으로 무장한 사람들 중 일부가 마지막 남은 블루오션은 농식품밖에 없다면서 농촌으로 진입하는 바람직한 현상도 나타나고 있다.

다만 걱정되는 것은 농업 경영체의 숫자가 감소하고 고령화되는 데 반해, 소비자들의 요구는 고품질, 안전성, 상품화 등으로 점차 다양화되어 간다는 점이다. 이런 상황에서 농업 진흥 기관이 고소득 경영체 또는 강소농(작지만 강한 경영체)에 대해 정책적 관심을 집중하는 것은 당연하다.

그동안의 자료와 면담 경험을 토대로 강소농의 역량이나 특성을 줄여 최근 유행하는 '쌍기역 시리즈'로 표현하면 다음과 같다. 강소농은 자기 인생에서 이루고자 하는 구체적인 꿈이나 소망이 있다. 꿈은 결과 지향적 선언으로 비전이나 목표를 의미한다. 그리고 강소농은 꿈을 이루기 위한 꽃을 피운다. 꽃은 최고의 아름다움을 표현하는 말이다. 그들은 최선을 나해 최고 품질의 농산물을 생산하면서 생산물을 자신과 동일시한다.

강소농은 깡이 있다. 그들은 변화하는 시장 환경에 대응하기 위해 끊임없이 노력하면서 때로는 실패의 경험도 쌓는다. 그러나 그들은 용기와 자신감이 있기에 아무리 어려운 상황이 닥쳐도 좌절하지 않는다. 강소농은 낌새를 빨리 알아차리는 민감성이 있다. 진행되어 가는 상황을 민감하게 파악하고 위험이나 불안정성이 높을 때 오히려 시장을 개척하면서 성장의 기회로 삼는다. 강소농은 끈을 중시한다. 끈은 관계를 말하는데 정보와 지식, 기술 등을 공유하는 활발한 상생 네트워크를 유지하려고 노력한다. 그러면서 그들은 혼자만 살려고 하지 않는다.

강한 농업 경영체가 강한 농업을 실현하기 때문에 농업 경영체의 역량을 높이면서 강소농을 확산하는 것은 시대적 요구라 할 수 있다. 문제는 농업 진흥 기관의 새로운 강소농 정책이 아직도 기술 중심의 생산 위주에서 탈피하지 못한 것처럼 보인다는 것이다. 이제는 생산 문제 해결보다는 판매 문제를 해결하는 정책, 품목(1차) 위주에서 경영체(1+2+3차 복합)로의 시각 전환이 필요한 때이다.

'꿈'을 갖고 '꽃'을 피우려고 노력하는 '깡' 있는 경영체가 시장의 '낌새'를 확인하고 같이 살려고 노력하는 '끈'을 놓지 않으면 강소농으로서의 자격은 충분하다. '꿈꽃깡낌끈' 강소농의 확산을 위해서 경영·시장 위주로 경영체의 종합 역량을 지원 강화하는 정책 전환을 기대해 본다.

자료: 서종석(2011).

바람직하다. 수익성과 안정성은 수레의 두 바퀴와 같은 관계이므로 이를 우선적으로 분석한 뒤에, 마지막으로 안정성 분석에 의하여 경영 재무의 건전성을 확인하는 것이 경영 진단의 합리적인 순서가 된다.

3. 자가 진단 기법

시장 경제하에서 농장 경영의 책임은 경영자에게 귀속된다. 경영 성과가 좋으면 돈을 벌 것이요 나쁘면 퇴출당할 수밖에 없다. 그러므로 경영 성과를 스스로 진단하면서 경영을 개선해 나가야 한다.

경영 성과를 진단하여 그 결과를 명료하게 파악하기 위해서는 일반적으로 다음과 같은 몇 가지 방법이 이용되고 있다.

1) 온도계 그림 분석법

이 방법은 자기의 경영 성과를 여러 가지 지표에 비추어 경영 조직이 같은 지역의 평균적인 농가 또는 전국 농가의 성과와 비교해 보는 것이다. [그림 14

그림 14-5 경영 진단을 위한 온도계 그래프

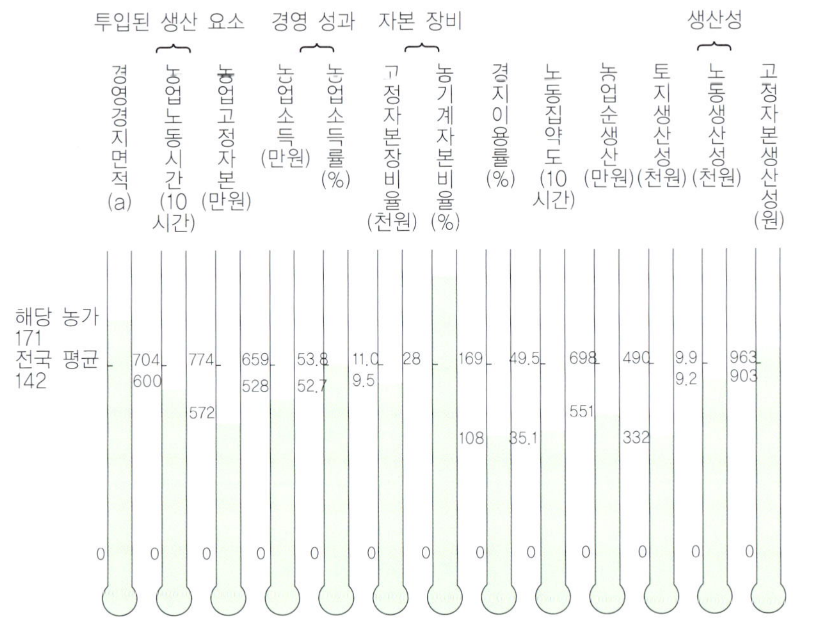

5]와 같이 온도계 모양으로 표시하여 자기의 성과가 평균 수준을 넘고 있는지, 미치지 못하는지를 쉽게 알 수 있다. 이 그림을 보면 어느 부분에 문제가 있고 그 문제는 어느 부문과 관련되어 있는가 등이 분명해진다.

[그림 14-5]는 어떤 농가의 상황을 전국 평균치와 비교해 본 것이다. 이에 따르면, 첫째 경영 경지 면적이 전국의 평균치보다 훨씬 넓지만 농업 소득은 전국 평균치에 미치지 못하고 있다는 점이 나타난다. 둘째, 농업 고정 자본재의 투입량이 전국 평균치보다 적지만 자본 비율은 오히려 높다는 점이다. 즉, 농기계가 전국 평균치보다 높은 수준으로 갖추어져 있다는 점이 나타난다. 셋째, 경지 이용률과 토지생산성이 전국 평균치에 비하여 매우 낮다는 점 등을

그림 14-6 경영 진단을 위한 레이더 그래프

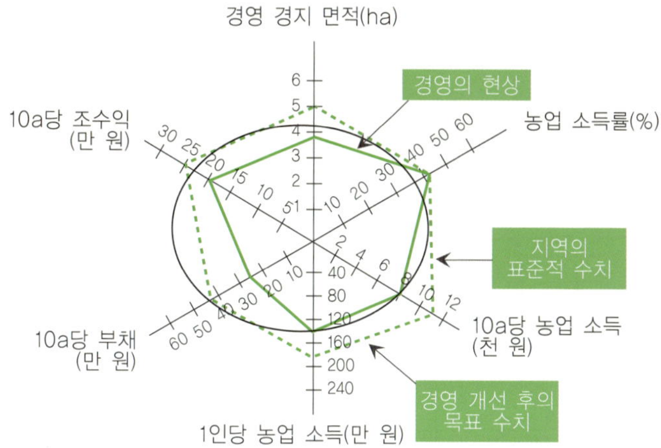

알 수 있다. 이와 같이 문제의 대체적인 윤곽이 파악되면 다음에는 문제가 발견된 부분에 대하여 더 자세히 기술적인 검토에 들어간다.

2) 레이더 그림 분석법

이 방법은 [그림 14-6]과 같은 원형 그림을 이용하여 경영체가 몇 가지 지표에 비추어 표준과 비교할 때 성과는 어떠하였고, 개선의 목표를 달성하면 어떤 모습이 될까를 알 수 있는 방법이다.

이 그림은 눈금을 어떻게 정하느냐에 따라 여러 가지로 이용할 수 있다. 예를 들면, 자기의 경영과 그 지역의 표준에 해당하는 경영과 비교하고 싶을 때에는 지역의 표준치를 원둘레 위에 놓은 다음 자기 경영의 수치를 눈금에 맞추어 표시하면 된다. 그 결과 자기 경영 성과를 표시한 그림이 원둘레 가까이 그려질수록 표준적인 경영에 가까움을 나타낸다. 그리고 앞으로의 목표를 눈금에 표시하여 이어 보면 어떤 면에 얼마의 노력을 더해야 할지도 알게 된다.

[그림 14-6]은 이러한 내용을 조합시켜 자기 경영의 현상과 앞으로의 경영 개선 방향을 알아보려는 것이다. 이 그림에 나타난 것은 10a당 부채가 많은 점을 제외하면 거의 균형을 취하고 있으며, 항목별로 보아도 지역의 표준에 가깝다. 나아가 경영 면적을 늘리는 것을 비롯하여 경영을 개선하면 경영 성과와 능률을 크게 높일 수 있음을 보여 주고 있다.

이것을 가능하게 하려면 농지를 더 늘리고 기계를 바꾸는 일 등에 투자를 더해야 하나 그러려면 부채도 더 늘어날 수밖에 없을 것으로 예상된다.

3) 경영자의 경영 활동 진단

(1) 경영 진단 결과의 평가

경영 진단을 위한 위와 같은 준비가 이루어진 다음으로 할 일은 계산 또는 분석된 자료를 해석하는 것이다. 예를 들어, 어느 농가가 기계 및 시설 부분의 상황을 진단한 결과 농업 고정 자본 장비율이 표준보다 높은 반면에 그 이용률은 낮은 것으로 판명되었다고 하자. 이때에는 기계나 시설별로 각각 얼마나 능력을 발휘하고 있고, 어떠한 문제를 안고 있는가를 차례로 따져 보아야 한다. 그렇게 하다 보면 경영자로서 여러 가지의 기계나 시설을 사들이고 건설할 때 무엇을 생각하였고, 그것을 어떻게 활용해 왔는가를 깊이 반성할 수 있는 계기가 된다. 즉, 경영자로서 자기의 활동을 하나하나 자세히 진단하게 된다.

이와 같이 하나하나 진단해 나가다 보면 경영 진단의 대상이 되는 것은 경영 요소나 경영 부문, 경영 조직 등 경영의 객체만이 아니라, 그 객체들을 움직이고 있는 주체, 즉 경영의 주인공인 경영자의 활동이야말로 정작 진단받아야 할 대상임을 알 수 있다.

경영자의 활동을 진단하는 다섯 가지 지표

경영자가 수행하는 경영 활동은 다음과 같은 다섯 가지로 요약할 수 있다.

① 경영 활동의 목표를 정한다.
② 경영 목표를 달성하기 위하여 토지, 노동, 자본 등 생산 요소를 조달하고 보유한다.
③ 생산 요소를 적절히 결합하고 경영 조직을 편성한다.
④ 생산물의 판매를 포함한 경영 조직의 운영과 관련된 행위를 경영 목표에 맞추어 운용해 나간다.
⑤ 이상의 모든 경영 활동을 기록하고 그 활동이 적절하였는지, 그렇지 못했는지를 분석하여 다음에 할 경영자의 의사결정과 행동에 반영시킨다.

이러한 활동을 반복하는 것이 경영자의 기능이고, 이들이 합쳐져 [그림 14-7]과 같은 경영의 틀을 이룬다. 이 그림에서 경영자의 기능이 충분히 발휘되었는가에 따라서 진단 지표의 수치가 달라지게 된다.

이들을 진단할 때 특히 주의할 것은 5개의 기능이 아주 밀접하게 관련되어 있다는 것이다. 그 하나의 예로 생산 요소의 조달과 보유를 나타내는 ②를 중심으로 생각해 보면 고성능 기계를 한 대 사들였다는 사실은 새 기계에 적합한 작물 재배 면적이나 재배법을 결정하도록 ③에 영향을 미친다. 또한 가족노동력의 분배나 작업 방식의 결정 등에 영향을 주어 ④에 영향을 미치고 기계 운전 일지, 감가상각과 수선 등에 관련된 기록을 하게 함으로써 ⑤에 관계가

그림 14-7 농업 경영의 기본적인 구조

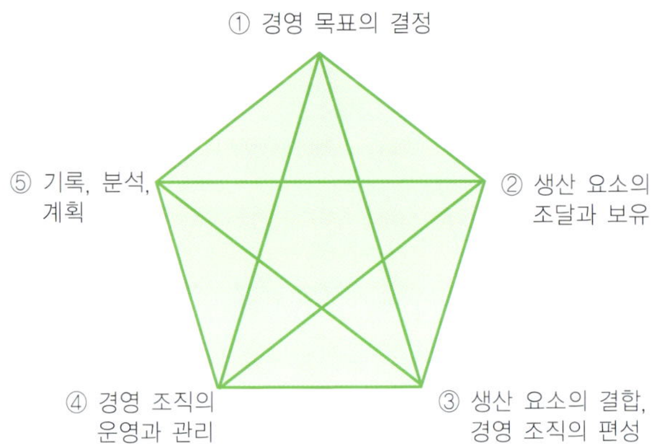

있다. 끝으로 ①과는 비싸고 성능이 좋은 기계를 사들여 사용하게 되므로 그에 걸맞는 기업적인 경영 목표를 세우게 하여 관계를 가지게 된다.

농업 경영이 기술적인 측면과 경제적인 측면을 가지고 있다고 말하지만 이들을 조합하는 경영자의 기능은 ①에서 ⑤에 이르기까지 서로 복잡하게 관련되어 있음을 분명히 알 수 있다.

건전한 경영과 삐뚤어진 경영

경영자가 수행하는 다섯 가지 기능을 충분히 발휘하여 그 균형이 취해진 경영에서는 레이더 그림을 그려 보면 보기 좋은 오각형이 그려진다. 그러나 균형을 제대로 갖춘 경영이란 흔한 것이 아니어서 실제로는 꼴사나운 그림으로 그려지는 경영도 적지 않다. [그림 14-8]에서 세 가지 예를 들어 보았다.

여기서 A농가의 경우는 경영 이욕이 매우 강하여 의욕적으로 경영 규모를 키웠지만, 그것이 너무 급격하였기 때문에 요소 결합이 제대로 이루어지지 않

그림 14-8 경영 진단 결과의 삐뚤어진 예

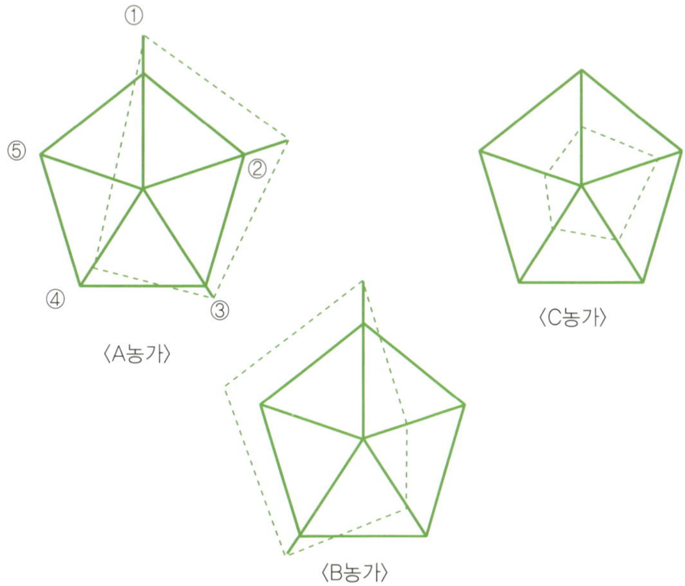

고, 결국 생산 능력 대부분이 제대로 발휘되지 못하였음을 보여 준다. 이 경우 가장 큰 문제점은 기록이나 분석을 제대로 하지 않고 치밀한 계획을 세워 경영하지 않는(⑤) 요인에 있다. 이런 경우에는 아무리 의욕이 강하더라도 경영이 제대로 될 리가 없고 경영상의 위험을 많이 안게 된다.

B농가의 경우에는 경영자의 생각도 건실하고, 일도 열심히 하고 있으나 유감스럽게도 경영 규모(②)가 작고, 규모를 키우는 일조차 쉽지 않게 되어 있다. 그러나 규모가 작더라도 그것을 능률적으로 운영·관리하는 데(④) 힘을 기울이고 기록, 분석, 계획(⑤)도 열심히 하고 있다. 그러므로 현황만을 보면 주어진 여건을 토대로 건실한 경영을 하고 있었다고 말할 수 있다. 그러나 경영 규

모에 비추어 앞으로의 발전성은 작다고 할 수 있다. 이런 경영체는 젊은이를 끌어들일 만한 매력이 없고 후계자가 그 경영을 이어 갈지 망설이게 되는 경영이다.

C농가는 거의 표준적인 경영 규모(②)를 갖추고 있으면서도, 더욱 높은 경영 목표를 향하여 노력하려고 하는 자세(①, ③, ④, ⑤)가 부족하고 마지못해 타성적인 경영을 하고 있는 경우이다. 이와 같이 어디에 문제가 있어 전체 경영체가 비뚤어진 모양을 보이게 되었는지를 찾아내고 어떤 점을 어떻게 바로잡아야 좋을까를 궁리해 내는 것이 바로 경영 진단인 것이다.

(2) 원가 계산에 의한 진단

① 원가란?

농업 경영의 목표인 농업 소득이나 농업 이윤을 극대화하려면 가능한 한 농업 조수익을 키우는 동시에 농업 생산에 필요한 비용을 최소화해야 한다. 예컨대, 쌀 생산 농가의 경우 쌀의 거래 가격이 kg당 또는 한 가마니(80kg)당 얼마인가가 중요한 변수이지만, 생산자 입장에서는 쌀을 1kg 또는 한 가마니 생산하는 데 비용이 얼마나 들었는가를 분명히 아는 것도 중요하다.

쌀이 원가란 쌀을 생산하는 데 들어가는 비용의 합계액을 쌀 한 단위당으로 나타낸 금액이다. 원가라고 할 때 보통은 생산에 들어간 원가, 즉 생산 원가를 가리키지만, 그 밖에 판매를 하는 데 들어간 비용(판매비)은 물론 경영 관리에 들어간 비용(일반 관리비)까지 합쳐 넓은 의미로 쓰기도 한다. 생산 원가에 판매비와 일반 관리비까지 합친 것을 총원가라고 부른다. [그림 14-9]에서 보듯이 생산물의 판매 단가에서 총원가를 뺀 것이 그 생산물의 단위당 이익이 된다.

그림 14-9 농산물 원가의 구성

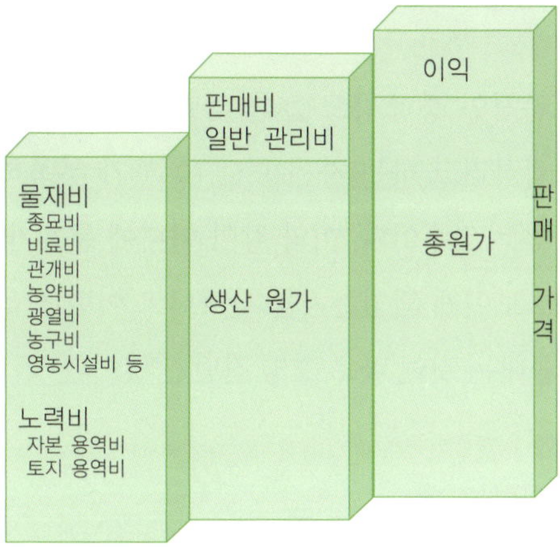

② 원가 계산의 역할

일반 기업에서는 원가는 생산물의 판매 단가를 결정하기 위한 중요한 수치이다. 총원가에 일정한 이익을 붙여 판매 단가를 결정하기 때문이다. 농산물의 경우 판매 단가를 생산자가 결정하는 일은 드물다.

그러나 농산물을 팔 때 구매자와 단가를 놓고 흥정을 하는 과정을 거쳐서 이익이 더 큰 판로를 고르는 일은 경영자가 수행하는 중요한 경영 활동 중 하나이기도 하다. 그럴 때 원가가 바로 흥정과 판단의 기준이 된다. 시장에 내다 팔 때에도 시장에서 거래되고 있는 단가와 비교하여 자기의 생산물이 경쟁력이 있는가, 경쟁력이 있으려면 얼마나 원가를 내려야 하는가, 더 유리한 작목은 무엇인가 등을 알아보는 데 중요한 기준이 된다.

③ 원가 계산의 요소

원가 계산을 하려면 자가 노동은 물론 자급한 물재비를 포함한 모든 비용을 합계해야 한다. 이때 실제로 생산에 사용된 비용만을 계산해 넣는 것이 원칙이다. 그러므로 잘못하여 엎지른 연료나 사다놓고 쓰지 않아 창고에 있는 비료 대금 등은 계산에 넣지 않는다. 또 고용 임금은 생산 노동에 실제로 종사한 시간에 대한 금액만 계산해 넣는다.

농산물을 생산할 때 대개는 주산물 외에 부산물이 생산된다. 부산물이 있는 경우에는 그 평가액을 주산물을 생산하는 데 들어간 비용에서 분리해 내야 한다.

쌀의 경우 주산물(쌀)의 단위당 원가＝[비용－부산물(볏짚, 왕겨, 쌀겨 등)의 평가액]÷주산물(쌀)의 생산량이 된다. 그러므로 부산물이 비싸게 팔리면 비용을 낮추어 주산물의 원가를 내리게 한다.

④ 원가 계산을 위한 생산비 조사

원가의 기초가 되는 자료는 부기 기록을 토대로 하여 생산비로 정리된다. 생산비를 정리할 때 가장 주의를 기울일 점은 비목별로 구입과 자급(自給)을 제대로 나누어 파악하는 것이다.

이것이 정확하게 되지 않으면 소득에 계산될 내용이 경영비에 포함되는 등 사실과는 다르게 정리될 가능성이 있다. 관개 시설, 농기계, 건물 등에 대한 감가상각비는 자기가 소유하고 있는 것에 대하여 계산된다. 그러므로 경영비를 계산할 때 감가상각비는 자급 비용에 합산되어야 할 것이다. 그 밖에 비목별 비용 계산 방법은 농식품부에서 발간하는 조사 요령(『농장회계 길라잡이』) 등을 참고하면 된다.

그림 14-10 생산량과 비용의 관계

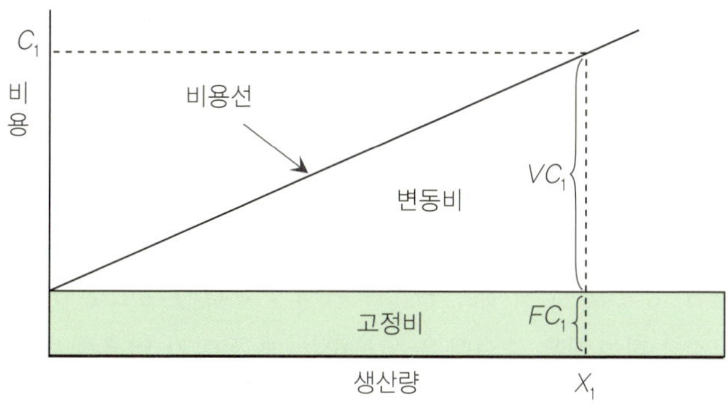

(3) 손익분기점 분석에 의한 진단

① 고정비와 변동비

비용과 생산량의 관계를 보면 일반적으로 정상관(正相關) 관계를 갖는다. 말하자면, 생산량이 많아지면 비용이 많아지고 생산량이 줄어들면 비용도 줄어든다. 이 관계를 그림으로 그려 보면 [그림 14-10]과 같이 된다.

비용선을 왼쪽으로 연장시켜 종축과 만날 때의 비용 중에서 기계나 건물의 감가상각비처럼 생산량이 많고 적음에 관계없이 고정되어 있는 최소한의 필요 비용을 고정비라고 한다.

[그림 14-10]에서 고정비의 윗부분에는 종묘비나 비료, 농약비처럼 생산량이 늘어감에 따라서 비례적으로 늘어나는 비용이 표시되어 있는데 이것이 변동비이다. 생산량 X_1 수준에서 비용은 C_1이고, 비용 C_1은 가변비용 VC_1과 고정비용 FC_1으로 구성된다.

② 손익분기점 분석

비용선을 그린 그래프 위에 [그림 14-11]과 같이 작목의 조수익선을 그릴 수 있다. 이 조수익선을 비용선과 비교하여 채산성이 있는 생산량이 얼마인가를 알아보려는 것이 손익분기점 분석법이다.

[그림 14-11]에서 생산량을 x, 비용과 조수익의 금액을 각각 c, y로 표시하였다. 비용선은 고정비를 a, 생산량 한 단위당의 변동비를 b라고 하면 $c=a+bx$라는 직선이 된다. 그리고 조수익선은 $Y=P(x)$(여기에서 P는 판매 단가)이다. 이때 이들 두 직선이 그래프 위에서 만나는 점은 조수익과 비용이 같아지는 점으로 이 점을 손익분기점이라고 한다. 그림에서 생산량이 늘어날수록(그래프의 오른쪽으로 갈수록) 비용에 대하여 조수익이 많아져($px>a+bx$) 이익이 늘어난다. 반대로 손익분기점보다 생산량이 적어질수록 비용보다 조수익이 작아져($px<a+bx$) 손

그림 14-11 손익분기점 분석도

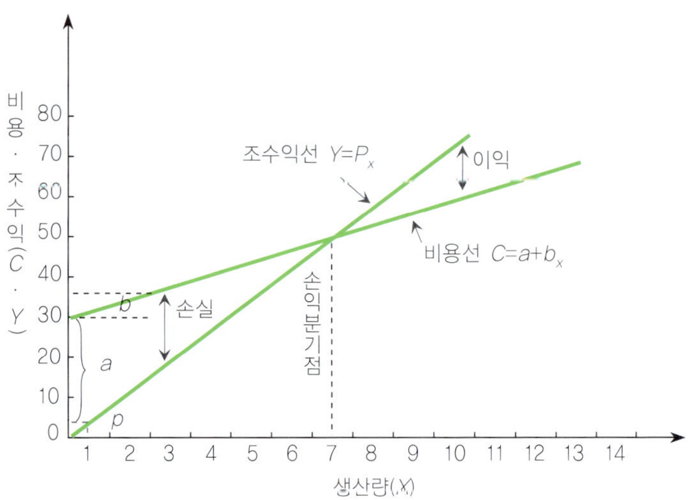

실이 늘어난다. 자신의 경영 상황을 [그림 14-11]과 같이 그래프로 그려 보면 진단이 가능해진다.

예를 들어, 목표로 하는 이익을 얻기 위해서는 적어도 얼마만큼을 생산해야 할 것인가를 알게 된다. 또 생산량을 늘리기 어렵다면 왼쪽 아래 부분으로 손익분기점을 끌어내려야 한다. 이를 위해서는 그래프 위에서 정해진 단가(p) 이상의 값으로 팔아야만 채산성이 맞는다든가, 고정비(a)나 변동비(b)를 손익분기점까지 내릴 필요가 있다는 것을 판단할 수 있게 된다. 이와 같이 손익분기점을 알아보면 경영을 건전하게 하기 위하여 생산량과 비용의 목표를 어떻게 세워야 할지 알게 된다.

③ 원가곡선과 그 이용

손익분기점을 알려 주는 수치는 원가 계산과 관련시켜 그 경영의 원가가 높은가 낮은가를 알려 주고, 그 개선 방향까지 알게 해 준다. 원가(비용÷생산량)는 다음과 같이 바꾸어 쓸 수 있다.

$$원가 = (고정비+변동비) \div 생산량,\ 또는\ 원가 = \frac{고정비}{생산량} + \frac{변동비}{생산량}$$

여기서 원가를 c라 놓고 손익분기점의 분석의 a, b를 대입하면 위 식은 아래와 같이 된다.

$$c = \frac{a+bx}{x} = \frac{a}{x} + b$$

이것을 그래프로 그려 본 것이 [그림 14-12]로서 원가곡선이다. 원가는 생산량이 늘어날수록 작아져 마침내 판매 단가 $y=p$와 만나는 점을 지나면 판매

그림 14-12 원가곡선

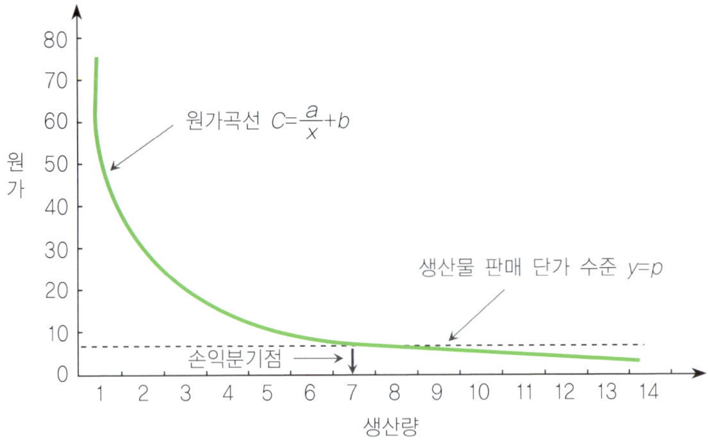

단가에서 원가를 뺀 값이 0보다 크고 이익이 생긴다. 이처럼 원가가 판매 단가 p와 같아지는 점은 생산량의 손익분기점과 일치하기 마련이다. 이 그래프에서 생산량과 원가를 확실하게 아는 것은 아주 유익하다.

왜냐하면 원가와 생산량을 알아야 원가가 바람직한 수준에 있는가, 그렇지 못한가를 알 수 있고 원가를 낮출 필요가 있는 경우에는 원가를 낮출 수 있는 방법과 얼마나 낮출 것인가를 검토할 수 있기 때문이다. 생산량은 재배한 면적에 단위 면적당 수량을 곱하여 계산할 수 있으므로 재배 면적이 일정하다면 10a당 쌀을 몇 가마니나 생산해야 흑자를 낼 수 있는가 예측할 수 있다는 것이다.

참고문헌

김동환, 『농식품 이제 마케팅으로 승부하라』, HNCOM(주), 2009.

김정호 외, 『농업 경영컨설팅체제의 발전방안』, 한국농촌경제연구원, 2002.

농림수산식품부, 『농업에서 발상의 전환으로 성공한 사례들』, 농업경영 비즈니스 시리즈 23, 농촌진흥청 기술경영과, 2009.

농촌진흥청, 『벤치마킹 기법을 활용한 농가경영컨설팅 가이드』, 1999.

박봉규 외, 『경영학의 이해』, 경영과 미래, 2010.

서종석, 「시론」, 농민신문사, 2011. 3. 25.

성진근, 『벤치마킹-농업 경영 진단과 혁신기법』, 농민신문사, 1999.

______, 『구원투수로 농업세워라』, 책넝쿨, 2015.

성진근 외, 『강한 농업으로의 길』, 농민신문사, 2009.

LG경제연구원, 『2020 새로운 미래가 온다』, 한스미디어, 2011.

이훈 외 역, 『레드오션전략』, 타임비즈(Byrnes, Jonathan L. S., *Island of profit in a sea of red ink*), 2010.

최영찬, 「농식품 산업의 전자상거래 현황과 미래」, 서울대 농생대 동창회보, 2020.

日本農業研究센터,「農業經營分析·經營計劃の 活用 マニュアル」, 2000.

찾아보기

[ㄱ]
가격 경쟁력 • 31
가격 신호 • 147
가격 차별화 • 291
가족농 • 226
가치 경쟁력 • 288
가치사슬(value chain) • 18, 353
가치 혁신 • 241
감가상각비 • 448
감축 대상 보조 • 130
경영 관리 • 11
경영 관행 • 14
경영 이사결정 • 214
경영자 • 9
경영전략 • 13, 233
경영조직론 • 11
경영주체론 • 9
경영 진단 • 452
경영학 • 4
경영학 연구방법론 • 7
경영학의 체계 • 5
경영 혁신 • 13, 110, 392
경쟁 우위 • 227
경쟁 이론 • 16
경쟁적 벤치마킹 • 410
계획 • 85, 215, 224
고객 관리 • 199, 377
고객 만족 • 371
고객의 니즈 • 17
고객 혁신 • 240
고용 기회 • 35
고정비율 • 252
공공성 • 53
공공재 • 54
공급 사슬 • 353
공급 사슬 관리 • 199
공영 도매시장 • 200
공정 향상 • 356
과정 벤치마킹 • 411
구조조정 • 112
국제 경쟁력 • 400
규모의 경제 • 322
규모의 경제성 • 267
기능적 벤치마킹 • 410
기능 전략 • 234
기능 향상 • 357
기술 계수 • 339
기술적 지표 • 460
기업가 • 10
기업론 • 7
기업 이론 • 140
기업 전략 • 234
기업환경론 • 8

[ㄴ]
내부수익률법 • 257
내부적 벤치마킹 • 410
노동생산성 • 39, 328
녹색국경세 • 75
농부 • 62
농장 계획 • 336
농장도(farm map) • 338
농장 예산 • 346
니어쇼어링 • 153

[ㄷ]
다운사이징 • 113
다원적 기능 • 56
대차대조표 • 250
독점적 경쟁시장 • 319
드라이브 스루 • 194
디쇼어링 • 153
디지털 전환 • 91

[ㄹ]
라그랑지안 승수 • 324
레드오션 • 241
레이더 그림 분석법 • 466
로봇 • 87
리쇼어링 • 153

[ㅁ]
마크업 전략 • 291
매출채권 회전율 • 252
목표 관리 • 228, 231
무선인식 • 83
무역 전환 효과 • 130
무역 창출 효과 • 130

[ㅂ]
바이오 • 87
벤치마킹 • 115, 399
보이지 않는 손 • 147
본원적 경쟁 전략 • 238
부문관리론 • 12
부채비율 • 252
분배 사슬 • 353
불확실성 • 12
블루오션 • 241
비가격 경쟁력 • 38
비경합성 • 54
비교역적 기능 • 56
비교열위 • 32
비교우위 • 32
비배재성 • 54
BCG 매트릭스 • 236
비용 • 317
비즈니스 모델 • 242
빅데이터 • 84

[ㅅ]

사물인터넷 • 84
사업 전략 • 234
사적인 비용 • 317
사회적 비용 • 317
사회적 책임 • 19
산업 구조 분석 • 227
상방 흐름 • 353
상업농시대 • 179
상품성 경쟁 • 36
생력적 농법 • 263
생명 산업 • 57
생산성 지표 • 459
생산자 잉여 • 31, 163
생산 함수 • 309
선형계획법 • 341
성과 벤치마킹 • 411
성장 거점 이론 • 60
세계경제포럼 • 73, 79
소득 기회 • 35
소득 보전 직불제 • 41
소비 트렌드 • 355
소비 패턴 • 8
소조직 문화 • 14
손익계산서 • 219, 252
손익분기점 • 475
쇠퇴 산업 • 50
수익 레버 • 220
수익 지도(profit map) • 220
수직적 통합 • 354
수확 체감의 법칙 • 269
순현가법 • 256
스마트 가드닝 • 45, 52
스마트 농업 • 91, 97, 161
스토리 상품 • 435
시장 경제 시스템 • 315
시장 교섭력 • 44
시장 기구 • 56
시장 신호 • 50, 153
시장실패 • 44, 53
시장 접근 • 128
식량 공급 사슬 • 365
신경영 주체 • 34
실행 • 67, 215

[ㅇ]

아웃소싱 • 119
언택트(un-contact) • 27, 43, 193
업무 재설계 • 117
SWOT 분석 • 235
온도계 그림 분석법 • 464
외부 경제 • 54, 317
외부 불경제 • 54, 317
외부성 • 54
운영 계획 • 224
원가 • 471
원가 계산 • 472
원가 곡선 • 476
원가 우위 전략 • 239
웰빙(well-being) • 148
웰빙 트렌드 • 43

유동성 • 449
유동성 비율 • 251
유통 • 175
의사결정 • 217
이력 추적 시스템 • 137
이윤 극대화 가정 • 324
인공지능 • 86
일반 경영학 • 6
일반적 벤치마킹 • 410
임시 계획 • 225

[ㅈ]

자가 진단 • 464
자본생산성 • 39, 254
자본 예산 • 255
자본 운용 • 255
자본 장비 지표 • 458
자본 조달 • 254
자본 집약도 • 39
자원 결합 구조 • 39
자원 결합 방식 • 32, 39
작부 체계 • 271
작업 과정도 • 348
장인정신 • 437
재무 관리 • 254
재무제표 • 250
재택근무 • 198
저탄소 녹색 산업 • 148
적정 집약도 • 446
전략 • 16, 384
전략 경영 • 233
전략 계획 • 225
전략 캔버스 • 242
제로섬(zero sum) 경쟁 • 17
제품수명주기 • 236, 238
제품 포트폴리오 매트릭스 • 227
제품 포트폴리오 전략 • 236
제품 향상 • 356
조정 • 215
조직 • 66
지능 경영 • 93
지속적 성장 • 61
지식 경쟁력 • 34
직불제 • 41
집약도 지표 • 459
집중화 전략 • 239

[ㅊ]

차별화 우위 • 228
차별화 전략 • 239
창의성 기반 경제 • 15
천정 가격 효과 • 276
초변화(hyper change) 시대 • 14
총생산 • 310
총자본이익률 • 254
친환경 농업 • 345

[ㅋ]

코로나19 • 13, 24, 72, 139, 167

[ㅌ]
토지생산성 • 39, 262
토지용역비 • 326
통제 • 67, 215
특별 긴급 관세 제도 • 128
특수 경영학 • 6
틈새시장 • 191, 434

[ㅍ]
파괴적 기술 • 81
평균 생산 • 310
포락선 • 321
포지티브섬 경쟁 • 17
포트폴리오 • 227
품질 차별화 • 291

[ㅎ]
하방 흐름 • 353
한계 생산 • 310
한계 수입 체감의 법칙 • 312
한계적 자원 • 59
핵심 역량 • 228
허용 보조 • 129
헬스케어 • 87
현금 흐름 • 347
협동 네트워크 • 432
환경 규제 • 64
회계 시스템 • 248